国有林场扶贫攻坚二十年

国家林业和草原局国有林场和种苗管理司 编

中国林业出版社

图书在版编目(CIP)数据

国有林场扶贫攻坚二十年/国家林业和草原局国有林场和种苗管理司编.
--北京：中国林业出版社，2021.12

ISBN 978-7-5219-1459-7

Ⅰ.①国⋯　Ⅱ.①国⋯　Ⅲ.①国营林场-经济发展-研究-中国　Ⅳ.①F326.2

中国版本图书馆CIP数据核字(2021)第271789号

策划编辑：王越

责任编辑：王越　　　电话：(010) 83143628

出版　中国林业出版社（100009　北京市西城区德胜门内大街刘海胡同7号）
　　　http://www.forestry.gov.cn/lycb.html

印刷　河北京平诚乾印刷有限公司

版次　2021年12月第1版

印次　2021年12月第1次

开本　889mm×1194mm　1/16

印张　26.25

字数　672千字

定价　168.00元

未经许可，不得以任何方式复制或抄袭本书之部分或全部内容。

版权所有　侵权必究

国有林场扶贫攻坚二十年

编辑委员会

- 程 红　邹连顺　隗合飞　杜书翰　张 志
- 刘俊昌　胡明形　陈文汇

编写组

组　　长　隗合飞　陈文汇　杜书翰　张 志

主要成员　张 静　方 良　白江迪　陈荣源
　　　　　　黄 炜　倪龙臻　王 睿　李 莎
　　　　　　丁佳颖　李潇欣　周 伟　王鑫鑫

前言

新中国成立初期，国家为加快培育森林资源、保护和改善生态环境，在大面积集中连片的宜林荒山荒地和重点生态脆弱地区成立了一批国有林场。经过几代人的艰苦奋斗和不懈努力，国有林场不断发展壮大，在维护国家生态安全、培育和保护森林资源、保障木材供给和提供优质生态产品等方面发挥了巨大作用。

由于大多数国有林场地理位置偏远，自然条件恶劣，社会经济条件基础差，到20世纪90年代中期，全国4855个国有林场中，有95%以上陷入贫困状态，主要表现在森林资源质量不高，职工收入低，水、电、路等基础设施老化损毁严重，制约了国有林场发展。

随着《国家八七扶贫攻坚计划（1994—2000年）》的颁布实施，为彻底解决国有林场的贫困问题，从1998年开始，国有林场扶贫列入国家财政扶贫资金支持范围，标志着国有林场扶贫攻坚工作正式启动。

经过各级林草主管部门和全体林场人的共同努力，国有林场扶贫工作取得了显著成绩。随着国家扶贫攻坚任务的全面完成，到2020年年底，国有林场累计改造完成林场职工危旧房54.5万户，职工年均工资达4.5万元，多个林场场部得到维修，建设通场部道路1.6万公里，通过发展森林旅游和林下经济等特色产业、转岗森林管护、提前退休等途径，安置富余职工16万余人，累计安排国有林场全面停止天然林商业性采伐补助138亿元。按照现行标准，全国国有贫困林场全部脱贫，国有林场发展进入了崭新阶段。为全面总结国有林场扶贫经验，历时3年时间编写了《国有林场扶贫攻坚二十年》一书，该书共分三篇，第一篇为全国国有贫困林场扶贫攻坚研究报告、第二篇为各省区市国有贫困林场扶贫攻坚及典型示范、第三篇为国有林场扶贫相关材料及政策文件，其中第一、二篇为本书重点内容，通过对国有林场扶贫工作的全面梳理以及对各省（区、市）的总结分析，提炼出国有林场扶贫工作成功的经验和好的做法，清晰展示了过去二十年国有林场扶贫工作的脉络。

二十年来，在国家扶贫政策的支持下，全国国有林场广大干部职工始终坚守初心，不断从困境走向新的发展起点。总结过去、立足现实，才能推陈出新、快速前进。系统梳理与评价国有林场二十年的扶贫工作，不仅能清楚掌握我们的工作基础，更是为今后一个时期国有林场建设与发展提供借鉴与参考，从而持续推进巩固国有林场脱贫攻坚成果，积极将国有林场发展融入乡村振兴战略，为进一步推进国有林场深化改革和加快发展打下坚实基础，为实现美丽中国和生态文明建设目标贡献自己的力量。

本书在编写过程中，得到了全国各省（区、市）国有林场主管部门以及部分国有林场的大力支持和帮助，在此一并表示感谢！

编 者

2021 年 11 月

目 录

前 言

第一篇 全国国有贫困林场扶贫攻坚研究报告

第一章 背景和意义
- 第一节 背　景 …………………………………………………………………………… 3
- 第二节 意　义 …………………………………………………………………………… 3

第二章 国有林场扶贫进程 ……………………………………………………………… 5
- 第一节 贫困林场扶贫攻坚进程 ………………………………………………………… 5
- 第二节 国有贫困林场扶贫的基本思路与目标 ………………………………………… 9
- 第三节 扶贫主要政策体系 ……………………………………………………………… 11
- 第四节 扶贫工作的阶段划分与工作重点 ……………………………………………… 14
- 第五节 国有贫困林场扶贫的方式 ……………………………………………………… 14

第三章 国有林场扶贫的主要成就 ……………………………………………………… 16
- 第一节 森林资源与生态系统保护逐步提升 …………………………………………… 16
- 第二节 职工收入增加与社会保障水平提高 …………………………………………… 16
- 第三节 基础设施建设不断加强 ………………………………………………………… 17
- 第四节 发展能力增强 …………………………………………………………………… 18
- 第五节 社会服务能力与水平逐步提高 ………………………………………………… 19
- 第六节 科技应用与推广能力增强 ……………………………………………………… 19

第四章 国有林场扶贫的基本经验总结 ………………………………………………… 21
- 第一节 国有林场扶贫的主要模式 ……………………………………………………… 21
- 第二节 国有林场扶贫的主要举措 ……………………………………………………… 26

附录一 国有林场扶贫成效评价研究 …………………………………………………… 30

附录二 国有林场分区及发展类型研究 ………………………………………………… 42

第二篇　各省区市国有贫困林场扶贫攻坚及典型示范

第一章	北京市	65
第二章	河北省	74
第三章	山西省	82
第四章	内蒙古自治区	91
第五章	辽宁省	95
第六章	吉林省	103
第七章	黑龙江省	112
第八章	江苏省	117
第九章	浙江省	124
第十章	安徽省	132
第十一章	福建省	141
第十二章	江西省	150
第十三章	山东省	159
第十四章	河南省	168
第十五章	湖北省	176
第十六章	湖南省	185
第十七章	广东省	195
第十八章	广西壮族自治区	200
第十九章	海南省	205
第二十章	重庆市	209
第二十一章	四川省	218
第二十二章	贵州省	223
第二十三章	云南省	231
第二十四章	西藏自治区	236
第二十五章	陕西省	241
第二十六章	甘肃省	250
第二十七章	青海省	259
第二十八章	宁夏回族自治区	268
第二十九章	新疆维吾尔自治区	276

第三篇 国有林场扶贫相关材料及政策文件

第一章 国有林场扶贫相关管理办法
贫困国有林场扶贫资金管理办法 ········· 287
国有贫困林场扶贫资金管理办法 ········· 289
国有贫困林场扶贫工作成效考评办法（试行） ········· 291
中央财政专项扶贫资金管理办法 ········· 292

第二章 国有林场扶贫相关标准
国有林场基础设施建设标准 ········· 295
国有贫困林场界定指标与方法 ········· 305

第三章 国有林场扶贫工作通知与会议
国家林业局办公室 中国农林水利工会全国委员会关于进一步做好国有林场（林区）帮扶
　工作的通知 ········· 313
国家林业局办公室关于做好2015年国有贫困林场扶贫工作的通知 ········· 315
国家林业局关于进一步做好国有贫困林场扶贫工作的通知 ········· 317
全国国有林场帮扶工作经验交流会在重庆召开 ········· 320

第四章 国有林场基础设施建设相关文件
国家林业和草原局关于印发《国有林区（林场）管护用房建设试点方案（2020—2022年）》
　的通知 ········· 322
国家林业局关于印发《国有林区（林场）管护用房建设试点方案（2017—2019年）》的通知
　········· 342
国家林业局关于开展国有林场危旧房改造试点工作的通知 ········· 359
国家林业局 国家发展改革委 住房城乡建设部关于做好国有林场危旧房改造有关工作的通知
　········· 361
国家林业局 住房城乡建设部 国家发展改革委关于印发《国有林场危旧房改造工程项目管理
　办法（暂行）》的通知 ········· 364
国家林业局 住房城乡建设部 国家发展改革委 国土资源部关于印发《国有林区棚户区改造
　工程项目管理办法》的通知 ········· 368
交通运输部办公厅关于开展全国农村公路基础数据和电子地图补充调查的通知 ········· 373
国家林业局办公室关于开展全国国有林区公路基础数据和电子地图调查的通知 ········· 375
交通运输部关于贯彻落实中发〔2015〕6号文件促进国有林场（区）道路持续健康发展的
　通知 ········· 376
交通运输部 国家发展改革委 财政部 国家林业和草原局关于促进国有林场林区道路持续健康
　发展的实施意见 ········· 377
国家发展改革委办公厅 水利部办公厅 卫生部办公厅关于开展2010—2013年全国农村

饮水安全工程规划编制工作的通知 ·· 380

国家林业局办公室关于协调将国有林场饮水安全纳入全国农村饮水安全工程规划的通知 ····· 383

国家林业局办公室关于全国国有林区饮水安全工程规划人口调查复核工作的通知 ········· 384

国家发展和改革委员会办公厅 水利部办公厅 财政部办公厅 国家卫生和计划生育委员会
  办公厅 环境保护部办公厅 住房和城乡建设部办公厅关于做好"十三五"期间农村饮水
  安全巩固提升及规划编制工作的通知 ··· 385

国务院办公厅转发《发展改革委关于实施新一轮农村电网改造升级工程意见》的通知 ··· 394

国家发展和改革委员会 农业部 国家林业局关于做好农林场电网改造升级工作有关要求
  的通知 ·· 396

国家林业局计财司 国家能源局新能源司关于开展国有林区供电保障基础数据调查和做好电网
  改造升级改造规划的通知 ··· 398

国家林业局场圃总站关于做好国有林场电网改造升级有关工作的通知 ················· 400

国家林业局办公室关于做好2011年国有林区（场）电网改造升级工作的通知 ············· 401

国家林业局办公室 国家广电总局办公厅关于开展国有林区广播电视覆盖情况调查工作的通知
  ··· 402

国家林业局计财司关于转发《全国"十二五"广播电视村村通工程建设规划》的通知 ··· 404

国务院办公厅转发国家发展改革委关于"十三五"期间实施新一轮农村电网改造升级工程
  意见的通知 ·· 405

参考文献 ··· 408

第一篇
全国国有贫困林场扶贫攻坚研究报告

国有林场扶贫攻坚二十年

第一章 背景和意义

第一节 背 景

消除贫困、改善民生、实现共同富裕是社会主义的本质要求。国有贫困林场扶贫攻坚工作自1998年至今，已坚持了二十多年，各部门通过经济扶持、政策扶持、物质扶贫、教育扶贫等多种途径改善国有林场的贫困面貌。自1998年国家财政每年安排扶贫专项资金用于国有贫困林场发展生产，同时，天然林资源保护工程、重点地区防护林体系建设、野生动植物保护及自然保护区建设工程、公益林生态补偿、国家储备林建设等重点生态工程陆续启动，国有贫困林场成为生态工程的重要阵地，并获得了相关财政的生态扶持资金以助发展。2015年，全国启动的国有林场改革为国有林场解决了管理体制不顺、经营机制不活、投入渠道不畅等发展问题。在各级党委、政府及相关部门的关怀下，国有林场扶贫工作在基础设施建设、林场自我发展能力、提高职工素质等方面取得了明显成效。

精准评价国有贫困林场扶贫成效是对国有林场管理部门努力工作的绩效总结，也是推进国有林场进一步发展的重要抓手。当前国有贫困林场的扶贫工作已全部完成，具体成效如何？国有贫困林场扶贫取得了哪些经验和方法，都需要有效的评估。科学评估、全程评价是对扶贫攻坚工作的肯定，可有力提升国有林场各方管理部门的工作积极性，总结典型经验和模式，同时可发现国有贫困林场在发展实践中存在的问题，为下一步规划明确工作重点。

在此背景下，对国有林场的发展历程、扶贫进程及国有林场扶贫的主要成就和扶贫实施过程评价等进行归纳整理，然后总结国有林场在扶贫工作中积累的基本经验，提出国有林场分区及集约化经营管理的相关建议。与此同时，还运用林业经济学、发展经济学、计量经济学等分析方法，从理论层面对我国国有林场扶贫绩效进行评价，对国有林场配合国家主体功能区划及国家战略进行分区研究。上述总结和研究有助于进一步明确我国国有贫困林场扶贫后的发展方向，提高国有林场的发展能力，从而为国有林场实现社会、经济、生态和谐统一的现代化提供理论支持和决策参考。

第二节 意 义

一、在国家扶贫战略中的贡献与影响

通过分析1998—2020年的中国国有林场扶贫工作规划、工作目标和工作重点，搜集了一系列的扶贫政策，总结了国有林场扶贫工作中的有效经验与做法，这是对国有林场在扶贫工作中取得的阶段性成果的肯定，同时也是对国家扶贫战略在国有林场领域的重要总结，为国家制定国有林场扶贫后的发展战略提供了参考依据。

二、在地区扶贫中的地位与作用

国有林场扶贫总结对地区经济发展具有指导和借鉴价值。二十年来,国有林场的指导思想、工作目标和发展方向在不断进行调整,各地国有林场都在扶贫工作中积极探索和深化改革,总结出一套适合当地现状的特色发展道路。总结国有林场的扶贫模式和扶贫路径,为地区扶贫工作的展开,特别是与精准扶贫项目对接,提供了新的工作思路。

三、对林业发展的影响与贡献

通过对我国国有林场扶贫二十年的成效进行综合评价,借鉴国内外绩效评价的实践活动,对国有林场扶贫的整体和分级效果进行评价分析,为尚未完成扶贫工作的国有林场提供了切实可行的扶贫方法借鉴,设计了国有林场摆脱贫困问题的解决方案,为已完成扶贫工作的国有林场指明了下一步的发展方向,丰富我国国有林场的生产经营实践经验,为国有林场提高经营水平和经济效益以及我国林业整体的高质量发展而服务,从而实现人与自然协调发展。

第二章 国有林场扶贫进程

第一节 贫困林场扶贫攻坚进程

扶贫攻坚工作是党中央、国务院的一项重要战略部署，与我国的经济发展规划密切相关，基于此，将我国国有林场二十年的扶贫进程按五年规划的时间划分为四个阶段，每阶段的扶贫工作都与该时期的五年规划工作部署基本保持一致。

一、1998—2005 年

1998 年，国家财政部出台了《国有贫困林场扶贫资金管理办法》，国家开始对国有贫困林场提供资金支持。资金主要用于国有林场扶贫建设项目、生产生活设施改善、多种经营安置职工就业项目开发等方面，以缓解国有林场贫困和职工贫困，增强国有林场自身发展能力。2001 年，第十个五年规划中提出，坚持开发式扶贫，加大对贫困地区的财政转移支付力度，多方面增加扶贫资金投入，提高资金使用效益。2005 年财政部颁布了新修订的《国有贫困林场扶贫资金管理办法》，进一步强调国有林场扶贫资金主要用于支持国有贫困林场改善生产生活条件，利用林场或当地资源发展生产。具体使用途径为：补助用于修建断头路、改造林场和职工危旧房、解决饮水安全、通电通话、电视接收设施等的基础设施建设；补助用于发展种植业、养殖业、森林旅游业、林产品加工业及林副产品开发等的生产发展；补助用于优良品种、先进实用技术的引进和推广、职工技能培训的科技推广及培训。

该阶段国有贫困林场的扶贫工作规划以资金扶持为主，通过支持，部分国有贫困林场生产生活条件得到改善。但特色产业、科技推广和人才培训的资金扶持相对单薄。

二、2006—2010 年

这一时期，全国有 4466 个国有林场，其中 3800 多个国有贫困林场。由于历史遗留问题多，贫困状况严重、贫困面大，加上洪灾、旱灾、台风等自然灾害影响，使一些本已缓解贫困状况的林场重新陷入贫困。

国家"十一五"规划指出，坚持开发式扶贫为主，辅之以救济救助式的扶贫，坚持自然资源和人力资源开发并重的原则。在该原则下，2006 年国家林业局召开国有贫困林场扶贫工作座谈会，提出国有林场扶贫的下一步规划：一是中央财政加大对国有贫困林场扶贫资金的投入力度，建议中央财政和地方财政等增加扶贫资金。二是完善国有贫困林场扶贫资金的使用管理。其一，体现权、责、利相统一的原则，明确财政部门和林业主管部门的权利和责任，林业主管部门负责扶贫项目的组织和实施，财政部门负责资金使用的监督和管理。其二，改变现在执行的资金拨付方法，减少资金拨付环节，使资金及时到位。三是加强国有贫困林场职工技能培训，提高职工素质，建立国有林场高素质管理队伍和高技能的带头人队伍。四是将国有贫困林场的扶贫工作列入地方政府的扶贫总体规划，各级地方政府应将国有林场的交通、电力、电视、人畜饮水、通信等基础设施建设与当地乡镇同等对待，使国有林场享受到国家的各项惠农政策。实现国有贫困林场的扶贫工作由单一的林业部门行为转变为政府行为，加快国有贫困林场的扶贫步伐。

该阶段，国有贫困林场的扶贫工作逐步转变为政府主导、社会参与和职工群众自力更生相结合，继续加强扶贫资金的投入，将国有贫困林场纳入地方政府的扶贫总体规划中，但部分省区扶贫进度缓慢。

三、2011—2015 年

《国有贫困林场扶贫实施方案（2012—2020 年）》制定了以 2011 年为基准年的国有林场扶贫实施方案，实施期限从 2012 年到 2020 年，分为近期（2012—2015 年）、中期（2016—2020 年）两个阶段。

根据《国有贫困林场界定指标与方法》及我国国有林场的自然条件、生产条件、收入水平、人员素质等方面现状，2013 年全国共有国有贫困林场 3485 个，占国有林场总数 72%。其中，集中连片特殊困难地区符合《国有贫困林场界定指标与方法》界定的国有贫困林场以及具有一定资源或其他林产业发展优势、项目实施能力较强、改革积极性高、具有良好示范作用的国有贫困林场，纳入国家级重点扶贫林场范围；除国家级重点扶贫林场外的所有国有贫困林场列为省级扶贫林场。根据国有林场扶贫开发原则、现状及扶贫重点，划分国家级重点扶贫林场 1484 个，省级扶贫林场 2001 个，国有贫困林场分级布局情况如表 2-1。

表 2-1　国有贫困林场分级表

省份	贫困林场数	国家级扶贫重点林场数	省级扶贫林场数	省份	贫困林场数	国家级扶贫重点林场数	省级扶贫林场数
北京	11	5	6	湖北	207	54	153
天津	1	1	0	湖南	183	125	58
河北	93	54	39	广东	102	40	62
山西	118	50	68	广西	89	83	6
内蒙古	246	72	174	海南	19	6	13
辽宁	118	38	80	重庆	40	27	13
吉林	233	69	164	四川	137	72	65
黑龙江	293	89	204	贵州	92	66	26
江苏	42	15	27	云南	89	60	29
浙江	52	18	34	西藏	7	7	0
安徽	112	33	79	陕西	185	88	97
福建	61	18	43	甘肃	224	67	157
江西	276	114	162	青海	101	54	47
山东	118	39	79	宁夏	72	30	42
河南	85	53	32	新疆	79	37	42
合计	3485	1484	2001				

国有林场在该阶段的重点扶贫内容是改善国有贫困林场生产和生活条件、发展优势特色产

业、开展造林、保护和森林可持续经营、提高科技支撑力度。

重点改善国有贫困林场生产和生活条件是扶贫开发的重点，通过基础性、公益性设施建设，改善国有贫困林场的基本生产生活条件，使国有林场的基础设施基本满足林场森林培育和管护等各项工作和职工生产生活需要，增强国有林场自我发展能力。优先安排生态保护和林业生产条件建设，以及与国有贫困林场职工群众生活密切相关的公益性项目，如林区道路设施、职工住房和办公生活用房、用电和通信工程设施等。

全国3485个国有贫困林场都不同程度改善了生产和生活条件。"十二五"期间实施危旧办公和生产危房改造108万平方米，建设林区断头路6409公里；饮水安全工程解决国有贫困林场140万人饮水安全和饮水困难，结合国家农村饮水安全专项工程建设，基本解决国有贫困林场的饮水安全问题；用电工程设施，改造建设4726公里以上输电线路，基本实现场部和分场通电，职工户户用上照明电；实施了418个通信工程设施建设项目，基本解决国有贫困林场有线通信、上网络、收看电视等问题。

大力发展优势特色产业，国有贫困林场安置了20万名职工就业。国有贫困林场的优势特色产业包括：

（1）种植业。发展具有当地特色的种植业，重点开展苗圃及速生丰产林基地项目、名优经济林种植业项目、花卉种植和竹林项目。苗圃类项目在全国各地均可开展，速生丰产林基地项目重点在东部及南部自然条件相对较好的区域。"十二五"期间扶持国有贫困林场发展林业种植产业基地613个，其中苗圃基地100个，速生丰产林基地40个，经济林基地355个，花卉基地60个，竹产品基地58个，完成建设36.78万亩。

（2）养殖业。养殖业项目重点发展以林蛙、蜜蜂、鸡等不破坏森林植被的经济动物为主的特色养殖。国有贫困林场根据资源条件、自然环境等因地制宜发展。"十二五"期间扶持发展养殖基地达上百个。

（3）森林旅游业等第三产业。在实现资源科学保护的前提下，在环境可承载的基础上，以市场为导向，把森林、生态环境、科普教育、观光娱乐等紧紧地融为一体，大力发展生态旅游业。"十二五"期间在国有贫困林场建设森林公园、发展生态旅游基地322个。

（4）林产品加工业。林产品加工项目重点要鼓励和扶持林药加工、山野菜加工、经济林产品加工等龙头产业和基地建设，要依托资源优势，按照区域化、规模化、集约化的要求，统筹规划，突出特色，培育具有竞争力的项目，培育壮大龙头企业，深化林产品加工业，促进优质林产品生产基地的发展，加快国有林场经济发展。"十二五"期间在国有贫困林场扶持发展林产品加工项目190个。

科学开展植树造林和森林可持续经营。一方面加快国有贫困林场植树造林的步伐，增加国有贫困林场的森林植被，提高森林覆盖率，另一方面科学指导国有贫困林场的森林经营工作，特别是中幼龄林抚育经营工作，提高了森林质量，改善生态环境。

（1）植树造林。结合珍贵用材林培育工程、长江防护林工程等林业重点工程建设，国有贫困林场通过人工造林、飞播造林、封山沙育林等营造林5000多万亩。在工程建设中侧重发展杉木等大径级和楠木等珍贵乡土用材林，培育了森林资源，在增加森林面积的同时，逐步提高混交林的比重。

（2）中幼林抚育。结合中幼龄林抚育工程，积极开展中幼林抚育，提高国有贫困林场的森林质量。根据国有贫困林场森林资源现状，实施期内完成中幼龄林抚育1亿亩。

(3) 低质低效林改造。对林分相对稀疏，结构和稳定性失调，林木生长发育衰竭，系统功能退化或丧失，导致的森林生态功能、林产品产量或生物量显著低于同类立地条件下相同林分平均水平的低质低效乔木林，进行改造，规模达 3000 多万亩。

不断提高科技支撑力度。科技是增强国有林场综合实力的决定性因素，科技应用和提高劳动者素质是增强林场"造血"功能的重要条件。具体工作包括：

（1）加强新技术应用。在扶贫工作中要大力推广和应用林业先进实用的新技术，提高林业科技含量，增加林产品附加值，建设良种基地、推广使用良种壮苗和探索森林可持续经营等技术，国有林场良种使用率要达到 100%。

（2）完善科技服务体系。加速林业科技服务体系硬件设施条件建设，建立和完善以林业科技推广站为主体和以协会、企业、科研机构和高等院校等非政府力量为重要补充的多元化林业科技服务体系。

（3）提高职工队伍素质。巩固扶贫效果的关键在于林场职工素质的提高，围绕扶贫工作要求和国有林场发展重点，采取举办培训班、现场指导、科普宣传、人才引用等多种形式，全面提高国有林场职工科学文化素质。"十二五"期间，完成 13 万名国有贫困林场职工培训，部分省区进行国有林场远程教育网络建设，通过计算机利用互联网和林业高等院校的教育资源，进行业余、分散式专业教学（网络版、光盘版），对国有贫困林场在职人员进行专业知识更新和知识扩充，同时可进行少量的学历教育。在国有贫困林场建立远程教育网络接收系统，共计 3485 套。购置图书，建立国有林场图书室，多数国有贫困林场购置新技术图书 1000 多册。

该阶段国有林场的扶贫工作由粗放型规划转变为精准型规划，界定了国有贫困林场的划定标准，实行分级扶贫，对扶贫的工作进度设定了具体的任务和完成目标，加强了精准扶贫力度和政策支持。

四、2016—2020 年

"十三五"时期是全面建成小康社会决胜阶段，这一阶段提出充分发挥政治优势和制度优势，贯彻精准扶贫基本方略，发展特色产业、转移就业、生态保护、改革体制和机制等综合扶贫措施，基本完成林场棚户区和危旧房改造等具体任务，进一步创新了各类扶贫模式及其考评体系，为扶贫攻坚提供强有力支撑，打赢了林场扶贫攻坚战。

2016 年，为规范和加强国有贫困林场扶贫工作管理，提高扶贫工作成效，国家林业局制定了《国有贫困林场扶贫工作成效考评办法（试行）》，提出从 2016 年到 2020 年，每年开展一次考评工作，考评的内容包括扶贫目标、资金管理、扶贫效益和扶贫管理等方面。将考评结果作为扶贫资金分配的重要因素之一。

2017 年，为贯彻落实《中共中央 国务院关于打赢扶贫攻坚战的决定》和《中共中央 国务院关于印发<国有林场改革方案>和<国有林区改革指导意见>的通知》精神，加快国有贫困林场扶贫攻坚步伐，确保到 2020 年国有贫困林场实现脱贫，国家林业局印发了《国家林业局关于进一步做好国有贫困林场扶贫工作的通知》，对下一步的扶贫工作进行了规划和部署，明确了指导思想和工作目标，提出了精准扶贫和科学规划、精准施策和落实责任。各省区核实了国有贫困林场名单、制定了精准扶贫实施方案，通过加快推进国有贫困林场改革、重点支持特色产业发展、推动实施易地搬迁、着力加强技能培训、实施政策兜底、落实领导责任制、强化考核监督、做好宣传工作等，加快了扶贫补发。

2020年，我国4297个国有林场改革任务全面完成并通过国家验收，保生态、保民生的目标基本如期实现。全国国有林场6.7亿亩森林资源得到有效保护，全面停止了天然林商业性采伐，国有林场每年减少天然林消耗556万立方米，占国有林场年采伐量的50%。森林得到休养生息，物种得到发展保护，森林质量明显提升，森林蓄积量比改革前增加了4亿立方米。林区民生显著改善，已累计改造完成国有林场职工危旧房54.5万户，职工年均工资达4.5万元，是改革前的3.2倍。职工基本养老保险、基本医疗保险参保率提高27个百分点，达到100%。通过发展森林旅游和林下经济等特色产业、转岗森林管护、提前退休等途径，安置富余职工16万余人。国有林场改革启动以来，中央财政累计安排改革补助资金158亿元，有效解决国有林场职工参加社会保险和分离林场办社会职能问题。累计安排国有林场全面停止天然林商业性采伐补助138亿元。林区基础设施不断强化，连续3年支持国有林场内外道路建设，总投资107亿元，建设通场部道路1.6万公里，建设林场场部、分场和居民点等林下经济节点对外连接路1300公里。2017—2019年，在内蒙古、江西和广西3省份开展国有林场管护站点用房建设试点，共建设管护站点用房868处，中央投资1.8亿元，极大地改善了护林一线的生产生活条件。目前95%的国有林场被定为公益性事业单位，护林员的工资得到了保证。进一步明确了国有林场保护培育森林资源的责任，维护国家生态安全的功能定位。

该阶段国有林场的扶贫工作进入攻坚收尾阶段，完成了林场"三定"，扶贫资金得到有效利用，林场面貌焕然一新，职工收入和生活水平稳步提高，脱贫任务和目标顺利达成，全国国有贫困林场都顺利脱贫。

第二节　国有贫困林场扶贫的基本思路与目标

一、国有贫困林场扶贫的指导思想

国有贫困林场扶贫的指导思想：以邓小平理论和"三个代表"重要思想和科学发展观为指导，深入贯彻党的十八大精神，以发展现代林业、建设生态文明、促进绿色增长为主题，以服务生态林业和民生林业为主线，围绕全面建设小康社会奋斗目标，按照《中国农村扶贫开发纲要（2011—2020年）》和中央扶贫开发工作会议精神，提高扶贫标准，加大扶贫投入力度，坚持开发式扶贫方针，深化改革，以促进就业、增加收入、改善民生、加快发展为核心，以分级扶贫、突出重点为原则，充分发挥产业开发和科技扶贫的作用，增强国有林场"造血"功能，创新扶贫机制，加快国有林场扶贫步伐，促进国有林场事业健康发展。

国有贫困林场扶贫的基本思路：以政府主导、民生优先、改革促进、自力更生、扶贫与扶智相结合为原则，注重发挥国有林场自身的优势和潜力，调动职工的积极性和创造性。以生态建设为核心，以提供生态产品和服务为主攻方向，加强森林资源保护和管护，着力改善林区农林牧业生产条件和人居环境。促进森林资源逐步恢复和稳步增长，改变国有林场经济社会落后面貌，根本出路在于改革体制机制和转变发展方式、增强自我发展能力。以提质增效为重点，加快造林绿化进程，扩大森林面积，牢固树立"绿水青山就是金山银山"的发展理念；探索合作造林、股份制林场、新建林场等，有条件的地区扩大国有林比重；强化森林经营，增加森林蓄积量，为实现"双增"目标做贡献。以体制机制改革为动力，合理定位国有林场，理顺国有林场森林资源资产管理体制；顺应社会对生态产品需求增长的新趋势，着力推进政、事、企分开，引入市场机制，剥离国有林场的社会职能；强化人事劳动体制改革，科学确定管理人员、技术人员和骨干工勤人员，增强发展动力。以规范化建设为突破，制订和完善相关标准，积极创建达标林场，完善基础设施建设，推进形成标准化国有林场。以强化能力建设为手段，增强国有林场造血功能。以聚集发展为途径，新建和扩建相结合，通过联合重组，扩大国有林场规模，提高生态效益；在适宜地区集中连片发展珍贵树种木材等战略资源储备基地和特色产业基地，增强林业及国有林场发展实力。以健全法制政策为保证，完善法律法规，强化投入扶持政策，建立促进国有林场健康持续发展的长效机制。

二、国有贫困林场扶贫的目标

国有贫困林场扶贫的总体目标：到2020年，国有林场生产生活条件得到明显改善；职工收入明显增加，收入增长幅度高于当地平均水平；生活环境显著改善，教育、文化、卫生等各项社会事业不断发展，职工子女义务教育、基本医疗和住房有保障；职工素质明显提高，基本满足林场生产经营的需要；森林面积和森林蓄积量明显提高，森林生态功能显著增强。

国有贫困林场扶贫的具体目标：扶贫期间，整合中央、地方和林场的投入，扶贫支持覆盖全部国有贫困林场，中央资金集中力量支持1484个国家级重点扶贫林场，省级及其他地方资金集中力量支持2001个省级扶贫林场。具体包括以下几方面的目标。

（1）生产生活条件。生产生活条件明显改善，基本解决国有贫困林场办公生产用房、安全饮水、通电通信、道路交通等问题。到2015年，国有贫困林场办公和护林房得到初步改造和改善；国有贫困林场全部实现饮水安全；实现林场场部通等级公路；解决70%以上国有贫困林场场部、分场（工区）和管护站的供电和职工家庭电话等基本通信问题。到2020年，国有贫困林场场部及分场部危旧办公和护林房得到全面改造和改善；国有贫困林场饮水安全有保障；全面解决场部、分场（工区）和管护站的供电和职工家庭电话等基本通信问题；实现分场（工区）和管护站通林区道路全部通达，40%以上实现通畅。

（2）收入水平。职工收入增长幅度高于当地平均水平；到2015年，职工人均收入年均增长13%以上；贫困林场整体扶贫率达到20%以上。到2020年，职工人均收入年均增长达到全国平均水平；林场基本实现脱困。

（3）森林增长。国家级重点扶贫林场形成森林管护等公益事业的投入机制、主导产品政府购买服务的运行机制和优势特色产业的科学经营机制，使其基本具备自我积累、自我发展的能力；基本实现森林可持续经营，森林面积大幅增加，森林覆盖率大幅提高，森林质量明显提高。到2015年，森林面积增加1500万亩，森林覆盖率增加超过1.5个百分点；开展中幼龄抚育5000万亩，国有贫困林场森林蓄积量增加超过2亿立方米。到2020年，森林面积增加5000万亩，森林覆盖率增加超过5.5个百分点；中幼龄抚育1亿亩，森林蓄积量增加超过5亿立方米。

（4）职工队伍。职工素质明显提高，基本满足林场生产经营的需要。到2015年，职工总数的20%有大专以上学历，10万人次得到培训，中级以上职称达15%以上。到2020年，职工总数的30%有大专以上学历，中级以上职称达25%以上，26万人次得到培训。

（5）社会保障。国有林场职工群众生活环境显著改善，职工子女义务教育、基本医疗和住房有保障。到2015年，国有林场职工的医疗、养老等全部进入社会保障体系。到2020年，国有林场职工群众生活环境显著改善，教育、文化、卫生等各项社会事业不断发展，林场面貌发生根本性改变；医疗、养老等社会保障水平达到当地全民所有制单位的平均水平。

第三节 扶贫主要政策体系

一、经济保障：财政支持政策

财政支持政策是国有林场经济危机出现以后最早出现的扶贫政策，以缓解国有林场的贫困危机。自 1998 年财政部和国家林业局设立了扶贫资金并出台了《国有贫困林场扶贫资金管理办法》，国家开始对国有贫困林场提供资金支持，对促进国有林场发展起到了积极作用。从 2004 年起，该项资金由国家林业局部门预算改列为中央财政补助地方专款，为加强资金预算管理，财政部和国家林业局共同修改了《国有贫困林场扶贫资金管理办法》，并于 2005 年 7 月开始实施，同时废止 1998 年的《国有贫困林场扶贫资金管理办法》。在《国有贫困林场扶贫实施方案（2012—2020 年）》中明确提出，方案实施期间，要整合中央、地方和林场的投入，全面扶持全部国有贫困林场，其中中央资金集中力量支持 1484 个国家级重点扶贫林场，省级及其他地方资金集中力量支持 2001 个省级扶贫林场。2015 年《国有林场改革方案》提出，要加强对国有林场的财政支持，这部分资金是中央财政安排给国有林场用于改革的补助资金，主要用于解决国有林场职工参加社会保险和分离林场办社会职能问题；省级财政要安排资金，统筹解决国有林场改革成本问题；具备条件的支农惠农政策可适用于国有林场；将国有贫困林场扶贫工作纳入各级政府扶贫工作计划，加大扶持力度。各省份也依次制定了本省的国有林场扶贫资金管理办法。

二、社会基本公共服务均等化：基础设施建设政策

基础设施建设政策是国有林场扶贫的重要工作之一，自始至终都受到极大关注。2005 年《国有贫困林场扶贫资金管理办法》中规定，林场扶贫资金主要用于支持贫困林场改善生产生活条件。2006 年，国家林业局发展计划与资产管理司召开了国有贫困林场扶贫工作座谈会，强调了国有林场行路难、饮水难和住房难等公共设施薄弱问题，提出各级地方政府应将国有林场的交通、电力、电视、人畜饮水、通信等基础设施建设与当地乡镇同等对待，使国有林场享受到国家的各项惠农政策。实现国有贫困林场的扶贫工作由单一的林业部门行为转变为政府行为，加快国有贫困林场的扶贫步伐。2015 年，中央 6 号文件明确提出，要求各级政府将国有林场基础设施建设纳入同级政府建设规划，加大对林场水、电、通信、道路、房屋等基础设施建设的投入。《国有林场改革方案》中明确提出，国有林场的基础设施建设要体现生态建设需要。各级政府将国有林场基础设施纳入同级政府建设计划，按照支出责任和财务隶属关系，在现有专项资金渠道内，加大对林场供电、饮水安全、森林防火、管护站点用房、有害生物防治等基础设施建设的投入，将国有林场道路按属性纳入相关公路网规划。加快国有林场电网改造升级。

国有贫困林场危旧房改造是国家保障性安居工程建设的重要组成部分，是当前国家拉动内需、促进经济平稳较快增长的重要措施之一。国家林业局印发了《林业棚户区（危旧房）改造监督检查工作方案》，强化了林业基础保障。国家林业局、住房城乡建设部和国家发展改革委联合印发了《国有林场危旧房改造工程项目管理办法（暂行）》（林规发〔2010〕266 号），国家林业局、住房城乡建设部、国家发展改革委和国土资源部联合印发了《国有林区棚户区改造工程项目管理办法》（林规发〔2010〕252 号），为国有林场职工生产生活条件提供政策保障。

国家对国有贫困林场的场外及场内道路建设工程也提供了相应的政策支持，由各省（自治区、直辖市）制定和落实具体实施方案。道路交通是影响一个地区发展的重要因素。2015年，交通运输部下发了《贯彻落实中央6号文件促进国有林场道路持续健康发展的通知》，要求各省交通运输厅与省级林业主管部门协调对接，做好国有林场道路现状、规划及道路功能属性等核实摸底工作，按照道路属性类别纳入相关公路网规划，并统筹安排好建设和养护计划，促进国有林场与周边地区交通运输基本公共服务均等化，有力地支持国有林场的基础设施建设。交通运输部的积极配合有效有力地解决了国有林场道路建设的难题。

　　国有贫困林场的饮水安全是全国农村饮水安全的重要组成部分，也是解决农村饮水安全问题的重点和难点。2012年经国务院批准，国家发展改革委、水利部、卫生部、环境保护部联合印发的《全国农村饮水安全工程"十二五"规划》将国有林场319万不安全饮水人口纳入规划范围。2014年4月29日，国家发展改革委、水利部联合印发《关于下达农村饮水安全工程2014年中央预算内投资计划的通知》，明确要求加快推进规划内国有农林场饮水安全工程建设，将规划内剩余国有农林场的饮水安全工程建设纳入2014—2015年度计划，并在分解年度投资计划时予以落实，确保在2015年前同步完成规划确定的建设任务。2014年5月15日，国家林业局下发《关于加快推进国有林场饮水安全工程建设的通知》（林规发〔2014〕71号），要求各地优先解决国有林场缺水严重和水质不达标问题，着重解决一线护林、营林人员的饮水安全问题，确保在2015年年底全部解决国有林场饮水不安全问题，保证职工正常的生产生活需要。

　　生态移民是国有贫困林场扶贫的重要途径之一，发挥着重要的减贫效应，有利于改善职工群众的居住环境，有利于保护森林资源，有利于减少管理成本。《国有林场改革方案》中提出，要积极推进国有林场生态移民，将位于生态环境极为脆弱、不宜人居地区的场部逐步就近搬迁到小城镇，提高与城镇发展的融合度。落实国有林场职工住房公积金和住房补贴政策。2017年《国家林业局关于进一步做好国有贫困林场扶贫工作的通知》再次提出要推动实施易地搬迁，要求结合有关保障性居住工程，对生活在不具备基本生存条件居住地的国有贫困林场职工家庭进行搬迁。依托政府现有安置区已有基础设施、公共服务设施以及土地、空置房屋等资源，由当地政府采取回购空置房屋等资源，安置国有贫困林场职工家庭居住。为了更好落实基础设施建设政策，各省份也依次制定了本省的国有林场基础设施改造和建设政策。

三、提升增收能力和经营效率：产业扶贫和市场引入政策

　　国有贫困林场产业发展是盘活森林资源，提高自我发展能力，实践"绿水青山就是金山银山"的有效途径，政府在国有林场产业发展方面，制定了鼓励实施多样化形式产业发展的政策支持。在国有林场扶贫进程中，探索了多种产业扶持政策。2005年《国有贫困林场扶贫资金管理办法》中，将生产发展作为扶贫资金使用的三个主要用途之一，包括发展种植业、养殖业、森林旅游业、林产品加工业及林副产品开发等。2015年《国家林业局办公室关于做好2015年国有贫困林场扶贫工作的通知》提出，积极利用自身优势，发展苗木、花卉、茶叶、林果、森林旅游等绿色、有机、无污染的特色产业，促进林场增加收入。

　　在国有贫困林场的经营管理活动中，政府积极探索市场机制的引入，鼓励国有贫困林场实施多样化的管理模式，提高经营效率。在国有林场公益林管理活动中，《国有林场改革方案》提出，在国有林场公益林日常管护中，要引入市场机制，通过合同、委托等方式面向社会购买服务；企业性质国有林场经营范围内划分为公益林的部分，由中央财政和地方财政按照公益林核

定等级分别安排管护资金；鼓励社会公益组织和志愿者参与公益林管护，提高全社会生态保护意识。2017 年《国家林业局关于进一步做好国有贫困林场扶贫工作的通知》提出，鼓励国有贫困林场采取"集中开发、分别入股"、PPP 等方式，联合发展森林旅游、森林体验和森林养生等特色产业，鼓励职工采取承包、租赁、股份、联营等形式投身特色产业发展。

四、遏制贫困代际传递：教育扶贫政策

扶贫与扶智相结合，才能从根本上解决国有林场的贫困问题，政府一直重视国有林场职工再教育的问题。2015 年，国家林业局、中国农林水利工会联合下发的《关于进一步做好国有林场（林区）帮扶工作的通知》提出，要加强国有林场（林区）队伍建设，强化帮扶与扶智相结合，做好干部职工的培训交流、异地挂职锻炼等工作，为国有林场（林区）职工提供更多的专业培训机会，努力提高国有林场（林区）干部职工的自身素质和工作能力。2017 年，《国家林业局关于进一步做好国有贫困林场扶贫工作的通知》提出，采取技能培训、交流锻炼、送书送技术进林场、特色文化林场建设等多种方式，实施智力扶贫行动计划，努力提高国有贫困林场干部职工的整体素质和自我发展能力，实现扶贫与扶智相结合。鼓励和支持高等院校、科研院所发挥科技优势，为国有贫困林场和代管乡镇、村及周边贫困地区培养科技致富带头人。

五、加强人才队伍建设：职工保障和聘用政策

人力资源是国有林场最灵活的资源，这也是国有贫困林场建设中最紧缺的资源。为统一规范国有林场职工管理，《国有林场改革方案》提出，参照支持西部和艰苦边远地区发展的相关政策，引进国有林场发展急需的管理和技术人才。建立公开公平、竞争择优的用人机制，营造良好的人才发展环境。适当放宽艰苦地区国有林场专业技术职务评聘条件，适当提高国有林场林业技能岗位结构比例，改善人员结构。要科学核定事业编制，用于聘用管理人员、专业技术人员和骨干林业技能人员，经费纳入同级政府财政预算；强化对编制使用的监管，事业单位新进人员除国家政策性安置、按干部人事权限由上级任命及涉密岗位等确需使用其他方法选拔任用人员外，都要实行公开招聘。

六、拓宽融资渠道：金融支持政策

国有贫困林场债务积累是阻碍国有林场进一步发展的绊脚石，政府出台了一系列政策用于核清国有林场的债务情况，对债务进行分类处理。国家已制定多重措施化解国有林场债务。一是对于国有林场存量债务，按照国务院部署，各地对截至 2014 年年末的地方政府存量债务进行了清理甄别。国有林场存量债务，如确属地方政府应当偿还的，应当纳入存量政府债务。对国有林场债务中属于地方政府债务的部分，可以按照地方政府债务管理统一制度规定化解。二是对于国有林场因自主经营活动形成的经营性债务，应由债务人与债权金融机构按照商业化原则，根据相关合同约定自主协商解决。三是对于用于林业项目的国际金融组织贷款等主权外债，因"天然林资源保护"等国家政策以及自然灾害，导致债务成本增加或失去还款来源的，经报国务院批准，自 2000 年起采取了降息、汇率补贴、债务免除、本息挂账等支持政策，涉及金额约为 52 亿元。

第四节 扶贫工作的阶段划分与工作重点

基于国有贫困林场的扶贫工作规划和政策实施重点,将扶贫工作划分为两个阶段,分别为开发式扶贫阶段和制度扶贫阶段。

一、开发式扶贫阶段(1998—2009年)

20世纪80年代,国有林场由全额拨款事业单位转变为全民所有制的生产性事业单位(自收自支),国有林场出现"断奶"现象,地方财政对国有林场的事业费和基本建设投入大幅度减少,导致林场自身发展严重滞后。自1998年起,国家开始正式进行有计划、有组织、大规模的国有林场扶贫开发,逐步增加扶贫投入,制定一系列扶持政策。

这一阶段的主要工作包括:安排专项扶贫资金,支持国有贫困林场的扶贫开发工作;实施国有林场分类经营管理,提高经营效率;将国有林场的发展目标由木材生产为主逐步转向以生态建设为主,鼓励国有林场开展种苗业、林下经济、森林旅游等多种形式的经营活动,增加林场收入;实施天然林资源保护工程、三北和长江中下游地区等重点防护林体系建设工程、退耕还林还草工程、环北京地区防沙治沙工程、野生动植物保护及自然保护区建设工程、重点地区以速生丰产用材林为主的林业产业建设工程等林业六大重点工程,为工程区的国有林场建设提供了部分资金支持;各国有林场积极探索扶贫道路,试图通过产业发展摆脱贫困。这一阶段,国有林场管理部门和国有林场都在积极探索扶贫道路,部分林场在这一阶段实现了全面脱贫。

二、制度扶贫阶段(2010年至今)

从2010年开始,国有林场进入全新扶贫模式,国家开始通过体制机制等制度改革,彻底解决国有林场贫困问题,并联合多个相关部门制定了一系列的配套政策。

这一阶段的主要工作包括:界定了3485个国有贫困林场,实行分级扶贫;国有林场改革工作全面启动,并顺利完成验收工作;国有林场定性、定编、定经费,国有林场被定性为公益型事业单位,林场职工工资、保险和福利全部纳入财政预算;以森林旅游和康养为代表的新型服务模式得到发展;国有林场扶贫工作与精准扶贫项目相结合,完成了棚户区改造和危房改造等工作,林场的基础设施日趋完备;积极探索国有林场改革实践活动,以扭转长期贫困落后的局面,推进改革全面实施。这一阶段,破解了长期制约国有林场发展的体制机制障碍,全面推进国有林场事业健康发展。国有林场管理部门和国有林场在实践中积极探索适合的体制机制改革道路,大力推动了全国国有林场的扶贫。

第五节 国有贫困林场扶贫的方式

国有贫困林场的扶贫方式分为外源式扶贫和内源式扶贫两种。

外源式扶贫主要是通过政策支持和项目扶持实现脱贫的方式。这种扶贫方式主要发生在制度扶贫阶段,是国有林场改革通过自上而下的方式,疏通国有贫困林场经营管理的体制机制,为国有林场创造健康的经营环境。林业六大重点工程特别是天然林资源保护工程属于典型的外源式扶贫,项目区通过这些工程资金来维持森林管护等林场运作,发放林场护林员职工工资,是林场的重要资金来源。开发式扶贫阶段大多采用这一方式扶贫，利用专项扶贫资金帮助林场建设生产。这一方式的优点在于利用项目工程进行林场建设，部分林场资金充足，职工工资得到保障，改变了过去拖欠职工薪酬的问题，为林场扶贫创造了良好的环境。但是不在工程区的国有林场，森林管护增加了压力，林场扶贫的积极性和主观能动性未得到有效激发。

内源式扶贫是国有贫困林场通过激活内部动力，挖掘内部资源优势，结合外部资源和政策，开展的自救式扶贫方式。制度扶贫阶段更多利用内源式扶贫这一方式。国有贫困林场内源式扶贫的形式比较多样化，一是依据本地的森林资源，开展的森林体验活动、森林文化基地建设、森林康养、森林小镇、林下经济等活动，解决国有林场贫困问题。二是采取股份制形式，通过多元化投资主体的融资形式，开展经营性项目。三是以扶贫资金参股，积极吸引社会资金和职工投资入股国有林场，使扶贫资金实现了"有效投放、有偿回收、滚动增值"的良性循环，资金使用效益明显提高。这一方式调动了林场职工的工作积极性，增强了林场经营的活力，使得林场能够真正走上独立自主，自力更生的扶贫道路。这一方式虽存在一定的市场风险，但在完成国有林场改革以后，林场的财政有了保障，分离多元化经营已成为大多数林场发展的未来趋势。

应当说，国有林场改革建立了林场发展的长效机制，在国有贫困林场扶贫中起到了相当重要的作用。

第三章 国有林场扶贫的主要成就

第一节 森林资源与生态系统保护逐步提升

国有林场是我国生态建设的主力军，是生态安全的重要屏障与骨架，也是生态服务及绿色生产的重要载体。构建生态文明，保护森林资源，实施林业生态效益一体化是建设国有林场的宗旨，如何最大化发挥生态效益事关国家生态安全。而在国有林场扶贫之前，其产出能力难以满足国家战略发展需求。国有林场扶贫项目的实施，改善了林场生存与发展条件，也为国有林场在生态建设中发挥主力军作用提供了保障，国有森林资源得到了有效的保护。1998—2012年，国有林场实现了森林面积、蓄积量双增长，森林面积增加了2.2亿亩、蓄积量增加了4亿立方米。截至2019年年初，全国国有林场6.7亿亩森林资源得到有效保护，全面停止了天然林商业性采伐，国有林场每年减少天然林消耗556万立方米，占国有林场年采伐量的50%。森林得到休养生息，物种得到发展保护，森林质量明显提升，森林蓄积量比改革前增加了4亿立方米。同时，国有林场改革与扶贫工作紧密结合，为国有林场经营机制改革探索积累了宝贵经验，取得了明显成效。森林资源的逐步恢复产生了巨大的生态效益，如为物种繁衍、森林防风固沙、涵养水源、固碳释氧、防洪减灾和调节小气候等。

内蒙古自治区通辽市改革森林资源集体管护机制，组建了家庭生态林场和资源管护站，既保护好了森林资源，又拓宽了职工收入门路，每户年平均增收1.5万多元。

吉林省人均管护森林面积提高到3384亩，超过全国平均水平296亩。国有林场天然林采伐量由2015年105万立方米减少到2016年1.9万立方米，减少森林资源消耗103万立方米，相当于全国减少总量的1/5，3000余万亩天然林得到休养生息。

福建省到2017年年底，全省国有林场经营面积仅620万亩，森林蓄积量4707万立方米，林分亩均蓄积量达到了8.82立方米，同比增加0.21立方米，比全省林分平均蓄积量6.68立方米高出2.14立方米。全省国有林场商品林采伐量减少超过20%，楠木等珍稀乡土树种和杉木大径级的比重显著增加，森林资源得到有效保护和提升。

青海省2018年国有林场完成人工造林13.44万亩，封山育林44.3万亩，森林抚育84.8万亩，完成林业有害生物防治158万亩，育苗基地达到106处，育苗面积达9941亩，年出圃苗木达436万株。为保护三江源的生态环境作出了巨大的贡献。

第二节 职工收入增加与社会保障水平提高

国有林场明确界定功能属性后，实行事业编制管理，有效保障了职工收入。在国有林场经济状况极为困难，经营发展举步维艰时，林场连职工的工资都无法发放，生活上日渐艰难。经过国有林场改革扶贫，职工年均工资达4.5万元，是改革前的3.2倍，国有林场职工基本养老保险、基本医疗保险参保率为100%。通过发展森林旅游和林下经济等特色产业增加就业、转岗、提前退休等途径,安置富余职工16万余人,林区民生显著改善。

吉林省妥善安置19980名富余职工,安置率达到97.6%;职工收入大幅度提高,人均年收入从2015年的1.52万元,提高到2017年的2.7万元,增长了77.6%。

浙江省事业经费从改革前的每年0.41亿元增加到了目前的每年2.47亿元,基本养老保险和基本医疗保险参保率为100%,退休职工全部纳入社保管理,大大提升了职工的积极性和满意度。

江西省将所有职工的基本养老保险和基本医疗保险给予全面落实,切实解决职工后顾之忧。改革前拖欠的近9亿元社保费用已全部清偿到位。铜鼓县等地采取财政贴息贷款助保的方式,解决就业困难职工续缴社保难的问题。

河南省国有林场职工平均工资2.78万元,比改革前提高了156%,收入得到一定的提升;国有林场职工全部缴纳基本养老保险、基本医疗保险和住房公积金,职工生活保障得到较大提高。

四川省2018年林场职工平均年收达到8万元,高于2017年城镇非私营单位在岗职工平均收入,是1998年的13倍。林场离退休职工和在职职工纳入养老保险,使离退休职工退休金有了较好保障,同时也解决了在职职工的后顾之忧。

云南省2017年下达中央林业生态保护恢复(停伐补助)资金1707万元,补助非天保工程区11个欠缴社保缴费的国有林场足额补缴社会保险费,全省林场基本养老和基本医疗保险实现了全覆盖,参保率达到100%。各地逐步落实了符合条件的国有林场职工享受乡镇基层站所福利待遇等政策,全省国有林场职工月均工资由改革前的4078元增加到7484元。

第三节 基础设施建设不断加强

通过国有林场扶贫的基础设施建设项目,国有贫困林场生产生活条件得到了明显改善,场容场貌焕然一新,扶贫效果明显。据统计,1998—2008年,803个国有林场实施了道路建设项目,修建断头路7065公里,林场出行难的问题初步得到解决;1298个林场进行了场部危房改造,改造面积89.5万平方米;525个林场实施饮水安全项目,解决了18万人的饮水安全和饮水困难问题;371个林场实施了通电项目,共架设高、低压线路1851公里,解决了247个场部不通电问题;1350个林场对职工危房进行了改造,改造面积60万平方米,改善了4.9万人的居住条件。2015年全国共完成18.4万平方米的国有林场办公用房新建和改造,2.2万平方米场区路面硬化,1827.9公里林区生产生活道路新建、硬化和维修,53个蓄水池、219.9公里输水管道,95.3公里输电线路新建和改造。

河北省所有林场场部供热实现煤改电,30%的管护站冰箱、彩电一应俱全,职工的工作、生活条件显著提高。国有林场危旧房改造工程自2010年开始启动,共完成危旧房改造面积120万平方米,涉及林业职工12897户,配套建设了供热、供配电、供排水、道路及绿化等辅助设施。

内蒙古自治区在2000—2018年共扶持基础设施建设项目483个,改造场部办公、业务用房24万平方米,修建场部道路及生产作业路718公里,修筑涵洞34个,打井127眼,安装变压器21个,电网改造78.1公里。

黑龙江省现有林区道路总里程19302公里,其中已硬化道路2397公里,沙石5202公里,土路 11703 公里。路网密度为 2.6 米/公顷。桥梁 943 座，长 14291 米，涵洞 7669 座。"十二五"期间完成危旧房改造 42461 户，截至 2016 年年底，国有林场现有房屋面积 276.3 万平方米，其中办公用房 32.6 万平方米，住宅 206.4 万平方米，厂房 27.46 万平方米。

江西省国有林场修建和改扩建设林区断头路、公路 2838 公里，解决了 107 个国有林场场部、分场、工区及周边村民交通困难。实施饮水项目工程 68 个，2010—2017 年已累计实施危旧房改造 72341 户，新建和维修生产用房危旧房面积 220647 平方米。23 个分场、工区和护林点架设输电线路 153.67 公里，为边远山区生产作业、森林防火、防盗等提供了便利。

广西壮族自治区国有贫困林场 2016—2018 年共开展了 119 个扶贫项目，完成林区管护房建设及改造 4000 多平方米，危旧房改造竣工 917 套，新建蓄水池 24 个，维修及新建林区道路 48.6 公里，新建输电线路长度 12.3 公里，新建和改造输水管道 15.96 公里，修复桥梁 6 座等。

重庆市国有林场危旧房改造工程实施以来，目前已建设完成 7235 户，面积 57.6 万平方米，修建林区道路 1160 公里，建设饮水管线 95 公里，解决了 15 万人的饮水问题，架设电线 90 公里。目前全市 319 个管护站中，96%实现公路通达，94%实现通电，100%实现通水。

四川省共修建林区断头公路和无通车能力公路 6393.7 公里，改造和加固危房 968960 平方米，投入资金 14.5 亿元，为职工新建危旧房 11461 套，架设通电通信线路 1174.81 公里，打机井 291 口，修蓄水池 38380 立方米、引水渠 20 公里，安装输水管 13.6 公里。

第四节　发展能力增强

经过二十年的发展历程，国有林场的扶贫方式已由"授人以鱼"转向"授人以渔"，以提高国有林场的"造血"功能，利用可开展的经济活动帮助林场逐步实现脱贫。各地从林场实际出发，依托资源优势，因地制宜，积极发展种植、养殖、森林旅游等林业产业，增加了林场经济实力。"十一五"期间，全国 510 个林场开展了种植业项目，兴建了苗木、花卉等基地，建设规模达到了 40 万亩，年产值 14.4 亿元；395 个林场开展了特色养殖业项目，年生产规模共 9 万头（只），年产值 0.75 亿元；75 个林场发展林产品加工业项目，年产值 0.6 亿元；145 个林场开展森林旅游项目，年旅游收入 3.9 亿元。据初步统计，10 多年来，开展产业扶贫项目安置富余人员 15477 人，使 224 个林场逐步摆脱贫困，其中 112 个林场走上了致富之路。这些扶贫项目的实施增强了林场的"造血"功能，促进了林场产业发展和经济结构调整，促使了林场职工克服"等、靠、要"思想，提高了脱贫致富的积极性和主动性。据测算，国有林场在涵养水源、生物多样性保护、固碳释氧、保育土壤、净化大气环境、森林游憩和能源防护等 7 项服务功能总价值达 8.4 万亿元。特别是一些国有贫困林场依托丰富的森林景观资源，利用扶贫资金大力发展森林旅游业，获得了显著的效益，走上了产业反哺生态的良性发展路子。

河北省国有贫困林场中，良种种苗基地 3200 余亩，年产优质工程用种 12000 余千克，年产优质工程用苗 2.7 亿余株；建成养殖基地 23000 余平方米，年出栏牛、羊等牲畜 1.2 万余头，鸡鸭等禽类超过 200 万只。

吉林省新建菌类种植大棚 30 个、桑黄种植大棚 1550 平方米、黑木耳晾晒房 904.4 平方米、冷库 510 立方米；种植食用菌类 42.95 万袋（椴）、饲养森林黑毛猪 500 头、饲养牛 95 头；新建木材加工厂 1 个、黑木耳加工车间 1 个、扩建改造食用菌发菌车间 2 个；发展特色经济林、林下药材及果树 5721.85 亩、建设苗木基地 4856.7 亩；开发建设生态旅游观光景区 2 处。

江西省国有林场实施毛竹低产林改造17.17万亩，每年毛竹销售收入可增加约20万元；建设珍贵树种培育和苗木基地3.6万亩，基地的综合产值达到约1.7亿元。实施中幼林抚育和低产低效林改造项目21.03万亩。

云南省共扶持贫困林场发展红豆杉、八角、西南桦、杉木等乡土速生丰产林和特色经济林、观赏苗木、珍贵用材林基地建设以及龙胆草、草果、党参、重楼等林下药材和花卉基地建设76400亩，积极发展林下养蜂、林下养鸡、林下养殖豪猪等特色养殖项目。

第五节　社会服务能力与水平逐步提高

国有林场逐步开展多种形式与农户合作造林，包括自筹合作式造林、股份合作式造林、跨省合作式造林等，有效提高了森林资源面积和质量。国有林场通过政府购买服务开展造林活动和森林管护，为周边农户提供更多的就业机会，提高了农户收入。为了让更多的人走进森林，国有林场建立了森林公园，并建设了配套的安全设施和游玩设施，包括帐篷基地、林区步道、凉亭、休息区等。国有林场开展的森林旅游、森林康养、森林小镇等活动，也为周边开展餐饮、住宿等自营活动的农户提供了消费者。2019年，我国森林旅游业继续保持较快增长。经测算，全国森林旅游游客量约18亿人次，同比增长12.5%，创造社会综合产值约1.75万亿元。2019中国森林旅游节影响广泛、成效突出。森林旅游新业态不断丰富，品牌建设不断加强。国家林业和草原局公布了第三批国家森林步道名单，推出了3条国家森林步道示范段；公布了100家森林体验、森林养生国家重点建设基地，推出了10条特色森林旅游线路、15个新兴森林旅游地品牌、13个精品自然教育基地，举办了生态旅游论坛、森林疗养论坛、自然教育论坛；起草了《全国国家森林步道发展规划（2020—2050年）》。

目前全国有1300多个林场建立了自然保护区，有2500多个林场建立了森林公园，有240多个林场建立了湿地公园，分别占我国总量的60%、90%和50%。旅游胜地黄山、张家界等，都坐落在国有林场内。10个国家公园试点里，有140个国有林场被纳入其中。这都成为人民休闲娱乐、享受自然最重要、最便捷、最普惠的公共渠道，极大提升了人民福祉。

湖南省有87个国有林场建立了森林公园，28个国有林场建立了自然保护区，国有林场在提供生态服务等方面发挥了重要作用。陕西省依托国有林场建设省级以上森林公园78处，森林旅游从2005年的410万人（次），增加到2018年的2626万人（次），森林旅游产值12亿元。安徽省以国有林场为依托建立的国家级和省级森林公园42处、自然保护区11处、湿地公园1处。四川省建立国家、省级和市县级森林公园123个，开展生态旅游、观光旅游、休闲度假、科普教育等活动，以便更好地服务社会大众。

第六节　科技应用与推广能力增强

国有林场承担着林业科学研究、生产试验示范、教学实习基地和林业新技术推广的重要任务，在林业科技推广、林木良种选育中发挥着主要示范作用。启动智慧国有林场建设，建造智慧林场的扶贫模式，完善国有林场和森林公园资源监管平台数据信息，实现林地、林木等森林资源信息化监管，鼓励林场采购森林防火视频监控、无人机等新型信息化装备实施森林管护，实现科技引领国有林场的发展。林场未来发展方向在于，打造科技林场，在良种繁育推广、营造林新技术、森林可持续经营新模式等方面探索创新，建成林业科技示范基地，建设智慧林场，重点建立森林资源保护培育全方位、全领域的物联网管理系统，把国有林场建成智慧林业应用基地。国有林场管理办法修订讨论会中各级林场管理负责人一致明确提出，积极鼓励国有林场与高校建立合作关系，包括基地建设、社会实践、工作实习等。

福建省与南京林业大学长期合作，在国有林场开展杉木良种选育工作。合作建立的杉木第二代种子园，遗传增益超过30%，达到了国际先进水平。福建洋口林场等在打造科技林场、良种繁育推广、营造林新技术、森林可持续经营新模式等方面与科研单位合作探索创新，建成林业科技示范基地，取得了众多的科研成果和技术发明，建设智慧林场，重点建立森林资源保护培育全方位、全领域的物联网管理系统，把国有林场建成智慧林业应用基地。

黑龙江省的丹青河实验林场多年来大面积培育森林、红松多功能果材兼用林、珍贵树种大径材经营林、人工针叶纯林近自然化改造经营林等，共投入培育资金1000余万元，森林净生长率由2.75%提高到5.2%，森林公顷蓄积量由96立方米提高到138立方米，森林覆盖率达92%，成为全国森林经营样板基地建设单位之一。

江苏省盐城市大丰区林场通过扶贫资金项目，引进培育红花玉兰、二乔玉兰等"彩色化"树种，有效提高林场育苗档次，既丰富了林场树种林相，也为发展森林旅游打造了亮点。

重庆市国有林场积极开展林业科学研究和实用技术推广，先后成功引进了火炬松、湿地松、日本落叶松、69杨、巨尾桉等速生用材树种，总面积达50万亩，为国家培育木材2000万立方米。

第四章 国有林场扶贫的基本经验总结

第一节 国有林场扶贫的主要模式

一、以森林经营为主的扶贫模式

以森林经营为主的扶贫模式是指通过建设森林经营示范林，培育国家战略储备林，培育国家特殊及珍稀林木和实施森林抚育等一系列资源培育举措，从而实现国有林场森林资源总量持续增加，森林资源质量进一步提升的目标。大力实施森林经营，做大林场资产，合理利用森林资源，进行幼林森林抚育，通过森林经营使得森林面积、林木蓄积量得以提升。在加强森林经营管理和资源保护的同时，充分利用国家补贴和地方政府配套资金，科学开展森林经营，努力提高森林面积和林分质量。

针对不同的林场客观条件，利用林场技术优势，创新出不同的送苗、育苗、植树造林等方式，使得生态环境体现出对应的生态价值，实现绿色发展。内蒙古自治区、重庆市、山西省等地国有林场针对自身资源条件，结合国家补贴，利用森林经营的科学方式，取得了良好的成效。例如，塞罕坝机械林场用肩扛、马拉、驴驮、镐刨、钎镐、客土等方式进行森林经营，如今已建设成为世界最大的人工林场，森林覆盖率由原来的11%提高到80%，林木蓄积量由33万立方米增加到1012万立方米，据中国林业科学研究院评估，塞罕坝的森林生态系统，每年提供着超过120亿元的生态服务价值。重庆市璧山区东风林场，通过实施森林经营，森林面积从8.44万亩增加到8.64万亩，林木蓄积量从9.53万立方米增加到11.38万立方米，森林覆盖率从96.2%提高到98.5%。山西省晋中市榆次区国有庆城林场，森林经营工作全面开展后，先后实现了荒山绿化工程2万余亩、森林抚育1.6万亩，培育苗木面积3202亩，苗木树种达50余种，形成油松、华山松、白皮松三大拳头产品。通过实行森林经营为主的扶贫模式，林场面貌发生了翻天覆地的变化，林场正焕发出前所未有的生机与活力。

二、以森林培育为主的扶贫模式

以森林培育为主的扶贫模式是指国有林场通过低产低效林改造、商品林营造和抚育、用材林营造、防护林经营等方式进行森林培育实现扶贫，使得林业产业效益得以显著提升。

森林资源是国有林场可持续发展的基础，培育森林资源是实现国有林场可持续发展的重要途径，近年来，国家继续加大了造林绿化投资力度，林场总结了以往的造林技术经验，巩固成果。部分国有林场根据市场需求，积极探索和尝试发展依林、非林产业项目，取得了较好的经济效益，为国有林场走出困境探索了新路。具体如下：通过木材战略基地建设项目的实施，提高了国有林场降水的利用率，增加了森林涵养水源效益，减少了土壤流失量、减少了土地面积和土壤肥力损失、减少了河床淤积、保护了水利设施、增加了土壤养分，固定了二氧化碳，保护生物多样性，维护国家木材安全，增加了林场职工拓宽致富渠道，同时使树种和珍贵树种的种群数量大幅度提高，为缓解木材结构性矛盾奠定资源基础。此外，国有林场全力打造野生物种资源保护基地，依托国有林场建设一批珍稀濒危野生动物保护基地和珍贵乡土树种种质资源原地保护区，从而实现生物多样性的保护和经济发展的协同发展。充分利用野生动物资源调查和林木种质资源清查成果，依托国有林场建设一批珍稀濒危野生动物保护基地和珍贵乡土树种种质资源原地保护区。在充分保护的基础上，依托林业科研优势，积极做好林木种质资源收集保存、林木良种选育推广等工作，在国有林场建设一批林木种质资源保存库、省级以上林木良种基地和省级保障性苗圃。

该扶贫模式在河南省、江苏省、安徽省、甘肃省通过试行，取得了显著成效。例如，河南省编制了《河南省木材战略储备生产基地规划（2011—2020年）》，涉及国有林场28个，面积37.94万亩。在尉氏林场、民权林场、宁陵林场、虞城林场、西华林场、商城黄柏山林场、南湾实验林场，共同组织实施木材战略储备基地示范项目试点工作，各营造林达4000亩。江苏省国有林场孕育了宝华玉兰、金钱松、香果树、银缕梅、南京椴、中华虎凤蝶、白颈长尾雉、白鹇等一大批珍稀濒危野生动植物资源，是最重要的生物资源和生物多样性宝库，大丰麋鹿国家级自然保护区、洪泽湖湿地国家级自然保护区、洪泽湖东部湿地省级自然保护区依托国有林场而建，5个森林类型省级自然保护区全部地处国有林场范围。据统计，安徽省有87个国有贫困林场营造林168500亩，其中营造商品林12000亩，毛竹林9000亩，经济果木林6000亩，绿化大苗15000亩，低改经济果木林1500亩，毛竹等林分抚育125000亩。甘肃省以增加森林资源总量、提高森林资源质量、优化森林资源结构为目标，加大森林培育投入，推动了森林资源的稳步增长。庆阳市以"再造一个子午岭工程"为抓手，全市国有林场年均造林面积是改革前的近4倍，有林地面积较改革前增加19.48万亩，森林覆盖率增长2.49个百分点。白银市寿鹿山林场依托天保、公益林、三北防护林建设等工程完成了人工营造任务13400亩，林场成活率在85%以上，保存青海云杉、落叶松、油松株数255.82万株，郁闭度达到0.3以上，取得了显著的生态、经济和社会效益。国有林场通过各种途径，坚持生态保护、绿色发展，为当地林农带来了可观的经济收入。吸纳大量的社会富余劳力，改善民生，促进稳定，带动周边贫困人口扶贫，助力区域扶贫攻坚，打赢林业扶贫攻坚战。

三、以发展特色绿色产业为主的扶贫模式

经济的发展是实现国有林场脱贫的关键。国有林场利用自身的禀赋，大力发展经济林果、林木种苗、畜禽养殖、特色水产、森林旅游等产业，可以有效壮大林场经济实力。林业特色产业蓬勃发展。规划引领，整合项目资金，突出地域特色，充分挖掘国有林场发展潜力，发挥国有林场森林资源优势，集中林业产业发展资金、市财政农发资金、林业科技资金、林业贷款贴息等，同时，积极鼓励社会资本进入国有林场，以此带动和支持国有林场积极发展种植业、养殖业、森林旅游业等特色产业，不仅为职工和周边农民创造了许多就业岗位，而且大大增加了职工收入。

在国有林场扶贫工作中出现了很多扶贫作用较明显的品牌或基地。许多省份都积极发展特色产业（林果、林产品加工、林下种植等）。辽宁省、河南省、江苏省、湖南省、四川省等国有林场从实际出发，依托资源优势，因地制宜，积极发展种植、养殖、森林旅游等林业产业，增加了林场经济实力。例如，辽宁省二十年来，开展产业扶贫项目安置富余人员3600人，使56个

林场逐步摆脱贫困，其中17个林场走上了致富之路。据统计，2017年河南省53个贫困县林业总产值达到650亿元，人均林业收入达到1954元。洛阳市的牡丹、南阳市的月季、开封市的菊花、许昌市的蜡梅，三门峡市的苹果，信阳市的茶叶，卢氏县的核桃、连翘，内黄县的大枣，淅川县的软籽石榴、大樱桃，西峡县的猕猴桃等成为了当地的特色品牌。江苏省利用扶贫资金，大力发展森林旅游产业。常州市金坛区茅东林场大力发展林家乐，目前金牛山庄小区发展成为可同时接待1200余人用餐，拥有300多个床位的山庄民宿聚集地。新沂市国有公益林场通过扶贫资金项目，新建桃树经济林200亩。南云台国有林场依托政策扶持，推动特色产业扶贫，旅游服务业经济占全场国民生产总值的比重，由2009年的2%提高到去年的30%以上。湖南省发展经济林、林产品加工、森林旅游、林下经济等，月溪国有林场先后引进民营资金510万元，90%的木材被加工厂消化，木材利用率达到了100%，并解决了职工、家属和周边农村劳动力就业280余人，加工产业收入从2001年的320万元增长到2017年的4100万元。四川省眉山市洪雅县国有林场，先后投入1.5亿元，率先在全国提出"森林康养"概念，成为全国首批森林康养基地试点建设单位，林场年可支配收入近8000万元，职工年收入达到5万余元。

利用国有林场开展林下经济，重视生态旅游产业化发展，使其成为反哺主导产业发展的支柱产业和职工收入增长及从业服务创收的重要途径，更是居民致富的重要途径。这些扶贫项目的实施增强了林场的"造血"功能，促进了林场产业发展和经济结构调整，促使了林场职工克服"等、靠、要"思想，提高了扶贫致富积极性和主动性。特别是一些贫困林场依托丰富的森林景观资源，利用扶贫资金大力发展森林旅游业，获得了显著的效益，走上了产业反哺生态的良性发展路子。

四、以林下经济种养殖模式为主的扶贫模式

在有效保护森林资源的前提下，鼓励国有林场开拓多种经营渠道，通过发展林下种植、养殖、林产品加工业和林副产品开发等项目，实现自我造血功能。例如，广东省、湖南省、江西省国有林场依托自身资源优势，因地制宜发展林下经济种养殖模式。广东省在2015—2018年间，安排1328万元中央扶贫资金，扶持了19个国有林场共26个经营类项目，其中，广州市流溪河林场通过使用扶贫资金升级茶厂设备，提高生产力，使茶厂产值增长了26%，茶厂总产值由127万元增长到160万元，扭亏为盈。据统计，湖南省共有55个林场发展茶叶产业，创建了48个品牌，国有林场茶产业年产值达37767.4万元，其中石门县白云山国有林场的"冠云"牌白云银毫系列有机茶荣获"湖南省著名商标"称号。江西省九江市修水县国有林场，自开展扶贫攻坚以来，建成生态油茶园3000亩，林下药材种植1000亩，珍贵花卉苗木生产基地200亩，天然蜜蜂养殖场20个，年蜜蜂保有量3000余箱，形成完整的林下经济产业链，促进职工增收。

一批贫困林场发展多种经营，调整产业结构，多元化发展，使贫困林场由"输血型"林场向"造血型"林场转变。改革后，种植、养殖等林下经济蓬勃发展。国有林场茶叶、林药、林下种养、林产品加工等产业收入稳定，取得了积极成果。同时，带动了林场其他产业的发展，增加旅游流量，给运输、餐饮、景区等产业带来积极的影响。林下经济的发展，催生了新型经营主体，合作社、家庭农场、职业林农等新型经营主体实行规模化、市场化、集约型经营，提高了适应市场发展的能力，提高了林场与职工的收入，在带动其他产业发展的同时，增加原林场代管村镇的人员就业机会，改善当地民生。

五、以发展森林旅游为主的扶贫模式

国有林场在扶贫过程中，通过建设森林公园，发展森林旅游，逐步转型发展成为向社会提供生态产品和生态服务的森林旅游胜地。此外，随着经济社会的快速发展和人们生活水平的不断提高，旅游业呈现出蓬勃发展态势，尤其是以走进森林、回归自然为主要特点的森林旅游，越来越成为公众特别是城镇居民的旅游新内容，人们对森林观光、休闲游憩、生态养生、山水摄影、自然探索等方面的需求日益增大。

推动国有林场森林旅游产业发展，既可以发展壮大国有林场自身经济实力，又可以满足人民日益增长的精神文化需求，提高人民的生活质量。例如，河南省、湖南省、贵州省、山东省等地通过发展森林旅游业实现了林场的转型发展。河南省在国有林场基础上已建立省级以上森林公园55个，森林生态景区9个。其中，云台山国家森林公园、白云山国家森林公园、嵩山国家森林公园被国家旅游局评为AAAAA级旅游景区。河南省森林公园年接待游客3422.77万人次，总收入达13.3亿元。湖南省以国有林场为基础建立了87个森林公园，占全省森林公园总数的71.9%，构建起森林公园建设布局的主体框架。截至2017年，全省森林旅游年接待游客数超过5000万人次，旅游收入超过70亿元，大围山、花岩溪、桃花源等国有林场依托森林旅游发展实现了扶贫。贵州省黔南布依族苗族自治州贵定县甘溪国有林场，通过开发森林旅游探索出了适合自己的"林业产业化"发展路径，通过招商引资，森林公园贵定阳宝山景区投入资金1.7亿元，已建成为国内知名的禅修、清修、养生、养心度假胜地。山东省淄博市原山林场，自扶贫工作开展以来，大力发展森林旅游业和服务业，把一个负债4009万元的"要饭林场"发展成为全国林业战线的一面旗帜。

六、以创建基地和合作社为主的扶贫模式

以创建基地和合作社的扶贫模式是指国有林场在寻求产业发展的同时，积极响应国家精准扶贫的号召，有效带动当地农牧民增收致富，使得国有林场改革发展与经济社会发展、农牧民增收致富工作同步开展，相得益彰。

国有林场在扶贫过程中，全面落实新时代党的建设总要求和新时代党的组织路线，不断提升基层党组织的组织力、战斗力、凝聚力，强化党支部在扶贫攻坚工作中的引领作用，全面推行"党支部+合作社+农户"产业扶贫新模式，取得了良好效果。自扶贫工作开展以来，采用"国家扶贫政策+贫困林场+林场育苗产业+造林专业队"的扶贫方式，加强国有林场各项工作的组织领导，坚持以人为本，着力改善民生是关键，加强国有林场各项工作软件资料的建设，加强国有林场工作的宣传力度，加强国有林场扶贫资金的规范运行。

西藏自治区、湖南省、甘肃省、江西省等实施"林场+基地+合作社+农户"的多部门联动发展模式，促进国有林场改革发展与经济社会发展、农牧民增收致富工作同步开展。据初步测算，西藏自治区在重点实施的生态苗木良种基地建设采取"林场+基地+农户"的发展模式，该项目可带动600余人次就业，拉动当地农牧民每年租赁收入130万元左右。湖南省国有贫困林场扶贫工作确保全省93个国有贫困林场如期实现全面脱贫，尤其是湖南省罗溪国有林场成立了"洞口县阿西瑶瑶旱粮种植专业合作社"和"洞口县林下中药材种植专业合作社"，采取"林场职工+林农+基地+合作社"模式，实行股份制经营，使承包林地的生产力得以提高，森林资源得到了有效保护。甘肃省酒泉市金塔县金塔潮湖国有林场，在扶贫工作中，结合自身区位和资源

优势，采取"支部+合作社+农户"的组织方式，年出圃苗木200多万株，收入达到100多万元。江西省吉安市安福县武功山林场通过优先安排和全程指导困难农户繁育造林苗木，并按市场价收购用于林场造林，仅此一项，每年帮助育苗村民每户增收1.5万元左右。

国有林场实行"国家扶贫政策+林场+林场育苗产业+造林专业队"的扶贫模式，帮助困难群众增收致富取得了好成效，扶贫工作发挥了积极的示范带动效果，获得了省市相关领导的充分肯定。

七、以就近就地规模化、集约化经营为主的扶贫模式

以就近就地规模化、集约化经营为主的扶贫模式是指优化整合国有林场的就近资源，实现国有林场规模化、集约化的经营管理。例如，福建省以国有林场改革为契机，推进贫困林场与经济状况较好的林场整合，9个国有贫困林场中，已有6个林场就近与县域内其他省属国有林场进行了合并，如莆田黄龙国有林场与白云国有林场整合为莆田云龙国有林场，永春大荣国有林场与碧卿国有林场整合为永春碧卿国有林场等。河南省国有济源市黄楝树林场，在国有林场改革时期，为更好地实现国有林场规模化、集约化经营，按照济源市国有林场改革方案，国有济源市黄楝树林场同国有济源市蟒河林场等四个单位合并组建成了国有济源市愚公林场，机构规格为副处级，实行财政全额预算管理。

优化整合，既有利于贫困林场的扶贫，又有效推进国有林场的规模化、集约化经营。从根本上解决了林场的经费问题，使国有林场的社会地位不断提高，职工的获得感和幸福感增强，国有林场步入新的发展时代。

八、以人才引领与信息化结合为主的扶贫模式

以人才引领与信息化结合为主的扶贫模式是指国有林场主管部门采取短期培训、考察座谈、科普示范等多种形式，组织开展业务和技能培训活动。提高国有林场信息化水平，打造林业科技推广运用示范平台。开展种质资源库建设，培育优质种苗，推广良种育苗、良种造林。加大林业科研成果、林业实用技术、林业机械装备在国有林场的推广应用，提高国有林场经营技术水平。

国有林场大多选址在偏远、交通不便的生态环境脆弱和恶劣地区，国有林场虽为事业单位，但生活条件不如农村，事业单位的体制限制对新进人员的学历、素质等有较高的要求，而国有林场落后的生产生活条件，让很多高学历专业人才望而却步，即使引进了专业技术人才，也是以林场为平台和跳板，因此，加强人才引领，提升林场职工素质的发展模式，有利于增强国有林场的自我发展能力。

近年来，高度重视国有林场扶贫工作，严格按照打赢扶贫攻坚战的要求，立足实际，主动作为，精准施策，狠抓落实，通过积极采取输血式扶贫和造血式扶贫相结合的各项措施，确保国有林场扶贫工作取得了明显成效。重点抓无业、失业人员的技能培训，全面提升困难群体。

例如，甘肃省、辽宁省等各级国有林场主管部门采取短期培训、考察座谈、科普示范等多种形式，组织开展业务和技能培训活动。重庆市同时利用天保工程、扶贫项目、森林抚育、造林补贴、职工技能竞赛等开展职工专业技能培训。新疆维吾尔自治区吐鲁番市鄯善县双水磨林场，通过"科技之冬"的培训活动，为全场培训出养殖能手8人、设施农业种植能手16人、农业经济人22人、致富能手58人、葡萄种植科技示范户78户，涌现出一批致富带头人。山东省

冠县国有毛白杨林场与北京林业大学合作研究的"毛白杨优良基因资源收集、保存、利用的研究"获林业部科技进步一等奖、"三倍体毛白杨新品种选育"获国家科技进步二等奖，与山东省林科院合作的"白杨种质资源收集评价及新品种选育应用"获山东省自然资源科学技术一等奖。累计选育毛白杨优良品种36个，生产杨树良种穗条1200万千克、良种插穗5亿余段、良种苗木3200万株，销往全国13个省市区，为我国的毛白杨良种繁育与推广及林业发展发挥了重要作用。

九、以吸纳多元化投资为主的扶贫模式

以吸纳多元化投资为主的扶贫模式是指针对贫困林场扶贫资金严重不足的问题，各地林场集思广益，普遍采取了"国家扶贫投一点，上级配套拨一点，林场经营补一点，职工投劳干一点"的办法，实现了投入多元化。对于经营性项目，各地林场普遍采取股份制形式，突出了投资主体多元化，经营形式多样化。

建立以国家投资为主的多元投资体制，需要政府主管部门将国有林场发展场外林业作为国家林业建设工程项目，列入林业发展规划。国有林场发展生态公益林和国家战略储备珍贵用材林，以国家投资为主，发展商品林可实行国家补助、银行贴息贷款以及吸纳社会资金等多元化投资方式进行建设和管理。例如，湖南省炎陵、桂东、资兴三个集体林区重点县（市）的国有林场，场外合作发展林业的面积达56万亩，最少的林场发展12万亩，最多的发展24万亩。吉林省临江市六道沟国营林场，重点推广了股份造林、合作造林、承包造林等造林模式，农民通过与林场分成造林和劳务等方式增加收入。在新造林管护环节，推广聘请营林公司的模式，在确保森林资源安全的前提下，增加了林场困难职工收入。安徽省亳州市蒙城县白杨国有林场与九九慢城杜仲产业（蒙城）有限公司采取场企合作模式，场校合作模式，从安徽科技学院聘请教授，进行杜仲苗木嫁接技术培训，培训采取理论与实践相结合的方式，使得林场职工熟练掌握了杜仲苗木嫁接技术。

国有林场以扶贫资金参股，并积极吸引社会资金和职工投资入股，坚持政府推动与市场机制相结合的发展方式，使扶贫资金实现了"有效投放、有偿回收、滚动增值"的良性循环，资金使用效益明显提高。

第二节　国有林场扶贫的主要举措

一、国家宏观层面的政策支撑

政策支持是林场扶贫的前提条件。国家、省级层面出台的针对国有林场的改革和专项建设，解决了资金投入保障机制、国有林场基础设施落后等国有林场贫困的根本性、共性问题，对于推进国有贫困林场整体扶贫进程具有决定性作用。国家对国有贫困林场实施扶持政策，广大林场干部职工感受到党和政府的温暖，同时也感受到一味依赖着"输血"是不可能消除贫困的，唯有自身形成"造血"功能才能告别贫困。

2003年，中共中央、国务院颁布了《关于加快林业发展的决定》，对长期困扰国有林场发展的一些重大问题进行全面改革，进一步挖掘国有林场潜力，增强了发展活力。2009年，国家在全国12个省（市）开展国有林场危旧房改造试点。2010年以来，国家交通运输部、国家广播电

视总局等部委相继把国有林场场部连接道、村村通广播纳入专项规划并启动。2011年，国家林业局出台了《国有林场管理办法》，《办法》的出台，更有利于推动国有林场管理的法制化、科学化，对国有林场建设管理具有里程碑的深远意义。2015年，中共中央、国务院印发了《国有林场改革方案》，全面启动国有林场改革。这一系列政策、法规的出台，有利于加快国有林场的发展，促进国有林场扶贫，为切实改善国有林场职工的生产生活条件提供了坚强的政策保障。

二、加强组织领导，认真落实责任

各级财政和林业主管部门对国有林场扶贫工作非常重视，坚持以改善民生为本，把解决林场贫困和职工疾苦作为工作着力点，深入调研，制定政策，落实投入，加强监管。为强化责任落实，地方各级林业主管部门成立了以主要领导负总责，分管领导负主责和相关部门参与的国有林场扶贫工作领导小组，并将扶贫作为国有林场年度考核内容，层层签订责任状，逐级落实责任。实施扶贫项目的国有林场，坚持一把手负责，明确专人具体抓落实。

全面贯彻落实《中共中央国务院关于打赢扶贫攻坚战的决定》，加快国有贫困林场扶贫攻坚步伐，要求各地高度重视国有贫困林场扶贫工作，成立相关责任制小组，层层签订扶贫攻坚责任书，逐级落实责任制。各林场高度重视项目实施工作，把其作为改善林场生产生活基础设施的重要举措，为推动项目实施，各林场均成立了项目实施领导小组，由场主要负责人任组长，并设立了财务审计、技术指导等工作小组，对项目实施和资金管理实施全过程的审核监督，确保了项目建设质量。

国有贫困林场的扶贫攻坚关键在于打造一支作风优良、业务过硬、能力突出的林场干部职工队伍，特别是林场场级干部对于林场的发展和扶贫项目的实施要有清晰的思路、高强的执行力，要制定林场发展的长远规划，积极对接政府和各级部门的政策项目支持，形成多方推动林场扶贫的合力。林业主管部门要通过场级干部挂职交流、培训学习、职业教育等平台提升国有林场干部队伍素质。

三、坚持项目带动，切实增强林场发展活力

强化项目管理。从中央财政国有贫困林场扶贫项目的申报、审核及确定项目单位、下达资金计划等环节入手，根据中央财政国有贫困林场扶贫资金项目的要求，按照公开、公正的原则，每年对申报的扶贫资金项目进行梳理，制定初步计划，并会同财政部门对项目进行实地调研、审核后再确定最终计划。在项目实施中，要求项目实施单位严格按照项目建设的要求，落实项目法人责任制，积极推行建设工程招投标制和工程监理制，加强项目质量的监督管理。

选准项目，注重成效。项目筛选论证是扶贫工作的关键环节，事关扶贫成败。各地以讲求扶贫实效为原则，紧密结合贫困林场特点，在确定每一年度分配额度之后，向省级林业主管部门备案，由各贫困林场自主确定发展扶贫项目，形成项目实施方案（可行性研究报告书）上报省林业主管部门，省林业主管部门结合各林场实际，对项目进行市场评估和考察，对不符合市场需求的项目及时建议县市进行调整。项目确定后，各地从项目申报、方案、批复、落地、完成情况入手，及时上报备案材料，以便跟踪扶贫效果。省林业和草原局对上报备案材料认真审核，发现问题及时通知相关县（市、区）林业局整改。

围绕林业产业扶贫，坚持兴林富民，注重依托丰富的林业资源，着力打造产业化集群。产业扶贫是稳定扶贫的良策，无论是乡村振兴还是扶贫攻坚，归根结底都是发展问题，国有林场

结合经济林、林下经济、林产品加工和森林旅游康养等林业产业，积极推动林业一、二、三产业融合发展，是实现林场和林区农民快速增收致富，助力扶贫攻坚的有力措施。河南省国有林场打造了优质林果、油茶、茶叶、苗木花卉等产业，通过对农户开展经济林果栽培、果树整形修剪、林业有害生物防治、农药化肥使用以及森林火灾预防扑救等技术技能培训，着力提升农户运用科技知识，加强日常管护，发展林业，促进农民增收。

四、严格资金管理，注重成效

加强资金拨付管理，严格按照扶贫资金管理要求，及时将国家林业和草原局下达的扶贫项目资金拨付给项目林场，实行专款专用，确保了扶贫项目的顺利实施；加强项目管理，实行项目法人责任制，即"一把手"负总责，分管领导具体抓，基建和财务相关部门具体负责管理的方式，切实加强项目资金的管理；加强会计核算，单独设立账页，执行分账核算，严格按下达项目的支出范围使用资金；加强项目实施过程中的检查监督，对属于政府采购的支出，按有关规定办理政府采购手续。通过以上措施使有限的资金用在刀刃上，充分发挥资金使用效益。

按照"钱要花在刀刃上"的要求，着力抓好扶贫项目实施和管理。按照先急后缓的要求，科学审核批复扶贫项目，确保扶贫项目发挥应有的效益；注重加强项目实施监督管理，实行项目法人责任制，按照施工进度，加大监管力度，确保项目建设的进度和质量。各省以讲求扶贫实效为原则，紧密结合贫困林场特点，对基础设施建设项目予以优先考虑，重点选择改善林场生产生活条件的基础设施项目，如修断头路、改水、架电、改造危旧房等；对经营性项目层层把关，重点选择投资少、见效快、效益好的项目，比如森林公园建设、林下资源开发等。

委托第三方进行资金项目核查。为全面掌握国有贫困林场扶贫资金项目任务完成情况及完成质量，进一步加强扶贫资金监管力度，切实提高扶贫效果，专门委托第三方等专业技术部门，对国有贫困林场扶贫资金项目进行核查。明确了资金支出范围，落实了会计核算、单独设立账页、执行分账核算、第三方审计等制度，保证了扶贫资金有效使用。针对检查中发现的问题，提出整改意见，反复跟踪落实，同时对一些违反规定使用扶贫资金情节严重的地区，启动问责机制，确保扶贫资金专款专用。全国各省国有贫困林场分布地区广，数量多，如何在统筹安排资金的环节做到兼顾效率与公平，是每年扶贫的重要课题。参照广东省在编制《广东省国有贫困林场"十三五"扶贫实施规划》时，引入"贫困系数"的概念，依据国有林场在职职工人均年收入与当地平均收入的比值计算贫困系数，贫困程度较高的林场将作为分配资金的重点扶持对象。通过采用这种资金分配方法，既能够做到对贫困林场较多、贫困程度较高的地区加大扶持，又能兼顾贫困林场较少但仍需帮扶的地区。

五、科学规划，统筹发展

国有林场扶贫要围绕生态建设进行统筹规划。本着"先规划、后建设、有特色"的原则，从统筹城乡环境保护、改善人居环境、改变国有林场面貌的实际出发，把国有林场建设规划和生态环境保护相结合，着力培育环境友好型的生产生活方式，推进国有林场生态环境与循环经济快速发展。

通过科学营林造林，推广营造林技术，切实把贫困群众扶贫致富与改善农村人居环境、促进林业可持续发展、提高农民生活质量和健康水平结合起来。通过林区公路、饮水设施和通信设备的建设，既改善了林场职工生产生活条件，又为周边的贫困村林业产业发展打下了坚实基础。例如，吉林省省级林业主管部门在摸清贫困林场情况的基础上，每五年编制一次国有林场扶贫实施方案。辽宁省朝阳市借鉴外省做法，在国有贫困林场扶贫开发规划中提出，新建或改造的国有林场场部要达到"两有、四化、五配套"的标准。山西省先后编制了《山西省国有贫困林场"十三五"扶贫项目建设规划》《山西省国有林场中长期发展规划》《省直林局"十三五"项目建设方案》等。四川省在深入调查摸底和研究分析国有贫困林场的情况后，2006年，省财政厅编制了《四川省国有林场扶贫开发规划（2006—2010年）》，2017年编制了《四川省国有林场扶贫发展规划（2017—2020年）》。广东省国有林场扶贫一直坚持规划先行，从2006年至今，分别印发实施了《广东省国有贫困林场扶贫实施规划》《广东省国有贫困林场"十二五"扶贫实施规划（2011—2015年）》《广东省国有贫困林场"十三五"扶贫实施规划（2016—2020年）》，以规划为基础，带动项目实施开展，统筹安排国有林场扶贫项目及资金。

在探索清晰国有贫困林场的现状后，对其做出短期与长远安排，综合各种要素确立扶贫重点。在落实扶贫项目的总布局上，就是按照生态区位的主次、扶贫需求的等级、全省范围的平衡来一步一步推进，体现了规划的系统性、整体性、多效性、全面性。以国有林场为单位，立足当地森林旅游、乡村休闲旅游、森林小镇、种植业、养殖业、林产品加工、林下种植和种苗花卉等特色产业发展，找到当地国有林场林业产业的闪光点，借鉴江西省推动"一场一业、百场百业、百场带百村"行动，助力国有林场转型升级。争取国有林场和乡村的绿色产品，实现电子商务营销；争取国有林场绿色产业与乡村经济融合，带动周边乡村集体产业与国有林场产业同步发展，助推林农以"业"致富，振兴乡村经济，探索打通"绿水青山"就是"金山银山"之间双向转换通道，助力国有林场转型发展升级。

六、林场职工艰苦奋斗无私奉献

国有林场建设发展离不开全体务林人的艰苦创业和无私奉献。我国国有林场多建在高海拔的偏远山区，土壤贫瘠，交通非常不便，造林难度很大。林场职工多年来发扬艰苦奋斗精神，经过几代人几十年的艰苦努力，绿起了一个山头又一个山头，使昔日杂草丛生，荒芜的野岭荒坡，变成了嫩绿葱茏、万木竞秀的林业基地。干部职工不等不靠，自力更生开辟生产门路，少花钱多办事，自己动手修路、盖房等，减轻了国家的负担。

扶贫过程中，各地国有林场以调整岗位设置为抓手，优化职工队伍，国有林场岗位设置得到优化，提升国有贫困林场干部管理能力和业务水平不断提高，市场经济意识逐步增强，职工就业技能明显提高，为增强国有林场实力和职工致富奠定了良好基础。

附录一 国有林场扶贫成效评价研究

一、背景及意义

国有林场扶贫工作至今已有二十余年，当前国有贫困林场的扶贫工作已全部完成，在基础设施建设、林场自我发展能力、提高职工素质等方面取得了明显成效，国有林场取得了令人瞩目的发展和成就。准确评价国有贫困林场扶贫成效是对国有林场管理部门努力工作的绩效总结，也是推进国有林场进一步发展的重要抓手。国有贫困林场当前发展水平如何？取得了哪些经验和方法？在哪些方面仍有进步的空间，需要给予持续的政策支持，都需要有效的评估。因此，科学评估、全程评价既是对扶贫攻坚工作的肯定，可有力提升国有林场各管理部门的工作积极性，总结典型经验和模式，同时又可发现国有贫困林场在发展实践中存在的问题，为下一步规划明确工作重点。

在此背景下，本报告将通过构建国有林场扶贫成效指标体系，利用"全国国有林场数据库"数据（2008—2018年），《中国林业统计年鉴（2008—2018年）》数据和《中国统计年鉴（2008—2018年）》数据，利用理想解法，对扶贫成效进行综合评价。从量化分析的角度对我国国有林场二十年来扶贫工作分时间、分区域进行细粒度分析，有助于为国有贫困林场的扶贫工作总结提供补充性参考，并明确我国国有贫困林场扶贫后的发展现状，从而为国有林场未来向更高水平发展提供数据支持和决策参考。

二、指导思想与研究述评

（一）评价的指导思想与主要原则

对扶贫工作进行总结和考核，是扶贫攻坚工作的重要内容。通过对国有林场扶贫进度、扶贫资金使用、扶贫政策等方面进行分析，实现对国有林场扶贫实施过程的科学评价，总结归纳扶贫政策落实过程中的问题，总结典型经验和方法，为改进完善国有林场稳定发展的措施和政策提供借鉴。

扶贫过程评价本身是一个基于时间序列的分析，需要长时间序列的数据作为支撑，通过逐年的数据趋势对比来对发展趋势进行判定。在本次评价中，坚持整体评价原则、"三效"同评原则、主观与客观相结合原则、理论与实践相结合原则等四项原则，融合运用，推进整个评价工作。整体评价原则是对国有林场扶贫实施过程进行整体性评价，而不是针对某一阶段或单一维度进行评价。"三效"同评原则是指对国有林场扶贫过程中产生的生态效益、社会效益和生态效益三种效益进行同步评价。主观与客观相结合原则是在主观评价中考虑国有林场扶贫工作者的体会和感受，以及国有林场职工的扶贫满意度和认可度，在客观评价中使用扶贫工作产生的客观数据评价扶贫成效。理论与实践相结合原则是既要坚持"扶真贫、真扶贫、真脱贫、不返贫"的科学原则，综合考虑多维贫困理论，合理考察"扶贫、扶智、扶志、扶技"各项需求的成效，又要从国有林场贫困程度改善、职工生活改善、森林资源恢复等角度出发，确立全面体现国有林场健康发展的多维影响因素。

（二）扶贫成效现状研究

我国作为世界上第一人口大国，贫困问题一直是我国社会和经济的主要问题之一。如何又快又好地让更多的人脱离贫困一直是我国政府和理论界关注的重点。自改革开放以来，我国的综合国力取得了巨大的成就，扶贫工作也取得了喜人的成绩。特别是在扶贫方式上，从以前单纯的国家和地方政府在财政上对于贫困地区的贫困人口直接发放补助的传统方式，逐步转变为现在的以扶贫项目建设为主的新型扶贫方式。

首先，从研究内容来看，目前的研究多关注政策、资金、金融等方面，其评价指标呈现差异化，研究视角包括全国宏观视角、区域中观视角和农户微观视角，评价的数据性质包括主观评价和客观评价，评价方法有参考矩阵法、简单加权法、多元回归和模糊评判法等。其次，从扶贫组织形式的研究来看，我国最主要的一种扶贫形式是农村扶贫，长期以来，其研究侧重贫困的识别和贫困程度测定方法的研究，关注经济发展成效以及政府组织反贫困政策和措施，对扶贫成果是否具有生态和谐性、发展可持续性测度不够，并且多以地区或者贫困村为主要研究对象，缺乏对于某一单位组织形式的扶贫成效评价。再次，对于扶贫模式我国学者也已进行了深入探索，从传统的自上而下扶贫模式到参与式扶贫开发模式的发展，以受助者贫困人口为主体，并在扶贫开发运行机制上赋权于民，进一步体现了"相信群众、依靠群众""从群众中来到群众中去"的思想理念和工作方法。

由以上的研究现状可以看出，我国目前扶贫组织形式研究较为单一，对于国有林场这一单位组织形式扶贫成果的评估并不系统深入，亟需建立测度方法进行评价。因此，将针对国有林场进行扶贫成效科学评价。相对于农村扶贫项目侧重经济发展的评价，国有林场的贫困标准主要从经济发展能力（即职工收入和林场收入方面）以及可持续经营和发展能力（森林资源基础、人力资源基础、基础设施和生产条件、产业发展能力）两个方面进行界定。因此，针对国有林场扶贫的目标即改善生产生活条件、人力资源水平和森林资源状况，提高职工收入和改善职工的生活环境和社会保障，扶贫成效指标设计将从职工扶贫、森林资源扶贫、基础设施扶贫、发展能力扶贫等方面进行构建。

三、国有林场扶贫成效指标体系构建

（一）指标体系的构建原则

构建国有林场扶贫成效指标体系，要遵循"实事求是、系统全面、科学合理"的指导思想并按照以下原则进行构建，具体来说：

（1）针对性。以研究区域的基本情况为出发点，既要遵循国家整体界定的贫困识别指标和国有林场贫困界定指标体系，又要充分考虑国有林场的实际情况有针对性地进行指标选择，只将能够反映国有林场在扶贫措施下发展现状的指标纳入测算过程，以期为国有林场进一步扶贫提供参考依据。

（2）全面性和系统性。按照系统论的观点和系统分析方法选择指标并建立指标体系，力求指标体系能够全面反映国有林场的经营管理在扶贫政策推动下取得的成效，并充分体现出国有林场发展的特点和经营情况。因此，应明确其目的在于应用，所以选择的指标概念应该完整，指标内涵应该明确，指标的设置应该充分考虑到数据资料的可得性或可测性，不能片面地追求理论层次上的完美。

（3）动态性。在指标选择上，除了参考国有林场贫困界定指标体系外，还应依据扶贫政策实施的目的和内容，构建一些新的指标。在制定统一标准的同时，允许各省结合具体情况，进一步细化和增加相关内容。

根据以上指导思想及构建原则，将结合国有林场贫困标准的界定指标，并依据国有贫困林场扶贫政策和方案实施的目的，进行指标的选取，以期做到有效、合理、全面、科学地进行各省域国有林场扶贫成效评价。基于此，将选择国有林场森林资源管理、职工及林场收入、人力资源储备、基础设施建设、可持续发展能力和社会服务能力等六个方面构建扶贫成效评价指标体系。

（二）指标体系设计

依据《国有贫困林场扶贫实施方案（2012—2020年）》中明确规定的扶贫的目的对国有林场扶贫成效进行评价，"到2020年国有林场生产生活条件得到明显改善；职工收入明显增加，收入增长幅度高于当地平均水平；生活环境显著改善，教育、文化、卫生等各项社会事业不断发展，职工子女义务教育、基本医疗和住房有保障；职工素质明显提高，基本满足林场生产经营的需要；森林面积和森林蓄积量明显提高，森林生态功能显著增强"。根据《国有贫困林场界定指标与方法》，将经济收入状况和可持续经营和发展能力作为两个目标层，分别选取职工收入、林场收支状况、森林资源基础、人力资源基础、基础设施和生产条件、发展能力等多个维度，通过对相关指标的可行性量化分析，构建扶贫成效指标体系并将其作为一级指标；将森林资源管理、职工及林场收入、人力资源储备、基础设施建设、可持续发展能力和社会服务能力六个方面作为二级指标；将反映了国有林场扶贫成效的各个方面的20个具体指标作为三级指标（附表1-1）。

附表1-1 国有林场扶贫成效指标体系一览表

一级指标	二级指标	三级指标	指标解释
A 国有林场扶贫成效指标体系	B1 森林资源管理	C1 单位森林蓄积量	森林蓄积量/林场林业用地面积
		C2 森林覆盖率	林场森林面积/林场经营面积
		C3 林龄结构	成熟林、过熟林面积/林场林业用地面积
	B2 职工及林场收入	C4 职工收入比	林场职工年均收入/全国国有单位职工年均收入
		C5 人均经营性收入	林场年度经营性总收入/林场在职职工年平均人数
	B3 人力资源储备	C6 在职职工知识结构	高中（含中专）及以上学历在职职工数量/在职职工总数
		C7 在职职工的职称结构	中、高级在职职工数量/在职职工总数
	B4 基础设施建设	C8 通电比例	通电护林站数量/林场护林站总数
		C9 通信设备覆盖率	接通电话护林站数量/林场护林站总数
		C10 网络通达情况	林场联网情况
		C11 饮水达标情况	饮水是否属于自来水、井水、纯净水、过滤水
		C12 道路通达情况	符合道路硬化标准道路条数/林场总道路条数
		C13 林道密度	林道长度/林场总经营面积
		C14 人均办公用房面积	林场办公用房面积/在职职工总数

(续)

一级指标	二级指标	三级指标	指标解释
A 国有林场扶贫成效指标体系	B5 可持续发展能力	C15 资产负债率	负债总额/负债总额
		C16 总资产增长率	(本年度资产总额—上一年度资产总额) /上一年度资产总额
		C17 单位面积经营性收入年增长率	(本年度林场经营性总收入/林场总经营面积—上一年度林场经营性总收入/林场总经营面积) / (上一年度林场经营性总收入/林场总经营面积)
	B6 社会服务能力	C18 各级森林公园建设	建有国家或省级森林公园的林场数量/林场总数
		C19 各类教育文化基地建设	建有教育基地或文化遗址的林场数量/林场总数
		C20 风景区或地质公园建设	处在风景区或建有地质公园的林场数量/林场总数

注：林业生态工程包括天然林资源保护工程、三北防护林体系建设工程、防沙治沙工程、野生动物保护工程、自然保护区建设工程、速生丰产林基地建设工程等。

(三) 评价指标说明

森林资源管理是国有林场发展的优先目标，包括森林蓄积量和森林面积的增加。森林蓄积量越高表示林木生长越健康，用单位面积蓄积量、森林覆盖率表示。

职工及林场收入直接反映了国有林场经营质量。职工收入越高，表示国有林场经营管理越可持续，用林场职工年均收入占全国国有单位职工年均收入的比值表示。

林场的收入越高表示国有林场的经营能力越强，用人均经营性收入、单位面积生态补偿资金、单位面积工程项目资金表示。

人力资源储备反映了国有林场的体力构成和智力构成，是国有林场发展最具活力和潜力的资源。劳动能力越强，国有林场的发展基础越丰厚，劳动的智力水平越高，国有林场的发展潜力越大，用在职职工知识结构、在职职工的职称结构表示。

基础设施建设是国有林场生产生活条件和环境的基本配套措施，也是国有林场发展的基础，包括水、电、路、通信、住房等，具体用通电比例、通信设备覆盖率、网络通达情况、饮水达标情况、道路通达情况、林道密度、人均办公用房面积表示。水是国有林场生产和生活的基本和不可或缺的消费品，水质越好，林场职工的生活福利越高，林木的生长越健康，用饮水达标率表示。用电已经是现代化生活中必不可少的必需品，通电比例越高，国有林场的电器设备使用率才会越高，现代化水平建设才会越先进，用通电比例表示。道路建设包括林区内的林道建设和外部通往林场的公路建设，林道建设有利于改善职工林区工作的艰苦性，公路建设有利于减少国有林场经营成本，分别用林道密度和道路通达情况表示。通信是现代社会普遍存在的必需品，其建设包括基本的通信设备和网络建设，通信水平越高，国有林场获取发展的机会越高，用通信设备覆盖率和网络通达率表示。住房包括场部办公用房和职工生活住房，是国有林场职工的生产和生活的场所，住房条件越好，国有林场职工的生产效率越高，用人均办公用房面积表示。

可持续发展能力是国有林场可以维持持续发展的能力，是一种长远发展的能力，可以用资金运营状况表示，包括资金负债率、经营性收益率以及总资产增长率等。债务越多，国有林场进一步发展的动力越弱，反之经营性收益率是国有林场发展进步的表现，收益率越高，表示国有林场发展处于蒸蒸日上的趋势，用单位面积经营性收入年增长率表示。林场总资产增长率是国有林场的资产增长情况，国有林场的总资产增长率越高，国有林场的发展能力越好。

社会服务是由国有林场公益性事业单位属性决定的,社会服务能力是国有林场发展满足社会对美好生态需求的程度,包括森林文化教育、森林旅游、森林游憩等。国有林场的森林文化教育包括两类,一类是与森林资源有关的森林生态知识,一类是与国有林场历史或遗迹有关的历史文化、精神文化知识,森林文化教育设施建设越完备,越能满足社会的需求,社会服务能力越强,用教育文化基地建设表示。森林旅游和森林游憩是国有林场依托丰富的森林资源为满足人们对美好生活向往而提供的生态服务,其设施建设越完备,越能满足人们对生态服务的需求,国有林场的社会服务能力越强,用森林公园建设和风景区建设表示。

(四)基于理想解法和二次加权法的动态评价

1. 评价步骤

首先是利用所构建的指标体系对2008—2018年全国所有省份的综合情况进行评价,得到各年度国家、区域、省级层面扶贫成效得分。然后对各个省份的所有国有林场进行评价,测评截至2018年各省国有林场具体扶贫数量及比例。

2. 评价方法

利用理想解法进行指标体系的得分计算,数据来源为"全国国有林场数据库"(2008—2018年),《中国林业统计年鉴(2008—2018年)》和《中国统计年鉴(2008—2018年)》。定量分析将按照原始数据处理及指标合成、指标赋权、计算得分、建立标准的顺序进行。

首先,根据原始数据质量,将重复数据、非扶贫省份数据删除,并利用平均趋势填补法对缺失数据进行填补以便三级指标的计算合成。

其次,对所要测算的三个部分分别赋权。第一部分,将要用到全部20个三级指标,对每个指标设置相同的权重,赋值为0.05;第二部分由于分析层面为各省国有林场,基于指标的可获得性以及实用性,将使用除在职职工职称结构、通电比例、道路通达率、风景或地质公园建设外的16个三级指标,并对其赋相同的权重为0.0625;第三部分将时间维度纳入测度范围,因此进行二次加权,以"厚今薄古"为原则确定时间权重,权重赋值为:0.061、0.066、0.073、0.08、0.087、0.096、0.105、0.115、0.126、0.137、0.151。

再次,将全部指标进行归一化处理,并区分正向与逆向指标(除资产负债率为逆向指标外,其余均为正向指标)进行理想解测算,并将测算结果转化为[0,100]内数值。

最后,根据得分分别对国家、省级以及国有林场层面扶贫成效进行分析。

四、国有林场扶贫成效评价

指标体系的建立参考了《国有贫困林场界定指标与方法》(下文简称《方法》)中指标的选择,但考虑到数据的可获得性以及实际因素,最终选取指标与《方法》选取指标数并不相同,第一部分即全国、区域与省级层面所选取指标数共20个,第二部分各林场扶贫比例及得分所选取指标数在原来20个基础上删去了在具体林场层面无法体现各林场差异性的指标,最终保留16个指标。在区域分布分析中,将全国分为七大地理分区包括华东(江苏省、浙江省、安徽省、江西省、山东省、福建省)、华北(山西省、河北省、内蒙古自治区)、华中(河南省、湖北省、湖南省)、华南(广东省、广西壮族自治区、海南省)、西南(重庆市、四川省、贵州省、云南省、西藏自治区)、西北(陕西省、甘肃省、青海省、宁夏回族自治区、新疆维吾尔自治区)和东北（黑龙江省、吉林省、辽宁省）。

如附表1-2所示，根据扶贫成效得分评价扶贫效果，将根据以下标准进行评价。

附表1-2 扶贫成效得分评价标准

得分分值	扶贫现状
50分以下	省级层面未全部脱贫，仍有部分林场处于贫困状态
50~70分	省级层面完全脱贫，极小部分林场处于贫困状态，且需注意返贫可能性
70分以上	省级层面完全脱贫，且返贫可能性极小

（一）考虑时间维度的全国层面扶贫成效分析

如附图1-1所示，本着"厚今薄古"原则考虑时间维度，对2008—2018年进行赋权，得到扶贫成效总得分。可以看出十余年的扶贫工作成绩斐然，总得分在50分以上的省份占全部省份的87%，但由柱状图的波动性来看，各省发展状况并不一致，仍有差距。其中，总得分在70分以上的省份约占7%，50~70分以上省份约占全省份80%，这说明除个别省份由于测度初始时间贫困状态严重，条件恶劣导致其考虑时间维度分数不高外，其余省份均超过50分，基本实现了全国层面国有林场脱贫，但仍需注意未超过50分的省份的发展状况，必要时给予政策兜底。

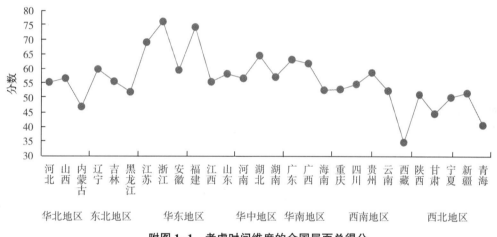

附图1-1 考虑时间维度的全国层面总得分

（二）省级及区域层面扶贫成效分析

2008—2018年各省扶贫成效得分如附表1-3所示，可以看出，2008—2018年各省扶贫成效得分均呈上升的趋势且2013年后各省得分增速加快，这也再次说明了10年间我国国有林场扶贫工作表现优异。具体来说，截至2018年，扶贫成效得分在50分以上的省份达24个，占全部省份的85.7%。其中，70分以上省份有3个，50~70分的省份21个，50分以下省份有4个。这说明，我国绝大多数省份已实现省级层面的国有林场脱贫，但在总体上还大多处在刚刚脱贫的较低水平，发展的稳定性不够。若按照得分80分以上代表能够实现持续稳定发展，不再有返贫隐患来说，总量刚刚超过7%。

附表1-3 2008—2018年各省份扶贫成效评价得分

省份	2008	2009	2010	2011	2012	2013	2014	2015	2016	2017	2018
河北	46.57	46.08	46.04	47.48	48.92	48.92	49.41	50.89	52.42	53.99	56.69
山西	35.46	46.98	48.28	50.18	49.23	52.09	52.61	53.14	53.67	56.35	58.04
内蒙古	28.08	33.96	35.14	38.53	36.83	41.92	42.34	44.46	46.68	49.95	53.45
辽宁	53.43	52.01	50.61	51.96	51.29	53.31	53.85	54.38	54.93	58.77	60.54
吉林	41.98	53.12	48.50	49.15	48.83	49.80	50.29	50.80	51.31	53.87	55.49
黑龙江	39.21	42.89	40.98	41.90	41.44	42.82	45.82	49.03	52.46	54.03	56.73
江苏	46.94	50.48	51.71	53.26	56.98	58.69	60.45	64.68	69.21	74.06	79.24
浙江	50.70	54.24	58.04	62.10	64.59	67.17	69.86	72.65	75.56	78.58	84.08
安徽	45.38	46.59	47.79	47.93	47.86	48.06	51.43	55.03	58.88	63.00	67.41
福建	56.13	60.06	60.66	64.91	65.56	66.21	66.87	67.54	68.22	71.63	82.37
江西	46.28	46.02	51.02	50.01	50.52	49.00	49.49	49.98	50.48	54.02	55.64
山东	47.64	51.60	51.67	52.02	51.84	52.36	52.89	53.42	53.95	55.57	57.24
河南	41.43	45.50	49.57	48.39	48.98	47.21	49.57	52.05	54.65	57.39	61.40
湖北	48.31	53.40	58.49	58.47	58.48	58.44	59.03	59.62	60.22	62.02	63.88
湖南	42.28	45.14	48.16	46.94	47.55	51.21	52.75	53.28	55.94	57.62	59.35
广东	51.50	52.81	54.13	55.48	52.05	50.33	53.85	57.62	61.65	64.74	67.97
广西	49.65	51.91	54.18	52.44	53.31	54.91	55.46	57.12	57.69	59.42	65.36
海南	42.16	39.39	40.11	44.45	42.28	48.79	49.28	49.77	50.27	53.79	55.40
重庆	48.43	48.39	48.36	45.64	47.00	42.92	43.35	46.38	49.63	53.10	54.70
四川	44.29	47.05	49.82	49.25	49.54	48.69	49.18	49.67	50.16	51.67	55.29
贵州	44.68	47.07	50.09	51.98	51.04	53.86	54.40	54.94	55.49	57.16	58.87
云南	39.99	43.72	47.45	45.77	46.61	44.09	44.53	47.65	49.08	52.51	56.19
陕西	36.19	42.62	42.41	43.93	43.17	45.45	46.81	47.28	48.70	52.11	53.67
甘肃	27.42	36.77	35.79	33.71	34.75	37.18	39.79	42.57	45.55	47.83	49.74
宁夏	27.71	41.70	43.93	45.46	44.69	46.99	47.46	47.93	48.41	48.90	49.87
新疆	41.60	45.82	50.04	47.62	48.83	45.19	45.64	46.10	47.48	48.91	50.37
西藏	20.52	21.14	22.62	23.29	24.24	27.42	29.88	32.87	35.83	39.41	47.30
青海	30.26	30.56	30.87	31.79	32.75	33.73	36.09	37.90	40.55	43.39	46.42

从各区域来看，如附图1-2所示，华东地区扶贫成效得分于2016年全部达到50分以上，这表明华东区域已全部实现省级层面国有林场脱贫。其中，浙江省、福建省2018年扶贫成效得分达到80分以上，这不但说明其扶贫目标已完成，也说明其林场发展已具有一定稳定性，返贫概率很低。

如附图1-3所示，华北地区截至2018年扶贫成效良好，山西省及河北省得分均超过50分，已基本实现省级层面国有林场脱贫，但稳定性不够，返贫概率仍然存在。内蒙古自治区虽然2018年得分未超过50分，但经过10年发展，扶贫成效明显，2013年后得分增速加块，发展势头良好，针对2018年后未脱贫林场，出台《内蒙古自治区2018—2020年国有贫困林场扶贫规划》，根据其2018年原始数据及趋势分析，2020年前可以实现省级层面的国有林场扶贫。

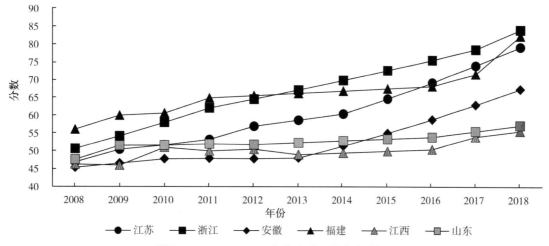

附图 1-2　2008—2018 年华东地区扶贫成效得分

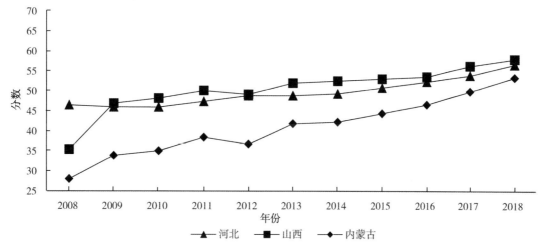

附图 1-3　2008—2018 年华北地区扶贫成效得分

如附图 1-4 所示，华南地区已全部实现省级层面国有林场脱贫，且 2013 年后，三省得分增速加快，截至 2016 年，三省扶贫成效得分均已超过 50 分，以广东省增长趋势最为显著，扶贫稳定性逐渐提高。根据原始数据及趋势分数，至 2020 年，广东、广西两地可达到 70 分以上，返贫概率较低。

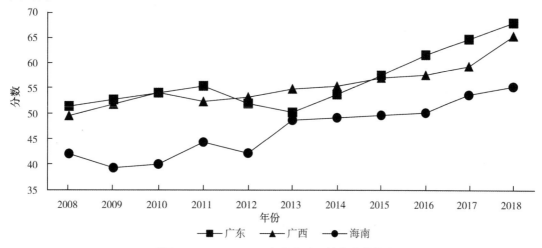

附图 1-4　2008—2018 年华南地区扶贫成效得分

如附图 1-5 所示，西南地区扶贫成效可分为两个部分进行分析，一部分为重庆、四川、贵州、云南四省（直辖市），一部分为西藏自治区。四川、重庆、贵州、云南四省（直辖市）截至 2018 年扶贫成效得分均已超过 50 分，已基本实现省级层面国有林场脱贫，且贵州扶贫成效得分最高；西藏自治区截至 2018 年得分未超过 50 分，但其增速最快，根据趋势分析，至 2020 年可能实现省级层面的国有林场脱贫。

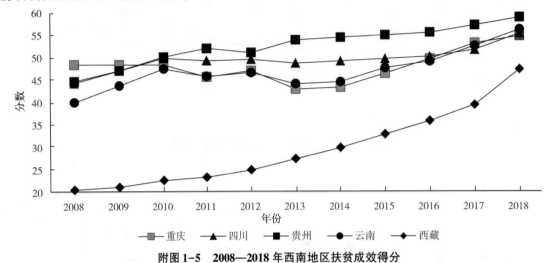

附图 1-5　2008—2018 年西南地区扶贫成效得分

如附图 1-6 所示，东北地区三省扶贫成效得分均超过 50 分，已实现省级层面的国有林场扶贫。其中，辽宁省截至 2018 年得分超过 60 分，根据趋势分析，截至 2020 年，辽宁省成效得分可能达到 70 分水平，满足扶贫稳定性要求。

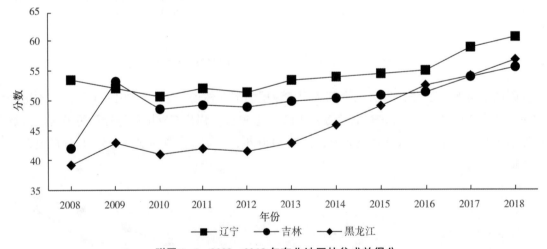

附图 1-6　2008—2018 年东北地区扶贫成效得分

如附图 1-7 所示，西北地区扶贫成效得分分析也可分为两个部分，一部分为陕西省、甘肃省、宁夏回族自治区、新疆维吾尔自治区，另一部分为青海省。截至 2018 年，陕西省与新疆维吾尔自治区得分超过 50 分，甘肃省、宁夏回族自治区得分分别为 49.74、49.87 分，根据趋势分析，2019 年将实现省级层面国有林场脱贫；青海省 2018 年虽未超过 50 分，但其得分增速增长趋势明显，可以看出，2013 年后，青海省扶贫速度加快，国有林场面貌有极大改善，据趋势分析，以此增速发展，至 2020 年青海省实现省级层面国有林场脱贫可能性极大。

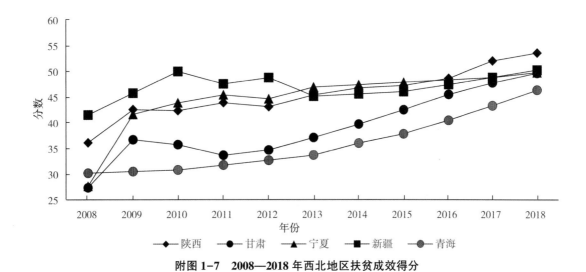

附图1-7　2008—2018年西北地区扶贫成效得分

由以上分析可以看出，虽然截至2018年省级层面实现国有林场脱贫比例并未达到百分之百，但是根据趋势分析，至2020年，可以实现全部省份在省级层面国有林场脱贫，对于绝大部分50~70分省份，未来几年增加扶贫稳定性是首要任务。

（三）国有林场层面扶贫成效分析

国有林场层面扶贫完成比例如附图1-8所示，可以看出国有林场扶贫比例与省级层面得分情况基本一致。具体来说，省级层面得分最高的江苏省以及福建省截至2018年已基本实现国有林场全部脱贫；省级层面得分在50~70分之间的省份，国有林场扶贫比例在70%~95%之间，并且二者呈现正相关的关系；而前文所述省级层面得分未达50分的省份，林场扶贫比例在60%~70%之间。从区域分布来看，华东地区国有林场扶贫比例均较高，也再次说明了华东地区扶贫成效的优异表现。

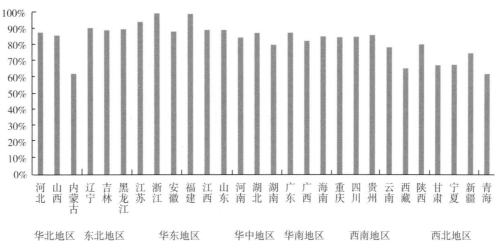

附图1-8　2008—2018年国有林场层面扶贫完成比例

五、结论及政策建议

（一）结论

通过对全国国有林场的扶贫情况进行综合评价，可以看出 2008—2018 年间，国有林场的扶贫工作成效明显，取得巨大成功。

从全国层面看，87%的省份国有林场在省级层面意义上完全脱贫，但省份之间发展状况仍存在差距。浙江、福建两省国有林场的发展水平处于全国领先水平。13%的省份得分未超过50分，这说明仍有部分林场处于贫困阶段。因此，继续对得分较低的省份给予政策扶持、政策兜底具有必要性。

从区域层面看，2008—2018年这十年间，各省得分均处于上升的态势中，但稳定性不够。华东地区林场发展已具有一定稳定性，返贫概率较低；至 2020 年，华北地区可实现完全脱贫，但稳定性较低，具有一定返贫可能性；华南地区广东省和广西壮族自治区可达 70 分以上；西南地区除西藏自治区外，均已实现省级层面脱贫，西藏自治区 2013 年后得分增速较快，2020 年可实现省级层面脱贫；东北地区的辽宁省可达 70 分以上，实现脱贫稳定性；西北地区除青海省外均实现省级层面脱贫，青海省至 2020 年实现脱贫可能性较大，需给予必要关注。由此可以看出，截至 2018 年，虽然相当比例省份未实现省级层面的全部脱贫，但至 2020 年可以实现。未来几年，增加脱贫稳定性，降低返贫可能性是发展的重要方向。

从国有林场层面看，各省国有林场扶贫比例与省级层面得分具有一致性，许多省份仍有相当比例林场需要持续支持，帮助实现脱贫。得分较高省份比如浙江省、福建省，扶贫完成比例达100%，而得分在50~70分之间的省份，国有林场完成扶贫比例在70%~95%之间。未达50分省份，扶贫完成比例更低。

（二）政策建议

根据当前国有林场的扶贫成效，有以下建议：

（1）夯实基础，提质增效。经过二十多年的扶贫推进，加上 2015 年以来国有林场改革，我国国有林场整体上有了较大的进步，不仅全面解决了长期以来面临的生存问题，而且部分林场走上了稳步发展的快轨道。但从未来发展目标，特别是结合国家的整体发展战略角度看，国有林场的基础建设依然薄弱，林场生产管护用房，内部林业生产道路，病虫害预防、森林防火等森林保护设施，森林抚育设施，森林资源监测与防控设施等基本森林管理基础设施依然严重不足，难以满足森林资源管理的需要。因此，加快国有林场森林资源管理的基础设施建设，技术能力建设，夯实资源管理的基础，提升森林管护能力，才能够真正实现提升森林资源质量，增强产出效率。

（2）增强绿色产品与服务的供给能力。国有林场不仅肩负着为社会提供木材产品，绿色产品的基础责任，更重要的是还承担着提供涵养水源，保持水土，防风固沙，增加营养，固碳制氧，净化空气，保护生物多样性，维持生态系统平衡等生态屏障功能，而且还提供休闲娱乐，森林康养等生态服务，是全面实现小康社会，满足人民群众更加美好生活的重要载体与支撑。与此同时，国有林场还承担着林业科技服务与推广，生态文明教育基地，生态文化及爱国主义教育宣传等多重社会功能，所有这些不仅能够为地方发展提供有力的环境支持，而且还为地方发展提供了绿色低碳的产业发展基础，促进国家战略目标的实现。综上所述，进一步加强国有林场基本生产条件和服务能力建设，为地方和国家提供更多的绿色低碳林产品，而且形成休闲娱乐，森林康养的生态产业，推动地方经济发展，服务于国家战略，也成为国有林场进一步发展的重要内容。

（3）加快制定国有林场管理考核标准体系。根据国有林场事业单位的性质，结合国有林场发展目标和建设内容，以绩效考核为中心，以产出和效益为辅助，构建国有林场管理考核体系。基于国有林场的发展目标和建设内容，分区域分类别建立国有林场管理考核框架体系。考核框架内容包括目标考核，过程考核和结果考核。考核的重点以森林资源（包括湿地资源，野生动植物资源等）数量与质量变化为基础设定具体内容。以省为中心，建立国有林场考核指标及标准、方法体系。在国家设立的考核框架内容的基础上，各省结合实际，形成各省内不同类别具体考核指标，指标标准及具体考核方法。形成国有林场考核制度。具体包括考核周期，考核方式，考核指标体系，考核结果及奖惩措施等。考核对象包括国有林场整体发展，林场场长以及森林资源管理等三项内容。

（4）加强国有林场技术队伍建设。整合科技与管理力量扶持贫困林场或刚刚脱贫不久的林场，形成国有林场战略规划与技术咨询专家委员会，建立国有林场专门人才培养及输入机制。结合国有林场工作内容，就国有贫困林场需求，专门针对国有林场发展定向培养森林培育，森林保护，森林旅游及生态服务等方面的普通高校本科生和研究生，强化国有林场专业技术人员和管理人员，通过高等职业技术院校定向培养森林培育及管护人员，补充国有林场人次队伍，将国有林场纳入"村官"制度体系。利用国家现行的向中西部及村委会、乡镇所实施的村官制度，将国有林场及其基层站点纳入这一体系中，吸收大中专毕业生到国有贫困林场工作1~3年，并根据考核结果优先录取成为国有林场正式职工或者给予事业单位编制免试在区域范围内所有事业单位就业，以此帮助解决贫困林场"用人难"的问题。支持普通高等院校、科研单位与国有贫困林场合作，设立教育科技研发基地，博士后流动站以及实体性研发平台和机构，充分利用现有高等院校，科研单位的科技人才力量，由国有贫困林场提供平台和机遇，广泛支持双方开展科技合作，资源人才合作，全方位为国有贫困林场建设提供人才支持。

附录二　国有林场分区及发展类型研究

2020年，中国国有林场在现行标准下实现脱贫这一阶段性目标后，减贫任务并没有最终完成，而是要站在新的起点上，从第二个百年目标出发，着手研究和制定实施2020年后国有林场发展的新战略，为实现中华民族的伟大复兴和全面建成社会主义现代化强国奠定坚实的基础。在此背景下，国家林业和草原局提出，力争到2035年，初步实现林业现代化，生态状况根本好转，美丽中国目标基本实现的预期目标。这为我国国有林场发展进一步指明了方向，提出了新的更高要求。新时代、新常态的发展形式将推动国有林场向更高层次方向发展，紧跟现代社会发展水平，以满足现代公众更高层次的生态需求。现代公众越来越多地开始追求绿色休闲的生活方式、天然无公害的食品消费。党和政府对生态环境保护的高度重视和现代公众消费结构的升级改善，是国有林场发展面临的巨大机遇。因此，国有林场的未来发展，需要结合全国国有林场森林资源现状、分布特点、建设现状、发展方向等情况，依照因地制宜、分类管理、服务于国家战略的宏观导向，以打造绿色林场、科技林场、智慧林场以及文化林场为发展路径，同时完善相关政策需求。

一、国有林场分区研究

国有林形成以来，世界各国对国有林分类经营管理与改革进行了理论研究与实践探索，形成了较为完善的森林资源经营理论和改革经验，促进了世界林业相互借鉴式发展。建立林业分类经营区域的划分体系有助于我国的林业建设，有重点、有层次地推进林业的发展进程。

（一）基于经营管理划分的国有林场分区

从我国的实际出发：可将我国划分两类四个区域，第一类以生态环境建设为重点，包括两个区域，即长江上游、黄河上中游地区，西北北部、华北北部和东北西部风沙干旱地区。这一类的两个区域都是生态环境脆弱地区，对当地环境，乃至全国地域有着重要的影响。所以这一类地域主体任务是发展公益林业，采取停止砍伐，制止毁林开荒，实行退耕还林等措施。第二类以商品林建设为重点，包括两个区域，即东北内蒙古国有林区，东部沿海及东南部地区，这一类的两个区域，商品林建设条件优越，且属于经济发达地区。所以这一类地域主体任务是发展商品林业，采取集约经营，按项目管理的办法发展市场需要速生丰产林和经济林，同时兼顾生态公益林建设，按阶段和进程实行转换，变商品林为公益林、公益林为商品林。建立林业分类经营区域的划分体系更有助于我国的林业建设，有重点、有层次地推进林业的发展进程。

(二) 基于主体功能区规划的国有林场分区设计

1. 国有林场功能分区总体原则与设计思路

《全国主体功能区规划》将我国国土空间分为以下主体功能区：按开发方式，分为优先开发区域、重点开发区域、限制开发区域和禁止开发区域；按开发内容，分为城市化地区、农产品主产区和重点生态功能区。其中优先开发区域、重点开发区域对应于城市化地区，限制开发区域包括农产品主产区和限制进行大规模高强度工业化和城镇化开发的重点生态功能区，禁止开发区域对应于禁止进行工业化和城镇化的重点生态功能区。

根据《全国主体功能区规划》中国家重点生态功能区（限制开发区域）名录和禁止开发区域名录，将国有林场的地理位置与功能区的空间范围结合，就可以将国有林场分为禁止开发区内国有林场、重点生态功能区内国有林场和一般功能区（主体功能区规划中的优先开发区域和重点开发区域，是我国开展经济开发的主要区域）内国有林场（附图2-1）。其中重点生态功能区内国有林场依其发挥的生态功能类型不同，进一步划分为水源涵养区内国有林场、水土保持区内国有林场、防风固沙区内国有林场、生物多样性维护区内国有林场。

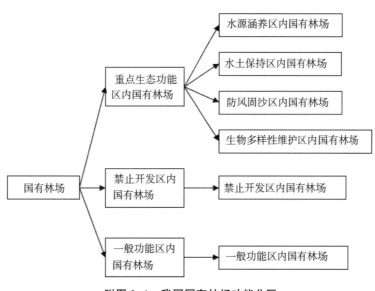

附图 2-1 我国国有林场功能分区

2. 禁止开发区内国有林场功能定位及建设方向

禁止开发区域主要指我国国土空间内具有代表性的自然生态系统、濒危珍稀的野生物种集中地、具有特殊历史文化或自然景观价值的遗迹或遗址，需要禁止进行工业化和城镇化的重点生态功能区，是我国保护自然文化资源的重要区域，是我国珍稀动植物基因资源的主要保护地。主要包括国家级自然保护区、国家级风景名胜区、国家地质公园、国家森林公园、世界文化自然遗产。对于禁止开发区的国有林场森林资源，原则上应该全部以生态利用为目标，禁止商品型开发和经营。

位于禁止开发区内的国有林场，要以保护我国珍贵自然文化资源，保护珍稀动植物基因资源为经营建设目标。对于自然保护区、风景名胜区、地质公园、森林公园等地域的国有林场，要着重对自然景观的保护，除了生态科研或者符合规划的旅游开发，禁止一切与保护资源无关的开发活动，严禁取土、采石、开矿等破坏生态环境的生产活动，国有林场内只允许对森林资源进行抚育或更新性采伐；对于境内拥有文化自然遗产的国有林场，要特别注意对其原真性和完整性的保护，尽量保持其原始状态。

那些含有国家森林公园、国家地质公园、国家自然保护区部分区域的国有林场，或者本身就是国家森林公园、国家地质公园、国家自然保护区等区域一部分的国有林场。按照《全国主体功能区规划》禁止开发区域名录以及国有林场数据库中的林场地理位置，归为禁止开发区内的国有林场一共有1297个。

附表2-1 各类型林场特征

林场类型	生态脆弱型	生态薄弱型	生态稳健型
林场个数（个）	948	274	75
经营面积（万亩）	16.02	14.75	63.58
职工人数（人）	147.87	118.39	664.92
林场总资产（万元）	2867.79	3793.29	11587.1
耕地面积（万亩）	0.21	0.81	1.46
天然林面积（万亩）	9.59	2.57	33.97
森林覆盖率（%）	87.51	41.1	87.06
防火林带公里数（公里）	34.03	28.92	141.55
林区公路里程数（公里）	38.1	51.44	230.63
林道网密度（米/公顷）	4.08	8.12	7.75
所属行政区划财政收入（亿元）	102.44	64.38	418.4

注：各指标以均值表示。

从附表2-1可以看出，生态脆弱型和生态薄弱型国有林场经营面积较小，应该根据机构精简和规模经营的原则，将同一行政区域内、分布较集中的林场整合为较大的林场。林道网密度是林场经营水平的重要标志，很大程度上反映了林场基础设施建设水平，发达国家的林道网密度能达到20米/公顷的水平，而上表的数据则反映出禁止开发区内国有林场林道网密度都偏低，有待加强建设。我国国有林场以县属林场为主，这种情况在禁止开发区内依然如此，按照公益型林场所需资金，按隶属关系由同级政府承担的做法（禁止开发区内的国有林场以生态利用为建设目标，首先是生态公益型林场），资金经费难以得到保障，因此禁止开发区内国有林场应改为省属管理更好。

3. 重点生态功能区内国有林场功能定位及建设方向

重点生态功能区是保障国家生态安全、保证人与自然和谐相处的重要区域。首要任务是保护和修护地区生态环境，发挥生态功能。在此前提下，可以根据情况适当发展特色产业，以实现功能区内生态环境改善、生态服务增强。对于位于重点生态功能区的国有林场，应当以生态目标和多功能利用目标为主，在保证该区域生态功能的前提下，可以适当开展非消耗性经济利用。

水源涵养区要力图实现地表水水质改善，河流径流量保持稳定并且逐步增加，加强天然林资源保护和植被恢复，禁止非保护性采伐，合理更新林地，大幅度调减木材产量。位于该区域的国有林场，应当重视人工造林，并利用营林经验和造林技术，进行综合造林，应营造生长周期长，有利于生态建设的树种和珍贵的阔叶树种。国有林场是林业生产和林业生态建设的主力，林场在经营管理时要扩大天然林保护范围，减少林木采伐，恢复山地植被，保护野生物种，在已明确的保护区域，保护生物多样性和多种珍稀动植物基因库，要特别注意生态子系统内部的协调，如森林结构、树种结构的和谐等。

根据我国主体功能区规划，重点生态功能区是保障国家生态安全、保证人与自然和谐相处的重要区域。反映在国有林场功能定位中，即是要保证该区域生态服务功能增强，生态环境质量改善。水源涵养区要力图实现地表水水质改善，河流径流量保持稳定并且逐步增加的目标；水土保持和防风固沙区内的国有林场应当注意遵循生态效益优先的基本规律，发挥在西部地区的生态环境建设中的巨大作用；生物多样性维护区内的国有林场要特别注意生态子系统内部的协调，如森林结构、树种结构的和谐等。勇于积极尝试森林的可持续经营，确保森林的更新能力和自我恢复能力。根据《全国主体功能区规划》中国家重点生态功能区（限制开发区域）名录以及国有林场数据库中的林场地理位置，归为重点生态功能区内的国有林场一共有792个，其中水源涵养区内国有林场316个、水土保持区内国有林场177个、防风固沙区内国有林场143个、生物多样性维护区内国有林场156个。

水源涵养生态功能区主要位于我国西北地区的青海、甘肃等省及四川北部，东北地区的黑龙江、吉林及内蒙古，华南地区的广东、江西、广西等地。其中生态公益型林场主要分布于东北的大小兴安岭、长白山林区，西北阿尔泰、祁连山、三江源地区新疆、青海、甘肃等地，华南南岭山区的江西、广东等省，生态经营型林场主要分布在大小兴安岭森林生态功能区、南岭山地森林及生物多样性生态功能区等小部分地区。从地域分布看，生物多样性维护区内的国有林场主要位于我国大江大河的发源地及上游地区，包括三江源地区、珠江发源地及上游地区，松花江发源地及黑龙江上游地区，生态区位十分重要。作为生态利用型林场，资金投入单纯通过县级财政显然无法满足，因此建议防风固沙区内国有林场以省属管理为主。水源涵养区内国有林场相对于重点生态功能区内的其他林场经营状况要好，经营面积、纯利润、非林产业收入都较高（附表2-2）。不过，两个类型国有林场同样需要加强基础设施建设，提高林道网密度。

附表2-2 水源涵养生态功能区各类型林场特征指标一览表

林场类型	生态公益型	生态经营型	林场类型	生态公益型	生态经营型
林场个数（个）	295	21	公益林面积（万亩）	26.02	126.61
经营面积（万亩）	42.68	179.17	森林覆盖率（%）	72.5	74.17
纯利润（万元）	37.99	54.33	防火林带公里数（公里）	33.9	95.14
总资产（万元）	1319.52	12866.1	林区公路里程数（公里）	45.76	151.45
非林产业收入（万元）	42.36	463.82	林道网密度（米/公顷）	2.61	1.55
耕地面积（万亩）	7.28	3.95	所属行政区划的财政收入（亿元）	68.26	691.74

注：各指标以均值表示。

水土保持生态功能区主要位于我国西北地区的陕西、甘肃、宁夏等省份，中部地区的安徽、河南、湖北等省份，西南的广西、贵州等省份，其中生态公益型林场主要分布于黄土高原丘陵沟壑水土保持生态功能区和三峡库区水土保持生态功能区，生态经营型林场主要分布在大别山水土保持生态功能区及桂黔滇喀斯特石漠化防治生态功能区。从地域分布看，水土保持区内的国有林场主要位于我国经济社会发展相对落后、生态灾害多发的地区，作为生态利用型林场，资金投入很大程度有赖于政府投入，县级财政显然无法满足（从附表2-3中林场所属行政区划的财政收入可以看出，水土保持区内的国有林场得到的财政支持并不足），因此建议水土保持区内国有林场以省属管理为主。

附表2-3　水土保持生态功能区各类型林场特征指标一览表

林场类型	生态公益型	生态经营型	林场类型	生态公益型	生态经营型
林场个数（个）	116	61	公益林面积（万亩）	5.73	4.41
经营面积（万亩）	12.42	6.6	森林覆盖率（%）	51.23	85.84
纯利润（万元）	-39.13	20.61	防火林带公里数（公里）	6.33	24.14
总资产（万元）	456.86	2235.46	林区公路里程数（公里）	21.7	33.91
非林产业收入（万元）	29.09	68.1	林道网密度（米/公顷）	3.86	9.53
耕地面积（万亩）	0.72	0.05	所属行政区划的财政收入（亿元）	12.32	5.96

注：各指标以均值表示。

防风固沙生态功能区主要位于我国新疆、内蒙古及河北等省份，其中生态公益型林场主要分布于新疆维吾尔自治区内塔里木河荒漠化防治生态功能区，生态经营型林场主要分布在内蒙古自治区和河北省内的呼伦贝尔草原草甸生态功能区、科尔沁草原生态功能区、浑善达克沙漠化防治生态功能区、阴山北麓草原生态功能区。从地域分布看，防风固沙区内的国有林场主要位于我国经济社会发展相对落后、生态环境相对恶劣的地区（从附表2-4中林场所属行政区划的财政收入可以看出），作为生态利用型林场，资金投入很大程度依赖于政府投入，县级财政显然无法满足，因此建议防风固沙区内国有林场以省属管理为好，这是林场建设方向所决定的，也是当地经济条件所要求的。由于经营面积较小，生态公益型林场应该寻求整合，实现规模化经营。同时，两个类型国有林场都应加强基础设施建设，提高林道网密度。

附表2-4　防风固沙区各类型林场特征指标一览表

林场类型	生态经营型	生态公益型	林场类型	生态经营型	生态公益型
林场个数（个）	130	13	公益林面积（万亩）	12.49	141.95
经营面积（万亩）	18	197.77	森林覆盖率（%）	77.79	75.78
纯利润（万元）	14.85	-74.67	防火林带公里数（公里）	24.17	20.82
总资产（万元）	599.84	3352.27	林区公路里程数（公里）	26.39	26.52
非林产业收入（万元）	69.7	9.77	林道网密度（米/公顷）	2.75	0.26
耕地面积（万亩）	0.85	22.77	所属行政区划的财政收入（亿元）	10.82	13.68

注：各指标以均值表示。

生物多样性维护生态功能区主要位于我国西南四川、云南、陕西、湖北、湖南及东北黑龙江等省份，其中生态公益型林场主要分布于四川、云南的川滇森林及生物多样性生态功能区和湖南、湖北境内的武陵山区生物多样性与水土保持生态功能区，生态经营型林场主要分布在黑龙江的三江平原湿地生态功能区及陕西、四川的秦巴生物多样性生态功能区。从地域分布看，生物多样性维护区内的国有林场主要位于我国经济社会发展相对落后、生态环境良好的地区，作为生态利用型林场，自主盈利不足，资金投入很大程度有赖于政府投入，县级财政显然无法满足，因此建议防风固沙区内国有林场以省属管理为主。由于经营面积较小，生态公益型林场应该寻求整合，实现规模化经营（附表2-5）。同时，两个类型国有林场都应加强基础设施建设，提高林道网密度。

附表 2-5 生物多样性维护生态功能区各类型林场特征指标一览表

林场类型	生态经营型	生态公益型	林场类型	生态经营型	生态公益型
林场个数（个）	129	27	公益林面积（万亩）	5.94	31.62
经营面积（万亩）	8.48	46.44	森林覆盖率（%）	71.16	82.74
纯利润（万元）	-25.65	10.76	防火林带公里数（公里）	27.49	60.31
总资产（万元）	1266.93	996.41	林区公路里程数（公里）	36.18	76.23
非林产业收入（万元）	24.24	8.96	林道网密度（米/公顷）	8.07	3.43
耕地面积（万亩）	0.17	1.83	所属行政区划的财政收入（亿元）	15.22	112.77

注：各指标以均值表示。

4. 一般功能区内国有林场功能定位及建设方向

一般功能区相对于重点生态功能区和禁止开发区，是我国国土空间中具有一定经济发展水平、环境承载能力相对较强的区域，它是我国经济发展的重要引擎，是全国重要的人口和经济密集区，也是保障农产品（包括林产品）安全供应的重要区域。在此功能区内的国有林场应以多目标综合经营为主，在满足公益性要求的前提下，可以积极开展森林资源的开发和利用，但要根据林场在当地的区位和资源条件，确定其利用的范围，利用当地特色资源大力发展森林游憩、林下经济、林产品加工等产业。满足该区域内人口休闲游憩、林农产品供应的需求。

对国有林场进行功能分区的目的首先在于明确国有林场的功能定位，使其经营管理符合各功能区建设的大方向；同时这也意味着需要将国有林场的区位因素引入到国有林场分类中。但是同一功能区内国有林场的经营状况、资源状况复杂多样，要真正做到国有林场的分类经营管理，有必要对国有林场进行进一步的细化分类。

一般功能区相对重点生态功能区和禁止开发区，是具有一定经济发展水平、环境承载能力相对较强的区域，在此功能区内的国有林场应以多目标综合经营为主，在满足公益性要求的前提下，可以积极开展森林资源的开发和利用，但要根据林场在当地的区位和资源条件，确定其利用的范围，可以根据当地特色资源大力发展森林游憩、林下经济、非林产业等特色产业。除去按照《全国主体功能区规划》禁止开发区域名录和重点生态功能区（限制开发区域）名录划分的禁止开发区内国有林场和重点生态功能区内国有林场，剩余的国有林场归为一般功能区内的国有林场，一共有 2516 个（附表 2-6）。

附表 2-6 一般功能区各类型林场特征指标一览表

林场类型	生态公益型	生态经营型	商品经营型
林场个数（个）	1854	530	132
经营面积（万亩）	8.99	13.49	88.04
纯利润（万元）	-17.82	-8.32	61.59
总收入（万元）	299.39	895.53	1503.93
非林产业收入（万元）	24.92	118.92	428.67
耕地面积（万亩）	0.11	0.22	5.68
公益林面积（万亩）	6.19	8.46	55.93

（续）

林场类型	生态公益型	生态经营型	商品经营型
森林覆盖率（%）	75.36	78.85	77.82
林区公路里程数（公里）	27.3	72.09	69.5
林道网密度（米/公顷）	6.15	9.04	1.8
所属行政区划的财政收入（亿元）	33.97	42.98	912.94

注：各指标以均值表示。

在一般功能区内，生态公益型和生态经营型国有林场经营面积较小，可以考虑根据机构精简和规模经营的原则，将同一行政区域内、分布较集中的林场整合为较大的林场，实现规模化经营。同时，一般功能区内国有林场也存在林道网密度过低的问题，特别是对于商品经营型林场，林区公路里程过低，将导致森林采伐、运输困难，不利于商品开发。此外，对于生态公益型和生态经营型林场在当前亏损的情况下，如果依然由县级财政承担其资金经费的话，势必造成贫困地区的国有林场资金不足，影响林场经营，因此建议一般功能区内国有林场采用县级管理为主，针对贫困地区，省市政府要协同管理，并给予财政支持。

5. 各功能区国有林场分类汇总

我国国有林场以功能区划分：禁止开发区内国有林场（1297个）、重点生态功能区内国有林场（792个）、一般功能区内国有林场（2516个），附表2-7为三大功能区国有林场的经营概况比较（以指标的均值表示）。

附表2-7 三大功能区内国有林场经营概况一览表

林场所在功能区	林场个数（个）	职工人数（人）	纯利润（万元）	林场总资产（万元）	林场森林覆盖率（%）	所属行政区划的财政收入（亿元）
禁止开发区	1297	171.54	-23.94	3567.51	77.68	112.67
重点生态功能区	792	148.45	10.19	1438.23	71.51	54.35
一般功能区	2516	138.1	-11.65	3217.37	76.22	81.98

由附表2-7可知，禁止开发区域内的国有林场主要由国家森林公园、国家级自然保护区、国家级风景名胜区等景观构成，林场总资产、林场的森林质量、得到的财政支持均要好于另两者，而林场经营则要明显弱于后两者；重点生态功能区内的国有林场主要位于生态薄弱的区域，森林质量不高，身负维护生态的重责，得到的财政支持却是最少的，这一点亟待改善。

在结合我国主体功能区规划对国有林场功能分区的基础上，采用聚类分析和簇评估的方法，建立了国有林场分类模型，将禁止开发区内国有林场划分为生态稳健型、生态脆弱型、生态薄弱型国有林场，将重点生态功能区内国有林场划分为生态公益型、生态经营型国有林场，将一般功能区内国有林场划分为生态公益型、生态经营型、商品经营型国有林场。各功能区国有林场分类汇总如附表2-8所示。

附表 2-8 国有林场分类汇总

功能区	林场类型	林场数量（个）	主要分布区域及省份
禁止开发区内国有林场		1297	
	生态稳健型	75	主要分布在江西、湖南、广西、吉林等省份
	生态脆弱型	274	主要分布在甘肃、宁夏、黑龙江、吉林、内蒙古等省份
	生态薄弱型	948	分布在全国各省
重点生态功能区内国有林场		792	
防风固沙区		143	
	生态公益型	13	主要分布在塔里木河荒漠化防治生态功能区
	生态经营型	130	主要分布在呼伦贝尔草原草甸生态功能区、科尔沁草原生态功能区、浑善达克沙漠化防治生态功能区、阴山北麓草原生态功能区
生物多样性维护区		156	
	生态公益型	129	主要分布在川滇森林及生物多样性生态功能区、武陵山区生物多样性与水土保持生态功能区
	生态经营型	27	主要分布在三江平原湿地生态功能区、秦巴生物多样性生态功能区
水源涵养区		316	
	生态公益型	295	主要分布在东北的大小兴安岭、长白山林区，西北阿尔泰、祁连山、三江源地区新疆、青海、甘肃等省份，华南南岭山区的江西、广东等省
	生态经营型	21	主要分布在大小兴安岭森林生态功能区、南岭山地森林及生物多样性生态功能区等小部分地区
水土保持区		177	
	生态公益型	116	主要分布在黄土高原丘陵沟壑水土保持生态功能区、三峡库区水土保持生态功能区
	生态经营型	61	主要分布在大别山水土保持生态功能区及桂黔滇喀斯特石漠化防治生态功能区
一般功能区内国有林场		2516	
	生态公益型	1854	分布在全国各省
	生态经营型	530	主要分布在东南林区的福建、江西、湖南等省，东北林区的黑龙江、吉林、辽宁、内蒙古等省份，及华南的广东、广西两省份
	商品经营型	132	主要分布在广东、广西、黑龙江、吉林、新疆等省份

（三）基于服务国家战略的国有林场分区设计

1. 京津冀协同发展——以生态环境保护为主要功能的分类

京津冀协同发展，核心是京津冀三地作为一个整体协同发展，要以疏解非首都功能、解决北京"大城市病"为基本出发点，调整优化城市布局和空间结构，构建现代化交通网络系统，扩大环境容量生态空间。因此，位于此区域的国有林场的发展主要是打造绿色、可持续的人居环境，构建生态、生产、生活相协调的城乡空间格局。

2015年12月底，由国家发改委发布《京津冀协同发展生态环境保护规划》提出，到2017年，京津冀地区PM2.5年平均浓度要控制在73微克/立方米左右。到2020年，PM2.5年平均浓度要控制在64微克/立方米左右，比2013年下降40%。如附表2-9所示，在京津冀协同发展背景下，归为以生态环境保护为主要功能的国有林场共有184个。

附表2-9　京津冀地区以生态环境保护为主要功能的国有林场分类

省份	国有林场数（个）	森林覆盖率（%）	场部海拔（米）
河北	148	72.2	826
北京	35	83.4	814.4
天津	1	98.8	997
合计	184	——	——

2. 东北振兴——以生态优先、绿色发展为主要功能的分类

东北振兴是全面振兴、全方位振兴，是实现经济社会的高质量发展。在振兴中，必须认真践行生态优先、绿色发展理念，在建设美丽中国、美丽东北中实现振兴。习近平总书记一直高度关注东北的生态环境建设。把生态环境保护与国家战略、生产力、民生、接续产业发展路子的探索，突显绿色发展对于东北全面振兴的重要性。用生态文明建设要求推进振兴，就要完善保护自然资源机制，更加注重发挥市场机制作用，统筹区域资源配置。

加强生态建设，坚持以生态为主导的林业和林区经济发展方向，进一步调减东北地区国有重点林区木材采伐量，促进林区经济转型和可持续发展，林场能发挥重要作用。继续实施天然林资源保护工程，完善政策措施，加大支持力度。巩固退耕还林成果，加强育林和管护。位于此国有林场的发展要高度重视生态屏障作用，组织编制生态保护与经济转型规划。切实加强国有林场的生态作用。严格监控和防治工业污染，创建环境优美的农村新面貌。

如附表2-10所示，东北振兴战略背景下，归为以生态优先、绿色发展为主要功能的国有林场分类共有951个。

附表2-10　东北地区以生态优先、绿色发展为主要功能的国有林场分类

省份	国有林场数（个）	森林覆盖率（%）	场部海拔（米）
黑龙江	427	70.5	335
吉林	335	75.3	407
辽宁	189	86.6	543
合计	951	——	——

3. 长江经济带发展——以发展高质量、生态大保护为主要功能的分类

推动长江经济带发展，前提是坚持生态优先，把修复长江生态环境摆在压倒性位置，共抓大保护，不搞大开发。要设立生态禁区，开发建设必须是绿色的、可持续的，涉及长江的一切经济活动都要以不破坏生态环境为前提。如附表2-11所示，在长江经济带发展背景下，归为以发展高质量、生态大保护为主要功能的国有林场有1459个。

附表 2-11 长江经济带以发展高质量、生态大保护为主要功能的国有林场分类

省份	国有林场数（个）	森林覆盖率（%）	场部海拔（米）
四川	6	54.7	2996.7
云南	174	79.8	2355.8
重庆	73	86.2	1307.8
湖北	266	84.3	908.8
湖南	208	89.4	786.4
江西	236	90.5	614.6
安徽	141	86.19	529.8
江苏	146	168.82	775.8
贵州	103	82.3	1230
浙江	106	92.3	975.3
合计	1459	——	——

4. 黄河流域——以生态保护为主要功能的分类

黄河突出特点是水少、沙多，水沙异源，时空分布不均。流域大部分处于干旱、半干旱地区，黄河的这些特性是其难治的根源，导致了水资源短缺、水旱灾害频发、水生态损害等突出生态问题，决定着黄河治理和生态文明建设的长期性、复杂性和艰巨性。该流域国有林场的分类经营管理，发挥其水土涵养的主要功能。如附表 2-12 所示，在黄河流域生态保护和高质量发展战略背景下，归为以生态保护为主要功能的国有林场分类共有 1509 个。

附表 2-12 黄河流域以生态保护为主要功能的国有林场分类

省份	国有林场数（个）	森林覆盖率（%）	场部海拔（米）
青海	6	34	2441
四川	6	54.7	2996.7
甘肃	314	59.52	2038
宁夏	99	43.83	1901
内蒙古	317	57.24	922
陕西	239	153.56	3386.4
山西	273	61.5	1494
河南	94	81.4	777.8
山东	161	83.4	525.9
合计	1509	——	——

5. 长三角一体化发展——以生态绿色一体化发展示范区建设为主要功能的分类

长三角一体化不仅是经济发展的一体化，同为长江经济带沿线城市，苏州、上海共饮太湖水，在生态环境建设上有着更为迫切的协作需求。建设长三角生态绿色一体化发展的示范区，目前中央已经明确在江苏苏州吴江、浙江嘉兴嘉善和上海青浦建设生态绿色一体化发展示范区。打造长三角生态优先绿色发展样板区，要强化落实生态优先、绿色发展理念。不搞大开发不是不要开发，而是不搞破坏性开发，要走生态优先、绿色发展之路。绿色发展是构建现代化经济

体系的必然要求，是解决污染问题的根本之策。长三角地区推进绿色发展，要强化创新驱动，调整优化产业、能源、运输、用地等结构，突出"高""新""绿"产业导向，做到"水清岸绿产业优"，形成绿色生产生活方式，从而实现生态环境与高质量发展的有机统一。

长江三角洲地区区位条件优越，自然禀赋优良，经济基础雄厚，体制比较完善，城镇体系完整，科教文化发达，已成为全国发展基础最好、体制环境最优、整体竞争力最强的地区之一，在中国社会主义现代化建设全局中具有十分重要的战略地位。长江三角洲地区发展的战略定位是：亚太地区重要的国际门户、全球重要的现代服务业和先进制造业中心、具有较强国际竞争力的世界级城市群。如附表2-13所示，长三角一体化发展战略背景下，归为以生态绿色一体化发展示范区建设为主要功能的国有林场分类共有393个。

附表2-13 长三角以生态绿色一体化发展示范区建设为主要功能的国有林场分类

省份	国有林场数（个）	森林覆盖率（%）	场部海拔（米）
安徽	141	86.19	529.8
江苏	146	168.82	775.8
浙江	106	92.3	975.3
合计	393	——	——

6. 粤港澳大湾区建设——以打造宜居宜业宜游的优美生态环境为主要功能的分类

粤港澳大湾区建设是新时代推动形成全面开放新格局的新举措，也是推动"一国两制"事业发展的新实践。坚持生态优先，绿色发展的合作原则。着眼于城市群可持续发展，强化环境保护和生态修复，推动形成绿色低碳的生产生活方式和城市建设运营模式，有效提升城市群品质。位于此区域的国有林场作用是共建宜居宜业宜游的优质生活圈。大湾区由广东省的广州、深圳、佛山、肇庆、东莞、惠州、珠海、中山、江门9市和香港、澳门两个特别行政区组成的"9+2"世界级城市群。粤港澳大湾区已经成为国家战略发展区，作为中国"一带一路""三大主轴"等重要战略的节点，大湾区正面临着复杂的生态文明建设挑战与机遇，大湾区较以往任何时候都更需要了解其发展的生态资本需求及其可持续性。大湾区生态环境的保护是大家都非常关注的一个热点问题，生态环境保护也是大湾区可持续发展的一个重要的环节。在粤港澳大湾区战略背景下，归为以打造优美生态环境为主要功能国有林场的分类共有217个。

7. 西北地区——以构筑生态安全屏障为主要功能的分类

西北地区深居中国内陆，具有面积广大、干旱缺水、荒漠广布、风沙较多、生态脆弱、人口稀少、资源丰富、开发难度较大、国际边境线漫长、利于边境贸易等特点。西北干旱区是生态脆弱的重点地区，在"山地-绿洲-荒漠"组成的既独立又独特的自然体系中，位于此区域的国有林场应发挥其生态优势，缓解西北地区生态脆弱，荒漠化、盐碱化、沙尘暴等生态环境问题直接威胁着区域可持续发展。

构筑西北生态安全屏障。把山水林田湖草作为一个生命共同体，统筹实施一体化生态保护和修复，全面提升自然生态系统稳定性和生态服务功能。要构筑生态安全屏障，持续推进天然林资源保护、三北防护林、封山禁牧、退耕还林还草、防沙治沙等生态建设工程。要完善生态文明制度体系，保护生态环境，必须实行最严格的制度、最严密的法治。如附表2-14所示，在西北地区生态脆弱区保护的战略背景下，归为以生态屏障建设为主要功能的国有林场分类共有

764个。

附表2-14 西北地区以构筑生态安全屏障为主要功能的国有林场分类

省份	国有林场数（个）	森林覆盖率（%）	场部海拔（米）
青海	6	34	2441
甘肃	314	59.52	2038
宁夏	99	43.83	1901
陕西	239	153.56	3386.4
新疆	106	29.17	1860
合计	764	——	——

二、国有林场目标类型划分

2020年中国国有林场在现行标准下实现脱贫这一阶段性目标后，减贫任务并没有最终完成，而是要站在新的起点上，从第二个百年目标出发，着手研究和制定实施2020年后国有林场发展的新战略，为实现中华民族的伟大复兴和全面建成社会主义现代化强国奠定坚实的基础。在此背景下，国家林业和草原局提出，力争到2035年，初步实现林业现代化，生态状况根本好转，美丽中国目标基本实现的预期目标。这为我国国有林场发展进一步指明了方向，提出了新的更高要求。新时代、新常态的发展形式将推动国有林场向更高层次方向发展，紧跟现代社会发展水平，以满足现代公众更高层次的生态需求。现代公众越来越多地开始追求绿色休闲的生活方式、天然无公害的食品消费。党和政府对生态环境保护的高度重视和现代公众消费结构的升级改善，是国有林场发展面临的巨大机遇。围绕现代化国有林场建设目标，未来国有林场的建设将主要围绕以下四种方向发展：绿色林场、科技林场、智慧林场、文化林场。

（一）绿色林场

绿色林场是坚持从实际出发，实事求是，立足林业，勇于创新，使林场充满无限生机，发挥出极大的生态效益和社会效益，践行"绿水青山就是金山银山"发展理念。保护培育森林资源、维护国家生态安全始终是国有林场的主要功能。保护森林和生态是建设生态文明的根基，国有林场是我国生态修复和建设的重要力量，是维护国家生态安全最重要的基础设施，在保护国家生态安全、提升人民生态福祉、促进绿色发展、应对气候变化中发挥了不可替代的重要作用。国有林场发展中，"护绿"是主要责任，"增绿"是重要途径，"用绿"是民生保障。国有林场只有发挥自身优势发展产业，盘活森林资源，才能培育和增强国有林场的造血功能，带动职工就业增收致富全面奔小康，实现国有林场现代化。生态建设是国有林场的主要功能目标，发展产业能激发国有林场活力。增强经济实力是增加国有林场活力的关键，也是建设现代国有林场的基础所在。绿色林场发展确保生态功能只增不减，国有资产保值增值，生态建设与产业发展协调发展。

国有林场具有丰富的森林资源、充足的林地资源和齐全配套的苗圃地，有发展成为绿色林场的潜力。目前已有许多林场成为绿色林场，助推国有林场转型升级。以国有林场为单位，立足当地森林旅游、乡村休闲旅游、森林小镇、种植业、养殖业、林产品加工、林下种植和种苗花卉等特色产业发展，找到当地国有林场林业产业的闪光点，开展符合市场需求的特色优势产业、主导产业。国有林场是打造绿色产业发展的聚集地。一是要依托国有林场优秀的森林环境、富集的生物多样性，合理配置吃喝、玩乐、体验、静养等旅游要素，建设森林小镇、森林康养、森林氧吧等观光度假基地，为人们提供走进森林、享受自然的好去处，充分发挥林业的生态效益。拓宽森林旅游景区建设投融资渠道，积极争取政府的优惠政策，创新社会投资模式，以投融资推动森林旅游景区提质升级，完善景区内外交通等基础设施和接待服务设施，开发新型旅游业态，丰富旅游产品供给，加大森林旅游景区宣传力度，提高森林旅游品牌的综合效益。二是利用国有林场优质林下空间的优势，因地制宜地发展林菜、林菌、林药、林禽、林蜂等种植业、养殖业，既满足人们对绿色生态有机食品的需求，又促进国有林场经济收入从采伐森林资源向利用森林生态资源的转变。依托国有林场丰富的资源、优质的自然环境，借助林业科研院校技术力量，结合国有林场协会市场信息资源优势，将资源、资金、技术、市场充分对接起来，指导国有林场、森林公园因地制宜大力发展林茶、林果、林药等绿色生态产业，培育绿色生态品牌，打造林场经济新的增长点，促进职工增收致富，实现"林场美起来，职工富起来"。三是充分考虑景观林、防护林、生态林等不同的功能要求，依据不同树种的特点优势，因地制宜开展造林绿化，把生态资源优势变成生态产业优势，实现山区由"绿水青山"到"金山银山"的转变。争取国有林场和乡村的绿色产品，实现电子商务营销；争取国有林场绿色产业与乡村经济融合，带动周边乡村集体产业与国有林场产业同步发展，助推林农以"业"致富，振兴乡村经济，探索打通"绿水青山"就是"金山银山"之间的转换通道，助推国有林场转型发展升级。

（二）科技林场

科技林场主要开展林业科学试验和技术创新活动，包括苗木培育技术、低产林改造技术、森林经营技术、生态修复技术等，并将先进技术推广应用到林业生产中。科技是社会进步的根本，更是林业超越发展的核心动力。森林质量提升的关键在于优良的种苗和完善的生态修复技术。科技林场自成立以来，在林业生态建设中发挥着非常重要的林业科技示范作用，未来在现代林业建设中仍然发挥着不可替代的作用。国有林场汇聚了森林资源的精华，具备固定的管理机构、拥有林业专业人才优势和森林经营的技术优势，要在森林质量精准提升中发挥先锋示范作用。以突出生态修复、森林生态系统功能提升为导向，兼顾经济功能、景观功能，高质量的实施各类营造林项目，加强大径材培育、珍稀树种和乡土阔叶树种、景观树种、经济树种的营造，优化林分结构，调整林种布局，稳步提升国有林场森林质量，满足生态建设、森林旅游和特色产业发展的需要，充分发挥森林资源的生态效益、经济效益、社会效益。

国有林场是我国集体林的重要科技示范基地。我国国有林场分布在全国1600多个县，广泛优良的森林资源的经营管理技术与方法，对于占全国60%的集体林而言，是非常便利的林业科技示范。因此国有林场可以成为区域优良林木种苗基地、先进森林经营技术示范与服务基地、集体林地生态修复的技术供给与代理实施单位、林业科技推广服务体系的载体。有效理顺国有林场科技服务体系，将国有林场建成全国林业科技推广体系等全方位精准化的综合服务体。

科技林场是林业技术水平的重要代表，是林业未来发展方向的重要引领者，是林业科技推广运用的最佳示范平台。科技林场可开展种质资源库建设，培育优质种苗，推广良种育苗、良种造林；加大林业科研成果、林业实用技术、林业机械装备在国有林场推广应用，提高国有林场经营技术水平。目前，具有较强林业科技水平的林场数量不多，如，广西壮族自治区高峰林场，2011—2013年投资7.5亿元，先后建成了五洲人造板项目和桂山刨花板项目，通过建设新项目，不断壮大林场林产工业实力，并且十分重视科技研发，2010年以来，华峰集团每年科研投入比例始终占当年销售额的3%以上,纤维板新产品开发及技术研发水平一直处于行业前列,先后成功研发了P2板、B级阻燃纤维板和钢琴用板等,通过多年技术创新,"高林"牌产品跻身高端特种板材行列,连续多次被评为广西"名牌产品",被指定为北京奥运会、上海世博会场馆建设用材,在行业内享有良好的声誉。辽宁省大边沟林场为了更好地完成国家森林可持续经营试验示范工作,以生态系统理论为指导,开展了十四项试验研究:利用本场外来树种引种成果,开展了北美乔松良种基地建设工程,为全省北美乔松推广造林提供苗木资源和技术支撑;积极开展落叶松生态采伐试验研究,最大限度降低森林主伐对周边环境的负面影响;开展落叶松不同强度采伐试验,探索落叶松经营的合理密度;开展项目林抚育间伐试验,科学经营世行贷款项目林;开展北美乔松嫁接苗造林试验,促进北美乔松提早结实;开展红松果材林改培试验,提高红松结实量,促进商品材产出率;利用北美乔松速生丰产的优良特性,开展营造北美乔松工业原料林试验;开展落叶松采伐迹地不同树种生长对比试验,科学选择更新树种;开展落叶松-红松-人参复合经营试验,充分利用林地空间,为实现经济效益最大化打基础;开展落叶松纯林人工诱导针阔混交复层异龄林试验,持续发挥森林的生态效能;开展人工林近自然化经营试验,探索人工林最佳更新途径;开展天然林修正检查法经营试验探索天然林经营的最佳模式;引进日本森林经营技术,通过国家林业局"863"项目办公室的支持,开展了天然林多目标经营与调控关键技术引进项目;开展白云杉、蓝杉引种栽培试验,丰富当地物种资源等。

(三) 智慧林场

使用智慧科技是各行各业在新时代发展的必然趋势,林业也是如此。在林业信息化已经完全步入正轨的时候,我国已经开始了"智慧林业"的相关布局。2012年12月,国家林业局决定启动"中国智慧林业发展规划研究"。2013年8月21日,国家林业局以《中国智慧林业发展指导意见》(以下简称《意见》)的形式向全国印发,明确智慧林业是指充分利用云计算、物联网、大数据、移动互联网等新一代信息技术,通过感知化、物联化、智能化的手段,形成林业立体感知、管理协同高效、生态价值凸显、服务内外一体的林业发展新模式。2015年3月5日,在十二届全国人大三次会议上,李克强总理在政府工作报告中提出:"制定'互联网+'行动计划,推动移动互联网、云计算、大数据、物联网等与现代制造业结合,促进电子商务、工业互联网和互联网金融健康发展,引导互联网企业拓展国际市场。"在这样的大背景下,林业"十三五"规划基本上明确了"互联网+"林业的发展模式。"互联网+"林业是"互联网+"跨界进入林业领域,充分利用云计算、物联网、移动互联网、大数据等新一代信息技术与林业各项业务深度融合、创新发展,打造林业建设和创新新模式,为林业政务、林业改革、资源保护、生态修复、产业发展、文化传播等各项业务提供精准信息服务和智慧化解决方案的方式。"互联网+"林业,就是智慧林业,是林业信息化2.0。

智慧林场是充分利用云计算、物联网、大数据、移动互联网等新一代信息技术,通过感知化、物联化、智能化的手段,形成林业立体感知、管理协同高效、生态价值凸显、服务内外一体的国有林场发展新模式。智慧林场是要在国有林场的管理、保护、监测系统中实现智能化,是智慧林业的重要组成部分,是未来林业创新发展的示范林场,是统领未来林业工作、拓展林业技术应用、提升林业管理水平、增强林业发展质量、促进林业可持续发展的重要支撑和保障。启动智慧林场建设,提高国有林场信息化水平,对接林业再信息化工程,完善国有林场和森林公园资源监管平台数据信息,实现林地、林木等森林资源信息化监管,鼓励林场采购森林防火视频监控、无人机等新型信息化装备实施森林管护。国有林场要充分利用卫星遥感、无人机巡航、云计算、物联网、大数据、移动互联网等新一代信息技术，通过感知化、物联化、智能化的手段，形成林业立体感知、管理协同高效、生态价值凸显、服务内外一体的林业发展新模式。利用现代信息技术，拓展林业技术应用、提升应用管理水平。通过信息化建设，林区的林木资源及动物资源的种类、数量一目了然，以及随着温度、湿度气候变化，及时准确掌握林区生态系统的变化，增强森林资源管理的科学性，引领全省智慧林业的发展潮流。已有不少国有林场配置了无人机、管护巡逻车、病虫害防治机械等现代林业装备，建立了护林员定位系统、远程监控电子信息系统等智慧林场设施，实现了国有林场资源管理数字化、信息化，提高了森林资源管理效率，初步实现了传统林业向现代林业的转变，如，辽宁省大边沟林场始终坚持科技兴林的指导思想，林场各股室配齐了电脑，实现了数字网络传输，外业调查应用了PDA自动成图系统，内业设计通过软件自动生成，档案管理实现了数据更新自动化。

（四）文化林场

文化林场是以森林公园和森林文化旅游为载体，通过森林景观提升、特色项目打造和文化活动开展，建设集森林休闲、森林体验和森林康养和环境教育等多功能于一体的林场。国有林场是森林生态文化保护的主力军，也是地质风貌、历史遗迹和非物质文化的重要载体，是生态教育、教育实习和爱国主义教育的重要基地。国有林场为自然教育和科学研究提供了坚实基础保障，强化了承接中小学生开展自然教育的能力；加大与高校和生态公益机构的合作，开发多样化教育创新课程，丰富生态建设的内涵，为建设美丽中国发挥国有林场的应有作用。在充分发挥国有林场生态和经济功能的基础上，大力开拓科技创新与文化创意活动，将生态文化与公共教育、休闲养生相结合，传播森林生态知识，弘扬森林生态文化，提升国有林场的文化品位和公共服务品质，满足人民群众日益提高的生态公益服务需求。森林文化宣传也是对森林生态的间接保护，社会公众对森林生态文化越了解，保护森林生态的责任心越强。

建设文化林场承担着传承森林生态文化的艰巨任务，具有最重要的文化价值。建设文化林场需依据实地情况操作，如，山东省泰山林场的螭霖鱼博物馆以弘扬鱼文化为宗旨，突出泰山神山、神水孕育的螭霖鱼神鱼文化。通过对螭霖鱼的保护、研究、放流、体验等措施，完善这一珍稀物种的长效保护机制，更好地体现良好的泰山生态环境，实现人与自然、文化与自然的和谐互融，促进泰山世界文化与自然遗产的永续利用和可持续发展，并于2014年被列为省级科普教育基地；山东省原山林场为打造原山文化品牌，相继推出品牌建设的系列工程，建了森林博物馆、艰苦奋斗纪念馆，全部向社会免费开放，并制作系列影视作品，还开展了登山节、红叶节、采摘节、孝文化节、民俗文化节等一系列节庆活动，这些系列工程正成为塑造原山绿色文化品牌的平台，也是森林生态文化宣传的平台。

三、国有林场功能类型划分

根据上文国有林场的分类发展的方向引导，结合全国国有林场森林资源现状、分布特点、建设现状、发展方向等情况，依照因地制宜、分类管理、兼顾特色的宏观指导策略，将国有林场分为"生态安全屏障型、资源战略储备型、生态产品供给型和多种功能复合型"四个发展类型。这个分类符合国有林场在生态安全建设、国家木材战略储备、生态产品供给中重要作用的定位。

（一）生态安全屏障型

生态安全屏障型国有林场主要分布在东北森林带、北方防沙带、沿海防灾带、大江大河源头和京津冀特大城市群等屏障地区，以确保生态系统的稳定与健康，空气、水质、自然灾害等相关调节能力不受破坏，保障人类社会所需生态安全为主要发展方向。随着国有林场由商品性向公益性转型，森林得以休养生息。国有林场全面提高造林质量、切实加强森林抚育、积极推进退化林修复、不断强化森林资源保护工作，将国有林场建设成美丽森林聚集地。提高国土绿化美化水平，改善城乡人居生态，提升森林质量和功能，构建起资源丰富、布局合理、功能完备、结构稳定的绿色生态屏障，为国家生态安全起到重要保障作用。

（二）资源战略储备型

资源战略储备型国有林场主要分布在南方丘陵传统经营地区，以国家木材战略储备和特色产业发展为主导，以维持、保护和恢复人类生产生活所需的重要自然资源，促进快速健康再生为主要发展方向。森林资源是国有林场的立场之本。保护、培育和管理好森林资源是国有林场的中心工作。国有林场被纳入了国家战略储备林基地建设中，是木材战略储备的先锋队。建设和发展径级大、结构优、产量丰、价值高的速生丰产林、战略储备林、珍贵树种用材林、大径级用材林和林木良种基地，缓解我国木材及林产品结构性短缺问题，保障木材供给安全。推进森林科学经营，提高森林资源的总体质量和林地生产力。

（三）生态产品供给型

生态产品供给型国有林场主要分布在大中型城市近郊地区，以森林旅游、休闲游憩、景观欣赏，提供环境教育与自然游憩的场所为主要发展方向。贯彻国有林场改革"保生态"的精神，在实现森林可持续发展的基础上，争取政策突破，打破投资壁垒。争取财政支持，引入社会资本，发展林下经济、景观租赁、森林旅游、森林康养产业和森林小镇等，争做生态产品示范的排头兵。依托国有林场、森林公园等，打造集森林旅游、森林康养、自然教育、科技示范、林木种苗、林下经济等于一体的森林生态综合示范园，逐步转型发展成为向社会提供生态产品和生态服务的森林旅游胜地。推动旅游业的发展，让社会公众走进林场，认识林场，热爱林场。

（四）多种功能复合型

多种功能复合型国有林场主要分布在我国中东部地区，林场主导功能不突出，同时兼有生态安全屏障型、资源战略储备型、生态产品供给型中的某两种或三种功能，归类至本发展类型。

四、国有林场发展的政策需求

（一）国有林场经营管理法规、规章

国有林场改革解决了国有林场长期功能定位不清、管理体制不顺、经营机制不活、支持政策不健全的问题。为促进国有林场可持续发展，还需持续推进国有林场体制创新，着力建立高效、规范、科学的管理体制。

配套起草有关国有林场经营管理的法规、规章。明确国有林场的法律地位、性质、服务主体，为管理者、决策者和受益者管理、经营和享用提供法律依据。完善森林资源管理。按照《中共中央 国务院关于全面推进集体林权制度改革的意见》，做好确权定界工作，处理好国有林

场和周边社区林农的林地边界关系；研究拟定《国有林场林地保护利用目标考核责任制》，将国有林场林地作为重点保护林地进行严格保护，落实保护责任；提高建设用地占用国有林场林地的门槛和补偿标准，严格查处违法违规侵占国有林场林地案件，依法维护国有林场林地使用权和经营权。按照《国有林场改革方案》，林业行政主管部门要加快职能转变，创新管理方式，减少对国有林场的微观管理和直接管理，加强发展战略、规划、政策、标准等制定和实施，落实国有林场法人自主权。在稳定现行隶属关系的基础上，综合考虑区位、规模和生态建设需要等因素，合理优化国有林场管理层级。

尽快修订《国有林场管理办法》和国有林木、林地资源流转、经营管理等办法。进一步指导、规范国有林场生产、经营、管理等活动，尤其是保护国有林场林地、林木所有权和使用权，维护国有林场合法权益。制定《国有林场中长期发展规划》，开展国有林场场长任期森林资源考核和离任审计，建立职工绩效考核激励机制。以林长制为抓手，将国有林场全部纳入林长制改革范围，按照体制新、机制活、成效好的要求，大力推进国有林场管理体制创新。构建责任明确、协调有序、监管严格、保护有力的国有林场生态保护发展机制，为实现国有林场保护培育森林资源、维护生态安全提供制度保障。将现代国有林场建设工作纳入政府目标责任制考核，引起各级地方政府高度重视，落实具体工作举措，派出指导组进行指导，合力推进国有林场建设。

落实全员岗位责任制。根据岗位设置，全面推行岗位责任制管理，制定岗位责任制度，明确岗位责任，打造人人有事做和事事有人做的工作局面，防止改革后在机制上穿新鞋走老路。加强职业技能培训，提高职工爱岗意识和敬业责任感。加强履职尽责管理，按照有岗就有责和失责必追究的要求，建立问责机制，用责任倒逼的办法压紧压实岗位责任。加强制度执行情况督查和考核。制定督查和考核办法，督查情况和岗位责任制考核结果要与职工个人绩效挂钩。加强制度执行情况和责任制落实情况检查，切实保障制度建设落地有声。加强教育引导，强化思想政治工作，严肃工作纪律，着力营造干事创业的良好氛围。

加强森林经营顶层设计，引入国际现代森林经营理念，推进不炼山、不全垦造林，分类经营和采取目标树作业法等多种近自然森林经营理念，提高森林经营现代化水平。强化森林经营方案在资源培育上的核心地位，精准提升国有林场森林资源质量，培育健康稳定、优质高效的森林生态系统。按照《国有林场改革方案》，健全责任明确、分级管理的森林资源监管体制。

落实国有林场场外造林相关规定。积极推进大规模国土绿化，加快国有林场场外造林步伐，扩大国有林场发展空间。根据国家积极推进大规模国土绿化行动意见，积极推动国有林场场外造林，扩大国有林场发展空间。通过改革和创新森林资源培育机制，探索国有林场与周边乡村集体、林农开展场外合作造林等经营模式，把国有林场的人才、技术、资金、管理优势与乡村集体的林地资源优势有机结合起来，促进国有和集体林业各种要素有机融合，同时，通过示范、引领、带动周边农民从林业发展中获得更多收益，推动集体林业适度规模经营，精准提升森林质量，发展乡村集体经济，增加林区群众收入，促进脱贫攻坚和乡村振兴，实现互利共赢。

建立完善自然保护地体系。高水平创建自然保护网络。全面落实最严格生态保护制度，基本建成自然保护地体系，森林灾害防控体系全面优化，重点野生动植物和典型生态系统得到有效保护，建立完善的森林、湿地、野生动植物保护网络。深入开展自然保护地大检查，摸清资源本底，掌握新划入的风景名胜区、地质公园、自然遗产，与林业部门原有的自然保护地有哪些在边界、区域交叉重叠、相邻相近。严格监管保护各类自然保护地，健全保护制度和管理机构，加大监督检查力度，组织开展自然保护地内各种自然资源的动态监测与评价，及时发现和制止破坏生态违法行为。开展自然保护区违法违章建筑专项整治行动，保护好区域内自然资源和生态环境。适时启动自然保护地整合优化工作，对交叉重叠、相邻相近的自然保护地进行归并整合，合理调整保护地边界范围和功能分区。科学编制自然保护区发展总体规划和专项规划。

（二）国有林场产业发展政策

践行"绿水青山就是金山银山"理念，激发国有林场"造血"功能，提高国有林场发展后劲，离不开国有林场的产业经营活动。《国有林场改革方案》指出，国有林场从事的经营活动要实行市场化运作，对商品林采伐、林业特色产业和森林旅游等暂不能分开的经营活动，严格实行"收支两条线"管理；鼓励优强林业企业参与兼并重组，通过规模化经营、市场化运作，切实提高企业性质国有林场的运营效率；加强资产负债的清理认定和核查工作，防止国有资产流失。

制定《国有林场收支两条线管理办法》，规范国有林场收支管理，强化预算约束，加强对预算的管理和监督，建立健全全面规范、公开透明的预算制度。国有林场采用"收支两条线"及国库集中支付的预算管理方式，有利于增强政府宏观调控能力，提高财政资金的使用效益，加强财政监管，防止单位挤占、挪用、截留财政资金。其次，国有林场的收入和支出按性质分为预算类收支和生产经营类收支，实行全额预算管理的国有林场，其预算类收支和生产经营类收支可以全部纳入财政预算统筹管理，但是实行差额预算管理的国有林场由于经费不足，建议其生产经营类收支仍通过销售活动开具销售发票实现，以弥补事业费不足部分。

完善以购买服务为主的公益林管护机制。推动国有林场造林、森林管护等各项林业生产性活动全面引入市场机制，采取合同、委托、承包或招标等形式，面向社会购买服务，实现一般性用工的社会化。在保持林场生态系统完整性和稳定性的前提下，按照科学规划原则，鼓励社会资本、林场职工发展森林旅游等特色产业，有效盘活森林资源。企业性质国有林场经营范围内划分为公益林的部分，由中央财政和地方财政按照公益林核定等级分别安排管护资金。鼓励社会公益组织和志愿者参与公益林管护，提高全社会生态保护意识。

建立国有森林资源有偿使用机制。提高国有林场生态效益补偿标准，逐步建立起与经济社会发展和生态文明建设相适应的国有森林资源使用制度和补偿机制，实现国有森林资源的健康可持续发展。《国有林场改革方案》指出，探索建立国有林场森林资源有偿使用制度。利用国有林场森林资源开展森林旅游等，应当与国有林场明确收益分配方式；经批准占用国有林场林地的，应当按规定足额支付林地林木补偿费、安置补助费、植被恢复费和职工社会保障费用。

加强碳汇项目研究，依托林业碳汇交易平台，重点发展森林经营碳汇项目，实现碳汇交易。

制定税费优惠政策。对国有林场发展生态产业、提供公共服务、从事公益事业等获得的经营性收入，争取给予相关税费优惠。

（三）国有林场金融支持政策

制定国有林场债务化解政策。按照国有林场金融债务类型，出台国有林场金融债务化解政策。对于国有林场历史所欠的金融债务，凡属于培育发展生态公益林和林场生产生活基础设施建设的贷款，予以核销，减轻国有林场负担。

创建国有林场信贷产品。开发适合国有林场特点的信贷产品，充分利用林业贷款中央财政贴息政策，拓宽国有林场融资渠道。在培育优质用材林、速生丰产林、珍贵树种、生物质能源林以及开发生态旅游等方面，有关部门要给予贴息贷款，延长贷款期限。

建立国有林场生态公益林发展基金。由中央和地方财政出资并募集社会资金的办法，争取建立国有林场生态公益林发展基金，专门用于国有林场赎买或与乡村、社会团体合作培育或管护生态公益林，发展高质量、高效益的生态公益林。

实施森林保险。将国有林场的森林资源全面纳入森林保险，努力做到应保尽保，提高国有林场森林的抗风险能力。

（四）国有林场财政支持政策

设立国有林场专项建设资金。尽快启动国有林场资源保护和培育项目，在全面完成国有贫困林场扶贫攻坚任务后，争取设立国有林场专项发展资金，支持国有林场改善基础设施、发展经营性项目，巩固国有林场的扶贫成果。改革后，国有林场的经费支出以县级财政保障为主，大多数县级地方财政非常困难，还需中央财政对国有林场给予一定的财政补助，确保林场职工工资稳定发放，支持解决好国有林场职工基本养老、医疗等社会保险的缴费问题。国有林场的人工造林、森林抚育、森林改培、基础设施建设等需纳入财政预算。对于实行战略转型发展资金不足的国有林场，要争取中央和省级政府实行专项转移支付政策。

制定国有林场建设项目监管办法。各地结合实际，根据国家和省国有林场建设项目管理办法，制定本地实施细则、项目管理办法，进一步明确了林场申请标准、资金用途、管理程序、验收办法等。同时，狠抓项目实施管理，对项目筛选、申报、评审、批复、监督和验收等各个环节都有具体要求，严格实行报账制、政府集中采购制、合同制、招投标、竣工验收等管理制度，对项目和财务实行公示制度，主动接受审计部门和职工群众的监督，使项目建设实行全过程阳光操作，确保项目实施效果和资金安全。

（五）国有林场基础设施建设政策

国有林场基本公共服务政策。加强支持国有林场基本公共服务力度，促进林场与周边地区基本公共服务均等化。按照《国有林场改革方案》，将国有林场基础设施建设纳入同级政府建设计划，包括林场供电、饮水安全、森林防火、管护站点用房、有害生物防治、林场道路、林场电网改造等。按照支出责任和财务隶属关系，在现有专项资金渠道内，加大对林场基础设施建设的投入，将国有林场道路按属性纳入相关公路网规划，加快国有林场电网改造升级。加大对基础设施建设项目的管理力度，抓好项目建设过程中的各个环节，完善林场的基础设施，改善林场基本生产生活条件。

国有林场办公用房与职工住房政策。积极推进国有林场生态移民，将位于生态环境极为脆弱、不宜人居地区的场部逐步就近搬迁到小城镇，提高与城镇发展的融合度。落实国有林场职工住房公积金和住房补贴政策。在符合土地利用总体规划的前提下，按照行政隶属关系，经城市政府批准，依据保障性安居工程建设的标准和要求，允许国有林场利用自有土地建设保障性安居工程，并依法依规办理土地供应和登记手续。

国有林场建设工作纳入政府目标。将国有林场建设和发展纳入各级地方政府经济社会发展的总体规划，将其森林资源培育、基础设施建设等纳入当地经济发展计划中，按照解决民生问题的衡量标准，统筹部署。具备条件的支农惠农政策、林业优惠政策可适用于国有林场。

（六）国有林场人才队伍建设政策

人才引进政策。调整和改善国有林场人才队伍结构，建立以聘用制为主的常态化用人制度，实现由身份管理向岗位绩效管理的转变。根据实际逐步配齐国有林场管理人员和专业技术人员，对国有林场发展急需的管理和技术人才，考聘时报考条件放宽到相关专业的专科（高职）层次。参照支持西部和艰苦边远地区发展相关政策，引进国有林场发展急需的管理和技术人才；优先安置符合安置条件的优秀退伍普通士官、大学生士官到林场工作。建立公开公平、竞争择优的用人机制，营造良好的人才发展环境。适当放宽艰苦地区国有林场专业技术职务评聘条件，适当提高国有林场林业技能岗位结构比例，改善人员结构。

职工继续教育机制。加强国有林场领导班子建设，加大林场职工培训力度，提高国有林场人员综合素质和业务能力。鼓励社会公益组织和志愿者参与国有林场建设，提高全社会生态文明意识。建立健全职工继续教育和培训的长效机制，加强与高等院校、科研院所的合作，不断提升职工素质；建立人才派驻、引进和交流机制，争取将国有林场纳入到大学生村官派驻地，各级林草主管部门定期派遣业务骨干到林场工作。

职工社会保障机制。改善国有林场职工生活环境，发展教育、文化、卫生等各项社会事业，改变林场面貌；提高基本医疗、住房、养老和职工子女义务教育等社会保障水平。

五、结　论

基于上文的研究，国有林场的未来发展，需要通过国有林场的分类发展的方向引导，结合全国国有林场森林资源现状、分布特点、建设现状、发展方向等情况，依照因地制宜、服务国家战略的理念，推进国有林场的规模化、集约化经营。此外，国有林场森林资源的经营管理，要突出生态属性、强调公益属性、兼顾经济功能效益和社会功能效益，打造绿色林场、科技林场、智慧林场和文化林场的发展方向，实现国有林场的现代化发展，需要完善相关政策的保障。

第二篇
各省区市国有贫困林场扶贫攻坚及典型示范

第一章 北京市

一、国有林场基本情况

北京市共有 34 个国有林场,包括中央单位所属林场 2 个、市属林场 7 个、区属林场 25 个,职工总人数 2059 人,全部为公益一类财政补助事业单位。林场总面积 103 万亩,有林地面积 76.3 万亩,森林覆盖率 72.6%,森林总蓄积量 162.5 万立方米。经测算,国有林场森林资源总产值 428 亿元,固碳释氧量 129 万吨。国有林场已建立国家级森林公园 8 个,市级森林公园 6 个,国家级自然保护区 2 个、市级自然保护区 4 个,已成为人们进行健身游憩、观光游览、科普宣传的重要场所。

二、国有林场扶贫现状分析

2000 年以前,全市国有林场基础设施主要是 20 世纪 60~70 年代,国有林场成立初期建设的场部,库房,以及配套的水电设施,部分偏远林场或分场没有铺设水电管线,办公条件极为简陋。2003 年以来,全市大力推进国有林场基础设施建设,围绕林场办公用房困难、交通不便、森林通信及防火设施落后的问题,开展了办公区、森林防火、营林育苗等配套基础设施升级改造工程,有效解决了国有林场基础设施滞后现象。一是重点加强森林防火基础设施建设。根据森林防火需要,升级改造森林防火瞭望塔 52 栋,建成 10 套视频监控系统,5 套电子巡护系统。国有林区防火道路总长 654.29 公里,包括防火公路 381.94 公里、防火步道 272.35 公里。建设森林消防营地,增建专业森林消防队 15 支 450 人,建设森林消防训练场地及森林消防物资储备库 15 处,贮放、保存森林消防装备物资 16.7 万件。二是建设生产服务基础设施,建成红外线监测平台 2 套,建设温室、节水集雨池等林业生产相关设施 100 处,建设生态管护站点 34 处,基本保障森林经营需要,提升林场科技化建设。三是升级改造国有林场场部 20 个,建设供电、供暖、通信等配套基础设施,改善职工生产生活条件,升级换代电脑、打印机、投影仪等办公器材,尤其是着力解决 12 个偏远林场不能网上办公的问题,全面提升林场工作效率。

深化国有林场改革,林场职工薪资待遇稳步提升。2015 年以前,全市部分国有林场属于差额和自收自支事业单位,林场直接承担职工工资,职工整体薪资待遇较低。2015 年按照国有林场改革工作部署,稳扎稳打的完成了改革任务,改革成效显著。全市国有林场全部落实了公益一类事业单位属性,实行了财政全额补助经费保障。在职职工及退休人员全部足额纳入了社保体系,优化林场管理岗位配比,职工平均年收入 17.2 万元,参保率 100%。完成历史债务化解工作,全市有 8 个林场存在历史性债务,累计借款本金 3500 余万元,本息合计近亿元。通过改革,按照国家有关政策,有效解决了历史债务,让国有林场卸去了长期以来压在身上的重担,轻装上阵,更好地履职尽责发挥生态建设作用。

三、国有林场扶贫取得的主要成绩

森林资源培育和保护成效显著。2000年以来，为治理北京沙尘暴、浮尘天气，提升森林资源质量，通过森林抚育、封山育林、飞播造林、人工造林等生态保护修复措施，全市陆续开展了京津风沙源治理工程、林分改造项目、森林管护项目等工程，总共投入财政资金30亿元，累计完成森林抚育368万亩，封山育林25.6万亩，困难地造林18万亩，森林景观提升面积10万亩。其中，2015年国有林场改革以来，全市积极探索建立了国有林管护机制，在市属国有林场率先试点实施了综合管护定额投入制度，将森林防火、林业有害生物防治、森林抚育及其他日常管护所需费用，作为国有林场年度常规项目纳入财政预算，落实了590元/亩的综合管护经费，5年来累计投资2.8亿元，做到山有人看、林有人管，森林质量不断提升。

森林公园建设蓬勃发展。全市国有林场坚持"文化引领、场园一体"的发展思路，在保护优先、发挥生态作用的基础上，大力建设森林公园，提供更多优质生态产品以满足人民日益增长的优美生态环境需要。全市在国有林场上建立森林公园14个，其中国家级森林公园8个，市级森林公园6个，累计财政投入10亿元，新建或改造公园基础设施、建设供电、供暖、通信等配套基础设施，以及游客服务设施，建成了游客服务中心58个，卫生间152个，游憩栈道、森林步道等设施433公里。2012年北京市以森林公园为依托，重点启动森林文化节，结合公园自身特点，开展了西山音乐会、牡丹文化节、长城红叶生态文化节等系列活动，搭建森林旅游节庆平台，打造森林文化品牌。每年森林文化节计划从3月底至10月底，在各森林公园开展。7年间，森林公园累计举办活动1.5万余次，累计参与群众240余万人次，逐步形成了北京市森林旅游品牌特色。积极探索实践，初步形成了自然教育和森林疗养建设体系。围绕森林资源多功能利用思路，探索并实践了自然教育和森林疗养的发展路径，开展了生态工作假期、森林文化体验之旅、林间读书会、森林讲堂等森林体验教育活动，为青少年提供了课外实践的平台。

坚持共享发展理念，转变扶贫发展模式。党的十八大以来，生态文明建设放到了突出位置，国有林场作为北京市生态建设的底色，用"绿水青山就是金山银山"发展理念来处理发展与保护的关系，坚持"生态惠民、生态利民、生态为民"，逐步形成有利于节约资源和保护环境的管理方式，培育高质量森林资源的同时，为首都人民提供了更加丰富的生态旅游服务产品。依托森林公园，北京市森林旅游事业发展迅猛，10年来，全市森林旅游接待游客3亿人次，综合旅游业创收20亿元，为郊区和沿山地区增加脱贫致富新途径，形成森林公园生态旅游带，让山区群众切实享受到生态红利。自2015年起，按照国有林场改革精神，林场事企分开改革到位，关停并转小、散、乱、污企业70余家，并开始采用政府购买服务的方式，开展项目建设及护林员岗位招聘工作，帮助小微企业10家，帮助解决周边村民再就业896余人。

四、国有林场扶贫工作的主要做法

1. 强化组织领导，坚持公益属性改革方向

充分考虑国有林场在维护生态安全、提供生态产品和改善民生福祉等方面的重要作用，北京市国有林场改革从全市层面，加强顶层设计，优化了国有林场改革的总体思路，明确了国有林场公益属性的改革方向。遵循明确的改革方向，全市国有林场落实了"三定一保障"，即科学界定功能职责、合理核定人员编制、明确规定经费预算、全面落实社会保障，必将有效促进国

有林场森林资源增长、生态产品增加和生态功能增强。

2. 健全投入机制，促进持续发展

建立森林管护定额投入机制，明确管护具体事项、管护标准和管护职责，制定森林管护工作定额，形成相应的预算管理体系，保障政府在森林资源日常管护上投入的稳定性、持续性。加大基础设施建设的投入力度。编制全市国有林场建设发展规划，明确列出各国有林场基础设施建设目标和任务，制定五年建设计划，分批分期地投入林场基础设施建设。

3. 加强队伍建设，强化科技支撑

各国有林场加强人才队伍建设，完善人才引进、培养、使用和激励机制。采取招聘、招录等方式，选用一批高学历、有能力的年轻干部。并通过开展以岗位培训为主的职业技能培训和管理干部培训，建设不同梯度的人才队伍，包括具有先进理念和明确发展思路的管理层，具有深厚专业知识的科研人员，能完成自然讲解、森林疗养、森林经营、碳汇监测、物种清查、护林防火等工作的专业技术人员。同时加强与科研院所、高等院校的技术合作与科技攻关力度。做到科学规划、科学实施，切实将科技保障贯穿于规划实施的全过程。

五、国有林场发展方向与潜力展望

深入贯彻党的十九大精神，以习近平生态文明思想为指引，根据国家林业和草原局的工作要求，按照市委市政府的工作部署，在全市国有林场改革完成的基础上，继续深化国有林场改革。围绕国有林场的基本职能和主体功能，着力提升森林质量、着力完善基础设施、着力强化多功能利用、着力提升信息技术水平，通过建设森林资源优质、生态功能强大的生态林场，基础设施完备、装备技术先进的现代林场，森林文化丰富、多功能充分发挥的文化林场，资源监管智能、生态服务联网的智慧林场，从而全面实现国有林场的现代化。

1. 抓好森林质量精准提升

按照国家林业局要求，编制全市国有林场森林资源保护和培育工程规划。组织各林场编制和实施森林经营方案，加强森林经营方案的实施、督导和核查，建立以森林经营方案为核心的森林经营制度，构建森林经营管理新模式。

2. 抓好基础设施改造提升

按照全市国有林场发展规划，落实分场改造、生态管护站点和防火道路建设。落实国家相关政策，将国有林场供电、饮水纳入地方政府规划，与相关部门做好衔接，及早实施电网改造升级、饮水安全提升和交通道路建设。完善森林防火、有害生物防治系统建设，提高森林抚育技术和水平，提升森林资源监管的监测手段和科技含量。

3. 抓好森林资源监督管理

建立权责分明、分级管理的森林资源监管机制，对国有林场的林地、林木及森林景观资源的占有、使用、收益等依法进行监管。建立健全森林资源监管制度，包括森林资源保护管理制度、有偿使用制度及场长离任审计制度等。建立科学合理的绩效评估机制，发挥绩效评估对国有林场森林资源监管的正确导向和激励作用。

4. 抓好森林公园建设发展

强化"场园一体"管理模式,把提供优质生态产品作为国有林场公益职能之一。编制国有林场建设森林公园规划,制定森林公园基础设施配备标准和投资指导标准,与国有林场基础设施标准有效融合,加强生态服务设施和森林文化设施建设。

北京市顺义区共青林场

共青林场位于北京市顺义区境内,隶属于北京市园林绿化局,属全额事业单位,截至2017年年底,经营面积1.5万亩,森林面积1.3万亩,蓄积量11.3万立方米,其中共青滨河森林公园占地9500亩,使林场近63%的林地已变成了公园,让林场走上了场园一体化的发展道路;在职职工62人。

二十年前的共青林场还是一块远离城市、交通闭塞、人迹罕至的荒野林地,一系列改革措施的实施,让林场的面貌焕然一新。一是积极争取资金支持。2010年以来,政府为林场共投入近5亿元建设资金,将过去以发挥防风固沙作用的生态公益林,变成以休憩、健身、娱乐为目标的滨河森林公园。二是不断改善基础设施。2013年林场投资4000万元的总场办公楼也投入使用,让林场达到了水、电、气、路、网络全通的建设标准,彻底改善了职工工作环境,提升了林场形象和对外的影响力。三是科学规划林场发展。通过合理配置林分结构,按照多树种、多植物、多色彩、多层次、好种、好活、好管、好看的原则,实现了森林资源结构上的优化和质量上的提升,让森林生态系统保持了生物多样性和稳定性,增强了林木抵抗各种自然灾害的能力,满足了人们所期望的多目标、多价值、多用途、多服务的需要。四是提高职工收入。林场职工的人均年收入也从2万元增长到15万元,使林场的凝聚力和职工的荣誉感得到大幅提升。

"弘扬生态文明 铸造绿色梦想"是共青林场的历史使命和未来的发展目标,共青林场将始终贯彻"绿水青山就是金山银山"发展理念,坚持走可持续发展之路。将林业事业向森林游憩制高点迈进,向森林固碳、物种保护、康体休闲等新领域延伸,向传承文化、展示形象、自然和谐等高层次推进。

北京市顺义区共青林场新修道路

北京市昌平区十三陵林场

十三陵林场位于北京市昌平区内,由北京市园林绿化局管理。截至2017年年底,经营面积12.83万亩,森林面积12.84万亩,蓄积量21.1万立方米;在职职工104人。

自扶贫工作开展以来,以习近平总书记系列重要讲话精神为指导,以"生态优先、保护为本、场园一体、基础强场"为目标,以加快标准化林场建设,推进高质量发展为重点,积极开展扶贫工作。

一是积极改善林场基础设施状况。坚持完成防火阻隔系统建设,定期检测维修12座瞭望塔和监控设施,确保24小时监控到位,建设14个火情自动识别摄像头,360度监测无死角,每年打除防火隔离带100多公里。

二是科学发展森林资源。经过几代人努力,十三陵林场改善了森林结构,由单一侧柏人工林发展为混交复层近自然可持续发展林,增加了森林蓄积量,增强了森林生态景观效益,提高了生物多样性,森林覆盖率达到了80.9%,林木绿化率达到了93.83%,有林地面积达到了10.39万亩,实现了二十年来零火灾发生和"有虫不成灾"的防控目标。建立了国有林场管理、国有森林资源监管及国有林场改革等方面制度,妥善推动了事企政事分开。

三是林场工作人员迈向年轻化、专业化、高素质化。林场35岁以下青年职工比例由最低的27%提升至39%,大学本科以上学历人员占到61%,专业技术中级职称以上人员占38%。

四是采取的依托现代科技加强生态林场、智慧林场、文化林场的建设,取得了积极效果。形成了以视频监测、高山瞭望塔、地面巡护"三位一体"的森林资源保护监测体系,重现了"居庸叠翠"景观,打造了开往春天列车网红打卡地,建立了北京市十三陵林场国家白皮松良种基地等。林场先后获得了全国国营林场100佳单位、全国绿化美化先进单位、全国十佳林场、首都绿化美化先进单位、北京市森林防火工作先进集体等荣誉。

北京市昌平区十三陵林场新貌

北京市昌平区十三陵林场林区风光

北京市房山区上方山林场

上方山林场位于北京市房山区内,地处太行山北缘,北京西山中段,古称大房山,主峰紫云岭860米。由北京市房山区管理。林场于1958年建立,1992年批准成立国家森林公园。园区内自然、文化双脉资源特色明显,以"九洞、十二峰、七十二庵"享誉古今,有畿辅奇境之盛誉,是中国名山。截至2017年年底,森林经营面积5000亩,蓄积量2.3万立方米,森林覆盖率超过95%,全部都是原始次生林;在职职工24人。

林场通过一系列措施完成国有林场改革。

一是积极争取扶贫资金。在市、区园林绿化局的协调努力下,将林场20世纪90年代为建设基础设施向银行借贷的210万贷款,进行债务清理,结束了长达20多年的债务遗留问题。让国有林场卸去了长期以来压在身上的重担,轻装上阵,更好地履职尽责发挥生态建设作用。

二是加强林场基础设施建设。实施森林防火和防御天然林灾害为重点的科技监测系统工程,现已初步建成资源视频监控系统,可视范围70%以上,建设了3座瞭望塔、2个护林站、3个消防站,林场通信、收视、饮水和用餐条件也陆续得到改善。

三是开展了森林抚育和天然林保护。按照树种分布,开展森林小班近自然经营,规划出古青檀群落、古柏树群落、古栎树群落、黄栌群落、珍稀动植物5个保护小区。四是发展特色森林旅游产业。林场尝试开展"森林康养+",将森林和康养、旅游、研学、文化创意产品、传统文化保护与传承紧密结合,利用资源影响力与周边村镇联合开展森林绿色产业发展,注册森林产品商标,有效保护了森林产品的原产地品牌。上方山自明清时期已显现文化旅游萌芽,20世纪80年代开始逐渐具备森林旅游条件,目前已成为市民休闲旅游好去处。2017年,上方山林场被评为"全国十佳林场",同年10月,上方山还被北京市文物局评为2015—2017年度北京市文物安全工作先进集体。

北京市房山区上方山森林公园

北京市门头沟区马栏林场

马栏林场位于北京市门头沟区内，由北京市门头沟区管理。截至 2017 年年底，经营面积 459.07 公顷，森林面积 440.4 公顷，蓄积量 1.37 万立方米；在职职工 11 人。

自扶贫工作开展以来，马栏林场采取了一系列措施，完成国有林场改革。

一是围绕森林资源保护和经营，在护林防火、病虫害防治、森林巡护等工作中，聘用周边村民作为护林员、病虫害防治人员协助林场工作人员开展具体护林防火、病虫害防治等工作。为周边村提供了工作岗位，提高了农民再就业工作技能，解决了部分周边村民就业问题。

二是对辖区内马栏村、西胡林村等村的贫困户连续多年进行走访调查摸底扶贫工作，深入各贫困户深入交流，了解每家每户的具体情况作了详细记录，并针对各家各户具体情况提出了可行的帮扶措施和帮扶建议，将其反馈到帮扶工作领导小组。经过几代人努力，马栏林场取得了帮助周边村民就业、提高当地村民收入、辖区内贫困户全部脱贫的成绩。

北京市门头沟区马栏林场信号全覆盖

北京市海淀区西山试验林场

西山试验林场位于北京市近郊小西山,地跨海淀、石景山、门头沟三个区,是北京市园林绿化局直属公益一类国有林场。西山林场自1953年建场,1992年经林业部批准成立西山国家森林公园。截至2017年年底,经营面积8.92万亩,森林面积8.32万亩,森林、林木总蓄积量28.4万立方米;在职职工152人。

自扶贫工作开展以来,林场紧紧围绕保护、培育森林资源这一核心任务,采取了一系列的措施,以顺利完成国有林场改革,经过几代林业人的努力,取得了显著成效。

一是基础设施建设不断加强。现已建成防火瞭望塔5处、护林防火检查站12处,护林防火临时岗亭12处。在2008—2017年10年的时间内,林区防火公路路网体系基本建设成型,目前全场防火公路里程数达107.25公里,防火小路50余公里。

二是打造出了以北京丹青园林绿化有限责任公司为代表的龙头企业,在生物防治产业方面更是创出了全国首屈一指的生防产品和先进技术。林场持续加大对森林公园的投入力度,精准提升公园景观质量,充分发挥社会服务作用,深入挖掘森林文化,打造森林音乐会、踏青节、牡丹文化节、红叶节等丰富多彩的文化活动。2012年,森林公园被评为AAA级旅游景区,近年公园年平均游客量达200万人次。

北京市海淀区西山试验林场新修道路

第二章 河北省

一、国有林场基本情况

河北省国有林场多数创建于20世纪50~60年代，国有林场积极开展大规模造林绿化，加强森林经营管理和资源保护，以全省9.9%的林地面积，培育了全省11.5%的有林地和24%的林木蓄积量。改革后，全省130个国有林场全部明确公益性质，其中126个定性为公益性事业单位（一类事业单位68个，二类事业单位58个），保留企业性质的4个林场被定性为公益性企业。核定了国有林场各类编制7737个，较改革前的8764个精简了12%，核定事业编制6706个。全省实现财政基本保证的林场数量达到了68个，财政保障比例在50%~90%以上的达到了58个，保留企业性质的4个林场中，3个林场经费全部纳入财政预算，经费保障等同于公益性事业单位。截至目前，共完成国有林场扶贫项目287个，完成国家投资2.1亿元，国有林场扶贫工作成效显著。

二、国有林场扶贫现状分析

国有林场改革推动了林场扶贫工作的开展。林场经费的保障，使多数国有贫困林场摆脱了收不抵支的困境，逐步走上了健康发展道路。张家口市开阳滩林场和庞家堡林场，在改革前已经到了"房倒人散"的边缘，通过国有林场改革和实施危旧房改造扶贫项目，两个林场重新建立起了新场部，配齐了场领导班子和管理机构，再次把职工凝聚在了一起，林场重新恢复了正常的生产经营秩序，担负起保护森林资源安全的重任。

通过多年的持续扶贫帮扶，河北省国有林场扶贫工作取得了较大成效，但与林场的长期发展和上级的要求还有差距。一是国有林场多在深山远山的贫困地区，地方财政困难，扶贫资金少，基础设施建设缺口大。据统计，全省105个国有贫困林场中，存在饮水安全或者困难情况的工区（护林站）170个，涉及人口3085人；应通未通公路里程764.34公里，未通电工区（护林站）243个，未通电话工区（护林站）137个。二是国有贫困林场人员结构不合理，人才短缺严重。全省目前国有贫困林场在职人员中，50岁以上的约占80%；大专以上专业技术人员1614人，占职工总数的15.9%。不仅老年龄化严重，而且专业技术人才匮乏。主要原因是国有林场长期处于经济危困局面，对专业技术人才缺乏吸引力，造成目前国有林场专业干部少、工人多，年轻人少、老人多的现状。

三、国有林场扶贫取得的主要成绩

河北省国有林场通过采取争取项目和自筹资金的方式，不断加强基础设施建设，对林场的水、电、路、通信和办公用房进行建设，职工的办公条件和生活环境得到改善。隆化县国有林场管理处利用国家扶持资金和自筹资金，对6个国有林场和30个管护站点的办公用房进行了新建和改造，到2018年年底，所有林场场部供热实现煤改电，30%的管护站冰箱、彩电一应俱全，职工的工作、生活条件显著提高。茅荆坝国家森林公园基础建设自1998年至今通过争取上级资金投资500多万元，自筹资金700多万元，对森林公园进行改造提升，提高了森林旅游品位，带动了周边村镇群众脱贫致富。张家口市国有林场通过实施饮水安全工程项目，有效解决了林场及周边5200余人饮水安全问题。

河北省国有林场危旧房改造工程自2010年开始启动，通过国有林场集中新建、旧房维修等形式，共完成危旧房改造面积120万平方米，涉及林业职工12897户，配套建设了供热、供配电、供排水、道路及绿化等辅助设施。共投入44045万元，其中央投资29644万元，省级配套14401万元。一大批林场职工告别棚户区、泥草房，入住新居，显著改善了林场职工的居住条件。危旧房改造工程被林场干部职工誉为"幸福工程""德政工程""民心工程"。

河北省依托国家国有林场扶贫经营性项目建立了一批林草良种繁育基地、食用菌、中草药、禽类喂养等种养殖基地，夯实了全省国有贫困林场产业基础，提高了生产活力，增强了发展后劲，一定程度上提高了林场自身的"造血"机能，为林场尽快实现脱贫致富创造了有利条件。据统计，目前全省国有贫困林场中，良种种苗基地3200多亩，年产优质工程用种12000多千克，年产优质工程用苗2.7亿多株；建成养殖基地23000多平方米，年出栏牛、羊等牲畜1.2万多头，鸡鸭等禽类200多万只。张家口市国有林场通过扶贫解困项目的实施，8个林场新建育苗基地面积955亩、2个林场新建养殖基地2处1777平方米、3个林场建成温室大棚12座面积2040平方米。和平林场通过2014年育苗基地扶贫项目的实施，新建苗木基地100亩，项目投产后年均可培育大规格绿化美化苗木8000多株，新品种苗木40000多株，年销售收入可达80多万元，经济效益十分显著。

四、国有林场扶贫工作的主要做法

一是推进改革，加快脱贫。全省各级各部门高度重视国有林场扶贫工作，以国有林场改革为动力，推动国有林场脱贫解困。近年来，省委、省政府高度重视国有林场脱贫解困工作，把国有林场改革作为林场脱贫的重要措施，深入学习贯彻党的十八大、十九大精神和习近平总书记系列重要讲话精神，认真贯彻落实党中央、国务院印发的《国有林场改革方案》和河北省政府印发的《河北省国有林场改革实施方案》，充分认识国有林场在全省林业草原生态建设的核心地位和重要作用，把国有林场改革工作列入重要议事日程，专门成立了国有林场改革工作领导小组，强力推进国有林场改革，完成了国有林场"定性、定编、定经费"的任务目标，为全省国有林场扶贫工作铺平了道路。

二是认真谋划，确保质量。始终坚持以项目建设为林场脱贫解困的驱动轴，提前谋划项目，加强项目储备，推动项目建设，化解贫困难题。各级林草主管部门都建立了国有林场项目资源数据库，协助国有林场认真谋划、积极争取建设项目。多年来，全省国有林场坚持"以我为主"，紧密结合各林场实际，积极谋划项目、科学编报项目，为扶贫工作取得实效奠定了良好基础。

三是加强培训，提高素质。积极组织国有林场业务骨干培训，学习、研究国家有关扶贫政策，提高国有林场管理人员素质，制定国有林场脱贫解困方案。派出国有贫困林场场长外出参观学习，加强科技咨询、信息沟通、业务交流，总结扶贫工作经验，指导本地实践。各级林草主管部门通过组织技术培训班，把新技术、新方法运用到生产实践中，提高职工的业务技能，为国有林场创新发展奠定了坚实的人才储备和技术基础。组织开展国有林场改革与发展调研，深入林场宣讲国家扶贫政策，研究脱贫项目和实施方案，发现问题，研究思路，提出办法，加快脱贫步伐。

四是强化监督，严格管理。按照"严管钱、慎用钱、用好钱"的要求，认真执行《国有贫困林场扶贫资金管理办法》（财农〔2005〕104号）、《财政扶贫资金管理办法》（财农〔2011〕412号）以及财政扶贫资金报账制管理等有关规定，推行报账管理、分账核算、专人管理等措施，把加强资金管理落实到各环节。需要招标的事项坚持公开向社会招标，要求投标者必须具备相应的资质证书和丰富的施工实践经验，保证工程质量，使项目工程产生应有的建设效益，达到预期目标。项目建设内容属于政府采购范围的，按政府采购有关规定执行。

五、国有林场发展方向与潜力展望

一是加强基础建设，改善生产条件。河北省通过二十年来扶贫解困项目的实施，大部分国有贫困林场基础设施面貌虽然得到了极大改观，但是随着林场管护任务的加大，管护要求的提高，林场仍有大量的管护用房、林区道路、断头路需要建设维修。我们要将国有林场基础设施建设作为当前和未来一个时期国有林场项目扶持建设重点，强力攻关。

二是巩固改革成果，确保林场经费。继续加强对全省国有林场改革后各项政策落实情况的督导，重点对林场经费、职工收入、各种保险缴纳等情况进行检查、核实，确保林场和职工收入不减少。

三是推进体制创新，确保资源安全。逐步建立符合国有林场实际的绩效考核和收入分配制度，健全权责统一、运转协调的法人治理结构，充分调动职工积极性。规范财务管理，确保资金安全高效。严格落实森林保护与发展目标责任制，"因林制宜、因场施策"，创新管护方式、监管手段，建立资源联防机制，确保国有林场资源保值增值。四是积极培育林场产业，增加发展后劲。以多功能森林经营理论为指导，扩大和推广近自然经营范围，打造多功能森林，培育以森林旅游、森林康养、林下经济为主的林场产业。开展中幼龄林抚育、大径级林木培育、珍贵健康森林培养，提升森林资源质量和森林价值。

河北省承德市兴隆县六里坪林场

六里坪林场位于河北省承德市兴隆县境内，由兴隆县林业和草原局管理。截至2019年年底，经营面积7.09万亩，森林面积6.52万亩，森林覆盖率92%，森林蓄积量32.1万立方米；在职职工96人。辖区内有华北地区面积最大的人工油松林，在护卫京津生态安全、培育保护森林资源等方面发挥了重要作用。

自2013年以来，兴隆县六里坪林场先后实施了多项国有贫困林场扶贫项目。

一是改善基础设施，推进道路硬化工作。2015年度林区道路建设项目，完成西厂沟至六里坪主峰林路10.5公里，标准为山区林区四级标准，包括6米长桥梁一座和6个涵洞。

二是发展特色产业，提高收入水平。2013年度梅花鹿养殖项目，新建鹿圈1145平方米，鹿圈院墙150延长米和铁门一个，办公用房39平方米，院内硬化2225平方米，储料场57.5平方米，养殖梅花鹿30头。

三是大力发展生态旅游，促进群众就业增收。2019年，六里坪国家森林公园接待游客近5万人次，实现旅游收入近500万元；带动当地农家乐30家，经营收入达到200万元，同时带动周边就业500人。兴隆县六里坪林场依托六里坪国家森林公园毗邻京津的区位优势、良好的生态环境、丰富的森林旅游资源，现已形成森林旅游基础配套设施完善、京津周边知名度较高的AAA级景区，是河北省旅游定点单位、承德职业学校教学实习基地和河北省四星级森林公园，被国家摄影协会命名为"中国摄影人之家"，多次获得平安景区和文明景区称号。2016年，六里坪国家森林公园入选第一批全国森林养生基地试点建设单位。

河北省张家口市赤城县剪子岭林场

　　剪子岭林场位于河北省张家口市赤城县，成立于1974年，经营面积12.77万亩，有林面积8.26万亩，有国家重点公益林7.3万亩，蓄积量12.99万立方米，主要树种为油松、落叶松。林坡分布于赤城县8个乡镇，涉及35个行政村，林场属于公益一类正科级差额补贴事业单位，隶属张家口市国有林场管理处。有编制32人，现有在职职工28人，离退休17人，为切实做好森林管护工作，雇用护林员42名。

　　自2009年以来，剪子岭林场争取中央扶贫解困项目4个：一是2009年争取资金40万元，改造断头路13公里；二是2014年争取资金50万元，进行苗木基地建设120亩；三是2016年争取资金60万元，进行了场部危房改造项目，新建三层办公楼400平方米；四是2018年争取资金80万元，对独石口林区护林房进行危房改造，项目设计建新护林房340平方米，已完成招标工作。争取市财政扶持项目2个：2013年争取林下特禽养殖项目，资金40万元，建养殖棚4个，面积1000平方米，养殖特禽十多种；2018年争取场部危房改造室外工程建设项目，资金99万元，对场部院内设施进行全面配套。

　　2011年实施棚户区改造工程，由赤城县政府统一安排新建职工住宅楼66户，户均面积97.76平方米，有效改善了职工生活条件。2016年实施了林下药材种植项目，种植柴胡300亩，增加了林场致富新渠道。2017年林场将平欧大果榛子的选育工作作为林场发展的一个新课题，在张家口林业科学院的专家指导下，进行了适应张家口区域的平欧大果榛子选育工作，这一工作已取得明显突破。

河北省秦皇岛市北戴河区海滨林场

海滨林场位于河北省秦皇岛市北戴河区，成立于1950年2月，为秦皇岛市林业局下属国有林场，1991年经林业部批准成立海滨国家森林公园，1993年批准建立秦皇岛野生动物园。截至2019年年底，经营面积为1.58万亩，森林面积1.13万亩，森林蓄积量9.3万立方米；在职职工128人。

自扶贫工作开展以来，一是积极申请中央财政预算内资金进行基础设施建设、沿海基干林带改造提升等工程。经过多年的努力，取得了积极效果。2015—2017年，海滨林场连续三年申请了中央项目资金2015万元，实施了秦皇岛市海滨林场沿海基干林带改造提升工程，工程共完成林带改造提升总面积9235.1亩，修建林路30600平米，打深水井45眼。总投资3384万元，栽植各种树木18.28万株，其中：毛白杨8.15万株，刺槐5.40万株，景观树种4.01万株，花灌木0.72万株及草坪、地被花卉6.25万平方米。2014年、2015年连续两年申请河北省财政厅下达的国有贫困林场扶贫资金99万元，分别用于海滨林场优良绿化苗木繁育、林场苗圃基础设施的改造和苗木繁育项目的实施。

二是积极发展森林旅游业，以旅游带动经济的发展。1991年林业部批准林场为海滨国家森林公园，1993年林业部批准建立秦皇岛野生动物园，野生动物园占地3600余亩，是目前我国城市中规划面积较大、森林覆盖率最高、环境最优美的野生动物园。集动物观赏、娱乐休闲、科普宣传、动物科研、动物保护为一体的大型综合性野生动物主题公园。先后被评为"河北省旅游行业十佳旅游景区""河北省文明风景区示范点""全省旅游景区综合治理达标单位""河北科普教育基地""文明旅游风景示范点"等多项殊荣，2002年取得首批"国家AAAA级景区"称号。许多党和国家领导人多次来园视察并给予了充分肯定和高度评价，成为秦皇岛市旅游的热点，是秦皇岛市旅游业的龙头。

河北省保定市涞水县国营桑园涧林场

桑园涧林场位于保定市涞水县境内，由涞水县自然资源和规划局管理。截至2019年年底，经营总面积为7.5万亩，森林面积6.78万亩，蓄积量9.66万立方米；在职职工43人。

自扶贫工作开展以来，林场办公环境和职工生产、生活条件得到极大改善。

一是积极争取资金支持，用于改善林场基础设施建设。2008年，使用中央扶贫扶贫资金36万元，改造场部办公危房，建设办公楼一座，建筑面积600平方米，使场部办公环境得到极大改善。2014年，使用省级扶贫资金49万元，用于安全饮水和道路建设，在场部打180米深水井一眼，80立方米蓄水池两个；硬化场区道路1000米，宽4米，解决林场干部职工的安全出行、安全饮水和生产用水问题，生产生活条件得到全面改善。2015年，使用中央财政扶贫资金54万元，用于岭南林区管护用房危房原址重建及林区断头路项目建设，完成管护用房危房原址重建144.8平方米，硬化断头路建设1256米，宽度3米。使林区生产生活条件落后，道路交通不畅得到根本解决，为林区营林生产，林业产业发展提供了有力保障。

二是改建场部危桥，排除安全隐患。2018年争取中央财政专项扶贫资金80万元，改建场部危桥，新建桥梁总长18米，桥梁净宽6.5米，两边引道87.5米，建设路线全长105.5米，桥梁高度较之前增加了1.9米。此工程于2019年5月正式完工，解决了每年汛期小西河河水漫桥的问题，排除了防汛安全隐患，确保林场干部职工的安全出行，保障了林场营林工作的正常运营，便利了周边群众的生产和出行，生态效益、社会效益显著。

河北省保定市易县解村国有林场

解村国有林场位于易县城南凌云册乡解村，距县城15公里，行政体制隶属于易县林业局，为股级差额事业（自收自支）单位，始建于1958年。总经营面积11120亩。截至2017年8月底，全场干部职工89人（其中在职职工39人，退休职工41人，临时工9人），遗属人员15人。

自1998年国家设立国有贫困林场扶贫资金以来，安排解村国有林场4个扶贫项目：一是改善林场生产办公房条件，建设房屋11间，180平方米；2000年前，林场生产和办公房全部土木结构的危旧房，对林场职工的生命安全构成了威胁，为使职工安心生产，林场积极申请扶贫资金加强危旧房改造。通过改善林场生产办公条件，稳定了职工队伍。二是修建林区道路5.6公里；由于林场距县干道较远，林区道路未水泥硬化前，全部为土道，路况不平，一到雨季道路泥泞，严重影响林场发展。为促进林场健康发展，林场优先加强了林场道路建设，通过道路建设，改善了生产条件，对林场可持续经营与发展起到了积极的作用。三是林场饮水工程。四是良种繁育和良种基地建设。五是林场围墙建设327米；总计获得国家和地方扶贫506.7万元，其中危旧房改造和林场饮水工程50万元，林区道路111万元，省级重点白皮松良种基地90万元，油松良种补贴90万元，毛白杨白蜡良种补贴150万元，围墙建设15.7万元，对维护林场稳定和发展起到的关键作用。

第三章 山西省

一、国有林场基本情况

山西省现有 209 个国有林场，其中 9 个省直林局辖 108 个，市县属 101 个（其中市级国有林场 6 个）。现有林业在职职工 10683 人，离退休人员 5474 人。全省国有林场林地总面积 4009 万亩（其中省直 2262 万亩，市县 1746 万亩），占全省林地面积的 31.5%；有林地面积 2406 万亩（其中省直 1445.66 万亩，市县 960.13 万亩），占全省有林地面积的 61.3%；活立木蓄积量 7893 万立方米，占全省活立木蓄积量的 71.3%。国有林场保护着全省最精华的森林资源，主要分布在太行山、吕梁山主脊两侧的河流源头、水库周边等生态区位十分重要的区域，在维护国土生态安全、增进人民福祉、促进绿色发展中发挥了重要作用。

二、国有林场扶贫现状分析

一是扶贫力度逐步加强，但实际需求差距很大。回顾山西省扶贫林场建设这二十年，为国有贫困林场的发展奠定了坚实基础。二十年来，国有贫困林场扶贫资金共投入 22372 万元，其中，1998—2004 年期间，共计投入资金 1810 万元用于林场经营发展，但由于林场地处偏远，基础建设薄弱，发展条件受限，项目难以发展壮大，山西省及时调整思路，转变扶贫方式，把重点落到改善林场基础设施建设上来，以此来推动国有贫困林场的健康快速发展。但是，由于山西省国有贫困林场都始建于 20 世纪 60 年代，房屋均为砖木结构，加之年久失修，存在严重的安全隐患。目前，各林场供水大部分采用自来水，但仍有部分林场使用井水或长途拉水。场部和管护站大多为自备锅炉取暖，与省委、省政府提出的"蓝天保卫战"的要求甚远。场级网络全部接通，部分管护站点仍未接通网络。管护站尚有 570 个左右需要新建、维修和改造。国有林场、管护站道路距上一级道路或林下经济节点的接入占比不高，按林区林道网密度计算只有 2.9 米/平方公里，远远低于全国平均水平。

二是政策保障逐步提升，但仍有瓶颈亟待突破。随着国家天然林保护工程的启动，山西省国有林场逐步向健康的发展轨道迈进。但由于法律和政策的不健全，国有林场仅仅解决了温饱问题，社会地位较低，在维护生态安全和自身利益上，没有强大的法律等体系来支撑，仍然存在着保护与发展的不平衡。同时，国家对国有林场没有出台有针对性的相关政策，各项建设不能有效纳入各级地方的经济发展规划。

三是场站面貌得到改善，但功能延伸形成短板。近年来，随着国有林场的发展与改革，通过国有扶贫林场的建设，使林场的办公条件、职工基本生活条件得到明显改善，保障了职工正常的生产生活需求，提升了现代化国有林场的新形象，但还有一些局限性，存在一些短板，一是解决一线管护人员小管护点之艰辛；二是解决山西省全面禁煤后的国有林场清洁供暖之难题；三是解决森林康养无步道之局面；四是解决林区无通信无网络之闭塞；五是解决林区无监控之落后；六是解决林区森林康养、旅游无营地之瓶颈。

四是资金支撑大幅提升，但投入呈现静态增长。随着扶贫资金的逐步加大，国有贫困林场的基础设施有所改善，但是国有林场的自我发展能力并没有得到相应的改善。管护站网络、小管护点、交通工具、节点道路和场站无运行经费等不足，掣肘了林场的发展。林场的基础设施建设配套资金没有来源，加之国有林场地处偏远，加大了建设成本，致使扶贫林场的项目建设功能不完善，林场的循环发展、绿色发展得不到充分发挥。

三、国有林场扶贫取得的主要成绩

山西省国有林场扶贫这二十年，矢志不渝地推进林场建设、管护站建设、林道建设和清洁能源改造试点等工作，取得了明显成效。

1. 国有林场办公环境焕然一新，大大提升了林区的整体形象

一是将森林文化植入到扶贫林场建设中，提出了"让国有林场贴近现代文明，让现代文明走进国有林区"的理念；每个场部都悬挂"山西国有林业"标识；制作了工作掠影、林场风光和林业科普宣传栏，充分体现自然情趣和林区特色，展现基层务林人艰苦创业和保护绿水青山的成绩。二是新建改造的林场场部按照"在本区域十年领先，二十年不落后"的标准，实现了场部"两有、四化、五配套"："两有"即有较为先进的办公设施，有良好的生活服务场所；"四化"即美化、绿化、硬化、亮化；"五配套"即水、电、暖、交通、通信配套。三是大多数林场都更新了办公桌椅，购置了电脑、打印机、传真机、数码相机和电视机等现代化办公设备，进一步提升了林场的现代化装备水平，提高了工作效率。按照现代林业建设的要求，设立了办公室、档案室、多功能会议室、图书阅览室、党员活动室、职工之家、餐厅、浴室、消防器材库等，配备了必要的文化娱乐设施和生活服务设施，安装了体育健身器材，达到了设施完备、功能齐全、各具特色，从而进一步丰富了林区职工的业余文化生活，基本实现了办公用房标准化、办公设施信息化、管理程序制度化、工作环境园林化。

2. 管护站建设人性化，大大改善了一线管护人员生产生活条件

在建设中遵循靠林、近林、近村、不进村和"住得下、管得住、能发展、形象佳"的原则，使得管护站建设贴近基层、贴近职工、贴近实际；看的见，摸得着，重实效。实现了"两有、三通、四小、五全、六化"："两有"即有基地，有收入；"三通"即通水、通电、通暖气；"四小"即配备小浴室、小餐厅、小厨房、小灭火库；"五全"即机构健全、制度齐全、档案齐全、装备齐全、版面齐全；"六化"即绿化、美（包括亮化）化、硬化、标识化、信息化、机械化。

3. 清洁能源采暖改造试点效果好，大大助力蓝天保卫战

根据山西省《关于印发山西省大气污染防治2018年行动计划的通知》精神，在太行山国有林管理局坪松林场投资40万元，利用聚能热泵系统+相变蓄热系统，为林场场部取暖进行实验性建设。聚能热系统是将空气中的热能压缩后储存到相变蓄热系统中；相变蓄热系统是相变材料吸收聚能热泵系统提供的热能，产生大量的相变能并存储在系统中，然后根据设定的水温所需的热能逐步释放相变热，使锅炉水温能保持一个相对稳定的恒温时间。只需微电脑操作，设置好温度，启动开关即可，无须人员长久看护，简单方便实用。此项目配备两台聚能热系统和光伏发电系统，两台聚能热系统40余千瓦，采暖季耗电约72000度电，光伏发电16千瓦，年发

电约 23360 度电，具有清洁环保、管理简便、操作简单、没有垃圾、节省开支、职工舒心的"六大"特点。此项目于 2018 年 10 月 10 日正式启动运行，至 2018 年 10 月 31 日，经过 20 天的运行，耗电 10000 度，发电 3000 度，室温达到 26 摄氏度，和燃煤锅炉相比，实现了无煤、无渣、无烟、无尘和节约能源、节省开支的绿色目标。

四、国有林场扶贫工作的主要做法

制定一张好的规划模式是国有林场扶贫工作的"先手棋"。国有林场扶贫是一项复杂的系统工程。做好科学规划十分重要，规划要遵从实际，遵循全局，坚持五大原则。

1. 坚持科学规划的原则

以轻、重、缓、急为依托，规划项目落实方向，从林地资源分布的实际出发，合理确定建设规模，建设方式，科学规划。先后编制了《山西省国有贫困林场"十三五"扶贫项目建设规划》《山西省国有林场中长期发展规划》《省直林局"十三五"项目建设方案》等，做出短期与长远安排，综合各种要素确立扶贫重点。在落实扶贫项目的总布局上，就是按照生态区位的主次、扶贫需求的等级、全省范围的平衡来一步一步推进，体现了规划的系统性、整体性、多效性、全面性。

2. 坚持实事求是的原则

以求真、求实、求科学为总要求，坚持立足实际，着眼长远，结合实际，精准施策，突出重点，系统配套的原则。做到"三"结合，即编报项目要与国有林场改革整合重组相结合；要与全流域治理、全林分经营的总体布局相结合；要与森林经营方案及林场可持续发展相结合。

3. 坚持因地制宜、分类指导的原则

根据林场的发展水平、地域区位、产业差异，把统一要求和尊重差异结合起来，分类施策，将保护生态作为中心，以增面积、增覆盖、增蓄积量、增效益、增景观"五增"为重点，以建设"山、水、林、田、湖"为导向，防止随意性、简单化和一刀切。

4. 坚持统筹兼顾、科学布局的原则

充分考虑各市、各局的区位、功能、经济等各方面因素，根据现有资源、现有站点分布，把生态优势转化为发展优势、文化优势转化为产业优势，让林业、生态成为有奔头的行业，让务林成为体面的职业，让林场成为安居乐业的家园。

执行一套好的管理办法是国有林场扶贫工作的"引线针"。规范申报程序，统筹安排项目。各市林业局、省直各林局根据通知要求，组织各国有贫困林场进行项目申报，并对林场上报的项目进行认真审核、筛选，按照项目的轻重缓急进行次序排队，以正式文件上报。省林管局根据历年安排情况结合林场的实际和实地调研进行统筹安排。

五、国有林场发展方向与潜力展望

在大力推进生态文明建设的背景下，纵观国有林场"前世"与"今生"，登高望远谋划国有林场的发展方向，实事求是地找准国有林场的发展潜力，坚持保护与发展相结合、当前与长远相结合、目标与措施相结合、把握大局与自身定位相结合，国有林场必须在生态建设的大潮中交出建设绿水青山的"新答卷"，走出兴林富场的"新路径"，展示林业形象的"新作为"，使

国有林场始终成为弘扬生态文明、建设绿水青山的主力队，实施科技兴林、健康生态系统的示范队，提供森林康养、木材战略储备的先锋队，保持艰苦奋斗、展示林业形象的国家队，发挥自身优势、做强林场产业的活力队，在生态文明建设中做出更大的贡献。

山西省吕梁市三道川国有林场

三道川中心林场位于关帝山林区中南部,吕梁山脉东侧,经营范围跨涉文水县西部三道川流域,场部驻文水县苍儿会办事处上王家社村,始建于1962年。林场隶属于山西省关帝山国有林管理局,属黄河上中游天然林资源保护工程区,内设"三区四站五室"机构。截至2017年年底,林场经营面积30.59万亩,有林地面积22.95万亩,蓄积量达到175.5万立方米;在职职工70人。

建场56年来,林场坚持"先治山,后治场"的思想,在省政府的大力支持下,一是争取扶贫资金支持。通过项目支撑、自筹配套、资产整合、优化配置四项举措同时发力,于2010—2011年对林场部和管护站进行了较大规模的新建和改造,特别是2017—2018年,两年林场累计筹资150万元。二是改善林场办公条件。重点对王家社场部、龙兴中心管护站以及温家庄、海岸、下庄3个管护站集中进行了维修改造,改造面积3500平方米,硬化路院1200平方米,绿化美化3200平方米,制作文化版面180块,建设了标准化的林场综合会议室和支部活动室,安装了视频会议系统和光伏取暖系统,全部达到"三化"(绿化、美化、亮化)和"五通"(通水、通电、通路、通网络、通电视)的标准,出色地完成了三道川中心林场扶贫建设工作。2017年,三道川中心林场荣获关帝山国有林管理局2017年度"先进单位"称号。

山西省吕梁市三道川国有林场场部办公楼

林场新貌

山西省忻州市代县枣林国有林场

枣林林场位于山西代县境内，隶属于山西省五台山国有林管理局，截至2017年年底，林场经营面积为17391.9公顷，其中林业用地17049公顷（有林地4054公顷，疏林地165.4公顷，灌木林地1926.2公顷，未成林造林地9303.4公顷，宜林地1600公顷），非林业用地342.9公顷。在职职工28人。

自扶贫工作开展以来，一是完善林场基础设施建设。林场通过国家扶贫资金和林局配套资金，新建办公楼600平方米，维修改造了平房400平方米，将办公区、生活区、住宿区分开，2018年加了楼顶保温、防水层，改造了卫生间，新建了职工澡堂，新建了标本室、档案室、场史室、职工活动室，装修了职工小餐厅，更换了空气源热泵锅炉采暖系统，不仅改善了空气环境质量，最主要是大大节约了成本。还绿化了林场场部，实现了乔、灌、草结合，绿化与美化结合，观花与观景结合，人为与自然结合使场部面貌焕然一新。被忻州市评为市级精神文明单位，通过林场基础建设改造工程，实现了林稳、山绿、景美、民富、人和的新气象。

二是转变经营思想，开展扶贫工作。根据相关会议精神及文件要求，林场结合工作实际在国定贫困县代县新高乡康家湾村开展林业资产性收益扶贫工作，顺利实现"三变"，使农民收入呈现多元化格局，增收效果明显。将农民手中沉睡的土地资源、零星的资金、劳动力等生产要素激活，实现"资源变资产、资金变股金、农民变股东"，不断增加农民财产性收入，稳定实现脱贫致富。林场工程建设中优先雇用当地建档立卡的贫困户，为贫困户增加脱贫的路子。通过资产收益扶贫试点工作的开展，大部分建档立卡贫困户加入合作社，实现收入多元化，达到稳定脱贫之目的。

山西省忻州市代县枣林国有林场办公楼

山西省忻州市代县枣林国有林场集中办公区

山西省临汾市翼城县十河林场

十河林场位于中条山林区中部,山西省翼城县东南部,经营范围跨涉翼城县西闫、南梁、隆化、桥上、浇底、中卫和绛县7个乡镇,21个行政村,94个自然村,属公益一类事业单位。经营总面积18.3万亩,其中有林地面积16.8万亩,活立木蓄积量63.6万立方米,森林覆盖率91.8%。林场下设森林管护站5个,场部设财务室、公益林办、业务技术室、办公室4个组室,林场职工80人,其中在职42人,离退休58人。

林场开展扶贫工作以来,一是加强组织领导能力,统筹林场发展。成立了工程实施领导组,层层签订责任状,领导组成员分工明确,形成了林场领导、施工员监督、承包方负责的三级管理,促进了林场基建工作的顺利实施。

二是林场办公条件明显改善,提高了工作效率。通过健全办公设施,改善办公条件,机关的基本功能得到发挥,林场的办公条件基本实现了现代化办公的目标,提高了工作效率。职工生活环境得到优化,调动了工作积极性。通过场部整体改造,办公和住宿实现了分离,现在除了有专用的办公室外,每位职工都搬进了自己的单位宿舍,从原来的锅炉烧煤取暖改为空气能清洁能源取暖,冬季取暖屋内温度更均衡更持久,彻底改变了原来冬季屋内不暖和的现象,进一步改善了职工生活条件。

山西省临汾市翼城县十河林场新修办公楼

山西省晋中市榆次区国有庆城林场

庆城林场位于山西省晋中市榆次区，隶属榆次区林业局管理，始建于1962年。林场经营总面积10.39万亩，其中有林地面积5.3万亩，活立木蓄积量18.71万立方米；在职职工17人。二十年来林场面貌发生了翻天覆地的变化，林场正焕发出前所未有的生机与活力。

一是基础设施建设明显改善。目前林场建成并运营有张庄、后沟、西河、王庄检查站以及将军幕梁瞭望台和柏榆沟中心管护站等管护站点，配备有4台消防和巡护车辆，无线监控系统、森林管护GPS巡检系统在林场全面推广应用。2012年以来，林场以平均每年修路近40公里的速度，6年共修建林区循环道路243公里。

二是森林经营工作全面开展。多年来，林场充分利用国家补贴和地方政府配套资金，先后实施荒山绿化工程2万余亩、森林抚育1.6万亩，科学开展森林经营，努力提高森林面积和林分质量。同时利用林场技术优势，培育苗木面积3202亩，苗木树种达50余种，形成油松、华山松、白皮松三大拳头产品。

三是职工凝聚力明显增强。为推动各项工作健康发展，林场不遗余力地提高干部职工素质，改善他们的工作和生活条件。结合业务学习，在6人取得工人技师职称、8人取得绿化工程"五大员"证的基础上，林场多次组织干部职工到先进林区、先进单位学习取经，干部职工的业务水平得以整体提升。

经过多年的发展，庆城林场得到了上级林业主管部门的肯定和认可。2012年，全市国有林场工作会议在庆城林场召开；2014年，全省森林抚育现场会在庆城林场召开；2017年，全国森林病虫害防治工作会议在庆城召开。党的十九大报告将生态建设提到前所未有的高度，面对更加重大的社会责任，庆城林场干部职工将不辱使命，奋发有为，为建设和谐共生的美丽中国作出自己应有的贡献。

山西省晋中市榆次区国有庆城林场场部一景

山西省晋中市榆次区国有庆城林场新修道路

山西省运城市平陆县国有林场

平陆县国有林场原名平陆县国营林场,位于中条山南麓,始建于1962年。林场场部设在张店镇后滩村,隶属于平陆县人民政府,正科建制。截至2017年年底,经营总面积14094.8公顷,其中林业用地面积14094.37公顷,有林地12469.38公顷,全部为生态公益林。经营区域范围内设置2个瞭望台,8个管护站;在职职工54人。

自扶贫工作开展后,林场建设与发展均取得了较大进展。一是在棚户区改造项目中,对林场85户进行集中改造建设,改造建设面积7650平方米,彻底解决了职工的住房问题。二是林场场部办公用房进行原址新建,由原来的12间300平方的砖木结构的瓦房建设为三层1000余平方的楼房,水电暖网络通信配套齐全,现代化办公设施齐全。三是职工宿舍和食堂11间270余平方米全部进行了升级改造,为干部职工创造了良好的工作生活环境和条件,给了职工们家的感觉和温暖。四是一线6个管护站和2个瞭望台全部进行改造,2个管护站进行异地新建,所有管护房现已全部投入正常使用。五是一线管护站的配套设施水电暖道路通信等设施持续跟进,保障了一线管护工作的正常开展,保障了天保工程的顺利实施。六是森林资源培育和保护取得成效显著,自2012年开始,森林抚育已达20000万余亩,造林面积500余亩,森林蓄积量和覆盖率大大提高。

近二十年来,通过国有贫困林场扶贫政策和项目的实施和落实,使林场场部和一线管护站基础设施条件有了明显改善,基本实现了办公用房标准化、办公设施信息化、管理程序制度化、工作环境园林化的现代国有林场,成为标准的现代化国有林场建设标兵和典范,多次受到省市县领导的肯定和好评,被评为山西省示范林场。

山西省平陆县国有林场场部办公区

平陆县国有林场封山育林工程

第四章 内蒙古自治区

一、国有林场基本情况

内蒙古自治区共有国有林场316个，分布在12个盟市92个旗县（市、区）和满洲里市，总经营面积1.8亿亩，森林面积1.08亿亩，森林蓄积量3.4亿立方米。全区316个国有林场中，有120个天然林经营林场，主要承担着东起大兴安岭岭南、西至额济纳等11片天然次生林区的经营、管护任务；有196个造林治沙林场，主要承担着四大沙漠、四大沙地以及平原农区、河流湖泊等生态脆弱地区的造林绿化、防沙治沙任务。全区国有林场林业总户数55543户，总人口177981人。林场职工总数52211人。

二、国有林场扶贫现状分析

一是国有林场资金投入少。全区国有林场大多建于20世纪60~70年代，是国家为加快森林资源培育，保护和改善生态环境，在生态脆弱地区和大面积集中连片的国有荒山荒地荒沙上，采取国家投资的方式建立起来的专门从事营造林和森林经营管护的林业事业单位。大部分国有贫困林场属于自收自支事业单位，实行事业单位企业化管理，且这些林场属于旗县管理，由于区域经济滞后，地方财政对国有林场没有投入，主要依靠森林生态效益补偿基金、林业建设工程项目资金等维系职工工资和事业性支出，林场建设和发展资金投入严重不足。

二是基础设施严重滞后。林场由于建场时间早，基础设施现已基本老化。近几年，随着国有贫困林场扶贫资金项目的实施，林场办公条件虽有所改善，但林场作业路和管护用房仍然比较落后，多数作业区的线路老化严重。

三是人员素质低，技术能力低。林场职工队伍年龄老化，素质下降，退休人员不断增加，林场社会负担不断加重，直接影响林场在管理上放不开手脚，思路不广，粗放经营，束缚了林场的发展。

造成这一现象的主要原因有以下两方面：

一是"断奶"现象。很多地方财政对国有林场的事业费和基本建设投入大幅减少，导致林场自身发展严重落后。同时，长期以来，国有林场事业单位人员管理制度不规范，进人关口松、调出难，职工能进不能出，致使国有林场职工人数递增，加剧了国有林场的贫困。

二是环境性原因。自然条件恶劣，地理位置偏僻制约着林场的发展。全区国有贫困林场建场初期，大部分林场场址选择在自然环境不好、交通条件较差的远山荒地荒沙区域，自然环境恶劣，立地条件差，客观上给国有林场的发展带来了一定困难。

三、国有林场扶贫取得的主要成绩

从2000—2018年，国家共拨付内蒙古自治区国有贫困林场扶贫资金25884万元，其中：国有贫困林场扶贫项目资金25518万元，管理费205万元，业务培训费161万元。全区共扶持国有林场项目622个，其中，基础设施建设项目485个，包括国有林场办公用房、业务用房改造项目377个，道路建设项目59个，安全饮水工程项目30个，电力设施建设项目17个，通信设施建设项目2个；经营性项目137个，包括种植业项目105个，养殖业项目26个，森林旅游业项目6个。

基础设施建设进一步改善。2000—2018年，全区扶持基础设施建设项目483个，共改造场部办公、业务用房24万平方米，修建场部道路及生产作业路718公里，修筑涵洞34个，打井127眼，安装变压器21个，电网改造78.1公里。通过这些项目实施，改善了国有贫困林场的办公条件和生产生活条件，调动了林场职工从事林业生态建设的积极性和主动性。

林场发展后劲进一步增强。2000—2018年，全区共扶持经营性项目137个，共建设苗木基地1.3万亩，打配机电井51眼，架设高、低压线路16公里以及抚育管理、病虫害防治等；建设养殖基地9000平方米。通过这些项目的实施，实现了扶贫方式由"输血"向"造血"方式的转变，增强了国有林场发展后劲。

国有贫困林场脱贫致富信心进一步增强。国有林场产业项目的实施，不仅使林场生存与发展条件得到改善，而且使林场和职工收入不断增加，职工的工作热情得到激发，极大增强了国有贫困林场脱贫致富的信心。

四、国有林场扶贫工作的主要做法

1. 编制规划，推动国有林场扶贫工作有序进行

2017年，为确保国有贫困林场扶贫工作有序推进，自治区林业厅依据盟市上报的2018—2020年国有贫困林场扶贫规划，编制完成了《内蒙古自治区2018—2020年国有贫困林场扶贫规划》，规划扶持国有贫困林场扶贫项目103个，涉及国有贫困林场103个，其中基础设施项目71个，特色产业项目32个。

2. 加强监督检查，确保项目实施效果和资金安全

为加强对扶贫资金项目的监督管理，每年自治区林业厅下发文件要求各盟市对国有贫困林场扶贫资金项目进行自查，并进行现场抽查，确保了国有贫困林场项目实施效果和扶贫资金安全。

3. 强化组织领导，确保项目建设成效

为确保扶贫项目的顺利实施，各旗县林业局和国有林场加强领导，精心组织，认真实施。一是旗县林业局成立项目领导小组，切实加强对国有林场扶贫项目建设的监督管理。二是各林场在项目建设上明确总责任人、技术责任人，并成立项目工作小组深入施工现场，及时了解工程进展情况，规范资金支出手续，杜绝违规问题发生，保证扶贫项目按规定的进度和质量如期完工。三是在项目竣工后，由验收方、项目管理人员、施工方统一签字确认后，提交项目竣工验收报告。项目验收合格后，采取向财政报账方式申请扶贫资金。

4. 严格资金管理，保障扶贫资金规范使用

各项目林场在项目实施过程中，严格按照《中央财政专项扶贫资金管理办法》（财农〔2017〕8号）、《内蒙古自治区财政专项资金管理办法》（内财农规〔2017〕11号）、国家财政

部、国家林业局印发的《国有贫困林场扶贫资金管理办法》(财农〔2005〕104 号)的规定,以及项目批复的建设内容、要求,在资金上精打细算,做到专款专用,不挤占、不挪用,确保扶贫资金的规范使用。

5. 强化培训,提升业务能力

为加快推进国有林场改革,加强国有贫困林场扶贫工作,全面提升国有林场林业干部综合素质,自治区林业厅每年对国有林场场长和业务人员进行业务培训。通过培训和学习,明确了国有林场相关工作要求,理清了工作思路和方法,进一步提升了学员的综合素质和业务知识水平。

五、国有林场发展方向与潜力展望

1. 全面开展森林经营工作

森林经营是建设现代化国有林场的主要任务。按照国家和自治区国有林场改革要求,内蒙古自治区国有林场全部定性为公益性事业单位,国有林场的主要任务就是经营好森林。国有林场要依据批复的森林经营方案,科学经营森林,确保国有林场走上健康、稳定、可持续的发展道路。

2. 依托资源优势,大力发展林业产业

国有林场充分利用资源优势,通过招商引资与企业合作发展林业产业,有条件的国有林场要充分利用森林风景资源和林地资源,大力发展森林生态旅游和种植业、养殖业,打造独具特色的旅游产品、绿色产品,建立生态文明教育基地、良种基地、种苗基地、花卉基地等独特的优势产业,让产业发展为生态建设提供不竭动力。

3. 积极引进人才,提高管理人员水平

按照相关要求,广泛向社会招聘林业相关专业人才,解决人才匮乏和职工断档问题。同时要注重对现有管理人员和技术人员的培训,逐步提高国有林场管理水平和职工的业务技能,打造一支精于业务、勤于工作、作风正派、办事干练的强有力的干部职工队伍。

内蒙古自治区呼伦贝尔市新巴尔虎左旗嵯岗林场

新巴尔虎左旗嵯岗林场位于内蒙古自治区呼伦贝尔市新巴尔虎左旗嵯岗镇，隶属于新巴尔虎左旗林业局管理。截至2017年年底，经营面积8.89万亩、森林面积1.71万亩、蓄积量1.02万立方米；在职职工17人。

自2002年以来，林场领导带领林场干部职工不断总结经验教训。

一是合理布局生态建设工程，积极开展造林工作。注重工程前期的准备，抓好沙地治理的关键环节，不断创新管护机制，累计完成成效治沙16万亩。其中以三北防护林、退耕还林以及呼伦贝尔沙地综合治理等国家、地方重点生态建设项目为主。

二是把改善基础设施建设与改善民生结合起来，兴办家庭苗圃。林场采取以三北防护林、退耕还林以及呼伦贝尔沙地综合治理等国家、地方重点生态建设项目为依托，发展林场产业，积极鼓励职工兴办家庭苗圃，并无偿提供育苗技术指导，在此期间，共兴办家庭苗圃12处，总面积达120亩。苗圃主要以育樟子松、杨树、榆树等治沙树种为主，苗木主要用于嵯岗地区沙地治理。通过卖苗木增加苗圃投入，形成良性循环，既满足了林场造林生产苗木需求，又提高职工生活水平，扶贫项目建设取得了显著成效，为加快国有贫困林场脱贫步伐发挥了举足轻重的作用，这也将成为最终夺取防沙治沙工作全面胜利的关键。

第五章 辽宁省

一、国有林场基本情况

国有林场改革后，全省182个国有林场分布在14个市、57个县（市、区），职工总数22891人，其中在职职工11063人，离退休人员11828人。国有林场事权管理以县为主，其中县属林场163个，省属8个，市属11个。

全省国有林场经营总面积1235万亩，林地面积1176万亩，林木总蓄积量5314.1万立方米。公益林面积657.1万亩（国家公益林562.9万亩，地方公益林94.2万亩）、蓄积量3093.6万立方米。商品林面积317.6万亩、蓄积量2220.5万立方米。

二、国有林场扶贫现状分析

1. 林场经济困难，发展后劲不足

一是债务负担重。国有林场改革之前的一大段历史时期，辽宁省国有林场实行事业单位企业化管理，自主经营，自负盈亏，各级财政对国有林场基本没有投入，致使辽宁省国有林场债务负担重。全省国有林场负债总额达13.66亿元，金融债务3.76亿元，非金融债务9.90亿元。其中符合国家化解政策的金融机构债务1.2亿元。在国有林场改革中，辽宁省改革实施方案提出对非金融债务由林场经营性收入逐年偿还解决，部分国有林场仍然背负沉重债务。二是缺乏创新型人才，发展思路不清。部分国有林场已多年未招进新人，加上很多在职大专以上学历的职工由于林场生活艰苦等问题，不愿留在林场，离职或考到别的单位工作的情况时有发生，国有林场人才流失严重，致使林场创新能力不足，林场自我发展，自我脱贫能力越来越低。

2. 缺乏有效的激励机制，长效发展动力有待提高

国有林场改革明确将国有林场主要功能定位于保护培育森林资源、维护国家生态安全，主要承担公益服务职责。按照这一功能定位，辽宁省国有林场改革的方向是坚持公益属性，按照从事公益服务事业单位管理。改革后，全省有181个定性为公益型事业单位，纳入了地方财政预算管理。但是由于缺乏有效的激励机制，使得林场扶贫工作动力不足，存在仅搞好护林防火工作就万事大吉的懒惰思想，多数还停留在"被动输血"思维模式。国有林场机制有待创新，进一步激发长效发展的动力，变"被动输血"为"主动造血"。

3. 国有林场基础设施薄弱，脱贫任务艰巨

近年来，虽然国家林业局和有关部门加大了对国有林场扶贫资金的投入，但辽宁省国有林场基础设施差、底子薄、建设发展滞后。大部分林场、管护站、林道等基础设施建设落后，林场的生产生活条件远不适应现代林业建设的需求。据调查，辽宁省国有林场待建林区道路尚有

5357公里，其中，林下经济节点外部连接道路275公里、森林防火应急道路5082公里，需改造工区管护用房面积12.72万平方米。近年中央下达辽宁省的国有贫困林场扶贫资金每年1600万元左右，要用有限的资金解决点多面广的国有林场贫困问题，任务十分艰巨，道路依旧漫长。

三、国有林场扶贫取得的主要成绩

1998年国家设立国有贫困林场扶贫资金以来，安排辽宁省367个（次）国有贫困林场的429个扶贫项目，扶贫补助资金总计14200万元。国有贫困林场贫困现象明显缓解，共修复断头路1442.71公里，完成改造危房面积75755平方米，打饮水井46眼，已发展种植业项目面积23828亩，开发森林旅游景点26处，安置分流人员3600人。

1. 基础设施有所改善，林场事业稳步发展

1998年以来，在中央财政扶贫资金的支持带动下，219个（次）国有贫困林场实施了基础设施项目建设，共修复断头路1442.71公里，完成改造危房面积75755平方米，打饮水井46眼，架设高、低压线路21公里，林场出行难、饮水安全及不通电的问题初步得到解决。2008年以前，朝阳县二十家子林场地处小凌河沿岸，雨季容易遭受洪水侵袭，而且办公用房还为20世纪70年代所建平房，办公拥挤，办公住宿混用，雨季存在很大安全隐患。近年来，二十家子林场利用扶贫资金90万元，改建了办公用房、修建了防水坝3座，并且逐步对150亩苗圃进行了土壤改良和管灌设施建设，在改善生产条件、确保职工生命财产安全的同时，发展苗圃产业项目，使林场发生了翻天覆地的变化。通过这些项目的实施，部分国有贫困林场生产生活设施和社会形象得到很大改善，林场和职工精神面貌焕然一新。

2. "造血"机能有所增强，经营成效明显

各林场从实际出发，依托资源优势，因地制宜，积极发展种植、养殖、森林旅游等林业产业，增加了林场经济实力，提高了职工收入。二十年来，开展产业扶贫项目安置富余人员3600人，使56个林场逐步摆脱贫困，其中17个林场走上了致富之路。阜蒙县大巴林场通过学习山东省的油松造型的先进技术，发挥阜新地区的油松资源优势，利用扶贫资金建立200亩的山地苗圃造型景松基地，目前造型修剪工作全部完成，可以陆续出圃。造型景松产业有效利用油松林地边缘"特型"林木的资源优势，进行二次移植进圃培育造型，成为造型景松，在国内及国外市场属朝阳产业，在我国只有山东莱芜市和泰安市形成产业，大巴林场的造型松基地填补了辽宁地区的空白，得到了专家的认可，同时也增加林场收益，提高职工收入。这些扶贫项目的实施增强了林场的"造血"功能，促进了林场产业发展和经济结构调整，促使林场职工克服"等、靠、要"思想，提高了脱贫致富积极性和主动性。特别是一些国有贫困林场依托丰富的森林景观资源，利用扶贫资金大力发展森林旅游业，获得了显著的效益，走上了产业反哺生态的良性发展路子。

3. 职工素质有所提升，增强了自我发展能力

各级国有林场主管部门采取短期培训、考察座谈、科普示范等多种形式，组织开展业务和技能培训活动。据初步统计，共培训林场干部职工1200人次，国有贫困林场干部管理能力和业务水平不断提高，市场经济意识逐步增强，职工就业技能明显提高，为增强国有林场实力和职工致富奠定了良好基础。

四、国有林场扶贫工作的主要做法

通过十几年的探索，国有林场扶贫不但在消除贫困方面取得了一定成效，更为重要的是，为新时期继续深入推进扶贫工作，加快国有林场脱贫致富步伐积累了丰富的经验。

1. 领导重视，责任落实

各级财政和林业主管部门对国有林场扶贫工作非常重视，坚持以人为本，把解决林场贫困和职工疾苦作为工作着力点，深入调研，制定政策，落实投入，加强监管。并将扶贫脱贫作为国有林场年度考核内容，逐级落实责任。实施扶贫项目的国有林场，坚持一把手负责，明确专人具体抓落实。

2. 明确任务，科学规划

各地在摸清国有贫困林场情况的基础上，结合实际，编制了国有林场脱贫规划，明确了扶贫指导思想、目标、主要任务以及脱贫标准，做到胸中有数。朝阳市借鉴外省做法，在国有贫困林场扶贫开发规划中提出，新建或改造的国有林场场部要达到"两有、四化、五配套"的标准。"两有"即有较为先进的办公设施，有良好的生活服务场所；"四化"即美化、绿化、硬化、净化；"五配套"即水、电、暖、交通、通信配套。该市实施扶贫的林场，办公设施和环境得到明显改善。

3. 多元投入，多方筹资

针对国有贫困林场脱贫资金严重不足问题，各地积极想办法，普遍采取了"国家扶贫投一点，上级配套拨一点，林场经营补一点，职工投劳干一点"的办法，实现了投入多元化。实践证明，中央扶贫资金对带动地方增加国有林场基础设施建设投入发挥了"四两拨千金"的作用。对于经营性项目，各地普遍采取股份制形式，突出了投资主体多元化，经营形式多样化。国有林场以扶贫资金参股，并积极吸引社会资金和职工投资入股，使扶贫资金实现了"有效投放、有偿回收、滚动增值"的良性循环，资金使用效益明显提高。

4. 选准项目，注重成效

项目筛选论证是扶贫工作的关键环节，事关扶贫成败。各省区以讲求扶贫实效为原则，紧密结合国有贫困林场特点，对基础设施建设项目予以优先考虑，重点选择改善林场生产生活条件的基础设施项目，如修断头路、改水、架电、改造危旧房等；对经营性项目层层把关，重点选择投资少、见效快、效益好的项目，比如森林公园建设、林下资源开发等。

5. 完善制度，规范管理

各地结合实际，根据国家和省国有林场扶贫资金管理办法，制定本地实施细则、扶贫项目管理办法，进一步明确了国有贫困林场标准、资金用途、管理程序、验收办法等。同时，狠抓项目实施管理，对项目筛选、申报、评审、批复、监督和验收等各个环节都有具体要求，严格实行报账制、政府集中采购制、合同制、招投标、竣工验收等管理制度，对项目和财务实行公示制度，主动接受审计部门和职工群众的监督，使项目建设实行全过程阳光操作，确保项目实施效果和资金安全。

辽宁省北票市塔山国有林场

塔山国有林场位于辽宁省北票市辖区内，由辽宁省北票市管理。截至2017年年底，经营面积3.11万亩，森林面积2.74万亩，蓄积量4.74万立方米；在职职工48人。

自扶贫工作开展以来，林场林区基础设施条件有了明显改善，林场职工社会地位明显提高，为职工队伍的稳定和生态文明建设提供了强有力的保障，扶贫项目建设取得了显著成效。

一是加强管理，确保项目建设成效。按照《国有林场扶贫资金管理办法》的要求，成立扶贫项目领导小组，规范项目管理，确保项目建设符合国有贫困林场扶贫项目管理要求。

二是抓住机遇，强力推进危旧房改造和基础设施建设工作。在国家有关部门的大力支持下，林场于2010年启动实施国有林场危旧房改造工程，截至2016年年底，已完成危旧房改造15户，职工住房条件有了明显改善。林场利用国家扶贫资金改善和提高了路、水、电、职工住房等基础设施条件，新建和维修了林区公路；架设了供电线路；实施了饮水安全工程改造，解决了林区职工吃水困难问题；新建职工住房1000多平方米，维修职工旧房500多平方米。

三是盘活资产，增加林场和职工收入，林场结合自身的实际，以承包、租赁等方式，将一些空闲的房屋或其他固定资产租赁、承包给有能力、愿意干的职工或其他客商经营，进行自主经营，自我发展，为林场创造了一定的收益。还充分利用水利等林区资源，维修多年失修大井，改善了职工饮水条件，为林区灌溉提供便利。经过多年努力，取得了积极的效果，被主管部门评为先进单位。

辽宁省北票市塔山国有林场场部办公楼

辽宁省北票市塔山国有林场新建用房

辽宁省朝阳市朝阳县二十家子国有林场

二十家子国有林场位于辽宁省朝阳市朝阳县二十家子镇二十家子村,国有林面积分布在二十家子镇和东大屯乡。总经营面积3.46万亩,森林面积2.58万亩,蓄积量3.48万立方米。全场总人口65人,其中职工31人,在职职工12人。

自2008年以来,林场开展扶贫项目,主要采取了以下几点措施:

一是切实加强组织领导。高度重视,成立项目领导小组,切实加强对国有贫困林场扶贫项目建设的监督管理。各项目成立工程建设管理小组,由林场场长任组长,抽调经验丰富、业务熟悉、认真负责的工作人员具体负责项目的建设管理。二是加强项目建设管理。严格执行财政部、国家林业局《国有贫困林场扶贫资金管理办法》和辽宁省《关于加强国有贫困林场扶贫资金管理的通知》,切实加强对项目建设各环节的管理。三是强化资金管理。项目资金实际支出都有合法票据、手续完善、会计资料齐全。没有发现截留、挤占、挪用或造成资金浪费的现象。对资金使用的监督管理,确保资金专款专用,安全有效。四是改善办公条件,提高工作效率。改革以前,林场办公用房为20世纪70年代所建平房,办公拥挤,办公住宿混用,个别办公室无法设立。通过扶贫资金,新建了办公室,配置了新的办公用品(设有电脑、复印机、传真机),配置了新的办公桌椅。林场基本实现了现代化办公目标,提高了工作效率。通过基础设施的改善,现在除了有专用的办公室外,职工还有独立的宿舍,从原来的火炉取暖改为集中取暖。安装了路灯,给职工及家属晚上出行提供了方便。修建了柏油路,改变了以往泥泞的路面,路旁栽植了花草树木,美化了环境,职工的生活问题从根本上得到了改善,促进了林场的经济发展。

辽宁省朝阳市朝阳县二十家子国有林场场部办公楼

辽宁省阜新市阜新蒙古族自治县大巴国有林场

大巴林场位于辽宁省阜新市阜蒙县东30公里处,业务归口辽宁省阜蒙县林业局。截至2017年年底,经营面积6.5万亩,森林面积3.94万亩,蓄积量7.9万立方米;在职职工100人。

自扶贫开展以来,大巴林场主要做了如下工作:

一是引进新技术,采用新型的管理模式。适应社会的发展,带动林场经济的发展。在项目的实施管理上突出了严,严格按照实施方案进行施工,按照技术规程操作。责任要明,明确责任,责任落实到人。充分发挥领导小组的监督职能,保证项目顺利实施。造型景松产业在国内及国外市场属朝阳产业,在我国只有山东莱芜市和泰安市形成产业,林场的造型松基地填补了阜新地区的空白,同时得到了省、市、县各级领导的认可。

二是大力发展种苗产业,带动林场经济发展。利用老苗圃的技术优势和良好的育苗基础条件,形成了以林场育苗为龙头,林场职工育苗为龙身,当地农民育苗为龙尾的公司加农户的种苗产业发展模式。在壮大集体经济的同时,也带动职工发展了自营经济。大巴林场苗圃现已成为集生产、销售、技术服务于一体的具有一定规模的规范化、专业型的苗木基地,被国家林业局授予"全国质量信得过种苗基地",被辽宁省林业厅评为全省"十佳苗圃"和"苗木质量诚信单位"等荣誉。目前林场的扶贫项目已建成山地苗圃造型景松基地200亩,移植油松1000余株,造型修剪工作全部完成,陆续出圃。

辽宁省阜新市阜新蒙古族自治县大巴国有林场种苗产业

辽宁省葫芦岛市建昌县谷杖子国有林场

谷杖子林场位于辽宁省葫芦岛市建昌县谷杖子乡，由葫芦岛市建昌县林业局管理。林场始建于1972年，东与朝阳县接壤，西北接喀左县，南与建昌县玲珑塔镇毗邻，林场总经营面积51135亩，其中有林地21213亩，灌木林地28113亩，宜林荒山荒地1723.5亩，其他林地45亩，非林业用地40.5亩。林场国家公益林面积51025.5亩，占总经营面积99.79%；在职职工26人，退休2人，护林员17人，工作以经营和保护生态公益林为主。

自扶贫工作开展以来，一是改善基础设施。利用扶贫资金与保护区合建办公楼一处，其中林场自筹资金建办公楼419平方米，另外食堂、车库、锅炉房、上下水、电等附属配套设施完备，改善了职工的工作环境。二是建立良种基地，增加经济收入。建立侧柏良种基地一处（2014年获省林业厅认定谷杖子侧柏种子为良种，并颁发良种证），其中在水库工区建母树林150亩，在常仙洞工区建繁育圃15亩，在雹神庙工区和腿蓬沟工区建展示林450亩。在腿蓬沟工区利用野生核桃楸嫁接优良品种'核桃辽宁1号''核桃辽宁2号'，成活300株左右，长势良好的已挂果。利用2018年扶贫资金在雹神庙工区建150亩大果榛子园一处，成活率达到95%左右。以上项目随着时间的发展，在全体职工的共同努力下不断完善，能够逐年增加林场的经济收入，带动周边地区林业经济发展。

辽宁省葫芦岛市建昌县谷杖子国有林场新修办公楼

辽宁省朝阳市建平县白山国有林场

白山林场位于辽宁省朝阳市建平县白山乡境内,隶属于建平县林业局的公益一类事业单位。截至 2017 年年底,经营面积 6.13 万亩,森林面积 5.58 万亩,蓄积量 14.55 万立方米;在职职工 28 人。

白山林场自扶贫工作开展以来,林场基础设施建设均取得了较大进展,林场和职工的收入有了较大的改观,扶贫项目建设取得显著成效。

一是利用扶贫资金,建设基础设施。其中 2012 年利用国有林场扶贫资金 40 万元,在奎德素工区治理水平梯田 300 亩;打井 2 眼,井深 80 米,新建井房 2 座;水泵电机配套 2 台套;铺设地下输水管路 3200 米;管路开挖及回填 3200 米;安装 30 千瓦变压器 2 台,架设高压线路 800 米,低压线路 200 米。2016 年利用国有林场扶贫资金 30 万元,在白山林场太平庄苗圃架设高压线 620 米,低压线 220 米,安装 50 千伏安变压器 1 台套;打井 2 眼、建井房 2 座、铺设地下输水管路 1680 米。2018 年利用国有林场扶贫资金 60 万元在文冠果良种基地内硬化水泥路面 2530 米。

二是利用项目和扶贫资金,培育保护森林资源。新增造林面积 1.2 万亩,其中经济林面积 0.4 万亩,抚育森林 3.2 万亩,提高了所经营森林的经济、生态和社会效益,增强了林场可持续发展后劲。充分利用上级拨付的扶贫资金,使苗圃和文冠果基地生产条件得到了极大的改善和提升。

三是发展林下经济,提高职工收入。国有林场扶贫资金的投入有效地改善了林场生产生活条件。每年培育文冠果、山杏等生产优质合格苗木 450 万株,创产值 300 余万元,利润 80 万元,上交税金 10 万元。不但增加了林场收入,而且职工人均收入每年增加 0.4 万元。为朝阳市 120 万亩坡耕地退耕还林造林、荒山造林、三北造林和城乡绿化提供了优质苗木,对改善本区域环境打下了坚实的基础,也为当地剩余劳动力提供了新的就业机会。

辽宁省朝阳市建平县白山国有林场扶贫前的道路

辽宁省朝阳市建平县白山国有林场扶贫后修建的道路

第六章 吉林省

一、国有林场基本情况

国有林场改革前，吉林省共有338个国有林场（其中事业性质林场157个，企业性质林场181个），经营总面积5832万亩，林地4388万亩，天然林3072万亩，森林总蓄积量2.82亿立方米。职工总数68638人，其中在职职工44538人，离退休人员24100人，职工总数接近全国国有林场的1/10。

二、国有林场扶贫现状分析

2001年，全省共安排扶持国有贫困林场10个，扶持产业项目10个，中央财政扶贫资金投资300万元。

2004年，全省共安排扶持国有贫困林场16个，扶持项目16个，其中，基础设施建设项目11个，产业项目5个。中央财政扶贫资金投资1000万元。

2005年，全省共安排扶持国有贫困林场23个，扶持项目23个，其中，基础设施建设项目17个，产业项目6个。中央财政扶贫资金投资1000万元。

2006—2010年，全省共安排扶持国有贫困林场129个，占贫困林场的65%，扶持项目275个，其中，基础设施建设项目264个，产业项目11个。解决贫困人口17298人，总投资5917万元，其中，中央财政扶贫资金4850万元，地方自筹1067万元，中央投资占82%。

2011—2015年，全省共安排扶持国有贫困林场167个，扶持项目172个，其中，基础设施建设项目166个，产业项目6个。总投资7413万元，其中，中央财政扶贫资金5909万元，地方自筹1504万元，中央投资占80%。

2016—2018年，全省共安排扶持国有贫困林场123个，扶贫项目132个，其中，基础设施建设项目57个，产业项目75个。总投资8441.83万元，其中，中央财政扶贫资金7073万元，地方自筹1368.83万元，中央投资占83.8%。8个国家级贫困县三年的中央财政扶贫资金共被整合980万元。

国有林场改革后，国有林场总数由338个减少到89个，精简比例达到73.7%，整合幅度高于全国62.6个百分点。设立国有林管理机构所需事业机构，主要由各市县林业局从所属事业机构中调剂，改革后林场全部定性为公益一类事业单位，全省林业系统所属事业机构减少108个。编制员额核定按照西部每2000亩林地1人、中部每3000亩1人、东部每4000亩1人的标准，全省核定全额拨款事业编制13502个。省市县三级财政每年实际承担员额及公用经费5.04亿元。19980名富余职工得到妥善安置，安置率达到97.6%；职工收入大幅度提高，人均年收入从2015年的1.52万元，提高到2017年的2.7万元，增长了77.6%。改革过渡期后，全省林场职工总数将由4.5万人减少到1.3万人，精简比例达到70.9%，高于全国25.1个百分点。人均管护森林面积3384亩，多于全国平均水平296亩。国有林场天然林采伐量由2015年105万立方米减少到2016年1.9万立方米，减少森林资源消耗103万立方米，相当于全国减少总量的1/5，3000余万亩天然林得到休养生息。

三、国有林场扶贫取得的主要成绩

二十年来，从扶贫项目完成情况来看，新建和维修林区道路、防火通道及产业园区道路758.9公里，新建桥涵86座；新建和维修场部危旧房及产业园区管护用房（辅助用房）154120.54平方米，林场及产业园区院内地面绿化硬化亮化30219平方米；新建生产用水打井99眼、饮用水打井22眼、泵房3座、自来水塔1座、蓄水池7座、购买水处理和消毒设备各2套、铺设和更换输水管线89566延米、铺设滴灌20公里；新建围网围栏15205.5延米、排水沟4890延米、锅炉改造11处、铺设和更换输电线路65760延米、更换变压器16台；新建菌类种植大棚30个、桑黄种植大棚1550平方米、黑木耳晾晒房904.4平方米、冷库510立方米；种植食用菌类42.95万袋（椴）、饲养森林黑毛猪500头、饲养牛95头；新建装机容量100.34千瓦光伏发电站1座、新建木材加工厂1个、黑木耳加工车间1个、扩建改造食用菌发菌车间2个；发展特色经济林、林下药材及果树5721.85亩、建设苗木基地4856.7亩；开发建设生态旅游观光景区2处。

通过国有贫困林场扶贫项目的实施，林场基础设施得到进一步改善、生产生活条件明显提升、产业结构进行有效调整、部分富余职工得到妥善安置，为推进国有林场改革和绿色转型发展提供了有力保障。

四、国有林场扶贫工作的主要做法

通过二十年的探索，国有林场扶贫不但在消除贫困方面取得了一定成效，更为重要的是为新时期继续深入推进扶贫工作，加快国有林场脱贫致富步伐积累了丰富的经验。尤其在"十三五"期间，能贯彻落实全国脱贫攻坚工作总体部署和国有林场扶贫工作精神，紧紧围绕国有林场改革，周密安排，积极组织，扎实推进，扶贫工作任务稳步推进，促进了国有林场脱贫致富，推进了国有林场改革步伐，加快了国有林场可持续发展。

1. 领导重视，责任落实

各级财政和林业主管部门对国有林场扶贫工作非常重视，坚持以改善民生为本，把解决林场贫困和职工疾苦作为工作着力点，深入调研，制定政策，落实投入，加强监管。为强化责任落实，地方各级林业主管部门成立了以主要领导负总责，分管领导负主责和相关部门参与的国有林场扶贫工作领导小组，并将扶贫脱贫作为国有林场年度考核内容，层层签订责任状，逐级落实责任。实施扶贫项目的国有林场，坚持一把手负责，明确专人具体抓落实。

2. 明确任务，科学规划

省级林业部门在摸清国有贫困林场情况的基础上，按照国家国民经济和社会发展规划周期的时间，结合实际，每五年编制一次国有林场扶贫实施方案，明确了扶贫指导思想、目标、主要任务以及脱贫标准，做到胸中有数。

3. 多元投入，多方筹资

针对国有贫困林场扶贫资金严重不足问题，各县市积极想办法，普遍采取了国家扶贫投点,县市配套拨一点,林场经营补一点,职工投劳干一点的办法,实现了投入多元化,并在近年积极探索鼓励林场职工或其他社会主体以专业合作社、投资入股或股份合作等多种方式参与国有林场扶贫项目。实践证明,中央财政扶贫资金对带动地方增加国有林场基础设施建设和扶贫产业项目投入发挥了主要作用。

4. 选准项目,注重成效

项目筛选论证是扶贫工作的关键环节,事关扶贫成败。各县市讲求扶贫实效为原则,紧密结合国有贫困林场特点,在确定每一年度分配额度之后,向省级林业主管部门备案,由各国有贫困林场自主确定发展扶贫项目,形成项目实施方案(可行性研究报告书)上报省林业主管部门,省林业主管部门结合各林场实际,对项目进行市场评估和考察,对不符合市场需求的项目及时建议县市进行调整。项目确定后,各地从项目申报、方案、批复、落地、完成情况入手,及时上报备案材料,以便跟踪扶贫效果。省林业和草原局对上报备案材料认真审核,发现问题及时通知相关县(市、区)林业局整改。

5. 完善制度,规范管理

省级林业主管部门结合实际,会同省财政厅、省扶贫办、省发改委、省民委、省农委等部门制订了《国有贫困林场扶贫资金管理办法》《财政专项扶贫资金管理实施办法》等细则规章,进一步明确了国有贫困林场标准、资金用途、管理程序、验收办法等。同时,为保障扶贫资金安全有效使用,省级林业主管部门会同省财政厅、省扶贫办、省发改委、省民委、省农委等部门每年联合组织开展财政专项扶贫资金使用管理情况大检查。对在大检查中发现的财政专项扶贫资金使用管理中存在的相关问题,做出处理决定,提出整改要求,做到"立行立改、一步到位",并形成整改报告报省财政厅、省扶贫办及相应的省级项目主管部门。

6. 严格验收,落实绩效考核

省级林业主管部门每年10月下旬开始,历时近一个月的时间,对本年度的国有贫困林场扶贫项目和历年未验收(未完工)的国有贫困林场项目进行全面检查验收。通过听取自查报告汇报、审查扶贫项目资料、现场查勘相结合的方式,对各林场进行现场打分,发现问题,限期整改,保证扶贫项目高质量完成,强化扶贫工作绩效考核。2016年根据国家林业局的《国有贫困林场扶贫工作绩效考评办法》,制定了本省的绩效考评办法。按照国有贫困林场扶贫项目检查验收评分结果,并综合考虑各林场实际扶贫项目成效,最终将各国有贫困林场扶贫工作绩效确定为"A、B、C、D、E"五个等级,并以此考评结果将作为下一年度扶贫资金分配和调控的重要因素。

7. 开展培训,增强自我发展能力

二十年来,全省各级国有林场主管部门采取短期培训、组织学习、科普示范带动等多种形式,组织开展业务和技能培训活动。据统计,培训林场干部职工1万余人次,国有贫困林场干部管理能力和业务水平不断提高,市场经济意识逐步增强,部分职工就业技能明显提高,为国有林场和职工拓宽收入来源奠定了良好的基础。

五、国有林场发展方向与潜力展望

1. 生态型林场

以森林培育及保护为主要内容，高质量完成森林抚育、更新和改造，实现森林质量明显提高、生态功能显著增强。以加强基础设施建设为主要内容，强化技术装备为主要抓手，实现国有林场生产生活条件全面改善。

2. 智能化林场

以信息化建设为导向，移动互联网、3S和物联网技术为支撑，强化网络和网站群建设，提高林场网上办公、资源信息化管理、旅游综合服务、林业灾害监测预警水平。

3. 特色化林场

围绕国有林场林地林木等资源优势，以生态为主，融合区域发展战略、人文特色、森林经营等内容，全面拓展国有林场的多功能性，有序放活资源有偿使用，吸引社会资本，鼓励职工参与，努力发展森林旅游、森林康养、经济果林、绿化苗木、林下经济、林产品加工销售等特色产业。

4. 体验型林场

在充分发挥国有林场生态和经济功能的基础上，大力开拓科技创新与文化创意活动，将生态文化与公共教育、休闲养生相结合，传播森林生态知识，弘扬森林生态文化，提升国有林场的文化品味和公共服务品质，满足人民群众日益提高的生态公益服务需求。

吉林省辽源市东丰县横道河林场

横道河林场位于吉林省东丰县南部,隶属于东丰县林业局管辖,截至2017年年底,经营面积8.98万亩,森林面积8.58万亩,蓄积量68.66万立方米;在职职工142人。

为改变林场贫困面貌,2018年扶贫工作开展以来,横道河林场主要采取以下措施。

一是加强资金管理,坚持专款专用。按照省厅"做好林业生态扶贫,打赢脱贫攻坚战"的指示精神,立足攻坚本位,严格执行《吉林省国有贫困林场扶贫项目管理办法》《吉林省财政专项扶贫资金管理实施办法》和《东丰县财政扶贫资金管理实施细则》等相关的管理制度,用制度促管理,用措施带长效、用责任抓瓶颈、用效果看成效。发挥人才技术优势,严格基地管理,瞄准市场风向,坚持专款专用,杜绝挪用浪费,把有限的资金用到刀刃上,目前,中央财政扶贫资金91万元、林场自筹资金13.8万元已全部落实到位,为项目建设提供了坚强保障。

二是开展扶贫项目,发展特色产业。横道河林场认真贯彻落实习近平新时代中国特色社会主义思想,高举建设生态林业和民生林业大旗,紧紧围绕林业局党组扶贫工作总体部署,立足林场实际,解放思想,多措并举,有效运用好上级扶贫政策,扎实推进扶贫项目开展,建成蓝莓种植基地和平欧大榛子产业基地共450亩,改建加工车间55平方米,新建蓝莓保鲜库280立方米,项目建设取得了显著的成效。

吉林省辽源市东丰县横道河林场蓝莓基地

吉林省辽源市东丰县横道河林场新貌

吉林省白山市抚松县泉阳林场

泉阳林场位于吉林省抚松县泉阳镇，由抚松县林业局管理。截至2017年年底，经营面积8.81万亩，森林面积7.05万亩，蓄积量41.21万立方米；在职职工97人。

从2011年开始，一是积极争取资金支持。泉阳林场争取资金200多万元，用于支持林场蓝莓产业发展，以此撬动林场发展自营经济。二是发展基础设施建设，改善办公生活环境。改造了林场场部和115户林场职工的危旧房屋，为职工的房屋做墙体保温、安装塑钢窗和铺设彩钢瓦；修建林区断头路3公里；解决林场沿线100余户职工饮水的难题；改造电力线路3公里，林区基础设施条件得到了显著改善。三是发展林下经济。依托林场森林资源，因地制宜地发展林下循环经济，探索出了以林果、林药、林菌等为特色的成功经营模式。泉阳林场以人参为主的中药材种植面积达150亩，产值300多万元；蓝莓种植240亩，年产值30万元；长白山珍贵树种培育项目苗木基地近60亩，产值超过20万元。四是加强林场职工技能培训。尤其是对发展自营经济技能的培训，提高林场职工致富能力，加大林场扶贫工作宣传力度，搭建帮扶平台，努力争取社会力量关注泉阳林场，关心林场贫困职工，多渠道争取林场扶贫投入。

吉林省白山市抚松县泉阳林场

吉林省通化市辉南县青顶子林场

青顶子林场位于长白山第一门户辉南县抚民镇境内，隶属于辉南县林业局管理。全场总经营面积8.5万亩，森林面积7.5万亩，森林总蓄积量48.6万立方米。现有职工176人，其中在职职工110人，退休职工66人。

扶贫工作开展以来，青顶子林场主要采取以下措施。

一是利用扶贫资金改善基础设施。2011年利用扶贫资金40万元，修建林场场区、家属区自来水工程，彻底解决了多年来职工饮水难的大问题，使林场职工能够安居乐业，无后顾之忧，为林场的和谐、可持续发展奠定了良好的基础。2014年申请国家扶贫资金45万元，修建林区道路4公里，解决了林场在森林防火、公益林管护的生态效益，降低了采运成本，方便了周边村民采集、耕作、出行。真正达到了社会、经济双赢效果。

二是发展特色产业。2018年申请国家扶贫资金83万元，发展林下天麻种植5000平方米，达产后年产鲜麻20000千克，实现年产值160万元，经济效益十分可观，并解决一部分职工就业、增加收入问题。经过不断繁育发展，最终达到500亩的规范化、标准化林下天麻种植基地。该项目市场前景较好，有利于优化产业结构，调整和培育新的经济增长点，带动和促进特色产业的形成和发展。几年来，通过不断完善扶贫项目管理制度建设，青顶子林场的扶贫项目，特别是林下天麻项目建设，经过县财政以及省厅场站的检查验收，给予充分肯定，得到一致好评。今后将以国有林场改革为契机，真抓实干，加快转型，推动实现可持续发展。

吉林省通化市辉南县青顶子林场新貌

吉林省通化市辉南县青顶子林场新貌

吉林省临江市六道沟国营林场

六道沟国营林场位于吉林省白山市临江市东南部,隶属吉林省临江市林业局管理,截至 2017 年年底,经营总面积 58.46 万亩,森林面积 51 万亩,森林蓄积量 374 万立方米;在职职工 170 人。

扶贫工作开展以来:

一是发展林下经济,提高职工收入。多年来,林场大力培育了五味子、沙棘、蓝莓、红松果林、红松 1.5 代采种林等经济林、特用林林种,重点发展了绿化苗木栽植和培育项目,涉及人口 185 人,林场职工人均月收入增加 1000 元。在造林环节,坚持政府推动与市场机制相结合,重点推广了股份造林、合作造林、承包造林等造林模式,农民通过与林场分成造林和劳务等方式增加收入;在新造林管护环节,推广聘请营林公司的模式,加强造林工程管护,在确保森林资源安全的前提下,增加了林场困难职工收入。

二是发展生态旅游助推扶贫。打造了五道沟峡谷景区,并依托区位优势引导景区及辖区内湿地公园、边境沿江观光带周边有能力的贫困人员发展农家乐、林家乐,增加经营性收入;培训贫困人员参与景区服务性工作,增加工资性固定收入;通过开展秋季枫叶观赏活动,集旅游、观光、摄影、休闲、娱乐于一体,推动生态观光采摘游,提高贫困人口参与度,增加收入。目前,辖区森林旅游、生态观光、休闲服务等森林景观利用模式 15 万亩,充分带动剩余劳动力参与生态旅游产业,提高了收入水平,改善了生活条件。

吉林省临江市六道沟国营林场五道沟峡谷景区　　　　林区道路

吉林省通化市通化县国有林总场三棚林场

三棚林场所辖林区位于通化县西北部的四棚乡境内，隶属通化县林业局，经营面积4.69万亩，其中林业用地4.67万亩，活立木蓄积量30万立方米，森林覆盖率94.5%；现有职工298人，其中在职职工189人，退休职工109人。

扶贫工作开展以来，一是科学经营森林资源。几代林场职工在昔日的荒山秃岭上营造红松人工林18000亩，已建成红松母树林基地10000亩，尚有8000亩红松果林后备资源。他们科学经营，把红松果材林优化改建为母树林。从20世纪90年代开始，林场转变红松母树林的经营体制，大胆改革创新管护承包模式，使母树林建设者成为受益者。

二是创新产业模式，提高职工收入。在林木所有权不变的前提下，实行全员联合分组管护经营承包，将5000亩已进入盛果期红松母树林按沟系划分为10份，分别承包给10个承包组。承包管理费用由各承包组负担，收益按各组经营承包管护的松子销售额，承包职工得70%，林场得30%。近年来，承包职工人均年收入2万多元，林场年均收入200多万元。2017年，红松子总产值1600万元，林场当年收入400多万元；职工共收入500多万元，人均4万元，实现了脱贫。2011年、2015年，林场争取到国有贫困林场扶贫专项资金共计75万元，用于基础设施建设、旧办公楼维修改造和接层。2016年，争取"一事一议财政奖补"资金30万元，对场区道路边沟进行全面修建，改变了场容场貌和办公条件。三棚林场先后被命名为"吉林省重点红松林木良种基地""省级林业产业基地""省十佳国有林场""全国特色种苗基地""国家级重点红松林木良种基地"。

吉林省通化市通化县三棚林场场部

吉林省通化县三棚林场红松良种基地

第七章 黑龙江省

一、国有林场基本情况

黑龙江省地方林区列入国有林场管理序列的单位424处，分布全省13个市（地），75个县、市、区（包括市辖区）。国有林场现有职工75984人，其中在职职工49749人，离退休人员26235人。

国有林场改革后，全省88个参改单位所属林场合计为424处，其中，按单位性质分为公益二类事业单位370处，公益性企业54处；按隶属关系分为，省属林场33处（其中企业15处）、市属林场47处（其中企业1处），县属林场328处（其中企业22处），其他行业单位所属林场16处（全部为企业）。本次改革共核定事业编制16821人，目前全省国有林场在职职工合计46042人。

二、国有林场扶贫现状分析

现有林区道路总里程19302公里（其中已硬化道路2397公里，沙石5202公里，土路11703公里），路网密度为2.6米/公顷。桥梁943座，长14291米，涵洞7669座。目前管理各市、县国有林场林区通场硬化路均由当地交通局上报交通厅。

国有林场生产用水主要来源于地表水和浅层地下水，林区有大量饮用水不安全人口。"十二五"初期共涉及45个林业局178个林场62195人。"十二五"期间，国有林场安全饮水工程共解决国有林场32个林业局38996人的饮水安全问题。

全省国有林场年供电量6697万千瓦时，总需求量8343万千瓦时。供电来源60%来自周边的农电网，其余为国家电网。

"十二五"期间完成危旧房改造42461户，截至2016年年底，国有林场现有房屋面积276.3万平方米，其中办公用房32.6万平方米，住宅206.4万平方米，厂房27.46万平方米。

三、国有林场扶贫取得的主要成绩

二十年来，从扶贫工作完成情况来看，取得的主要成绩有：一是打好脱贫攻坚战，建立包括专家评审、结果公示等的国有贫困林场界定、资金安排及备案监督的完整流程；二是联合财政厅共同开展了2012—2016年度扶贫项目扶贫脱贫成效"回头看"考核，对发现的问题全省通报，约谈主要负责人，对问题较大的收回扶贫资金；三是制定《国有贫困林场脱贫三年攻坚规划》，上报计划和财务，并配合国家完成国有贫困林场扶贫绩效考核；四是完成国有贫困林场的重新界定，确定国有贫困林场39家，以改善民生为主旨，实施精准扶贫，加快脱贫攻坚步伐，确保到2020年按期实现脱贫。

按照《LY/T 2088—2013国有贫困林场界定指标与方法》，全省于2018年年底重新进行界定，界定出 39 处国有林场为贫困林场，其中 21 个国有贫困林场承诺到 2020 年年底前保证完成脱贫任务，并递交了承诺书。剩余 18 个国有贫困林场按照脱贫计划有条不紊地开展脱贫工作，保证 2020 年年底全省国有贫困林场全部脱贫。

通过国有贫困林场扶贫项目的实施，林场基础设施得到进一步改善、生产生活条件明显提升、产业结构进行有效调整、部分富余职工得到妥善安置，为推进国有林场改革和绿色转型发展提供了有力保障。

四、国有林场扶贫工作的主要做法

1. 领导重视，责任落实

黑龙江省各级财政和林草业主管部门对国有林场扶贫工作非常重视，坚持以保护生态和改善民生为本，把解决林场贫困和职工困难作为工作着力点，深入调研，制定政策，加大投入，加强监管。

2. 通力协作，积极衔接

在基础设施建设中，要求各林业局积极与发改、水利、公路、电力、通信等部门衔接，通力协作，加强协调与配合，将规划任务争取纳入当地年度计划，积极编制方案，有力地保证了计划的落实。

3. 突出重点，科学规划

各地国有林场基础设施建设工程按照国家、省统一要求和布署，积极与当地政府联系，争取纳入地方建设规划。在工程建设上，各地林业部门都能按照要求严格执行规划方案，按照分期分批实施、整体连片推进的思路将相应设施建设到位。

4. 结合工程，整体推进

在工程实施中，要求各地结合当地国有林场危旧房改造工程和新林区建设，整体推进。房屋建设结合国有林场危旧房改造，选址尽量靠近城镇，新林区建设中优先安排安全饮水、电路改造项目，结合农村通村公路建设开展国有林场通场公路建设，充分利用了政策资金，避免了重复建设和资金浪费。

5. 积极筹措，保障资金

在资金保障上，按照中央补助一部分，地方配套一部分，国有林场负担一部分的要求，积极筹措工程资金，确保了国有林场基础设施建设工程实施。

6. 完善制度，规范管理

黑龙江省林草业主管部门结合实际，会同省财政厅、省扶贫办、省发改委等部门制订了《省政府办公厅关于<建立财政专项扶贫资金安全运行机制>的通知》（厅字〔2017〕76）号、《黑龙江省财政专项扶贫资金管理办法》（黑财农〔2017〕25 号）和《黑龙江省财政专项扶贫资金绩效评价办法》（黑财农〔2017〕185 号）等办法，进一步明确了国有贫困林场标准、资金用途、管理程序、验收办法等。同时，为保障扶贫资金安全有效使用，省级林业主管部门会同省财政厅、省扶贫办等部门每年联合组织开展财政专项扶贫资金使用管理情况大检查。对在大检查中发现的财政专项扶贫资金使用管理中存在的相关问题，做出处理决定，提出整改要求。

7. 扶志引智，增强后劲

二十年来，省主管部门采取短期培训、组织学习等多种形式，组织开展业务和技能培训活动。与国家林业和草原局干部管理学院开展合作签订协议框架，对全省所有林场科技骨干和技术人员开展培训和技术更新，完成轮训人数400人。

五、国有林场发展方向与潜力展望

当前，全省林草工作的内外部环境、各方面条件都已发生深刻变化，林业草原融为一体，各类自然保护地实行统一监管，生态保护修复职责实现集中统一，山水林田湖草系统治理理念赋予实践，林草工作面临着千载难逢的发展机遇。

一是生态文明建设持续升温，为林业拓展了更加广阔的发展空间。党的十八大以来，以习近平同志为核心的党中央高度重视林业草原工作，把生态文明建设摆上了前所未有的战略高度，将生态文明建设纳入了"五位一体"总体布局，提出了"绿水青山就是金山银山""生态就是资源，生态就是生产力"的发展理念。在国有林区、国有林场改革等方面出台了一系列制度方案，全面搭建了林草制度的"四梁八柱"，为推进林草行业治理体系和治理能力现代化奠定了坚实基础，赋予了林场新的功能定位，为林业加快发展指明了方向、拓展了空间。

二是林区经济进入新常态，林业稳增长、调结构的作用更加突出。黑龙江省委、省政府大力支持发展绿色循环经济，增强了林场发展内生动力。国家全面推行国有林场森林经营方案制度，严格履行国有林场森林资源管理职责，落实国家相关国有林管理制度，创新开展国有林场场长任期森林资源考核和离任审计制度，探索职工绩效考核激励机制，为稳增长、调结构带来了勃勃生机。

三是林区人民的生活水平日益提高与对林业生态产品的需求拉力不断增大。伴随全面建成小康社会目标的加速推进，人民生活质量不断提高，绿色出行、绿色消费、绿色产品、绿色发展理念日益深入人心，林区人民对生活的美好追求与林业生态产品多样化市场的需求矛盾更加突出，也使依托于丰富森林资源的绿色产业、生态产品开发前景更加广阔。

黑龙江省齐齐哈尔市青年林场

齐齐哈尔市青年林场位于黑龙江省齐齐哈尔市梅里斯达斡尔族区境内,由齐齐哈尔市林业和草原局管理。截至2017年年底,经营面积7.05万亩,森林面积4.01万亩,蓄积量31.9万立方米;在职职工125人。

自扶贫工作开展以来,采取党员干部引领种植苗木,开办森林人家,增加职工收入的方式开展扶贫工作。经过几代人的努力,取得了良好效果,职工人均年收入从2015年的0.7万元,增长到现在的5.76万元。场区人居环境得到很大改善。目前林场场区道路全部实现硬化,路灯、手机信号、有线电视全覆盖。特别是在扶贫工作中,林场利用国有贫困林场扶贫资金,集中建设场区主路边沟、支路边沟共计5200延长米,较大地提升了场区环境,为林场职工家属开办森林人家奠定良好基础。

积极探索林场新的经济增长点,2020年建设森林植被恢复费监测样地造林项目及森林公园植物认知园建设项目,共完成造林绿化130亩,栽植乔、灌、草、花等植物共计100余种,可结合林场现有森林景观建设,打造以影视基地、果类采摘园、桑果采摘园、林木认知园为核心的观光路线,形成了集森林景观价值、树木认知标本价值、森林科研价值、局部生态检测样地价值的多元一体化功能示范园,为森林公园总体建设提供补充景点。从而吸引周边游客到林场游玩,提高林场知名度,增加林场收入。据不完全统计,2020年来场游玩、自驾人数达5万人次。

黑龙江省七台河市勃利县福兴林场

福兴林场地处黑龙江省七台河市勃利县西北方向，与林口县刁翎镇生产村接壤，位于大四站镇行政区域内，隶属于勃利县林业和草原局。全场林业用地总面积14.23万亩，其中，森林总面积11.44万亩，森林总蓄积量70.02万立方米，森林覆盖率79.5%。林场现有人口55人，林区职工150人，其中，在职职工80人。林场施业区内村屯较多，勃利县域公路穿场而过，与308省道相连，交通便利，劳力充沛。

2017年，勃利县红旗林场、吉兴河林场和福兴林场，被原省林业厅评定为国有贫困林场，并获得了国有贫困林场扶贫资金。因福兴林场早在2014年开始，就成立了食用菌专业合作社，带领林区职工种植袋装木耳，取得了一定的经济效益和丰富的管理经验。因此，选在福兴林场投资食用菌菌包工厂化建设项目。共计投资800万元，其中，中央投资430万元，自筹资金370万元。2017年，该项目经勃利县发改局正式立项后，福兴林场在勃利县林草局的领导和支持下，首先建立健全组织机构，制定切实可行的规章制度，选定责任心强且经验丰富的管理人员，专门负责此项目建设工作；为确保该项目建设成功，福兴林场积极与东北林业大学合作，引进先进的食用菌生产技术，为项目建设提供有力的科技支撑和技术保障；在勃利县林草局的协助下，多方筹措资金，为项目实施提供了资金保障。本着"公平、公正、公开"的原则，在项目公示后，通过政府采购的形式，公开招投标，于2018年开工建设。现已建成标准化生产车间9192平方米，购置生产设备套，建设养菌大棚30栋以及其他建设项目成果。2019年年末建成并投入生产，现已具备年生产食用菌菌包500万袋，年创产值900万元的能力。

一分耕耘，一分收获。该项目建成投入生产后，经过林草部门领导和场领导的努力，取得了积极效果，成果显著，2020年生产黑木耳菌包400万袋、灵芝菌椴12万椴，年创总产值780万元，实现利润120万元。共带动林业职工及农村贫困人口100人就业，提高了林区职工和农村贫困人口收入，改善了生活条件。

第八章 江苏省

一、国有林场基本情况

2015年国有林场改革启动时，江苏省共有73个国有林场，分布在除南通市以外的全省12个设区市，经营总面积近160万亩，林地面积140万亩，其中省级以上重点生态公益林面积123万亩，占全省重点生态公益林面积的21%。国有林场职工总人数22592人，其中在职8812人，离退休13780人。此次改革，全省按照分类经营、分类管理、适度规模的原则对同一行政区域内，分布零散的国有林场进行重组整合，将纳入改革的73个国有林场整合至57家，其中市级部门所属3个，县（市、区）政府及林业主管部门所属54个，40个被定为公益性事业单位，核定编制1136个，其余17个保持企业性质不变，并定性为公益性企业。

二、国有林场扶贫现状分析

江苏省经济文化发达繁荣，但国有林场经济状况不容乐观。计划经济时期，林场完全作为事业单位管理，生产管理按计划实行。随着市场体系的建立，林场的体制也变成了企业化管理的事业单位，事实上是既不当作事业单位管理，又由于森林管理政策要求，不能将林地作为经营性资产，也就不可能将林场作为企业化运作。因为政策性因素，林场经济普遍陷入困境，不得已开展农业、牧业、果树、茶叶、蚕桑、渔业、工业、副业等多种经营，从起步发展到调整提高，比重逐年增加。总体上，苏南林场起步早、发展快、规模大、效益高；苏北林场起步晚、发展慢、规模小、效益低。期间也涌现了部分优秀场办企业，如常熟市虞山林场的异型钢管厂、吴县林场的化纤纺织厂、丹阳市林场的砖瓦厂、江阴市林场的散热器材厂、南京市老山林场的制药厂和营养食品厂、盱眙县林场的石油化工厂、江宁县东善桥林场的制氧和机用打包带厂等。

1989—1990年，国家采取宏观调控和紧缩银根政策，一些林场陈旧的工业设备得不到更新，落后的工艺技术得不到改造，流动资金严重不足，加之原料价格一涨再涨，产品市场竞争极为激烈，导致以工业为主的林场生产受阻。由于林场把主要精力放到经济上去了，一方面森林资源多年缺少精心管护，另一方面绝大多数场办企业负债累累，对林场的森林生态效益的发挥和林场经济是双重打击。加之全省大多数国有林场地理位置偏僻，基础设施建设和社会事业发展与周边农村有较大差距。

近年来，通过政策扶持，推动国有林场危旧房改造，加强道路、饮水、供电等基础设施建设，国有林场部分困难得到一定缓解。但由于全省国有林场生态公益林比重较大，采伐等经营方式受到政策限制，且大部分事业性质国有林场实行企业化管理，经费实行自收自支，没有稳定的财政投入和明确的支持政策，普遍面临着专业人才匮乏、资源管理弱化、基础设施落后、债务负担沉重、职工生活困难等问题，相当一部分林场基本公共服务不如周边农村，职工生活水平不如周边农民。

三、国有林场扶贫所取得的主要成绩

在国家林业局的关心下，2003年开始，国家将江苏省国有贫困林场纳入扶贫资金支持范围，当年安排100万元，至2018年，年度扶贫资金已增长至888万元。十六年间，国家林业局总计安排全省国有贫困林场扶贫资金8310万元。自2008年起，在省财政厅的支持下，按1∶1的配套标准安排省级国有贫困林场扶贫资金，至2018年，总计安排省级国有贫困林场扶贫资金7410万元。

一是国有林场生态建设得到有效促进。在国有贫困林场扶贫资金等项目资金的支持下，全省各林场大力开展速生丰产林、"三化"造林、中幼林抚育等营造林项目及林业有害生物防治、森林防火等项目建设，有效增强了国有林场生态功能。宿迁市湖滨新区嶂山林场利用国有贫困林场扶贫资金等项目资金400多万元修建防火瞭望塔、林区防火道路和防火隔离网，并在当地政府的支持下，安排补助资金400多万元，成功将林区2000余座散坟平迁出林场。由于管护措施得力，嶂山林场多年来未发生一起森林火警（灾），林场的森林面积也由2000年前后最低谷的6000多亩增加到近2万亩。盐城市大丰区林场通过项目扶贫资金项目，引进培育红花玉兰、二乔玉兰等"彩色化"树种，有效提高林场育苗档次，既丰富了林场树种林相，也为发展森林旅游打造了亮点。

二是国有林场产业发展得到有效加强。各地结合国有林场自身特点，大力发展经济林果、林木种苗、畜禽养殖、特色水产、森林旅游等产业，有效壮大林场经济实力。金坛区茅东林场大力发展林家乐，目前金牛山庄小区发展成为可同时接待1200余人用餐，拥有300多个床位的山庄民宿聚集地。东台市林场、盱眙县铁山寺林场等地利用扶贫资金修建森林康养基地所需配套基础设施，大力发展森林旅游产业。新沂市国有公益林场通过扶贫资金项目，新建桃树经济林200亩。高淳区青山林场、六合区平山林场、句容市林场、溧阳市龙潭林场等地利用国有贫困林场扶贫资金发展茶叶生产加工；洪泽林场、泗洪林场等地利用林场水面优势发展螃蟹、小龙虾养殖；赣榆区吴山林场的大樱桃、丰县大沙河林场的苹果、新沂市国有公益林场的水蜜桃种植也各具特色。

三是国有林场基础设施得到有效改观。江苏省将国有林场基础设施建设纳入市县建设计划，同等享受新农村建设扶持政策。全面完成国有林场职工危旧房改造工程建设，惠及11057户国有林场职工，安排省级配套资金11057万元。完成国有林场饮水安全工程建设，惠及林场人口近5万人，安排省级配套资金666万元。积极支持林区道路建设，2011年以来，江苏省已安排国有林场林区道路建设计划130余公里，安排省级财政补助资金3000多万元。大丰区林场为保护森林资源，有效预防和控制火灾，提高森林防火综合能力，修建护林站业务用房810平方米，包括办公室、值班室、档案资料室、病虫害预测预报站、扑火物资仓库及护林人员住宿生活用房等。金坛区茅东林场金牛山庄职工居住小区现有职工住户220余户，其中职工建成林家乐的有百余户，现有小区配套基础设施已经无法满足小区内居民基本生活和出行需求，通过扶贫资金项目实施，茅东林场将原来125千伏的变压器改造成500千伏的变压器，既保障了职工住户正常生活用电需求，又有效解决了发展农家乐对用电需求大幅增长的问题，即使在夏季用电最高峰期也没有出现断电的现象。

四、国有林场扶贫工作的主要做法

一是强化领导，夯实组织保障。高度重视国有贫困林场扶贫工作，把国有贫困林场脱贫致

富发展作为一项重点工作来抓。为全面贯彻落实《中共中央国务院关于打赢脱贫攻坚战的决定》，加快国有贫困林场脱贫攻坚步伐，转发了《国家林业局关于进一步做好国有贫困林场扶贫工作的通知》（苏林办种〔2017〕7号），要求各地高度重视国有贫困林场扶贫工作，成立以主要领导负总责，分管领导负主责和相关部门参与的国有贫困林场扶贫工作领导小组，层层签订脱贫攻坚责任书，逐级落实责任制。各林场高度重视项目实施工作，把其作为改善林场生产生活基础设施的重要举措。为推动项目实施，各林场均成立了项目实施领导小组，由场主要负责人任组长，并设立了财务审计、技术指导等工作小组，对项目实施和资金管理实施全过程的审核监督，确保了项目建设质量。

二是强化管理，建立制度保障。2016年，配合省财政、省扶贫办制定了《江苏省省级财政专项扶贫资金管理办法》（苏财规〔2016〕30号），将国有林场扶贫资金管理纳入省级财政专项扶贫资金总盘子，并将扶贫项目审批权限下放到县级，实行资金到项目、管理到项目、核算到项目，确保了资金支出合理，使用规范，专款专用。转发国家林业局制定的《国有贫困林场扶贫工作成效考评办法（试行）》和省财政厅、省扶贫办制定的《江苏省财政专项扶贫资金绩效评价办法》，要求各地高度重视国有贫困林场扶贫工作成效考评和扶贫资金绩效评价工作，并将其作为加强国有贫困林场扶贫工作管理的有效抓手，指定专人负责。为加强国有贫困林场扶贫资金项目管理，有关市、县林业部门不断加强项目的组织实施和跟踪管理，并配合同级财政、扶贫部门做好扶贫资金的监督检查工作，确保资金专款专用和使用成效。

三是强化配套，充实资金保障。自2008年开始，江苏省在国家拨付扶贫资金的基础上，按1∶1进行省级配套，按照林场经营面积等因素，实行项目化扶贫，安排国有贫困林场扶贫资金最低不少于40万元，最高可超过100万元，以大项目助推林场大发展，对国有贫困林场脱贫致富起到了积极的促进作用。为减少林场自筹压力，根据2011年修订的《江苏省国有贫困林场扶贫资金管理办法》（苏财规〔2011〕32号），从2011年开始，取消了地方配套自筹的要求。此外，积极争取森林抚育、林业有害生物防治、森林防火、农村公路建设等项目资金，用于林场各项事业发展。江苏省交通厅将国有林场道路建设纳入农村公路网规划，2018年安排国有林场林区道路建设计划21.43公里，安排省级补助资金600万元，目前已首批下达补助资金372万元。

四是强化实施，巩固质量保障。各地在项目实施过程中，认真落实招投标等项目管理制度，严格按照项目实施方案明确的时序进度组织实施项目，有效确保了项目建设质量。淮安市洪泽区洪泽林场根据《关于印发洪泽区政府投资小型工程发包管理办法的通知》（洪政办发〔2016〕64号）要求，对项目进行招投标，资金实行报账制，资金拨付一律转账结算，杜绝现金支付。盐城市大丰区林场对拟采购的玉兰苗木、栽植用工、水系和整地三个资金使用较大的项目内容，制定招标方案，公开采购和招标。项目建成后，各单位高度重视项目建设资料整理归档工作，均能按照要求，将项目实施过程中涉及的有关文件资料归档保管。为体现项目建设成效，还要求各项目单位将项目建设有关情况拍照存档，以图片资料的形式更加直观地反映了项目区建设前后的对比状况。

五、国有林场发展方向与潜力展望

一是全力打造野生物种资源保护基地。下一阶段，江苏省将充分利用野生动物资源调查和林木种质资源清查成果，依托国有林场建设一批珍稀濒危野生动物保护基地和珍贵乡土树种种质资源原地保护区。在充分保护的基础以上，依托全省林业科研优势，积极做好林木种质资源收集保存、林木良种选育推广等工作，在国有林场建设一批林木种质资源保存库、省级以上林木良种基地和省级保障性苗圃。

二是全力打造珍贵用材树种培育基地。国有林场宝贵的国有林地资源是江苏省珍贵用材树种培育的最佳场所。近年来，全省正在大力推进杨树更新改造和"三化"造林工作。国有林场以其拥有的稳定的土地权属关系、各具特色的生态区位和科技人才队伍，在"三化"树种苗木选育推广、造林模式研究示范，特别是珍贵用材树种木材储备等方面将大有文章可做。

三是全力打造美丽森林聚集展示基地。下一阶段，江苏省将大力推进国有林场森林旅游基础设施和服务接待能力建设，开发一批特色鲜明的森林旅游精品线路，打造一批省内乃至国内一流的森林旅游景区，将森林旅游培育成国有林场支柱产业，满足城乡居民森林旅游的需求，促进森林旅游健康持续发展。

江苏省连云港市南云台国有林场

南云台林场位于江苏省连云港市前云台山南麓，辖属连云港市云台山风景名胜区管委会管理。截至2017年年底，经营面积2.43万亩，森林面积2.32万亩，蓄积量11.6万立方米；在职职工128人。

自扶贫工作开展以来，林场采取以"开发式扶贫为主、救济救助为辅"的方针，坚持扶贫开发与生态保护和转型发展并重，取得了卓有成效的扶贫效果，实现了林场经济发展和扶贫攻坚与生态保护的和谐共赢。

一是"以人为本"，实施易地搬迁脱贫。全场群策群力，利用国家扶持资金和自筹投资，推动危旧房棚户区改造826户，引导过剩劳动力往城市服务业输出脱贫200余户。新建办公大楼和森林防火指挥中心5500平方米，实现居民区、办公区园林化，彻底改变了林场形象和落后面貌。近十年来，全场职工全员劳动生产率翻了6倍；职工人均收入由2010年的0.87万元/人提高到4万元/人；全场社会固定资产增值近1.2亿元，成功地探索出了一条市区国有林场脱贫发展新路子。

二是政策扶持，推动特色产业脱贫。重视生态旅游的产业化带动、集聚作用，使生态旅游业成为反哺主导产业发展的支柱产业和职工收入增长及从业服务创收的重要途径，新增就业岗位20余个，旅游服务业经济占全场国民生产总值的比重，由2009年的2%提高到30%以上；实施云雾茶标准化、品牌化工程，提高产品科技含量，重点帮助贫困农户发展特色种植业以及相应的农产品加工业项目67户，促进林区职工增产增收；开展先进技术培训累计达2000余人次，促进贫困农户提高科技文化素质，增强自我发展能力。

三是立足生态，推进转型发展脱贫。通过实施中幼林抚育、低效林改造、森林植被恢复、森林消防、林火监控等现代林业建设工程，广泛吸纳贫困下岗职工转型就业90余人次/年，人均增收近万元。全场森林覆盖率由2009年的90.78%提高到95.61%；活立木蓄积量近12万立方米，比2009年净增近7万余立方米。林分平均蓄积量由期初的2~2.2立方米/亩提高到5~5.4立方米/亩。森林生态景观质量和防护效益显著增强。

江苏省连云港市南云台国有林场扶贫前林场办公区

江苏省连云港市南云台国有林场扶贫后林场办公区

江苏省盐城市盐城国有林场

盐城国有林场始建于1959年9月，原称射阳林场，2011年3月经江苏省政府批复同意区划调整由亭湖区管辖，2012年4月更名为盐城林场。林场内设6个职能科室，下辖5个管理区，行政区划面积3.05万亩，其中林地面积2.91万亩（含省级生态公益林面积2.61万亩）。截至2017年12月，林场共有在职职工191人。

自扶贫工作开展以来，在江苏省林业局的坚强领导下，在市、区林业主管部门的精心指导下，坚持着眼长远、统筹兼顾、突出重点、可持续发展的原则，在国有林场改革与建设上均取得了较大进展。一是上下互动，多方筹资。为了解决好建设资金问题，在建设过程中，坚持因地制宜、上下互动、多方筹资，采取国家扶贫投一点，上级配套拨一点，林场经营补一点的办法，逐步建立起相对稳定的基础设施，建设投入机制，既保证了建设任务的顺利完成，又实现了职工收入的稳步增长，也促进了国有林场的和谐稳定发展。二是改善基础设施。对林场内部道路提档升级，硬化路面16公里，有效解决了职工出行难的问题。三是统筹规划，分步实施。按时完成造林计划，三年来累计完成造林1.5万亩，主要栽植有水杉、中山杉、意杨、落羽杉、榉树、薄壳山核桃、银杏、桂花等20多个品种的苗木，总计155万株。

近年来，林场发展坚持"生态保护优先"原则，保护生态、保持生物多样性、保证沿海防护林。通过各级部门的扶贫政策支持和林场全体干部职工的共同努力，盐城林场已建设成为集经济效益、社会效益、生态效益为一体的美丽新林场。扶贫和重建工作也得到了各级政府和相关部门的充分肯定。

江苏省盐城市盐城国有林场扶贫前场部

江苏省盐城市盐城国有林场扶贫后修建的游客接待中心

江苏省宿迁市湖滨新区嶂山林场

嶂山林场位于江苏省宿迁市湖滨新区境内，隶属宿迁市湖滨新区党工委、管委会管理。截至2017年年底，经营面积1.05万亩，森林面积0.64万亩，蓄积量9.17万立方米；在职职工60人。

自扶贫工作开展以来，林场采取生态林业扶贫、教育扶贫、社会救助、电商扶贫、专项扶贫等方法开展扶贫工作。经过几代人努力，取得了显著的效果，帮助众多群众脱贫。

一是充分利用资源优势，实现贫困家庭增收。集中力量推进精准扶贫攻坚，建立面积为490亩的瓜果蔬菜苗木基地。其中70亩种植瓜果蔬菜，为到三台山国家森林公园观光的游客提供采摘服务，增加林场农民收入，其余420亩用于种植乌桕、麻栎、榉树、泡桐等"彩色化、珍贵化、效益化"的"三化"珍稀树种，加快"三化"珍稀树种的发展，提升森林景观效果，从而吸引更多游客，形成良性循环。

二是引导群众就业创业，拓宽群众就业渠道。分别成立了新林、林西和枣林馨园三个物业管理有限公司，组织贫困群众为三台山国家森林公园提供绿化苗木管护、保洁、停车管理、泵站提水等服务，为贫困户家庭增收增加了新途径，促进生态保护与脱贫增收协调发展。

三是强化科学规范管理，积极推进精准扶贫。定期召开专题扶贫工作会班会、推进会，定时对建档立卡户进行甄别，确保按照政策应保尽保，对不符合条件的予以清退，及时对"阳光扶贫"系统进行数据完善和定位，积极开展入户走访、节日慰问，一户一策，精准扶贫。

在扶贫工作中，嶂山林场采用了精准帮扶、精准脱贫、特色生态林业扶贫，积极落实脱贫攻坚、林业产业发展优惠政策，精准发力，实现了生态效益与脱贫增收"双赢"新格局，取得了积极效果，先后获得了"绿色江苏建设先进国有林场""绿色江苏建设突出贡献单位""省级生态旅游示范区""全市林业工作特别贡献奖""全市生态文化建设工作先进单位"等荣誉称号。

2012年江苏省宿迁市湖滨新区嶂山林场

2016年江苏省宿迁市湖滨新区嶂山林场

第九章 浙江省

一、国有林场基本情况

浙江省现有国有林场 100 个，经营面积 384 万亩，其中林业用地面积 374 万亩，占全省林业用地面积的 3.78%，森林面积 354 万亩，森林覆盖率 92.2%，森林蓄积量 2082 万立方米；省级以上公益林面积 283 万亩，公益林面积占林业用地面积 75.7%，占全省省级以上公益林面积的 7%。2018 年年初，浙江省林业厅向国家林业和草原局行文上报国有贫困林场脱贫工作情况，正式宣布浙江省国有贫困林场实现全部脱贫，浙江省 100 个国有林场全部摘去贫困帽子，成为全国第一个实现国有林场全部脱贫的省区。

二、国有林场扶贫现状分析

浙江省委、省政府对国有林场扶贫工作历来十分重视，国有贫困林场的建设和发展取得了很大的成效。1997 年，省政府召开了全省国有农林渔场工作会议，并出台了加快国有农林渔场改革与发展的若干政策，同时提出了"两年扭转亏损、三年全面盈利"的目标。围绕这个目标，省林业厅随即召开了全省国有林场工作会议，积极采取措施，加大扶持力度，着力抓好国有贫困林场的脱贫工作。制定了《浙江省国有林场择优扶持考核办法》，对国有贫困林场的优势项目给予重点扶持。省林业厅与市（地）林业局签订《国有林场扭亏增盈责任状》，建立和落实工作责任制，加大奖惩力度。1997 年调查摸底后确定 35 个国有贫困林场，1998 年有 15 个林场完成了扭亏任务，1999 年又有 15 个林场完成了扭亏任务，其他亏损林场的亏损额也有不同程度的减少，国有贫困林场扭亏增盈工作取得明显成效。经统计，1997—2000 年的四年间，国家下达给浙江省国有贫困林场的扶贫资金 220 万元，省下达扶贫资金 400 万元，市、县地方各级配套 600 万元左右。

"十一五"期间，在国家林业局和浙江省委、省政府正确领导下，浙江省坚持科学发展理念，与时俱进谋划国有林场发展，认真组织实施《浙江省国有贫困林场扶贫实施规划（2006—2010）》，加强组织领导，多次召开会议，专门出台政策，积极开展国有贫困林场扶贫工作。各地认真按照国家和省委、省政府决策部署，紧密结合本地实际，积极探索，大胆实践，加快发展，扶贫工作取得明显成效。国有林场贫困落后的面貌有了明显的改变，台州市黄岩区方山下林场、庆元县万里林场、龙泉市林场、仙居县萍溪林场实现脱贫，步入健康发展的轨道。

"十二五"期间，为增强国有贫困林场的自身造血功能，加快发展步伐，实现国有林场事业的重新振兴，根据财政部、国家林业局《关于印发〈国有贫困林场扶贫资金管理办法〉的通知》精神，结合浙江省国有贫困林场评定标准，增加文成县金珠林场、兰溪市林场、景宁县上标林场、遂昌县桂洋林场为国有贫困林场，确定 52 个国有林场为国有贫困林场。根据国有贫困林场基础设施情况、发展总体要求和经济社会发展，编制了《浙江省国有贫困林场扶贫实施规划

（2011—2015）》。按照"合理规划，突出重点，以林为本，综合经营"的原则，项目建设主要分三大类：第一类为基础设施建设项目，第二类为生产发展项目，第三类为科技推广及职工技术培训项目。

三、国有林场扶贫取得的主要成绩

根据各地报送的脱贫工作总结和报表，按照中华人民共和国林业行业标准（LY/T 2088-2013）国有贫困林场界定指标与方法，对采集 2015 年年末和 2016 年年末国有贫困林场职工收入、道路通达率等 16 项指标数据进行分析计算，浙江省所有国有贫困林场综合得分均在 50 分以上，达到脱贫标准。

一是全面完成国有林场"三定"工作。整合后的 100 个国有林场都明确了公益性质定位，其中 50 个定性为公益一类事业林场，49 个定性为公益二类事业林场，1 个为公益性企业性质林场。各地参照国家批复的方案，科学核定 2850 个编制。采用定编不定人的灵活方法，通过自然减员逐步过渡到核定编制数，改革过程中未出现 1 名新的下岗分流人员。改革后，国有林场事业经费均纳入当地财政预算管理，事业经费从改革前的每年 0.41 亿元增加到了目前的每年 2.47 亿元。

二是有力保障国有林场职工待遇。国有林场职工工资和社会保险均纳入当地财政预算管理，与当地同类事业单位职工同等待遇，工资水平大幅度提高。国有林场职工全部按规定参加养老、医疗等社会保险并享受相应待遇，养老保险和医疗保险参保率为 100%，退休职工全部纳入社保管理，大大提升了职工的积极性和满意度。

三是进一步夯实国有林场发展基础。各级地方政府通过多渠道筹集资金，妥善化解各类历史债务，仅国有林场改革期间，全省累计偿还职工工资 0.64 亿元，偿还地方借款等欠款 0.58 亿元。总计投入 8.38 亿元主要用于国有林场危旧管护房改造、道路建设、饮用水安全等基础设施建设。累计完成职工危旧房及配套基础设施改造和建设 5159 户，新（修）建道路 614 公里，新（修）建管护用房 8.6 万平方米，实现了通场公路全部硬化，万亩以上林区公路通达，基本解决饮水安全问题。国有林场充分利用丰富的森林资源和良好的生态环境，大力发展森林休闲旅游业、林下经济和高效生态产业。

四、国有林场扶贫工作的主要做法

2013 年 8 月，国家正式批复《浙江省国有林场改革试点实施方案》后，全省各级各部门坚持党政主导，统筹协调，高位推进，精心组织，层层动员，真抓实干，克难攻坚，认真贯彻落实国家有关精神，加大力度，深入推进国有林场改革发展工作。根据中央和省委、省政府的决策部署，浙江省以深化国有林场改革为动力，充分调动地方、林场及社会各方面积极性和主动性，着力开展国有贫困林场脱贫工作。到 2015 年年底，全面完成了国有林场改革任务，通过改革，明确了国有林场公益性质定位，科学核定了事业编制，落实了经费，职工收入大幅度提高，富余职工得到妥善安置，林场面貌进一步改善，森林资源得到有效保护，林场发展活力得到释放，探索出了一条"生态得保护、民生得发展"的成功路径，取得了显著成效。

因为历史原因，浙江省国有林场基础设施相对薄弱。期间，浙江省始终坚持科学发展理念，与时俱进谋划国有林场发展，组织编制实施《浙江省国有贫困林场扶贫实施规划（2011—2015）》，多次召开会议，积极开展国有贫困林场扶贫工作。根据财政部、国家林业局《关于印发〈国有贫困林场扶贫资金管理办法〉的通知》精神和《浙江省国有贫困林场扶贫实施规划（2011—2015）》，省扶贫、财政、林业等部门在确定扶持环节上，坚持从实际出发，以管护用房改造、林区道路建设为重点，切实解决国有贫困林场存在的突出问题，着力帮扶建设一批急需的基础设施项目，增强国有林场自我发展能力。加强国有贫困林场林区护林房、生产用房等危房的改造维修和重建，确保职工生命财产安全和生产安全。针对国有林场"行路难"问题，解决国有林场场部通外界道路，场部至林区和林区间的生产道路，降低生产成本，发挥资源优势，提高综合效益。

五、国有林场发展方向与潜力展望

浙江省将从国有林场实际出发，全面推进现代国有林场创建工作，建设一批"生态保护优先、产业发展充分、基础设施完备、林区富裕和谐"的现代国有林场，实现增资源、增活力、增效益，把浙江省国有林场打造成为生态建设示范区、现代林业样板区和森林休闲养生集聚区。通过现代国有林场创建。

一是引起地方党委政府高度重视。现代国有林场建设工作纳入政府目标责任制考核，各级地方政府高度重视，落实具体工作举措，派出指导组进行指导，合力推进国有林场建设。

二是引导国有林场加速发展。以创建工作为载体，引导国有林场通过绿化造林、科学营林、严格保护，变"砍树"为"看树"；通过加大投入，加快国有林场基础设施建设，变"旧貌"为"新颜"；通过创新发展，提升国有林场整体发展水平，变"守业"为"创业"。

三是引领国有林场设施现代化。各地加大对国有林场林区道路、管护站点用房和资源保护监测设施设备等基础设施建设投入，国有林场面貌焕然一新。不少国有林场配置了无人机、管护巡逻车、病虫害防治机械等现代林业装备，建立了护林员定位系统、远程监控电子信息系统等智慧林场设施，初步实现了传统林业向现代林业的转变。

浙江省杭州市淳安县林业总场

淳安县林业总场位于浙江省杭州市淳安县内，由淳安县县管理。截至 2017 年年底，经营面积 56 万亩，森林面积 45 万亩，蓄积量 327 万立方米；在职职工 219 人。

自扶贫工作开展以来，总场以国有林场改革和现代国有林场建设为主要抓手开展扶贫工作，一举解决了职工工资、上亿元历史债务和基础设施建设等一系列困扰林场发展的遗留问题，实现轻装上阵。

一是不断提高职工收入。近三年，总场净资产每年增加 5000 万元，2015 年提前完成县政府下达的"扭亏为盈"目标，2018 年实现营业收入 1.5 亿元、利润 1500 万元。林场职工工资由原来的 3.8 万元提高到目前的 8 万元。每年落实资金和实物 500 万元，开展困难职工慰问帮扶、健康体检、春风行动等回馈职工活动。

二是创设助农增收载体。成立专业公司，建成网上林木认养平台，推进浙江省名木古树、千岛湖林木果树认养工作，助力提高乡村集体经济收入，带动农民增收致富。2019 年预计能实现助农收入 1000 万元。

通过努力，林场建设取得了积极效果，近三年获得了全国工人先锋号、浙江省现代国有林场、浙江省国有林场建设突出贡献集体等荣誉称号，得到国家和省林业部门的充分肯定，总场负责人在浙江省林业局长会上作典型发言。

浙江省杭州市淳安县林业总场生活学习设施

浙江省杭州市淳安县林业总场场部

浙江省丽水市白云山国有林场

丽水市白云山生态林场位于浙江省丽水市内，由丽水市管理。截至2017年年底，经营面积3.95万亩，森林面积3.85万亩，蓄积量30.65万立方米；在职职工58人。

2006年，林场立足自身的资源优势，迎难而上，负重启动改革。

一是发展森林旅游业，完善林场基础设施建设。根据"场园合一"的理念，秉承"服务公众、服务社会"的原则，建成入口综合区、生态停车场、18幢仿明清建筑；建成20公里游步道、45公里行车道路和林区公路，新建12个移动基站、1座库容8万立方米的水库和日供水500立方米的水厂，实现林区水、电、通信、网络全覆盖。大力培育大径材资源。以杉木人工林为重点，大力培育具有区域特色的营造林基地，建立浙西南杉木样板林培育基地。

二是提高职工收入。职工平均收入从2006年的1.9万元到2017的11.5万元，激发出了强劲的发展活力。

三是大力发展林下产业。开展"香榧和山核桃示范实训基地工程"，"林下套种中草药"建设，实现"集约、高效、综合"经营。积极拓展第三产业。招商引入并建设2家"林家铺子"，成立林工商综合公司，发展多种经营。

林场大力推进转型发展，扶贫工作取得较好成效，先后荣获全国林业系统先进集体、全国国有林场改革5家先进典型单位之一、全国十佳林场、全省国有林场改革工作先进集体、浙江省现代国有林场、浙江省生态文化基地等称号。2017年，经国家林业局批准，正式设立丽水白云国家级森林公园。

浙江省丽水市白云山国有林场新建林区管护站

浙江省丽水市庆元县庆元国有林场

庆元县庆元国有林场位于浙江省丽水市庆元县内，由庆元县管理。截至 2017 年年底，经营面积 8.7 万亩，森林面积 8.5 万亩，蓄积量 102.36 万立方米；在职职工 102 人。

自扶贫工作开展以来，庆元林场紧紧围绕上级部门的决策部署，积极推进现代国有林场建设和国家级森林公园基础设施建设。

一是理顺体制，发展活力全面显现。全面完成林场"三定"工作，有力保障林场职工待遇，彻底改变国有林场管理体制不顺、身份"尴尬"的问题。

二是立足固本，生产效益显著提升。培育特色林木品种，以杉木为特色培育品种，坚持杉木大径材培育 50 年，实现杉木大径材保有经营面积 1 万余亩，总蓄积量达 25 万立方米；森林经营获得 FSC 认证，五个林区认证总面积达 8 万余亩，连续几年顺利通过 FSC 认证年审；成功申报国家珍贵树种良种基地，建成国家珍贵树种良种基地 1256.6 亩。

三是谋划转型，公园建设持续推进。庆元林场立足现有的森林资源，对森林公园巾子峰区块采取自主开发模式，总投资额 2.15 亿元。2018 年 9 月，景区成功创建国家 AAAA 级旅游景区，8 月份试运营以来景区总营业收入 231 万元。四是狠抓基础，发展环境逐步改善。截至目前，累计投入 13248.8 万元，陆续完成场部办公（室）楼、各林区生产管理房改造 4883.2 平方米，职工住房建设 17076.5 平方米，林区道路硬化 71 公里，巾子峰通景公路 18.6 公里。

近几年，先后取得几项重要荣誉：2016 年，成功创建首批"浙江省现代国有林场"。2017 年荣获"全国十佳林场""中国最美林场"，省委领导在林场报送的《理清体制关系、夯实发展基础、注重特色经营——庆元林场"三个变身"勇争最美"花骨朵"》信息上作出批示，充分肯定了林场工作。2018 年 8 月庆元国家森林公园巾子峰景区获评"中国森林康养 50 佳"。

浙江省丽水市庆元县庆元国有林场大洋湖湿地

浙江省丽水市庆元县庆元国有林场巾子峰山庄

浙江省金华市武义县国有林场

武义县国有林场位于浙江省金华市武义县，由武义县林业局管理。截至2017年年底，经营面积4.78万亩，有林地面积4.37万亩，蓄积量15.8万立方米；在职职工39人。

自扶贫工作开展以来，取得了积极效果，林场改革成效得到黄旭明副省长的批示肯定。2016年12月首批成功创建成为"浙江省现代国有林场"。扶贫工作体现在以下几个方面。

一是顺利实施国有林场改革。2015年1月，县财政将林场列入财政全额预算，进入全县机关会计核算中心管理。财政拨款从2008年改革前每年核定10万元增加到2017年全额预算995.11万元，职工年收入从2008年分户经营的0.8万元增加到十几万元，退休人员全部纳入社保管理。

二是全面解决职工住房问题。在上级林业部门和县政府的支持下，2010年开始实施职工危旧房改造工程，覆盖全体职工，新建职工住房125套，户均住房面积99平方米，附属用房面积18平方米。2013年5月，完成125户职工住房分配，平均每套价格不足15万元，其中上级补助每户职工2.6万元，自筹约12万元，彻底解决了大多数职工无力购买商品房的问题。

三是深入推进林场建设。2008年以来，林场累计投资935万元开展中幼林抚育、储备林建设以及林区房、水、电、路、通信等基础设施建设。目前，牛头山国家森林公园正在开展AAAAA级景区创建，县政府投资3亿元实施壶山省级森林公园提升改造工程，车门市级森林公园正在开展前期规划。在省林业局支持下，智慧林场建设正在快速推进，统管林区已基本完成视频监控和光纤接入，场部监控中心可以实时监控和查看林区情况。

浙江省金华市武义县国有林场职工危旧房改造前

浙江省金华市武义县国有林场职工危旧房改造后

浙江省温州市永嘉县四海山国有林场

四海山国有林场，位于永嘉县北部山区，创建于1962年，经过国有林场改革，于2015年1月转为全额事业一类财政全额拨付单位，林场和森林公园及生态公益林管护所三块牌子实行一套班子管理，隶属于永嘉县林业局；截至2017年年底，经营面积3.85万亩，森林面积3.63万亩，蓄积量25.14万立方米。在职职工52人，其中"以场带队"临时工10人，离退休人员98人。

近年来，根据相关扶贫政策，林场精心谋划，对薄弱环节进行改造和提升。

一是投资150万将水龟山脚至四海尖山脚的1.5公里砂石路面进行拓宽、硬化改造，四海尖山脚至四海尖1公里的林间作业道进行修复。

二是投资218万将场部、林区的饮用水和高压线路进行改造提升，新建了山庄至青龙谷景区的高压线路4.5公里。

三是公园基础设施建设较为完善，2007—2009年，投资1500多万元新建了青龙谷景区游步道2.6公里，悬空栈道4.5公里，修建了景区调节水库一座，新建了一线天景区游步道2.3公里，森林公园的旅游功能进一步提升，2012—2014年，新建森林公园牌楼一座，公园生态公厕两座及门票管理站一处，修建了公园生态停车场两个，为了提升公园接待设施，新建19幢森林避暑小木屋。四是加强森林资源保护，投入建设资金15万元在林场各主要出入口安装了视频监控探头共6处，在制高点四海尖安装了"全球眼"一台，初步实现资源管护智能化；五是场容场貌提升：2018年投入建设资金15万元，对场部周边部分区块进行了绿化、对庭院内进行区划，改变了原先的乱堆乱放现象，美化了场部空间。

特别是在扶贫工作中，针对林场的弱项和亮点，紧跟时代步伐，积极做到攻坚克难，进行合理规划开发利用，以"保生态、讲文化、促发展、讲现代"的要求，进一步使森林资源保护到位，取得了积极效果，获得了"浙江省生态文化基地""浙江省国有林场建设突出贡献集体"，得到省林业局领导的充分肯定。下一步将以立足"现代"，积极为打造"现代"智慧林场、平安林场、富裕林场、和谐林场而努力。

浙江省温州市永嘉县四海山国有林场林区管护用房

浙江省温州市永嘉县四海山国有林场林区管护道路

第十章 安徽省

一、国有林场基本情况

安徽省现有国有林场 100 个，分布在 15 个市、58 个县（市、区），其中市属国有林场 12 个，县属国有林场 88 个。林业用地面积 419 万亩，生态公益林面积占比 71%。全省以国有林场为依托建立的国家级和省级森林公园 42 处、自然保护区 11 处、湿地公园 1 处。在现有国有林场中，有 97 个被定性为公益性事业单位，其中公益一类 73 个、公益二类 24 个，有 3 个被定性为公益性企业。全省 97 个事业性质的国有林场共核定事业编制 4597 个，3 个公益性企业性质的国有林场核定公益性岗位 159 个。据统计，2018 年，全省市、县（区）两级财政预算安排国有林场事业费 4.5 亿元。多年来，全省国有林场在造林绿化、林业科技推广、服务经济发展等方面，尤其是近年来在生态建设上，始终发挥出示范和引领作用，对全省林业事业的发展作出了重要贡献。

二、国有林场扶贫现状分析

国有林场是生态建设的骨干力量，在维护国家生态安全方面发挥了重要作用。21 世纪前夕，国有林场普遍存在的贫困问题引起了国家的高度重视。为支持国有林场减贫工作，自 1998 年起，中央财政每年安排扶贫专项资金，特别是近些年来，扶贫专项资金的支持力度进一步加大，对国有贫困林场减贫工作起到了重要的推进作用。回顾二十年来的扶贫实践，全省国有贫困林场的扶贫工作既取得了阶段性的明显成效，同时又面临整体脱贫摘帽的紧迫性和艰巨性。分析当前全省国有贫困林场扶贫工作的形势，有以下四个方面的主要特征。

以改革开放带动整体贫困状况的根本好转。国有林场改革前，虽然全省国有林场扶贫做了一些工作，取得了一定的成效，但没有从根本上摆脱贫困的状态。尤其是从 20 世纪 90 年代开始，大多数国有林场成为自收自支或企业化管理的单位后，林场靠砍树过日子，昔日的茫茫林海差点毁于一旦。

以部门联动助推扶贫攻坚。自开展国有贫困林场扶贫工作以来，全省各级林业主管部门始终将此摆上重要议事日程，主动作为，积极履职尽责，自觉承担本地区国有贫困林场扶贫攻坚的主体责任，精心组织抓落实，集中力量扶基础。同时地方同级财政、住建、交通、水利、发改委、扶贫办等相关部门根据工作职能，也分别在项目和资金上支持国有贫困林场扶贫工作。如歙县、霍山、金安、岳西、石台等县（区），财政部门在每年的"一事一议"项目中，都将国有林场纳入其中，安排 20 万~50 万元专项资金重点支持基础设施建设。当前，在推深做实林长制改革中，全省各级交通、发改、财政和林业等四部门已经将国有林场社会公共服务道路和林业专用属性道路纳入建设规划，省级财政将按类分别给予 60 万元/公里、40 万元/公里和 20 万元/公里补助。目前，全省国有贫困林场扶贫工作已经呈现多部门密切配合和协调联动的新机制。

以项目实施促进脱贫攻坚。中央财政每年下达全省一定数量的国有贫困林场扶贫专项资金，主要用于国有贫困林场基础设施建设、森林资源培育和发展林下经济等方面的支出，对促进国有贫困林场扶贫攻坚发挥了积极的推动作用。总体而言，安徽省国有贫困林场基础设施条件差、贫困程度深，制约发展的短板多，年度分配到市县区的中央财政扶贫专项资金总量少。

以补短板促进民生改善。实施国有贫困林场扶贫工作以来，全省始终把解决广大国有贫困林场职工民生问题作为扶贫工作的重中之重，每年约一半的中央财政扶贫资金用于改善民生设施建设。据不完全统计，在中央财政扶贫资金中，全省国有贫困林场扶贫项目用于支出路、水、电、危旧房改造（2010年之前）等基础设施建设的投资约占52%。

三、国有林场扶贫取得的主要成绩

二十年来，全省国有贫困林场扶贫工作得到了中央财政和省财政的大力支持。期间，国家累计下达全省国有贫困林场扶贫资金16767万元（不含2019年度扶贫资金，下同），省财政累计配套安排国有林场扶持发展资金4055万元。根据扶贫工作的总要求，全省各级林业和财政部门高度重视国有贫困林场的扶贫工作，认真加强指导和有效监督，国有贫困林场精心组织实施，广大干部职工积极参与，国有贫困林场扶贫工作取得了较好成效。

1. 改善和提高了国有林场基础设施条件

一方面，二十年来，共有88个国有贫困林场不同程度地利用了国家扶贫资金改善和提高了路、水、电、职工住房等基础设施条件，其中58个国有贫困林场新建和维修林区公路550公里；9个国有贫困林场架设了45公里供电线路；9个国有贫困林场实施了饮水安全工程改造；12个国有贫困林场新建职工住房6900平方米，维修职工旧房3600平方米。另一方面，国家启动实施的国有林场危旧房改造工程以及国有林场饮水安全工程，彻底解决了国有林场职工居住条件差和饮水不安全问题。通过这些工程和扶贫项目的实施，国有贫困林场的生产、生活条件得到了极大改善和提高，广大国有林场职工的所盼所期终于变成现实。

2. 增强了国有林场可持续发展后劲

森林资源是国有林场可持续发展的基础，培育森林资源是实现国有林场可持续发展的重要途径。二十年来，全省国有贫困林场始终坚持把培育森林资源作为着力增强国有贫困林场发展后劲的有效抓手。在此期间，共有95个国有贫困林场利用国家扶贫资金建立了一批种、养殖业基地，进一步夯实了林业发展基础，增强了林场发展后劲。据统计，有87个国有贫困林场营造林168500亩，其中营造商品林12000亩，毛竹林9000亩，经济果木林6000亩，绿化大苗15000亩，低改经济果木林1500亩，毛竹等林分抚育125000亩；有2个国有贫困林场养殖医学实验猕猴和林下生态灵芝乌鸡；有2个国有贫困林场发展名优茶200亩；有2个国有贫困林场种植西洋参、天麻等。

3. 提振了国有林场脱贫的坚定信心

二十年来，国家一系列支持政策惠及国有林场。一是国家财政和省财政加大了对国有贫困林场的扶贫力度，扶贫资金逐年加大；二是国家民生工程把国有林场危旧房改造纳入保障性住房建设范围并于2010年正式启动建设；三是国家财政对包括国有林场在内的林业企事业生产单位用油实行弹性补贴；四是国有林场森林抚育纳入中央财政补贴范围；五是国家战略储备林基地建设也将国有林场纳入其中。特别是党中央、国务院印发的《国有林场改革方案》和安徽省委、省政府印发的《安徽省国有林场改革实施方案》，明确将国有林场主要功能定位于保护和培育森林资源、维护国家生态安全，与之相适应的事关国有林场发展的扶持政策得到有效落实，制约国有林场发展的瓶颈予以打破。

4. 实现了国有林场转型发展

传统的国有林场生产经营模式是以木材生产和获取经济利益为主。国家林业政策调整后，特别是2001年林业分类经营政策实施以来，全省国有林场经营管理模式及时作出调整，各国有林场根据生态公益林和商品用材林的区划界定成果，编制了新的年度森林采伐限额计划。由于全省国有林场生态公益林面积占比高达71%，所以国有林场年度森林资源消耗量呈明显的下降趋势，全省"十三五"期间国有林场年森林采伐限额压减到34.34万立方米，比"十二五"时期的52.39万立方米下降34.45%，公益林和天然林全面禁止商业性采伐，商品林商业性采伐从严编制采伐限额，保护和培育森林资源已经成为首要任务，国有林场也由此真正实现了由木材生产和获取经济利益向生态修复和提供优质生态服务的转型发展。

四、国有林场扶贫工作的主要做法

在实施扶贫项目工作中，全省坚持把实施好扶贫项目作为国有贫困林场脱贫解困的重要内容，认真抓紧抓实，采取了一系列行之有效的措施，保证了扶贫项目的顺利实施和高质量的完成。

1. 加强组织领导，认真抓好扶贫项目实施和管理

首先，审核批复每年扶贫项目。省林业厅会同财政厅，组织相关专家对各项目单位上报的项目实施报告进行严格评审（2014年之后对此类项目不再组织专门评审）。其次，根据项目批复，财政及时下拨扶贫项目资金，确保项目早施工、早见效。再次，加强检查督促。项目建设期间，省市林业主管部门领导多次深入项目建设现场，检查指导工作，其他有关人员经常到实施单位督察项目实施情况。

2. 强化质量意识，大力推进项目的施工管理

各项目林场在项目实施过程中，始终把工程质量放在首位，严格把好施工的每一个环节，杜绝影响项目质量的任何隐患，确保扶贫项目高标准、高质量、高效益。多年来，各国有贫困林场始终将严把质量关贯穿于扶贫项目建设的全过程。在项目实施过程中，各项目实施单位确定专人负责抓项目施工质量，一旦发现施工有质量问题立即责令施工人员停止施工，直至整改达标后，方可继续施工，杜绝出现"豆腐渣"工程。

3. 坚持项目带动，切实增强广大职工凝聚力

各国有贫困林场积极通过实施国家扶贫项目，广泛动员和组织林场职工投身扶贫项目的建设，努力从思想上把广大职工的认识统一到发展林场经济和彻底消除贫困上来，形成建设林场和发展林场的合力，尽快使林场走出困境，重新焕发生机。

4. 严格资金管理，保障扶贫资金有效使用

各项目林场在项目实施过程中，严格执行财政部、国家林业局制定的《国有贫困林场扶贫

资金管理办法》和《安徽省国有贫困林场扶贫资金管理实施细则》和国库支付的各项规定，按照项目批复的建设规模、内容和要求，在资金使用上精打细算，做到专款专用，不挤占、不挪用。各项目市、县财政部门，着重加强对扶贫资金使用的监管。在分期拨付项目资金时，严格审核项目资金使用范围和工程进度，确保扶贫资金的规范使用。在扶贫项目实施过程中，各地林业和财政部门还亲临项目实施现场，检查和指导扶贫项目资金使用和项目实施，帮助解决项目实施中遇到的困难。各支出明细清晰，努力把国家扶贫专项资金使用好，确保扶贫项目出成效。

5. 积极转换机制，大力推进项目经营方式的转变

在推进扶贫项目建设过程中，一些国有贫困林场从项目实施前，就把改革扶贫项目的经营和管理方式摆到突出的地位，专门出台了有关项目管理工作方案，明确将管理任务落实到人，责任到人，并按照统一的技术标准进行分户实施，实行职工的工作业绩和项目建设的质量和效益直接挂钩，从而把职工的经济收益和项目建设紧密地联系在一起，形成了项目建设、资源培育有人抓、有人管的良好局面。

五、国有林场发展方向与潜力展望

按照《安徽省国有林场中长期发展规划》提出的，建设经营管理科学、基础设施完备、森林优质高效、资源持续经营、林区和谐美丽的现代化国有林场的总体要求，将国有林场打造成为全省党建工作模范区、生态建设示范区、精神风貌展示区。到 21 世纪中叶，建成现代化国有林场。

1. 持续推进以生态修复和建设为主要任务的森林资源培育和保护，着力构建国有森林资源生态安全屏障

当前，全省国有林场森林资源质量不高、结构不优以及生态作用发挥不充分等问题依然比较突出，因此，在今后相当长时间内，加强森林资源培育，提升森林资源质量，优化森林资源结构，增强森林资源生态功能将一直是国有林场的首要任务。

2. 持续推进国有林场民生改善，着力提高国有林场生产生活条件

加快国有林场道路建设。将国有林场道路纳入"四好"农村路建设范畴，编制出台《安徽省国有林场林业专用属性道路建设三年行动计划（2018—2020 年）》，不断提高和完善国有林场营林生产和森林资源保护相适应的基础设施条件。

3. 持续推进国有林场体制创新，着力建立高效、规范、科学的管理体制

以林长制为抓手，进一步深化国有林场改革，将国有林场全部纳入林长制改革范围，按照体制新、机制活、成效好的要求，大力推进国有林场管理体制创新。

到 2020 年，国有林场的生态功能显著提升，生产生活条件明显改善，管理体制全面创新，全省国有林场实现全面脱贫，全面实现国有林场改革目标。到 2035 年，国有林场的生态功能显著增强，基本满足优质生态产品需求，生产生活条件完善，管理制度化和科学化的体制完全建立，基本实现现代化。到 21 世纪中叶，国有林场完备的生态功能体系已经形成，能够满足优质生态产品需求，生产生活条件实现智能化，管理制度化和科学化的体制已成常态。

安徽省六安市金寨县马宗岭国有林场

马宗岭国有林场位于安徽省金寨县内,距离金寨县城 76 公里。2017 年改革后,定性为公益一类事业单位,三块牌子,一套人马,经营面积 5.2 万亩,森林面积 5.12 万亩,蓄积量 47 万立方米;在职职工 36 人。

几年前,马宗岭国有林场是典型的国有贫困林场,地处偏远山区,交通不便,信息不畅,基础设施薄弱,职工收入低,生活质量差。场班子看在眼里急在心里,带领全场职工着向贫困宣战,从改善基础设施、抓民生工程、产业发展等方面改变林场贫困面貌。

一是要想富先修路。在县委县政府的大力支持下,通往场部 45 公里的道路变成了 6 米宽的柏油路,同时积极争取资金新建及维修林区道路 18.5 公里,开通了公交车,有效地解决了职工出行难问题,为林场致富打开了通道。

二是保生态保民生。为使职工能更好地坚守岗位,保护生态资源,近年来,想方设法筹集资金,新建 5 个林区管理用房 700 平方米,同时实施环境整治,对危旧房进行维修加固,美化亮化场区环境,环境卫生统一管理,极大地改善了职工居住、生活、工作条件。精神面貌焕然一新,提高了职工的工作积极性;在供电部门的支持下,实施高压电路整改 10 公里,低压线路 5 公里;增加两台变压器,解决林场 80% 人口用电困难问题;积极实施改水改厕工程,新建公厕 7 处、饮水工程 3 处,使场部人口和游客吃上了安全饮用水。

三是践行"绿水青山就是金山银山"理念,积极创收。利用林场优势资源,大力发展森林旅游业,争取资金 3000 余万元,加强旅游基础设施建设,新建游客中心 600 平方米,旅游步道 5 公里,停车场 4 处 2000 平方米,现已是国家 AAA 级风景区,年游客量达 20 万余人次,增加了当地群众收入。同时利用独特的气候条件和森林资源,大力发展林下经济,林下种植西洋参面积 2350 亩,目前长势喜人,收入可观,职工收入明显增加。

安徽省六安市金寨县马宗岭国有林场新修的林区道路

安徽省六安市金寨县马宗岭国有林场内部的森林防火站

安徽省六安市裕安区国有林木良种场

裕安区国有林木良种场地处大别山北麓的皖西丘陵地区，位于裕安区独山镇、石婆店镇、狮子岗乡境内。现经营总面积15253亩，其中有林地面积12865亩，活立木蓄积量37727立方米，森林覆盖率为87.3%，林木绿化率为87.3%；在职职工27人，退休职工78人。

自扶贫工作开展以来，取得了阶段性成效，主要表现在以下几个方面。

一是加大资金投入，改善林场基础设施条件。1998年以来，林场共争取中央、省、市、区财政及扶贫资金6200多万元，实施基础设施项目30多个，其中新建森林旅游通道29.9公里，新建防火通道20公里，新建林区作业通道11.1公里，改造和硬化道路9公里，建造瞭望塔2座，安全饮水23.7公里，升级改造林区电网22公里。2014年，林场争取资金500余万元，通过采取国家支持、林场集资、职工自筹的方式，在异地新建10000多平方米职工宿舍，解决了林场职工长期居住在棚户区的问题。

二是增强"造血"机能，提高林场自主经营成效。二十年来，林场林业产业收入共计1000多万元，开展产业扶贫项目安置富余人员2人，使林场逐步摆脱贫困，并走上了致富之路。2017年，拟在林场内打造横河岭森林公园的概念设计完成，计划未来两年，区委区政府投资5900多万元，完成公园启动区建设，同时，积极邀请国内知名企业共同完成森林公园后期建设。该项目的实施，将林场丰富的森林景观资源发展成为森林旅游业，走上产业反哺生态的良性发展路子。

三是依托资源优势，带动周边乡村脱贫致富。二十年来，周边乡村农户在林场务工累计达到70000多人次，创造收入近490多万元。林场还与邻村6户深度贫困户结成帮扶对子，6名贫困人口长年在林场从事简单劳动，并在劳务报酬上给予倾斜。林场每年定期为周边农户开展森林防火培训，累计培训人数达到上万人次，在周边乡村贫困人口中选聘林场生态护林员80余人次。

安徽省六安市裕安区国有林木良种场扶贫项目建设现场

安徽省六安市裕安区国有林木良种场内部景区环境监测点

安徽省亳州市蒙城县白杨国有林场

白杨林场位于安徽省亳州市蒙城县双涧镇,隶属蒙城县林业局。国有白杨林场改革前属乡镇编制,辖7个行政村1个场部,单位性质为公益二类正科级事业单位。2017年年底林场改制后,经营面积0.8万亩,森林面积0.75万亩,蓄积量0.33万立方米;在职干部职工89人,退休职工139人。

从2017年实施国有林场扶贫项目以来,上级扶贫资金对促进林场的扶贫开发、改善林场基础设施、分流安置富余职工等方面起到了积极的推动作用。

一是领导重视,强势推进。自扶贫工作开展以来,蒙城县国有白杨林场与九九慢城杜仲产业(蒙城)有限公司采取场企合作模式,公司优先聘用林场职工,确保职工有稳定收入。为了让职工有一技之长,林场从安徽科技学院聘请教授,对职工进行杜仲苗木嫁接技术培训,培训采取理论与实践相结合的方式,让职工熟练掌握了杜仲苗木嫁接技术。

二是统筹规划,分步实施。2017年,蒙城县提出了国有林场标准化建设的初步设想,把加快国有林场基础设施建设摆上了重要议事日程。截至2017年年底,完成国有白杨林场场部改造建设,新建管护站4个,国有林场基本达到了"两有、四化、五配套"的标准,"两有"即有较为先进的办公设施,有良好的生活服务场所;"四化"即美化、绿化、硬化、净化;"五配套"即水、电、暖、交通、通信配套,基本实现了办公用房标准化、办公设施信息化、管理程序制度化、工作环境园林化。

三是典型带动,整体推进。为了进一步加快推进国有林场基础设施建设,2017年,在林场开展了"基础设施建设年"活动,2018年,开展了"管护站建设年"活动,每个主题年活动都组织集体观摩,让管理者身临其境,让建设者感同身受,相互学习、相互交流,用实实在在的建设成效,解决了加快林场基础建设的思想问题、观念问题和动力问题,为全省扶贫项目的实施起到了很好的带动和引领作用。

安徽省亳州市蒙城县白杨国有林场扶贫前贫困户住宅　安徽省亳州市蒙城县白杨国有林场扶贫后贫困户住宅

安徽省黄山市歙县桂林国有林场

桂林国有林场位于安徽省黄山市歙县，由歙县林业局直接管理。截至2017年年底，全场经营总面积为7.34万亩，森林面积6.28万亩，森林总蓄积量为26.4万立方米；在职职工51人。

自扶贫工作开展以来，歙县桂林国有林场认真践行"绿水青山就是金山银山"理念，积极推进林长制改革。

一是积极争取资金支持。近年来，累计投入林业发展资金850万元，其中扶贫资金373万元；建成产业基地1119亩，护林管理用房3处，开设生产作业道9公里，建设林区道路2.7公里。通过国有贫困林场项目，建成了新管杨梅基地、瓦上山核桃基地、大坑雷竹基地；通过农工减负项目，优化了场部、管护站站房维修，林场道路建设等基础设施建设；通过国家储备林项目，改良了林种结构，提升林业产出效益。

二是基础设施明显改善。实现"水电路"三通，为促进林场的可持续发展奠定了基础。干部职工干事创业激情明显焕发，全场上下形成"心往一处想、一心谋发展"的良性发展格局。

三是加强森林生态建设，积极推进林业产业发展。在上级林业部门的大力支持下，以林业生态项目建设为依托，加大扶贫项目实施力度，经过几代人的努力，林区林分质量不断提高，森林覆盖率达到85.2%。

四是大力发展林下经济，产业发展不断推进。相继建成了"新管杨梅两用示范林基地""瓦上山核桃基地""大坑雷竹基地"等高效林业产业基地，面积达到1119亩，年收入达120万余元，且呈逐年递增趋势。下一步，歙县桂林国有林场将紧抓林长制改革发展契机，制定未来五年发展规划"1533工程"，争取在2020年我国全部脱贫全面建成小康社会之时，建成1000亩杨梅、500亩山核桃、300亩香榧和300亩绿梅等4个标准化示范性基地，产业基地规模扩大到2100亩，实现产业基地翻番的奋斗目标，彻底摆脱林场贫困局面，坚实步入可持续发展良性循环轨道。

安徽省黄山市歙县桂林国有林场修建的森林步道

杨梅基地

安徽省潜山市天柱山国有林场

天柱山林场位于安徽省潜山市内,由安徽省天柱山风景名胜区管理委员会林业科管理。截至2017年年底,经营面积3.07万亩,森林面积2.87万亩,蓄积量22万立方米;在职职工53人。

自扶贫工作开展以来,一是积极争取国家政策和扶贫资金的支持。2010年林场利用国家棚户区改造配建廉租房建设资金480万元,对所有站组破旧危房进行了重建,并配套安装了饮用水净化、热水供给设施。2011年,利用国有贫困林场毛竹大径材培育项目资金60万元,恢复了毛竹大径材生产。2016年,利用中央财政扶贫资金78万元,对林区公路水毁路段进行修复。近年来,林场共争取国家扶贫项目资金618万元,地方配套资金450万元,精心组织实施,广大干部职工积极参与,扶贫工作取得了较好成效。

二是改善了基础设施。新建和维修林区公路60公里;架设了34公里供电线路;实施了饮水安全工程改造,解决了林区职工吃水困难问题;新建职工住房2500平方米。这些涉及民生项目的实施,有力地改善了天柱山林场职工的生产和生活条件,增强了发展后劲。

三是发展林下经济。营造经济林1500亩,低改经济林200亩,森林抚育60000亩次;发展天柱山名优茶250亩,进一步夯实了林业发展基础。增添了脱贫致富信心。2010年以来,国家一系列支持政策开始惠及天柱山林场。一是国家财政和省财政加大了对国有贫困林场的扶贫力度,扶贫资金逐年加大;二是国家民生工程把国有林场危旧房改造纳入保障性住房建设范围;三是国有林场纳入森林抚育试点。通过这些政策的逐步实施,林场职工深受鼓舞和倍感振奋,极大地增强了脱贫致富的坚强信心。

安徽省潜山市天柱山国有林场森林保护站

第十一章 福建省

一、国有林场基本情况

20世纪50年代，福建省在江河源头，荒山荒地，水库周边，以及沿海风口等重要区域建立了上百个国有林场，承担着森林植被恢复、生物多样性保护、林木产品供给等重要使命。但由于国有林场多处偏远贫困地区，经营环境较差，"十二五"初期，全省大部分国有林场仍为国有贫困林场。"十二五"以来，中央和地方加大了对国有贫困林场的扶持力度，通过实施危旧房改造、基础设施建设和营造林项目补助等各项扶贫措施，很大程度上改善了国有贫困林场的落后面貌。"十三五"初期，全省仍有9个省属国有贫困林场，按照中央和省委脱贫攻坚的决策部署，对照国家林业局国有贫困林场的脱贫标准，提出了到2018年年底全省国有林场实现全面脱贫目标。

二、国有林场贫困原因分析

福建省国有林场贫困原因，大致表现在以下方面：一是国有林场发展不平衡。部分省属国有林场位置偏远，立地条件差，可采伐森林资源少，底子薄，发展遇到的困难较多。二是队伍老龄化、人员断档现象严重。一些省属国有林场条件较差，人才难以留住。三是基础设施仍较薄弱。一些省属国有林场的道路、水电、住房和通信等基础设施落后，制约了林场的发展。四是抗风险能力不足。国有林场的收入来源仍以木材销售收入为主，抗风险能力不强，一旦受到自然灾害等不可抗拒因素影响，难以维持林场正常运行。

三、国有林场扶贫取得的主要成绩

1. 森林资源培育和保护得到加强

通过建设森林经营示范林，培育国家战略储备林，培育国家特殊及珍稀林木和实施森林抚育等一系列资源培育举措，国有林场森林资源总量持续增加，森林资源质量进一步提升。据统计，到2017年年底，全省国有林场现有经营面积达620万亩，森林蓄积量4707万立方米，林分亩均蓄积量8.82立方米，同比增加0.21立方米；比全省林分平均蓄积量6.68立方米高出2.14立方米。近年来，随着经营理念的转变，省属国有林场功能定位为以生态修复、提供生态服务为主的公益型林场，全省商品林采伐量减少超过20%，森林资源得到有效保护。

2. 生产生活条件明显提升

自扶贫工作开展以来，各国有贫困林场已完成道路修建308.3公里、危房改造10942平方米。通过断头路修建，给排水管道铺设，高、低压线路架设等基础设施工程建设，国有贫困林场出行难、喝水难、供电难等问题逐步得到解决；通过危旧房改造实施，林场职工居住条件得到明显改善。目前，国有贫困林场基本实现通路、通水、通电，林场生产生活设施和社会形象得到很大改善，林场和职工精神面貌焕然一新。

3. 林业特色产业稳步发展

各国有林场从实际出发，充分挖掘林业资源优势，因地制宜，积极发展林下种养殖、森林旅游等林业特色产业，通过林下种植金线莲、铁皮石斛、珍贵苗木，开展森林公园、森林人家等休闲旅游，帮助解决林场"富余"劳动力，一定程度上带动林场增收、职工增富。

4. 林场职工素质明显提高

国有林场职工以场为家，"场兴我荣、场衰我耻"，积极投身于林场扶贫工作中，出谋划策，为林场脱贫致富注入了极大的热情与心血。积极参加国家林业局、福建省林业厅等举办的各种形式的国有林场干部职工培训、职工技能培训等活动，国有贫困林场干部职工的管理能力和业务水平不断提高，为国有林场发展奠定了良好的基础。

如今，国有林场在生态保障、森林经营示范、林业科技推广、木材战略储备和生态文明建设等方面发挥了重要作用，已成为福建省生态保障的骨干基地、林木良种繁育基地、林业科研教学基地、木材战略储备基地和生态文明教育基地，为维护八闽生态安全、促进全省经济社会发展做出了重要贡献。

四、国有林场扶贫工作的主要做法

1. 科学谋划

结合全省国有林场扶贫实际，先后制定了"十二五""十三五"等扶贫规划，通过制定扶贫规划，摸清全省国有林场贫困现状，不断总结各阶段扶贫工作主要经验与做法，分析问题，提出国有贫困林场扶贫工作指导思想和主要目标，加强规划引领作用。各地根据省里的规划明确任务、落实责任，如泉州市林业局下发了《关于建立国有贫困林场扶贫工作责任制的通知》（2017年泉林综〔2017〕136号），加强对国有贫困林场脱贫工作的领导。各国有贫困林场也相应成立脱贫工作领导小组，并能结合林场实际，认真编制国有林场精准脱贫实施方案，精心组织方案实施。

2. 优化整合

以国有林场改革为契机，推进国有贫困林场与经济状况较好的林场整合，9个国有贫困林场中，已有6个林场就近就地与县域内其他省属国有林场进行了合并，如莆田黄龙国有林场与白云国有林场整合为莆田云龙国有林场，永春大荣国有林场与碧卿国有林场整合为永春碧卿国有林场，古田水库国有防护林场与黄田国有林场整合为古田国有林场，周宁香洋国有林场和腊洋国有林场整合成周宁国有林场，福安蟾溪国有林场和化蛟国有林场整合为周宁国有林场。通过优化整合，既有利于国有贫困林场的脱贫，又有效推进国有林场的规模化、集约化经营。

3. 项目扶持

确立"扶贫先扶智"理念，在造林抚育、基础设施等项目安排上予以资金补助。如2017年，省里安排永春大荣国有林场30万元，用于3000亩森林抚育补助；2018年，省里安排泉州罗溪国有林场10万元用于1000亩森林抚育补助，安排安溪竹园国有林场90万元用于竹园片区中心管护用房建设补助。古田水库国有林场利用中央及省级补助资金130万元，完成速生丰产林改培2000亩，森林抚育9800亩。通过低产低效林分改造、中幼林抚育，促进林木生长，提高森林质量，增加活立木蓄积量。

4. 创新形式

周宁国有林场利用优质的森林风景资源引入社会资本2亿元合作发展"仙风山"森林康养旅游已初见成效；福安蟠溪和古田水库国有林场发挥森林资源生态优势，与当地政府建立生态收益补偿机制，蟠溪林场2014—2016年每年得到当地政府生态受益补偿金160万元，水库林场自2017年古田县政府开展"湖城一体"项目后全面停止采伐，已连续2年每年取得县政府森林资源有偿使用资金150万元，为国有贫困林场可持续发展创造更加有利的条件。此外，通过国有林场结对帮扶国有贫困林场的方式，进一步加大扶贫工作力度，如2007—2014年的8年间，古田黄田、霞浦杨梅岭和水门、寿宁景山、宁德福口等五个国有林场共投入218万元对香洋、腊洋、化蛟等3个国有贫困林场开展帮扶工作，取得良好成效。

5. 加强管理

一是建章立制。根据财政部和国家林业局的《国有贫困林场扶贫资金管理办法》（财农〔2015〕104号），省财政厅和省林业厅及时制定下发了《福建省国有贫困林场扶贫资金管理实施办法（试行）》（闽财农〔2015〕107号），规范和加强了国有林场扶贫资金的管理和使用。二是确定扶贫重点。结合国有林场实际，将扶贫资金重点用于造林、森林抚育等资源培育，修建林区道路、林场危旧房改造等。国有林场按照省里确定的投资重点编制项目，设区市林场管理部门负责审核把关，并按照轻重缓急情况组织申报，省里择优扶持。

五、国有林场发展方向与潜力展望

按照十九大精神，结合福建省国有林场的实际情况，围绕"保护生态、改善民生"两大目标，积极推进改革和制度创新，全面提升森林资源的质量、功能与效益，努力将国有林场建设发展成为"经营管理科学、生态功能完备、森林优质高效、生态文化繁荣、基础设施完善、林区富裕美丽"的现代化林场。

1. 健全法制，依法治理

在省里先后出台《福建省国有林场管理办法》《福建省省属国有林场场长森林资源离任审计暂行办法》《福建省省属国有林场森林资源资产购买管理办法》等法规制度的基础上，一方面，省、市国有林场主管部门还应从国有林场经营管理的实际出发，建立健全森林保护制度、林地保护制度、森林经营制度、资源管理、监督检查和绩效考核等规章制度，加强对国有林场森林资源保护管理；另一方面，完善权责明确、监管有效的管理机制，依法界定国有林场所有者职责和监管者职责，形成所有者职责和监管者职责相互分离、相互制约的有效机制。

2. 项目带动，精准提升

森林资源是国有林场的立场之本。保护、培育和管理好森林资源是国有林场的中心工作。生态修复和保护工程，通过生态林抚育、低效林改造、针叶纯林改造、退化防护林建设，重要区位商品林禁限伐等项目建设，采取人工促进与自然修复相结合的方法，加强森林生态系统和生物多样性保护，全面提升林分质量和生态功能。

3. 创新机制，激发活力

推动国有林场造林、森林管护等各项林业生产性活动全面引入市场机制，采取合同、委托、承包或招标等形式，面向社会购买服务，实现一般性用工的社会化。加强森林经营顶层设计，引入国际现代森林经营理念，推进不炼山、不全垦造林，分类经营和采取目标树作业法等多种近自然森林经营理念，提高森林经营现代化水平。

福建省泉州市惠安县赤湖国有林场

惠安赤湖国有防护林场位于福建省惠安县崇武半岛，为省属国有林场，由福建省林业局管理。截至2017年，经营面积0.66万亩，森林面积0.45万亩，蓄积量2.14万立方米；在职职工14人。

自扶贫工作开展以来，一是充分利用国家扶贫政策和国有林场扶贫项目，改善林场基础设施。主动融入当地经济发展大潮，以科学发展观为指导，充分发挥地处沿海经济发展地区的优势，先后开展五期的扶贫工作，建设森保用房店面32间1200平方米，店面加层1050平方米，危旧房改造500平方米。

二是种植经济林，提高职工收入水平。林苗一体化林下套种乡土绿化树种和台湾树种450亩，绿化苗木基地20亩，形成了以出租土地、店面、套房为主，出售苗木为辅，森林公园、陵园建设齐进的良好经济模式。截至2017年，林场年经济收入达180万元，在职在岗职工年人均收入略高于全国事业单位职工年均收入，职工人均经营性收入3万元以上；道路通达率达100%，通往主要林区的道路基本实现硬化；林场通电比例达100%；广播电视通达率100%；通信设施覆盖率100%；饮用水量和水质达国家标准比例100%，全面实现精准脱贫目标。

在扶贫工作中，首先，对林场的发展方向和扶贫项目作出科学规划，针对林场的地理位置优势和沿海防护林场的特点，规划建设森保用房店面及加层作为扶贫项目，搭乘政府班车，确保扶贫资金切实发挥效益，建设林苗一体化扶贫项目和绿化苗木基地发挥林场的人才和技术优势，实现沿海防护林和绿化苗木项目的结合，增加林场造血功能；其次，建立激励运转机制，坚持"扶贫扶志，扶勤扶能"，变压力为动力，变动力为活力，促进林场及职工全面脱贫，走向小康之路。

福建省泉州市惠安县赤湖国有林场扶贫前的职工宿舍

福建省泉州市惠安县赤湖国有林场扶贫后的职工宿舍

福建省宁德市周宁国有林场

周宁国有林场位于福建省周宁县内,由福建省宁德市管理,属财政差额拨补的正科级事业单位,林场划定为公益性一类事业单位。截至 2017 年年底,经营面积 10.37 万亩,其中,生态公益林面积 7.13 万亩(均为省级生态林),生态区位人工林 0.2 万亩,国家战略储备林 0.92 万亩,禁伐林面积合计 8.25 万亩,占林地总面积 79.6%,蓄积量 34.87 万立方米。编制 75 名,现在职人员 65 人。

自扶贫工作开展以来,周宁国有林场在森林资源保护、基础设施建设、森林旅游业的发展和带动地方经济发展等方面做出了突出贡献。

一是利用扶贫资金成功化解历史债务。实施生态公益林试点以来,由于公益林的禁伐、限伐规定,采伐量减少而省级给予补贴的公益林补助金不足,林场背上了沉重的经济压力。林场职工家庭人均收入比任何事业单位都低,甚至低于当地农民的收入水平。经过几年的努力,在省市林业主管部门的关心帮助下,地方政府、银行的支持下,还清了银行的全部欠款,有效地化解了历史债务。森林旅游建设项目建成。

二是加大林场基础设施建设。先后修通了林区公路 40 多公里,架设高低压电线路 10 多公里,修建房屋 2000 多平方米,累计投入资金 2000 余万元。基本做到了路通、电通、电话通、有房住、有水喝,林场职工的生产生活条件有了大的改善。

三是加强林场森林资源培育。大力造林育林,培育森林资源,经过几代人的努力,林场森林面积达到 10 多万亩,森林覆盖率上升到 92%;森林蓄积量上升到 35 万多立方米,为乡村林农造林起到了很好的示范作用,推动了造林绿化事业的蓬勃发展。

近几年来,林场在省、市林业主管部门正确领导下,结合林场自身实际情况,认真贯彻学习十九大全会精神,以"创新、协调、绿色、开放、共享"为工作标准,以项目管理为助力,将林业建设与改善生态、打造和谐林区相结合,狠抓森林资源保护工作的同时,推进发展森林旅游基础建设,加快林场改革、实现林场科学稳定发展,切实维护林区的稳定,林场面貌发生较大变化。

福建省宁德市周宁国有林场仙风山消防水池

福建省宁德市周宁国有林场森林公园内防火道路

福建省南平市光泽县光泽华桥国有林场

光泽华桥国有林场位于福建省南平市光泽县华桥乡，国道316线自东向西经过场门口，在闽江支流富屯溪的上源，属"省办市管县监督"的公益一类事业单位。截至2017年年底，林场经营面积50131亩，森林面积49980亩，蓄积量22.8万立方米；现有职工114人，其中在职职工49人，退休65人。

总结林场扶贫工作，主要采取以下几点扶贫方式：一是产业扶贫。林场统筹编制"十一五"至"十三五"林业发展规划，在有限的资源里计划每年皆伐或抚育间伐几百亩林木资源获取经济收入。二是开展林木良种和苗木培育工作。自2004年就开始着手杉木3代种子园建设，2008年起初产至今产杉木3代良种约7756千克，以每斤500元计，给林场增收775.6万元；近几年通过推广培育销售3代苗木也得收入近30万。种植特色培育品种——道地中药材厚朴，2009年至今共营建6000多亩厚朴混交林，既改变了栽植树种的单一结构又在短期内获取效益。三是托管扶贫。南平市振兴国有林场在光泽经营区3万余亩，林场发挥林业职工的爱林、护林积极性与之签订森林管护协议，与南平市振兴国有林场生产经营扣除成本后四六分成，近三年分得300万元。

2014年公开拍卖林场在江西资溪县县城的房产120万元，政府收储闲置货场291万元；公开招租福州房产每年可得房租47万元。在上级主管部门的正确领导和关心下，林场的几任场长开动脑筋拓宽思路在发展林场的事业上取得了积极成效，改变了冰灾留下的惨状，林场没因灾害而垮塌，职工生活质量也没有因灾害而变差，相反，人们的幸福感、安全感、获得感与日俱增，正是这多样的扶贫方式，十年后的山野又重新郁郁葱葱，生机勃勃。也经常能听到当地群众说："真不简单，也只有国有林场才能这么快将山林披上绿装，生态日渐复苏。"

福建省南平市光泽县光泽华桥国有林场办公楼

福建省南平市光泽县光泽华桥国有林场杉木三代种子园

福建省邵武市国有林场

邵武市国有林场位于福建省邵武市内,企业性质,隶属邵武市林业局。截至2017年年底,邵武市国有林场经营总面积43.7万亩,森林面积41.2万亩,蓄积量237.4万立方米;在职职工377人。

2016年邵武市县属国有林场有6家,即邵武市二都、张厝、洪墩、山口、龙湖、槎溪国有林场,2017年7月按照国有林场改革要求将6家国有林场整合为邵武市国有林场。2016年以来,邵武市国有林场积极争取和利用好中央扶贫资金、造林专项补助资金和国家储备林质量精准提升工程项目贷款等资金,主要从以下几方面抓好扶贫项目实施工作。

一是完善基础设施,改善林区环境。三年来,投资2330.5万元,完成3条通场道路硬化23.26公里,其中二都场完成7.19公里,槎溪场4.83公里,龙湖场11.24公里。大大改善职工和周边林农的生产生活条件,降低生产成本,提高企业效益,为国有贫困林场脱贫奠定了良好的基础。

二是夯实营林基础,抓好资源培育。三年来,完成速丰林造林5032亩,中幼林改培10855亩,总投资2123万元。发展林下经济,增加职工收入。以短养长,培育林业新的经济增长点,三年来,总投资835万元,以二都作为林下种植龙头,完成林下种植金线莲、铁皮石斛、三叶青、黄精等1285亩。

三是注重森林康养,开发旅游项目。因场施策,培育二都特色中医药森林康养小镇建设,打造福建花千谷庄园,建立龙湖教学科考实习基地项目,三年来已投入旅游项目资金达3500万元。

综上所述,通过扶贫项目的实施,国有贫困林场的基础设施得到改善,为脱贫奠定良好的基础,同时,提高了职工的收入,2017年国有贫困林场职工年平均收入为51600元,比2016年的43600元增加了8000元,增长18.3%,并带动周边林农和社会人员的就业。今后,在巩固现有扶贫成效的基础上,积极争取上级的扶持资金,特别是造林补贴、中央财政森林抚育补贴、林下经济补贴等项目资金,实现并巩固国有贫困林场脱贫。

福建省邵武市国有林场新貌

福建省三明市清流县九龙溪国有林场芹口分场

九龙溪国有林场芹口分场位于福建省三明市清流县，由清流县九龙溪国有林场管理。截至2017年年底，其经营区面积5.59万亩，林业用地面积5.34万亩，其中生态林0.19万亩，商品林5.15万亩；森林蓄积量38.85万立方米；在职职工42人，退休职工75人，遗属66人。

自扶贫工作开展以来，芹口分场采取以营造用材林为主的方针，实行集约经营，以项目促发展，引领林场走出脱贫之路，主要从以下几个方面来实施。

一是抓好扶贫项目工作。根据省级下达的中央财政扶贫资金，大力发展珍稀苗木，达到以短养长、长短结合的目的，多渠道增加经济收入。2016年投入扶贫资金70万元，建立珍稀苗木基地76亩；种植罗汉松6095株、紫薇560株、桂花树500株、红翅槭300株等珍稀树种，培育15年后预计销售收入350万元；2018年投入扶贫资金111.24万元，建立苗圃基地17亩，主要从培育轻基质容器苗和移植珍稀苗木为主，预计销售收入150万元。

二是保障民生，改善林场的基础设施。从2011年开始对林场住房及基础设施进行改造，共完成危旧房改造72户，新建护林点1个，改造维修护林点2个，饮水管道改造1000米，投入资金350万元。场部和工区全部都通水、通电、通信，有效改善职工生产生活条件，使林场场区焕然一新。

三是主抓主业，促进森林资源持续发展。近几年完成国家特殊及珍稀林木培育1600亩，针阔混交林650亩、中央财政森林抚育任务1500亩、生物防火林带建设800亩、森林质量精准提升面积400亩，总计投入450万元。通过扶贫项目的实施，林场的经济效益提高，职工收入增加，职工工资从2016年年平均收入3.2万元，到2018年年平均收入4.2万元，平均增加1万元左右，珍稀苗木的标准化种植具有社会示范带动作用。

福建省三明市清流县九龙溪国有林场芹口分场新貌

第十二章 江西省

一、国有林场基本情况

江西是我国南方重点集体林区，国土总面积16.69万平方公里，其中林业用地面积1.61亿亩，占64.2%；森林面积1.38亿亩，森林蓄积量4.45亿立方米，森林覆盖率63.1%。国有林场是江西省林业和生态建设的重要组成部分和中坚力量，为生态文明建设做出了积极贡献。

二、国有林场扶贫现状分析

江西省国有林场改革可分为三个阶段：第一阶段是20世纪90年代初期至21世纪初，通过改革，完善了国有林场经营机制，使国有林场的责、权、利有机结合起来。第二阶段是21世纪初，按照《中共中央 国务院关于加快林业发展的决定》和《中共江西省委 省政府关于加快林业发展的决定》（赣发〔2004〕5号）要求，通过改革，建立了完善的国有林场管理机制和体制，优化了林业结构，促进了产业发展。第三阶段是2010年，按照江西省委、省政府统一部署，启动了深化国有林场改革试点工作。通过改革，基本建立了有利于保护和发展森林资源、有利于改善生态和民生、有利于增强林业发展活力的国有林场经营管理新体制。在改革中，为实现"森林资源增长、林场职工增收、发展后劲增强、确保林区社会和谐稳定"这一总体目标，做到"六个始终坚持"，即始终坚持公益性为主的改革方向、始终坚持地方政府作为改革的责任主体、始终坚持部门联动合力推进改革、始终坚持地方财政承担改革资金兜底责任、始终坚持民生为本解决改革难点问题、始终坚持严把改革质量关。同时，实现了管理体制有效理顺、林场负担明显减轻、民生保障全面落实、资源保护得到加强、基础设施明显改善、林区社会总体平稳等这一成效。

国家层面的国有贫困林场扶贫资金，为国有林场的发展增加了动力。自1998年国有贫困林场扶贫资金实施以来，国家累计下达江西国有贫困林场扶贫资金25618万元。这些资金的投入，使国有林场的基础设施得到了改善，生产经营得到发展，为国有林场的发展增加了动力。

1. 基础设施得到逐步改善，为国有林场发展奠定了基础

一是通过扶贫项目和林区公路项目相结合，修建和改扩建设林区断头路、公路的2838公里，解决了107个国有林场场部、分场、工区及周边村民交通困难，同时节约了木竹生产的采运成本，促进了林场经济效益的提高。二是实施饮水项目工程68个，消除了威胁国有林场职工和周边群众身体健康饮用水质差的问题，32199人国有林场职工和周边群众饮用到安全水，职工和周边群众的身体健康得到保障。三是新建和维修生产用房、危旧房面积220647平方米，改善国有贫困林场职工的办公、居住和生活条件，促进国有贫困林场的健康发展，为社会主义新农村和林区建设打下了坚实的基础。四是23个分场、工区和护林点架设输电线路153.67公里，为边远

山区生产作业、森林防火、防盗难等提供了便利。通过这些基础设施项目的建设，进一步改善了国有贫困林场的生产生活条件，对保障国有贫困林场职工安居乐业将发挥重要作用，增强了国有贫困林场自我发展能力，也为国有贫困林场的长远发展打下了良好基础。

2. 生产经营得到快速发展，为国有林场发展增加了后劲

一是实施毛竹低产林改造 17.17 万亩，实施项目的国有贫困林场，每年毛竹销售收入可增加约 20 万元；建设珍贵树种培育和苗木基地 3.6 万亩，基地的综合产值达到约 1.7 亿。这些项目的实施，促进了国有贫困林场职工脱贫解困，增强了国有贫困林场的发展后劲，分流和安置了一些富余职工，大大缓解了贫困状况，国有贫困林场职工收入得到明显增长。二是实施中幼林抚育和低产低效林改造项目 21.03 万亩，项目的实施改善了国有林场林木生长发育的生态环境条件，促进了森林质量提高，增加了森林生态效能，森林的多种效能得到充分发挥。

3. 国家方针政策得到宣传和传播，丰富了职工文化生活

江西国有林场 35351 户纳入江西省"十二五"广播电视村村通工程建设方案。2011—2013 年国家广电总局下达江西国有林场（保护区、森林公园）广播电视村村通直播卫星接收设备 12066（套），涉及职工 23166 户。其中林场（保护区、森林公园）场部 542（套）、林场（保护区、森林公园）护林站 11524（套）。国有林场广播电视覆盖率的提高，有效解决边远山区国有林场职工看电视难、听广播难的问题。重要的是党和国家的方针政策得到了宣传和传播。同时传播了先进文化，普及了科技知识，提高了国有林场职工思想道德和科学文化素质，促进山区经济社会协调发展。

三、国有林场扶贫取得的主要成绩

1. 逐步提高生态公益林的补助标准，减轻国有林场经济压力

自 2007 年开始，江西省生态公益林的补偿标准逐步提高，由原来的 5 元/亩提高到 6.5 元/亩、8.5 元/亩、10.5 元/亩、15.5 元/亩、20.5 元/亩、21.5 元/亩。国有林场的生态公益林补偿面积从 2006 年的 830.3 万亩提高到 1159 万亩，补助资金从 4151.5 万元增加到 24918.5 万元。这些资金，有效地缓解了国有林场因木材生产计划的减少而带来经济压力。

2. 将国有林场纳入了税费改革范围，为国有林场改革奠定基础

2007 年省财政安排专项资金 5 亿元用于支持国有农场税费改革。其中涉及国有林场的主要有 4 项：一是免除土地承包费补助。江西省国有林场 28.4 万亩耕地，可获财政安排转移支付补助资金 3413 万元。二是剥离办社会职能。国有林场的 138 个场办学校、17 个公安派出所、126 个场办医院（医务所）得到剥离。三是分离"场带村"。国有林场的 101 个"场带村"得到分离或财政补助。四是实行扶持政策，使农场享受当地农村同等待遇。同时，将国有林场的基础设施建设项目纳入规划、统一申报，让国有林场同等享受农业和农村基本建设投入政策；将林场的低保、救灾、救济、优抚、新型合作医疗、医疗救助、就业和再就业等统一纳入政策范围。

3. 逐步解决国有林场民生问题，林场职工生活水平稳步提高

江西积极争取省级财政、人社等部门的大力支持，及时出台针对国有林场困难退休职工扶持政策，提高了困难职工生活水平。一是对国有林场困难退休职工实行生活补助政策。江西省

财政、农业、林业和水利等部门联合出台了《全省国有农场、林场和水利困难企事业单位退休职工生活补助实施方案》，省财政安排了专项资金，对国有农林水困难企事业单位中未参加养老保险且基本生活保障水平低的退休职工给予适当生活补助。明确从2007年起，省财政安排专项资金对全省困难国有林场及其困难退休职工给予生活补助。受此影响，全省18528名国有林场退休困难人员，其最低生活保障由每人每月260元提高到现在的385元。2015年国有林场改革试点结束后，这项资金可以用于弥补国有林场单位缴交的养老保险部分。二是资助国有林场困难职工参加城镇居民基本医疗保险。江西省人保厅和财政厅印发了《关于国有困难农林水企事业单位、困难农垦企业和城镇困难大集体企业职工参加城镇职工基本医疗保险有关问题的通知》，将困难国有林场职工纳入到财政资助困难企业参加城镇职工基本医疗保险政策范围。江西省49977名职工因此受益。

四、国有林场扶贫工作的主要做法

1. 把不断深化改革，作为推进扶贫工作的首要任务

江西国有林场改革在保护生态的前提下，积极保障职工的生活。通过不断深化国有林场改革，积极推进有利于改善生态和民生的管理和经营机制，逐步建立有发展活力的国有林场新体制。

2. 把解决职工民生问题，作为开展扶贫工作的重点

江西通过逐步解决国有林场困难职工的民生问题，不断提高职工福祉。一是国有林场困难职工基本社会保险和基本医疗保险实现全覆盖。借助国有林场改革试点的有利时机，将所有职工的基本养老保险和基本医疗保险给予全面落实，切实解决职工后顾之忧。改革前拖欠的近9亿元社保费用已全部清偿到位。铜鼓县等地采取财政贴息贷款助保的方式，解决就业困难职工续缴社保难的问题。二是积极改善国有林场困难职工的住房条件。启动了国有林场职工住房危旧房改造工程，2010—2017年已累计实施危旧房改造72341户。争取中央和省级财政投资192119万元（其中主体工程建设补助资金144682万元，配套基础设施补助资金约47437元），此外市县政府出台落实了土地无偿划拨、税费减免等政策，职工购房成本不足市场价格的一半，使7万多户国有林场职工彻底告别潮湿阴暗的棚户区、简易房，职工住房条件明显改善。三是困难职工饮水安全问题全面解决。2010年4月，省水利厅会同林业厅对江西省国有林场饮水安全情况进行了调查，将国有林场（含国有森林苗圃、自然保护区和森林公园）职工及周边群众15.5万人口饮水安全问题纳入"十二五"规划解决。

3. 把大力发展产业经济，作为抓好扶贫工作的关键

江西国有林场扶贫工作坚持开发式扶贫方针，以促进就业、增加收入、改善民生、加快产业经济发展为核心，充分发挥产业经济发展的作用，在大力保护、培育和合理利用森林资源的基础上，优化国有林场森林结构和产业结构，增强国有林场"造血"功能，加快国有林场脱贫步伐，促进国有林场事业健康发展。因此，各地依托国有林场资源优势，因地制宜，因势利导，大力发展森林旅游和林下经济，积极培育苗木花卉、中药材、珍稀树种等特色产业，并引导职工通过多种模式参与经营，帮助困难职工脱贫致富。

五、国有林场发展方向与潜力展望

1. 积极推进大规模国土绿化，加快国有林场场外造林步伐，扩大国有林场发展空间

根据国家积极推进大规模国土绿化行动意见，积极推动国有林场场外造林。通过改革和创新森林资源培育机制，把国有林场的人才、技术、资金、管理优势与乡村集体的林地资源优势有机结合起来，促进国有和集体林业各种要素有机融合。同时，进一步推动集体林业适度规模经营，精准提升森林质量，发展乡村集体经济，增加林区群众收入，促进脱贫攻坚和乡村振兴。按照《关于加快推进国有林场场外造林的指导意见》，争取到2022年完成场外造林面积100万亩的建设目标。

2. 推动"一场一业百场百业百场带百村"行动，探索"绿水青山就是金山银山"双向转换通道，助推国有林场转型升级

以国有林场为单位，立足当地森林旅游、乡村休闲旅游、森林小镇、种植业、养殖业、林产品加工、林下种植和种苗花卉等特色产业发展，找到当地国有林场林业产业的闪光点，以"一场一业"为切入点，选准一百个符合市场需求的特色优势产业、培育一百个具有当地特色的主导产业、打造一百个具有鲜明地理标志的产品、推动一百个国有林场的产业与一百个乡村产业相融合。争取国有林场和乡村的绿色产品，实现电子商务营销；争取国有林场绿色产业与乡村经济融合，带动周边乡村集体产业与国有林场产业同步发展，助推林农以"业"致富，振兴乡村经济，探索打通"绿水青山"就是"金山银山"之间双向转换通道，助推国有林场转型发展升级。

江西省吉安市吉水县石阳林场

石阳林场位于江西省吉水境内,由吉水县林业局主管。截至2017年年底,森林经营总面积27.9万亩,占全县林地面积的12.2%,主营杉木、湿地松木材及湿地松采脂,年采伐指标3万立方米。在册职工总数为689人,其中在职职工387人,退休职工302人。

自扶贫工作开展以来,加强组织领导,坚持项目带动,严格资金管理,积极转换机制,全方位、多角度开展扶贫工作。经过几年人努力,取得了明显成效。一是林场基础设施得到改善。二十年来,新建和维修林区公路101条,共250公里;架设了10余公里供电线路;23处工区或护林点实施了饮水安全工程改造。二是林业发展后劲得到增强。二十年间,共营造林11万亩,其中营造商品林10余万亩,经济果木林3000亩,育苗1500余万株。三是脱贫致富信心得到增强。国家民生工程把国有林场危旧房改造纳入保障性住房建设范围并于2013年正式启动建设,共完成709套住房建设,并已分房到户。国家燃油补贴、森林抚育补贴等项目的逐步实施,令林场广大干部职工深受鼓舞和倍感振奋,极大地增强了脱贫致富的坚强信心。

特别是在扶贫工作中,采用了一系列方式方法。一是强化培训,不断提高队伍素质。在派人参加上级培训的同时,林场内部组织开展了多种形式的林场职工培训和技能大赛,连续5年与吉安市林科所开展合作,举办了5次湿地松低频采脂技术培训班。二是盘活资产,增加林场和职工收入。利用闲置资产,以租赁形式进行现有资产盘活,增加了林场收入,改善了职工生活条件。三是发挥优势,大力创新造林模式。1986年以来,为走出多种经营产业所带来的困境,集中力量抓好林场主业,抓住全县"消灭荒山"、"山上再造"和"跨世纪绿色工程"三个发展阶段的契机,积极实行国村联营造林,大规模实施速生丰产林建设,逐渐扩大了经营规模。

江西省吉安市吉水县石阳林场新貌

江西省萍乡市五峰林场

五峰林场位于江西省萍乡市湘东区，由湘东区管理。截至 2017 年年底，经营面积 14.26 万亩，森林面积 14 万亩，蓄积量 60 万立方米；在职职工 104 人。

自扶贫工作开展以来，五峰林场对上争取项目和资金、对内挖掘潜力与后劲，争取和配套扶贫资金 160 万元，用于珍贵树种培育、基础设施建设等扶贫项目。经过不断努力，2018 年年底，五峰林场总资产达 6783 万元，干部职工人均年收入达 6 万元，基本养老保险、职工医疗保险、职工住房公积金等各项保障已全部到位。

一是做实扶贫加基础建设。以标准化建设为抓手，不断完善场内水电路气信等基础设施，已维修建设林区道路累计 45 公里，修缮保护水源地 1 处，新建分场 4 个、护林哨所 10 所，翻新办公场所 1 处。

二是开展扶贫加项目建设。五峰林场培育改造竹林 12000 亩、建设精品苗木基地 500 亩。同时，又以项目建设涵养生态资源，做好了场内林种树种结构优化，实现封山育林 15000 亩、营林造林 3200 亩、培育保护战略储备林 15000 亩、低效林抚育改造 2000 亩，林业质量持续提升，生态扶贫路径逐渐明晰。

三是壮大扶贫加产业建设。五峰林场打造了"一企两园"发展平台，即注册资本 2000 万的五峰林业发展有限公司、建设面积 1100 亩的白竺苗旅综合体基地、总面积 1200 亩的五峰林业特色产业园，通过积极参与市场化运作，2018 年已实现产值 1 亿元，扶贫"造血"能力不断增强，发展潜能不断提升。

江西省萍乡市五峰林场内新修道路

林下经济

江西省赣州市信丰县金盆山林场

金盆山林场位于江西省赣州市信丰县内，属信丰县林业局管理，截至 2018 年年底，经营总面积 15.82 万亩，森林蓄积量 112.4 万立方米；在职职工 104 人。该场先后荣获"江西省绿化模范先进单位""全国十佳林场""全国林业系统先进集体""中国最美林场"等称号。

自扶贫工作开展以来，林场以国家产业项目扶贫政策为主，因地制宜、精准施策，扎实推进精准扶贫工作，并取得了优异的成绩，原国家林业局局长赵树丛亲临指导工作时给予了充分肯定。主要经验做法有以下两点。

一是一切以职工利益为重心，夯基础提质量。全场职工办理了社会养老保险、医疗保险，实现了老有所养，病有所医。全场 36.7 公里林区公路主干道全部实现了硬化；全场实现了通水通电、通信覆盖面达 90%；新建职工宿舍 96 套，维修加固职工住房 84 套，同时为每个职工宿舍配置了闭路电视接收机、热水器、生活家具，职工安居乐业。

二是一切以脱贫致富为目标，抓管理促改革。在扶贫工作中，林场采用"因情施策"精准扶贫的方式，成效显著。加强组织领导。林场成立危旧房改造领导小组，认真抓好国有林场的领导班子建设，建立强有力的林场领导班子，团结带领职工群众努力推进林场脱贫致富。推进国有林场改革。2014 年 10 月，林场在列入财政全额拨款事业单位的同时，把国有林场改革与放活国有商品林经营、解决职工就业、增加职工收入有机结合起来，不断提高扶贫项目经营管理水平和效益。

三是积极争取项目资金投入。林场积极加强与各级政府及有关部门的沟通联系，争取和落实国家优惠政策。将国有林场道路、安全饮水、危旧房改造等民生问题纳入地方规划给予解决。

江西省赣州市信丰县金盆山林场新修的办公大楼

江西省赣州市信丰县金盆山林场危旧房改造完成

江西省井冈山市井冈山林场

井冈山林场位于江西省井冈山市内,由井冈山市管理。截至 2017 年年底,经营面积 15.6 万亩,森林面积 15.6 万亩,蓄积量 98 万立方米;在职职工 168 人。自扶贫工作开展以来,通过采取上级扶贫与林场争取项目相结合的方式开展扶贫工作,经过几代人努力,扶贫取得了显著成效。

一是扶贫项目为加快国有贫困林场脱贫步伐发挥了重要作用。通过上级的扶贫资金作为起动资金,争取到了井冈山市 2003 年度的退耕还林工程,由井冈山林场牵头采用"林场+农户"创新方式来实施,借着扶贫的春风及这项工程的实施,慢慢盘活改善了经济状况,使林场的经营又走上了正轨。至今,累计使用国有贫困林场扶贫资金 325 万元,整合项目资金,投入资金 857 万,改善了总场及 5 个分场的基础设施及办公条件,重建了 8 个护林站,改造了 2 个护林站,扩改建了 2 条林区公路 11 公里,13 个管护站通电通水,使林场林区基础设施条件及生产生活条件有了明显改善,职工的工作积极性和生活质量明显提高。

二是职工收入显著提高。通过扶贫项目整合油茶林项目、珍贵树种培育基地项目、笋竹两用林项目、日元项目、亚行项目、欧投项目、低效林改造、大径材培育、速丰林建设、森林抚育等一系项目的实施,林场近十年营造了 5000 亩的高产油茶林,建立了 4.63 万亩的速生丰产杉木林、1200 亩珍贵树种基地,改良了 6000 多亩的低产低效毛竹林、1000 亩的大径材培育基地,使林场发展后劲和职工增收渠道得到了不断拓展。通过扶贫项目的带动,林场经营利润逐步提高,为全场职工办理了社保、医保、工伤生育保险等社会保障,林场职工社会地位也得到了明显提高。职工年平均收入逐年增加,连续多年来保持 15% 以上增长,并在 2014 年一次性清欠了林场包括拖欠职工社保及工资在内的非金融性债务 817.4 万元,职工收入从 2003 年的人均年收入不到 4000 元到至今职工年均收入突破 41000 元,以前被迫主动分流下岗的职工绝大部分现已返回单位重新上岗。近几年来,林场多次被评为市级"基层工作先进单位""社会综合治理工作先进单位""党建工作先进单位""森林防火先进单位"等,在 2015 年被中国林场协会授予"全国十佳林场"荣誉称号。

江西省井冈山市井冈山林场管护用房改造前

江西省井冈山市井冈山林场管护用房改造后

江西省九江市修水县国有林场

修水县国有林场位于九江东南部,是江西、湖南、湖北三省交汇处,地理位置十分优越。由修水县黄沙港林场、茅竹山林场、共荫林场、李阳山林场、黄龙山林场合并组建而成,生态公益林场现有山林面积41万亩,森林覆盖率达90.8%,森林蓄积量350万立方米。隶属修水县林业局,现有干部职工493人。

2016年5月12日,国家林业和草原局局长、党组书记张建龙同志曾到林场调研,对林场在带领职工脱贫致富、危旧房改造、生态建设、林下产业发展等方面取得的成效给予了充分肯定。目前,生态林场正迎来了"生态环境明显优化,职工收入明显增加,林场效益明显增长"的良好势头。

一是科学把握政策导向,积极争取政府政策支持和资金投入。加强了林场道路、管护用房、职工危旧房改造、林场水、电管网、生物防火带、森林消防设备等设施新建或升级改造。全面完成职工危旧房改造任务,职工危旧房改造率达100%。在管护用房完成升级改造,力争消除场部、工区和管护站点危旧房。实施林场美化、硬化、净化工程,新修与改造林区公路30公里,建立空气负氧离子生态环境监测系统3处,进一步提升场内绿化水平,安装水、电管网及森林消防视频监控系统,实现通信、卫星电视全覆盖,创造舒适、干净、卫生的居住和办公环境,造福职工。

二是增加就业机会,提供工资水平。利用林场最大的森林生态资源优势全力打造"黄龙山森林体验,茅竹山森林观光,杨家坪森林养生"三大基地,解决林区就业岗位200个,职工年均收入增加2万~3万元。发展林下经济富民,在现有产业的基础上,建成生态油茶园3000亩,林下药材种植1000亩,珍贵花卉苗木生产基地200亩,天然蜜蜂养殖厂20个,年蜜蜂保有量3000余箱,形成完整林下经济产业链,促进职工增收。

江西省九江市修水县国有林场扶贫改造后的林场房屋

江西省九江市修水县国有林场困难职工发展林下养蜂

第十三章 山东省

一、国有林场基本情况

山东省国有林场150处，分布在16个市81个县（市、区），经营总面积252万亩，职工12984人，其中，在职职工7702人，离退休人员5282人。国有林场扶贫工作开展以来，全省国有林场干部职工在国家林草局的大力指导、支持和帮助下，坚持以"山绿、场活、业兴、人富"为目标，按照"同级财政保吃饭、上级投资保资源、林场搞好保致富，三足鼎立保发展"的脱贫工作思路，努力工作，积极创新，加快推进分类经营改革、扶贫项目开发、人才培训、基础设施建设等工作，国有林场实现全部脱贫，国有贫困林场的自然面貌和经济状况发生了深刻变化，自身发展活力明显提升，为改善生态环境、繁荣区域经济发挥了重要作用。

二、国有林场扶贫现状分析

明确功能定位，强化源头扶贫。1998年，山东省在全国率先对国有林场进行了分类经营改革，有149处林场划为生态公益型，5处划为混合经营型。2009年2月9日，山东省人民政府办公厅出台《关于加快国有林场苗圃改革与发展的意见》（鲁政办发〔2009〕8号），进一步明确生态公益型林场为事业单位，人员经费纳入同级地方财政预算，造林、营林、护林和基础设施建设等纳入同级地方基本建设计划和行业发展规划。

两次改革举措解决了国有林场的性质问题，让国有林场与其他社会公益事业单位一样得到公共财政的有力支持，根据其经营面积、职工数量、社会贡献等指标核发事业经费，参与社会保障，从政策制度上缓解了长期入不敷出的尴尬局面。国家林业局在"全国国有林场分类经营改革现场会"上推广了山东的经验和做法。2011年，根据《国家发展改革委办公厅 国家林业局办公室关于开展全国国有林场改革试点工作的复函》（发改办经体〔2011〕2498号）精神，山东被批准为全国国有林场改革试点省。山东省委、省政府要求创新体制机制，完善政策支持体系，增强国有林场发展活力。通过积极深化改革，有包括试点市在内的70多处国有贫困林场走出了困境，扶贫工作取得了长足的进展。2015年2月8日，中共中央、国务院印发了《国有林场改革方案》，省委、省政府认真贯彻落实党中央、国务院关于国有林场改革的决策部署，紧紧围绕保障民生目标，按照生态公益性的改革方向，攻坚克难，锐意创新，狠抓落实，全面完成了国有林场改革任务，从根本上解决了长期困扰国有贫困林场的财政保障等体制问题。改革后，94%的国有林场被定性为公益一类事业单位，6%的国有林场被定性为公益二类事业单位，职工全部按规定参加了养老、医疗等社会基本保险，收入大幅度提高，全省职工平均工资达到5.68万元，林场基础设施条件也得到较大改善，国有林场步入健康发展轨道，发展动力、活力大大增强。

积极争取支持，实施项目扶贫。为彻底改善国有贫困林场生产生活条件，山东省采取各种措施，切实加大对国有贫困林场的基础设施建设力度。一是加强国有贫困林场基础设施建设，累计投资3亿多元对150处国有林场进行扶贫，其中争取中央投资约2亿元，省级配套资金8000多万元，市级以下财政和林场自筹约4200万元，落实扶贫项目565个。解决了148处国有林场8368人的饮水安全问题；使138个林场的498.45公里的通电问题得以解决；125处国有林场新建办公生产用房24268.5平方米，维修办公危房30034.2平方米；修建国有林场林区公路1138公里，林道3259公里，通信线路1866公里，防火监测系统监测林场30多处，主要山系基本进入监测范围。二是组织实施国有林场危旧房改造工程。从2010年开始，利用3年时间共投入资金7.118亿元，其中争取国家投资和省级配套资金2.8亿元，改造危旧房面积76.5万余平方米，惠及全省9493户国有林场职工。三是着力解决国有林场职工看电视难的问题。从2012年开始，争取省财政投入160余万元，为全省5588户国有贫困林场职工无偿安装了免费直播卫星接收设备，并将用户信息全部入网，确保了"户户通""长期通"。这些扶贫项目的实施大大改善了国有林场职工的生产生活条件，为国有林场的良性发展奠定了较好的物质基础。

经过各级政府、林业主管部门和国有林场系统的共同努力，山东省国有贫困林场扶贫工作取得了显著成效。但是由于大多数国有林场建场时间早、位置偏僻等原因，有的林场基础设施较为落后，道路交通不畅和饮用水困难，有的国有林场管护用房及办公设施老化，难以适应现代化林场发展需要。

三、国有林场扶贫取得的主要成绩

山东林业主管部门积极创造条件，加强国有林场管理、技术人员培训，通过组织全省国有林场培训班、多次组织人员赴台交流学习、组织人员参加全国国有林场场长培训班和国有林场场长异地挂职等形式，加大国有贫困林场干部职工管理、技术培训力度，多年来共计培训人员近3000人次，不断提高综合素质，为国有林场脱贫和加快发展提供人才保障和智力支持。

发挥资源优势，发展产业脱贫。山东积极引导鼓励自主创业，加强彼此之间的帮扶交流，支持各国有贫困林场发挥各自优势，开展森林旅游、林下种养殖和承担场外绿化工程等项目创收。把国有贫困林场基础设施建设纳入地方经济社会发展规划和社会主义新农村建设规划，解决通路、通水、通电等困难。二十年以来，山东各地解放思想，更新观念，积极发挥自身优势，涌现出了一批资源保护好、经营管理活、经济效益高、社会影响大的脱贫先进典型，创出了各具特色的发展路子，如淄博市原山林场发挥区位优势、实行集团化经营、以副养林、全面发展的路子，泰安市徂徕山林场发挥资源优势、发展森林旅游的路子，日照市大沙洼林场发挥政策优势、引进合作伙伴、共同开发建设森林公园的路子，寿光市机械林场发挥人才优势、发展多种经营和场外造林的路子。此外，还有"职工承包，分户经营""林企合作，定向培育""股份经营，利益共享"等多种路子。这些路子是国有贫困林场立足自身优势，扬长避短，积极探索的结果，增强了自身发展的生机和活力，加快了脱贫步伐。据统计，自1998年以来，全省150处国有林场共实现经营收入37.8亿元，带动社会就业人口3万多人，实现自我脱贫的同时，为社会经济发展做出了较大贡献。

四、国有林场扶贫工作的主要做法

1. 完善管理体制

坚持把管根本、保长远的措施办法放在首位，重点从理顺管理体制、健全保障体制、创新经营机制等改革政策制度制定、落实上和人才培训上入手。从1998年以来，省委、省政府制定出台了4次国有林场改革政策，持续深入推进国有林场改革发展。加大人员培训力度，从国有林场贫困的"根"上进行正本清源，下真功，从国有贫困林场脱贫的"脑"上用实劲，起到了事半功倍的作用。在资金的使用上，把有限的资金用在刀刃上，所有项目资金实行专款专用，实施道路硬化、危房改造、引水通电等工程项目，解决了一些迫在眉睫的生计问题，让一线职工看到了实实在在的变化，起到了稳人心、促发展的效果。

2. 激发内部活力

在工资福利等方面，一是采取"政府出一点、自己拿一点"的办法，切实解决职工的养老、医疗、工伤、失业等保险问题，使林场职工实现了应保尽保。另一方面，支持林场盘活内部资源，充分利用人才、技术和资源优势开展合法合规的社会经营活动，解决林场职工的工资、福利问题。在基础设施建设方面，针对资金严重短缺问题，各国有林场采取"国家扶贫投一点，上级配套拨一点，林场经营补一点，职工投劳干一点"的多元化投入模式，使扶贫项目建设得以高质量高规格完成，提高了项目实施成效。

3. 强化审核监管

加强对扶贫资金使用管理的审核力度，设立专用帐户，全程监管林场专项资金使用情况。各国有林场严格按照项目建设规划要求，认真组织项目实施，确保扶贫资金用到贫困单位的贫困部位，杜绝不合理的开支和挤占挪用现象，保证扶贫项目的顺利实施和资金安全。同时，在项目实施过程中，各级部门精打细算，做到开源节流，努力放大有限资金的使用效益。

4. 构建长效发展机制

省和各市、县（市、区）加强国有林场规章制度建设，配套完善政策措施，为国有林场长期、健康发展提供了坚实保障。制订出台《山东省国有林场条例》《山东省森林资源管理条例》和《山东省国有林场森林资源保护管理考核暂行办法》《山东省国有林场场长森林资源离任审计暂行办法》《山东省国有林场森林资源资产有偿使用暂行办法》等法规制度，明确各级政府和林业主管部门对国有林场森林资源保护和民生保障的主体责任，强化市、县两级的监管职能，并把森林资源数量消长、质量变化和民生保障等列为考核重要内容，将考核结果纳入地方政府、林业主管部门和场长综合考核评价的重要内容。

五、国有林场发展方向与潜力展望

1. 持续巩固提升国有林场改革发展成果

按照中央6号文件要求和国家国有林场改革验收反馈意见，深入抓好国有林场改革成果的完善提升，及时发现和解决改革后期出现的矛盾和问题，发挥各级国有林场改革领导小组的主导作用，完善、巩固、利用好国有林场改革成果。主要是公益性单位政策落实，国有林场经费纳入当地财政预算管理并及时拨付到位，职工养老、医疗等按规定纳入职工社会保险范畴。

2. 强化林场经营管理

在前期理顺管理体制、创新发展机制基础上，进一步完善和落实国有林场森林资源保护、经营、监管、监测考核、有偿使用和场长离任审计等制度，落实全省国有林场中长期发展规划，建立健全资源档案等，提高国有林场治理能力和治理体系的现代化水平。

3. 加强基础设施建设

积极争取山东省智慧林场综合监管平台政务信息项目，以此带动全省智慧林场建设；加强林场场容场貌建设，林场建筑外观和场区环境整洁有序；大力推广山东临沂市"四小"（小伙房、小菜园、小澡堂、小活动室）、现代管护用房等基础设施建设经验，继续推动林场道路、供电、用水和管护房等基础设施纳入当地相关建设规划等，提升林场公共服务水平，改善职工生产生活环境。

山东省淄博市原山林场

原山林场位于山东省淄博市博山区，由淄博市自然资源局管理。截至2017年年底，营林面积4.3万亩，蓄积量15.3万立方米；在职职工370人。

自扶贫工作开展以来，一是发展森林旅游业和服务业。通过原山在当地旅游中的龙头示范和合作带动，极大的推动了地区三产服务和乡村旅游业发展，为实现当地农民脱贫致富发挥了积极的作用。经过十几年的发展，原山旅游从无到有，从小到大，把一个负债4009万元的"要饭林场"发展成为全国林业战线的一面旗帜。通过发展森林旅游，不仅极大地带动了当地餐饮、住宿、出租交通、旅游商品等行业的发展，而且原山还主动帮助周边的乡村实现脱贫致富，先后与淄博的涌泉、李家窑、西域城等村合作开发生态旅游，双方实行门票利益分成；与向阳、和平等村合作进行山体绿化和道路建设，先后建成了中国北方种苗花卉研发中心和生态采摘园。

二是大力弘扬原山精神。2016年7月1日，山东原山艰苦创业教育基地正式运营，以"艰苦创业"和"生态文明"为主题，集教、学、研、展为一体，展示原山林场60多年来的创业历程和宝贵精神。自运营以来，依托国家林业和草原局管理干部学院和中共国家林业和草原局党校，推出了乡村振兴培训、精准扶贫等课程，按照习总书记"扶贫既要扶智又要扶志"的指示，为全国、全省林业职工脱贫提供强大内生动力，做好对贫困地区干部群众的教育培训工作。同时，积极依托山东原山艰苦创业教育基地这一红色旅游平台，将帮扶村源西村绿色猕猴桃基地列入参观学习的教学点之一，安排教学课程，积极宣传、推广博山的特色资源。

山东省淄博市原山林场扶贫活动

山东省烟台市昆嵛山林场

昆嵛山林场位于山东半岛东部,跨烟台、威海两地,由烟台市管理。截至2019年年底,经营面积7.17万亩,森林面积7.06万亩,蓄积量31.47万立方米;在职职工210人。

自扶贫工作开展以来,昆嵛山林场积极探索,多措并举,推动林场脱贫发展。

一是调整发展思路,回归行业根本。经过不懈努力,昆嵛山的珍贵森林资源逐步得到保护和恢复,森林覆盖率由78%提高到94%,年综合旅游收入从5万元增长到现在的近千万元,"绿水青山"变成了"金山银山"。

二是自力更生,完善基础设施建设。自1997年开始,为改变林场基础设施欠缺落后的局面,全体干部职工自力更生,历时8年,修建了景区石阶游路近万米,修筑贮水塘坝20座,累计投工投劳30多万个,节省建筑材料及工人工资折合达2000多万元,为林场脱贫奠定了坚实的硬件基础。

三是实行生态移民,实行城市低保管理。2002年,将世代分散居住在林场内的97户林民全部生态移民,住进崭新的楼房,低收入或无收入的按城市最低生活保障标准享受补助,生态移民彻底结束了几百年来昆嵛山里有林民居住的历史,极大地方便了林场的管理和资源的保护。

四是设立自然保护区,建立持久、有效的保护机制。2008年,以昆嵛山林场为依托,国务院公布建立昆嵛山国家级自然保护区。2010年7月,烟台市设立昆嵛山国家级自然保护区工委、管委,将紧邻保护区的36个村1.2万人口组建成昆嵛镇,与昆嵛山林场一并划归保护区管理,保护区工委、管委统一领导、管理全区经济和社会事务,新的管理体制成为保护昆嵛山森林资源安全的有力支撑。

山东省烟台市昆嵛山林场新貌

山东省泰安市徂徕山林场

泰安市徂徕山林场位于山东省泰安市,跨泰安市徂汶景区、泰安高新区2个功能区,由山东省泰安市徂汶景区管理。截至2017年年底,经营面积13.5万亩,森林面积11.5万亩,蓄积量57.6万立方米;在职职工338人。

自扶贫工作开展以来,采取"积极对上争取、内部挖潜增收"等措施开展扶贫工作。经过几代人努力,取得了基础设施建设、业务能力建设、精神文化建设、民生建设的极大提升,实现了跨越式、高质量发展。采用"精准扶贫、重点攻坚、稳步推进"等方式,取得了积极效果。一是实施棚户区、危旧房改造,职工从危房搬进楼房,由"贫困户"变为"小康户";积极开展送暖工程、吃水工程(职工吃水由地表水全部改造为地下深井水),职工生活质量不断提升。二是恢复全额拨款事业单位,职工收入得到保障,实行绩效管理,打造了"人心稳、热情高、干劲足"的干事创业队伍。三是森林防火"四网"建设成效突出,引水上山工程不断推进,森林防火能力不断增强;积极开展造林绿化、低效林改造、多彩森林、高山植物园建设、病虫害防治(控),森林林木茁壮生长,生态质量体量不断提升,林场实现了从绿起来、美起来到彩起来的华丽嬗变。

近年来,林场先后获得"全省林业工作先进单位""全省国营场圃先进单位""省级文明单位""全国国营林场100佳""全国国营林场先进单位""全国首批森林经营示范林场""全国国有林场改革试点单位""全国十佳国有林场""全国国有林场场级领导挂职锻炼基地""首批中国森林氧吧"等荣誉称号。

山东省泰安市徂徕山林场林区道路

山东省荣成市国有成山林场

成山林场位于山东省荣成市内,由荣成市管理。截至 2017 年年底,经营面积 1.25 万亩,森林面积 1.18 万亩,蓄积量 3.71 万立方米;在职职工 31 人。

在扶贫工作中,成山林场坚持"以林为主,以副养林"的战略指导,全体职工在领导班子的带领下创新发展思路、转变工作方式。

一是依托独特的区位优势和自然优势,大力发展多种经营。极大地改善了林场职工的生活工作条件,保障了国有林场职工队伍的稳定,促进国有林场的长远发展。林场在确保林木不受海水侵蚀的前提下,充分利用沿海闲置滩涂,开发虾池 200 余亩,建立起了工厂化的海产养殖场,目前,成山林场西海养殖区已成为全省较大的鱼苗、海参、大虾等海产品养殖基地,其中大菱鲆育苗养殖量达到全国的五分之三。

二是在发展森林旅游产业的道路上,成山林场采用"一套班子两个模式"的管理方式进行旅游开发和管理,即利用林场支部分别指导林业与旅游的发展,但把二者放在同等重要的位置。

目前,成山林场拥有客房 47 余间,床位 90 张,年游客接待量 4 万余人次,旅游净收入 50 万余元。成山林场结合林场丰富的自然、历史文化资源,积极完成对全国中小学生研学实践基地的申报工作,2017 年 11 月被批准为山东省中小学生研学实践基地,至今已服务全市 1000 余名中小学生完成研学实践活动,一定程度推动研学旅游的发展。成山林场在不断完善林场的基础设施建设,大力改善林业生产条件和职工生活条件的同时,积极鼓励发展以旅游产业为代表的多种经营。经过多年努力,成山林场依托胶东(威海)党性教育基地沈秀芹纪念馆和省级保护文物五七干校旧址,大力推进生态文化建设,推动"美丽中国"示范区建设。

山东省荣成市国有成山林场新貌

山东省冠县国有毛白杨林场

毛白杨林场位于山东省聊城市冠县西部黄河故道上，由冠县管理，是首批国家级重点林木良种基地、省级杨树种质资源库。截至2017年年底，经营面积1.088万亩，森林面积0.5万亩，蓄积量2.3万立方米；在职职工65人。

1998年2月，时任国务院副总理姜春云为林场题写了"绿色丰碑"题词。林场先后被评为"全国国营苗圃先进单位""全国林业企业整顿先进单位""全国特色种苗基地""全国林木良种基地十大标兵单位""全国林木种苗先进单位"。

冠县国有毛白杨林场自扶贫工作开展以来，一是积极争取资金支持。共拨付扶贫资金392万元，以改善林场基础设施和职工生产生活条件为重点，进一步发挥特色产业和科技扶贫的作用，创新扶贫机制，提高扶贫效果，实现了财政扶贫与国有林场改革、生态建设相互协调、互相促进，推动了国有林场事业健康持续发展，同时也带动了国有林场范围内人口的脱贫。

二是改善林场基础设施。完成危旧房改造3170平方米，修排水道500米，化粪池等配套设施。建储水池一座，铺设供水管道1200米，并安装配套设施。新修道路15971.2平方米。

三是发展特色产业扶贫。充分利用林场有利条件，发展以毛白杨为主的绿化苗木产业和以大棚油桃、大樱桃为主的水果产业，解决了富余劳动力就业问题。承担国家、省、市科研项目10余项，获得科研成果20余项。与北京林业大学合作研究的"毛白杨优良基因资源收集、保存、利用的研究"获林业部科技进步一等奖、"三倍体毛白杨新品种选育"获国家科技进步二等奖，2019年，与山东省林科院合作"白杨种质资源收集评价及新品种选育应用"获山东省自然资源科学技术一等奖。累计选育毛白杨优良品种36个，生产杨树良种穗条1200万千克、良种插穗5亿余段、良种苗木3200万株，销往全国13个省市区，为我国的毛白杨良种繁育与推广及林业发展发挥了重要作用。

山东省冠县国有毛白杨林场林区道路

第十四章 河南省

一、国有林场基本情况

河南省原有国有林场93个，分布于15个省辖市57个县（市、区）及6个省直管县（市），其中省辖市管理13个，省直管县（市）管理6个，县（市、区）管理72个，企业管理2个。地处山区半山区的国有林场67个，地处平原地区的26个。全省国有林场总面积684.34万亩，其中，山区半山区林场608.3万亩，平原区林场76.04万亩；森林蓄积量2377.32万立方米，占全省森林蓄积量的13.91%，林场森林覆盖率75.35%。通过国有林场改革后，河南省国有林场整合为84个，其中82个定性为公益一类事业单位，实行财政全额拨款；2个定性为公益性企业（由省投资集团管理的内黄林场和由省能源化工集团管理的曹家窑林场）。

二、国有林场扶贫现状分析

20世纪中叶以来，全省结合各地森林资源开始建立国有林场，全省国有林场有部属、省属、市县所属管理。在20世纪80年代以后，随着财政体制改革，大部分林场被下放逐步形成了以市、县管理的格局，省级基建资金投入取消，并且国有林场大部分为差额预算或自筹自支事业单位。由于国有林场"事不事、企不企"的单位现状，使国有林场逐步陷入"不城不乡、不工不农"的尴尬境地，造成国有林场不能享受如农村税费改革、改电、改水、"村村通"等新农村建设各项惠农政策。没有惠农政策支持，自身又没有能力投入，多数林场基础设施建设十分落后。如在交通、电力基础设施上，相关部门把乡镇所在区域作为投资依据，却不把处在偏远山区的国有林场列入投资计划之内。而国家扶贫政策针对县、乡、村，国有林场解困只能自辟渠道、另寻出路，步履维艰。林场在实际工作中承担森林资源的保护和培育的任务，人员经费和基础建设缺乏公共财政的有效支持，许多林场长久实施计划经济，生产经营结构就是单一的砍树。由于基层营林技术力量不足，林分缺乏有效管护，林地利用率、单位面积蓄积量低下，采伐林木的营林收入十分有限。低微的经济效益和漫长的生长周期使林场经营发展面临困难，森林应有的生态效益、经济效益没有得到充分发挥，造成了许多山区农村和林场出现普遍贫困现象。60多年来，全省国有林场经历了建场、发展、调整、下放的曲折历程，广大国有林场干部、职工自觉服从生态建设大局，在经济十分困难的情况下，努力加强森林资源管护，形成了完善的国有森林资源培育与保护体系，发挥了巨大的林业生态效益。

"十一五"以来，中央财政累计拨付河南省国有贫困林场扶贫资金11785.94万元，省级配套资金4163.5万元，资金全部安排到国有贫困林场。全省坚持"打基础、管长远""上下联动、共同出资"的原则，统筹安排扶贫项目，新建和修缮护林房16213平方米，新建和修缮道路140.08公里，蓄水池10个，打机井130眼，铺设水管网5套，办公用电7.5公里。通过对项目的充分论证，切实解决林场最急、最难、最合乎民意的项目，缓解了国有贫困林场生产生活的实际问题，充分发挥扶贫资金最大效能。

三、国有林场扶贫取得的主要成绩

一是会同省发展改革委和省住建厅联合印发了《河南省林业厅河南省发展和改革委员会河南省住房和城乡建设厅关于做好国有林场危旧房改造工作的通知》（豫林计〔2010〕219号），启动了全省国有林场危旧房改造工程。项目建设开展以来，国家下达全省国有林场危旧房改造任务12958户，计划改造106万平方米，涉及全省16个省辖市85个国有林场、2个国家森林公园及11个自然保护区和湿地。全省林业危旧房改造工程投资计划共计39396.45万元，其中中央预算内投资26438.45万元，省财政专项资金12958万元。

二是积极协调水利部门，下达河南省国有林区安全饮水工程投资计划，解决了7.273万户林场职工吃水难、饮水不安全等问题；按照国家关于做好农林场电网改造升级工作的有关要求，根据河南省能源局关于新一轮林场电网改造协调会精神，完成了国有林场电力管理体制的调查工作，并协调河南电力公司完成对全省国有林场供电439.82公里电力改造；全省国有林场林区道路共计4162.92公里，已纳入地方公路网规划的1574.4552公里，已争取国有林区交通道路项目建设资金7321.4万元，修建林区道路主干道149.183公里，地方配套投资1900.5万元，自修林区生产道路978.488公里。

三是森林培育和林业产业效益显著提升。为保障全国木材安全，缓解木材供应紧缺现状，根据国家林业局的统一部署，河南省编制了《河南省木材战略储备生产基地规划（2011—2020年）》，涉及国有林场28个，面积37.94万亩。全省在尉氏林场、民权林场、宁陵林场、虞城林场、西华林场、商城黄柏山林场、南湾实验林场共同组织实施木材战略储备基地示范项目试点工作，各营造林4000亩，主要造林树种有杨树、泡桐、松类、栎类（乡土树种及珍稀树种）等。各国有林场结合各自资源条件，开展林果、林产品加工、林下种植等产业。据统计，全省53个贫困县2017年林业总产值达到650亿元，人均林业收入达到1954元。

四是森林旅游业蓬勃发展。国有林场作为河南省森林资源最优质的地区，近年来，大力发展森林旅游业。目前，全省在国有林场基础上已建立省级以上森林公园55个，森林生态景区9个。初步形成了以太行山森林旅游区、嵩山森林旅游区、小秦岭、崤山、熊耳山森林旅游区、伏牛山森林旅游区、桐柏、大别山森林旅游区、黄河沿岸及故道森林旅游区和中、东部平原森林旅游区为主的七大森林旅游区。其中云台山国家森林公园、白云山国家森林公园、嵩山国家森林公园被国家旅游局评为AAAAA级旅游景区。全省森林公园年接待游客3422.77万人次，总收入132983.72万元，为社会创造了更多的就业机会，充分发挥了国有林场的经济、生态、社会效益及强劲的带动作用。

五是国有林场改革助推林场脱贫。通过改革，全省国有林场职工工资实行财政拨款，平均工资达2.78万元，比改革前提高了156%，收入得到大幅提升。财政部门下达全省国有林场改革成本补助资金46381.6万元，其中央资金33130万元、省级资金13251.6万元，用于国有林场职工社会保险支出，截至目前，全省国有林场职工全部缴纳基本养老、基本医疗和住房公积金，职工生活保障得到较大提高。

四、国有林场扶贫工作的主要做法

一是围绕生态建设扶贫。本着"先规划、后建设、有特色"的原则，从统筹城乡环境保护、改善人居环境、改变国有林场面貌的实际出发,把国有林场建设规划和生态环境保护相结合。着力培育环境友好型的生产生活方式,推进国有林场生态环境与循环经济快速发展。通过科学营林造林,推广营造林技术,切实把贫困群众脱贫致富与改善农村人居环境、促进林业可持续发展、提高农民生活质量和健康水平结合起来。通过林区公路、饮水设施和通信设备的建设,既改善了林场职工生产生活条件,又为周边的贫困村林业产业发展打下了坚实基础。

二是围绕林业产业脱贫。坚持兴林富民,注重依托丰富的林业资源,着力打造优质林果、油茶、茶叶、苗木花卉等产业化集群。产业扶贫是稳定脱贫的良策,无论是乡村振兴还是脱贫攻坚,归根结底都是发展问题,国有林场结合经济林、林下经济、林产品加工和森林旅游康养等林业产业,积极推动林业一、二、三产业融合发展,是实现林场和林区农民快速增收致富,助力脱贫攻坚的有力措施。国有林场通过对农户开展经济林果栽培、果树整形修剪、林业有害生物防治、农药化肥使用以及森林火灾预防扑救等技术技能培训,着力普及运用科技知识,加强日常管护,发展林业促进农民增收。

三是围绕行业政策扶贫。严格落实生态公益林保护政策,加强森林防护专业队伍建设,让有劳动力的贫困人口优先就地转化为护林员和防火专业队员,实现生态补偿脱贫;国有林场通过聘用建档立卡的贫困人员为林业生态护林员等形式,能够使贫困群众通过参与生态保护实现就业脱贫。贯彻林业行业政策要求,进一步完善林业防灾减灾体系,积极实施森林保险,着力解决因灾致贫、返贫问题。国有林场实施生态保护和修复工程时,优先使用贫困人口作为劳务人员,能够解决他们的生产、生活和出行困难,实现"以林养人"和"护林脱贫"的双赢。

五、国有林场发展方向与潜力展望

1. 积极推进国有林场建设的生态化

紧紧围绕林业生态建设的"三个转型",即由生产建设向生态建设转型、林木经营向森林经营转型、林业经济向林区经济转型,积极推进国有林场的生态化建设。

2. 积极推进国有林场建设的科技化

要加强林种林分改造,努力把单一树种的纯林转化为多树种的混交林。要加强良种繁育示范场建设。充分利用国有林场种质资源优势和良种繁育技术优势,加大珍贵树种、乡土树种、耐旱树种、抗性树种等良种选育繁育的力度,大力加强种质资源保存库和良种基地建设。

3. 积极推进国有林场建设的智慧化

随着大数据的发展,国有林场要充分利用卫星遥感、无人机巡航、云计算、物联网、大数据、移动互联网等新一代信息技术,通过感知化、物联化、智能化的手段,形成林业立体感知、管理协同高效、生态价值凸显、服务内外一体的林业发展新模式,利用现代信息技术,拓展林业技术应用、提升应用管理水平。

4. 积极推进国有林场建设的人文化

要积极利用国有林场这一传播生态文化和行业精神的重要载体,充分挖掘国有林场所蕴含的精神文化力量,全面宣传、大力弘扬,切实凝聚起新时期全省林业生态建设的精神力量和发展合力。

河南省国有济源市愚公林场

黄楝树林场位于河南省济源市内，由济源市管理。截至 2017 年年底，经营面积 6.05 万亩，森林面积 5.46 万亩，蓄积量 45.83 万立方米；在职职工 28 人。

自扶贫工作开展以来，林场按照"加强能力建设、强化生态保护、打造智慧林业、发展绿色产业"的发展规划。

一是全面加强了基础设施建设，彻底改善职工的生产生活条件。近年来，新建管护站一处，改造管护站三处，场部新建业务用房一座，改造高低压线路 15 公里，建设引水管道 4 公里，修建防火道路 16 公里，所有管护站都用上了自来水，通了网络，配备了空调、电视、洗衣机、太阳能、电脑等设备。

二是全面加强了信息化建设，打造智慧林业。在林区铺设光纤线路达 30 多公里，建成了覆盖林区的森林资源管护网络监控系统，林区巡护实现人机结合，森林防火做到自动预警。三是积极开展多种经营，让林场走上可持续发展之路。打造了"原始森林拓展培训基地"，拥有可同时接待 200 人的宾馆、餐厅、会议室等，不断加强与郑州大学、河南师范大学、新乡学院等院校合作，开展教学实习、拓展训练及会议培训等业务。规划建设了 1000 亩的林下黑土猪散养基地，年可出栏黑土猪 300 头以上，经济效益明显。开展珍稀树种繁育研究，主要繁育有红豆杉、连香、青檀、山白树等树种，实现了经济效益和社会效益双丰收。

2018 年 1 月，按照济源市国有林场改革方案，国有济源市黄楝树林场同国有济源市蟒河林场等 4 个单位合并组建成了国有济源市愚公林场，机构规格为副处级，实行财政全额预算管理，从根本上解决了林场的经费问题，国有林场的社会地位不断提高，职工的获得感和幸福感增强，国有林场步入新的发展时代。

河南省国有济源市愚公林场扶贫前管护站

河南省国有济源市愚公林场新建王岭管护站

河南省洛阳市洛宁县全宝山林场

全宝山林场位于河南省洛阳市洛宁县，由河南省洛宁县管理。截至 2017 年年底，经营面积 7.54 万亩，森林面积 7.54 万亩，蓄积量 29.55 万立方米；在职职工 41 人。

自扶贫工作开展以来，一是完善林场管理办法，明确责任管理机制。林场采取先近后远、先易后难的方法进行推进；采取场长掌控、众副职分工协作的方法进行管理；采取主管副职、工区长、监工员同进工地的监督机制；采取财务转账、与主管副职帽子挂钩的财务管理机制，确保了各个扶贫项目的顺利实施。二是利用扶贫资金，改善职工居住条件。经过几代人努力，全宝山林场在宽坪、马营、崇阳等 3 个工区，和鸡冠石、花落印等防火检查站新建了砖混结构的护林房 800 平方米，消灭了土坯房，使工区职工居住条件得到了彻底改善。同时利用扶贫资金扩修场部至宽坪工区连接公路 13 公里，硬化公路 2.3 公里。国有林场扶贫工作的开展，使职工人居环境得到改善，社会地位有所上升，工作积极性得到了很大提高。

这些年来，全宝山林场认认真真实施扶贫工程，并积极筹措资金给予项目补贴，使各项工程能够顺利实施，安全落户。扶贫工作及扶贫工程，受到了河南省林业厅及所在市县林业局等领导的表扬。

河南省洛阳市洛宁县全宝山林场扶贫前管护站

河南省洛阳市洛宁县全宝山林场管护站新貌

河南省国有三门峡市陕州区甘山林场

甘山林场（原陕县窑店林场）建于1956年，是营林型林场，建场以来，营造林面积达3000余公顷。

扶贫工作开展以来：

一是积极争取资金支持。2008年开展国有贫困林场扶贫项目工作以来，累计扶持林场扶贫资金300余万元，用于管护房、职工宿舍等危旧房改造、林区道路维修、饮水工程建设等10余个项目建设，从一定程度上解决了林场基础设施薄弱，缺乏建设资金的困难，改善了林场职工的生产生活条件，缓解了林场的贫困状况。1999年，在市、县政府及各级部门的扶持下，林场利用丰富的资源优势，建设甘山森林公园，2000年被国家林业局命名为国家级森林公园，2013年被国家旅游局评为国家AAAA级旅游景区。

二是林场的基础设施和职工的生产生活条件也得到了很大程度的改善。场部办公用房、职工宿舍和林区管护房的危旧状况得到了根本性的改善，目前场部办公区1000平方米；职工宿舍300平方米已全部进行了维修改造，新建林区管护房7处，维修改造3处，职工的住房条件得到了根本性的转变。修建供水系统2套，蓄水池4处，职工生产生活用水基本得到了保障；林区主干道路（西张村镇—场部—灵宝寺河）28公里纳入S245省道建设工程；其他林区主干道路20公里（场部—甘山—店子乡）已纳入陕州区县乡公路建设规划范围，预计2019年开工建设；其余林区生产道路20公里进行了维修保养，确保了林区道路畅通，另计划新修建林区防火道路17公里；目前场部和5个管护站已通电，其余2个管护站建设了太阳能发电系统；80%林区实现了手机信号覆盖，场部实现了互联网服务。

河南省国有三门峡市陕州区甘山林场
森林公园游客服务中心

河南省国有三门峡市陕州区甘山林场
改造后的林场管护站

河南省信阳市商城县黄柏山林场

黄柏山林场位于河南省商城县内,湖北、河南、安徽三省交界处,由商城县直管。截至2017年年底,林场经营面积20.4万亩,森林面积18.9万亩,蓄积量92万立方米;在职职工199人。

黄柏山林场因兼具社会管理职能,扶贫工作中充分发挥职能多样性的特点,多管齐下,多方发力,采取生态扶贫、产业带贫等方式。

一是利用农村税费改革及林权制度改革带来的历史性机遇,走"租赁山场,扩张规模,荒山造林,培育资源"的发展路子,先后投资1800多万元,流转社会山场10万余亩,将辖区六村的山场统一纳入管理,带动山区林农走上了"以林促农,以林致富"之路。

二是跑争项目,运用国有林场扶贫资金,先后投资800多万元,实行森林分类经营,发展特色林业,带动旅游服务、特色农业等相关产业发展,生产经营活动每年转移劳动力就业120个。同时,积极运用社会闲散劳动力参与护林联防,在辖区群众中选聘生态护林员129名,其中贫困户59人,每人年均增收5000元。

三是发展生态旅游,每年投入资金上亿元,先后开展100多项重点工程,旅游产业每年转移劳动力就业180个,为辖区群众年增加经济收入580万元。

各项措施的有效落实,国有贫困林场的自然面貌和经济状况发生了深刻变化。先后荣获"全国资源管理先进单位""全国示范性林场""国家储备林示范林场""全国十佳林场"等荣誉称号;被国家林业局及中国林场协会指定为"国家木材储备战略联盟理事单位""中国林场协会常务理事单位";2016年9月被国家林业局确定为"森林经营样板基地"。

河南省信阳市商城县黄柏山林场管护站改造后

河南省信阳市商城县黄柏山林场法眼寺佛教文化区

河南省信阳市国有新县林场

新县林场地处河南省南部新县境内,豫鄂两省交界的大别山江淮分水岭,始建于1952年,为县政府直属正科级事业单位,全场下辖山石门、百冲、老庙、观音寨、金兰山、白云山、羚羊山、天台山等8个营林区。截至2017年年底,经营面积14.34万亩,活立木蓄积量68万立方米,森林覆盖率达96%。全场职工总数729人,其中在职职工339人,离退休职工390人。

二十年来,在上级党委、政府及相关部门的关怀下,国有新县林场扶贫工作在各方面均取得一定成效。

一是采取多元投入方法,多方投资。使用资金1500余万元,森林蓄积量大幅、持续增加,目前林场森林蓄积量为68万立方米以上;森林覆盖率大幅增长,由建场初的77%增长为现在的96%。造林3万亩次,植树400余万株,植被恢复良好,野生动物逐步恢复、自然繁育较快。发现统计各类植物2345种。鸟类264种,动物类341种;水土保护(水系统),水质优良,达到国家检测标准。空气质量良好,负氧离子常年保持在3000个/立方厘米以上。

二是完善基础设施建设。全场生产生活基础条件极大改善,完成了100公里的林区公路道路硬化和拓宽,8个林区、林点得到全面维修及翻新,新建护林点10多处,打井10多口。全场水电设施完备,生产工具相对齐全,生活条件大幅提高。干部职工精神面貌大变样。近二十年来,《国有新县林场重点工作十个常态化》全面指导着林场的各项工作开展。各项工作均取得一定成效,得到上级领导的肯定,并于2017年12月获得"河南省国土绿化模范单位"荣誉称号。

河南省信阳市国有新县林场金兰山保护站新貌

河南省信阳市国有新县林场羚羊山保护站新貌

第十五章 湖北省

一、国有林场基本情况

湖北省现有的225个国有林场分布在17个市（州）、76个县（市、区），其中定性为公益一类的有153个、公益二类的有64个、企业性质的有8个。全省国有林场经营总面积949.8万亩，林业用地面积915.5万亩，占全省林地总面积的5.6%，森林面积860.9万亩，占全省森林总面积的7.8%，森林蓄积量4384.4万立方米，占全省森林蓄积量的12%，森林覆盖率88%；全省国有林场生态公益林面积723.6万亩，占森林面积的84%。

全省国有林场共有正式职工25818人，其中，在职职工16896人，离退休8922人。全省国有林场现有林区公路7618公里（其中已硬化或黑化2998公里），有林道10084公里，开设防火线9550公里，有通信线路1739公里，架设输电线路4774公里（其中已纳入农网改造2943公里）。

二、国有林场扶贫现状分析

湖北省国有林场大都始建于20世纪50~60年代，大部分国有林场地处高山深沟、水库周围等生态区位十分重要的区域，地理位置偏僻。由于管理体制不顺、经营机制不活、政策支持不到位、结构调整滞后等原因，导致林场基础设施建设比较滞后、经济发展比较缓慢、职工生活比较困难，生产和生活条件普遍落后于周边地区水平。

1. 基础建设比较滞后

湖北省国有林场大都位于边远山区，山高坡陡，谷狭沟深，地理位置偏僻，立地条件相对较差。国有林场改革之前，水、电、路等基础设施建设未完全纳入地方建设范畴，大多数国有林场水、电、路、通信等只通达至林场场部，林区与村镇、林区与林区之间的简易公路多为泥土路或者断头路，部分林场场部、管护用房破旧。

2. 扶贫机制不太健全

国有林场扶贫仅仅以林业部门扶贫为主，没有建立起专项扶贫、社会扶贫和行业扶贫的联动机制。扶贫项目虽然在关键时刻、关键节点上解决了林场的燃眉之急，但由于资金量少，且点多面广，不能长期、系统的倾向于某一林场、某一领域，只能是打补丁式的改善某一林场、某一局部的生产生活条件，单靠"输血式扶贫"不能从根本上改变贫困现状。

3. 扶贫产业缺乏特色

国有林场原来经营主要集中于用材林培育，产业结构单一，且布局分散、块头偏小、生态公益性强、经营收益受限。尽管国有林场有一定的旅游功能，但是由于景点建设滞后，文化底蕴不高，地理位置偏僻，导致旅游人气始终不旺。其他农产品加工种植产业，如猕猴桃、板栗、石榴、茶叶等，由于地理环境、产业总量等多种因素的影响，一直没有形成规模，经济效益也不明显。

4. 资金投入还有差距

国有林场扶贫工作开展二十年以来，中央和省的扶贫资金用于全省国有林场扶贫工作，对改善国有林场生产生活条件起到了巨大的促进作用，但由于全省大部分国有林场经济基础薄弱、基础设施欠账较多、背负债务沉重，没有稳定的经济来源，有限的扶贫资金不能满足目前国有林场建设发展的需求。

5. 人才储备严重不足

国有林场改革前，大部分国有林场都是自收自支事业单位，职工收入没有保障，吸引不了人才，留不住人才，近几年未接收过大学生。职工队伍年龄不断老化，职工学历水平偏低，目前在职职工中，大专及以上学历263人（其中本科87人，研究生3人），占总人数的1.6%。林场自我发展基础较差，自我脱贫能力较低，再加之信息闭塞，知识更新慢，新技术推广运用难，导致与其他行业差距越来越大。

三、国有林场扶贫取得的主要成绩

1. 基础设施条件明显改善

自国有林场扶贫工作开展以来，在中央和省级财政扶贫资金的支持下，各级加大对国有林场的投入，对水、电、道路、管护房屋等基础设施项目进行建设。新建和维修林区公路1634公里，架设供电线路1024公里、通信里程708公里，实施了饮水安全工程改造，解决了7940户职工的吃水困难问题。这些涉及国有贫困林场民生项目的实施，极大改善了国有林场生产生活条件，林场场部水、电、路、通信等基础设施已达到或接近周边地区同等水平，基本满足了国有林场生产生活需要。

2. 林场经济实现较快发展

全省国有贫困林场结合林场实际，充分利用扶贫项目资金，依托林场资源优势，大力发展种植、养殖、森林旅游等林业产业，增加了林场经济实力，提高了职工收入，全省林场职工现在年均收入4.6万元。

3. 森林资源质量不断提升

国有林场扶贫项目的实施，使国有林场生存与发展条件得到改善，特别是国有林场改革完成后，林场经费有了保障，林场主要任务转为森林资源管护、国土绿化、森林质量提升等方面，林分结构不断优化，林分质量不断提高，森林经营管理制度不断完善，使国有林场森林资源得到了有效的保护，实现了森林面积、蓄积量双增长。

4. 林场发展后劲显著增强

通过国有林场扶贫工作的开展以及国有林场改革后国有林场功能定位的明确，财政经费的落实，历史包袱逐步减轻，林场内部管理逐步规范，实行了以购买服务为主的公益林管护制度，以森林经营方案为核心的森林经营制度，以绩效工资为重点的绩效考核制度，增强了林场发展动力。

四、国有林场扶贫工作的主要做法

1. 加强组织领导，传导扶贫工作压力

扶贫工作开展以来，分管省领导高度重视，多次对国有林场扶贫工作做出指示批示，林业主管部门成立扶贫工作领导小组，多次召开国有林场扶贫工作会议，全面部署国有林场扶贫工作，总结扶贫工作经验，推广好的扶贫工作方法。组建扶贫工作队，选派能力素质高、事业心责任感强的同志参加工作队。坚持扶志与扶智相结合，针对湖北省国有贫困林场集老、少、山、库区于一体，贫困人口相对集中的实际，制定国有贫困林场扶贫规划，科学扶贫。注重从政策、制度层面加强设计，省政府办公厅印发《关于进一步加强国有林场管理工作的通知》，立足当前，着眼长远，规范林场健康运行。组织编制了《湖北省国有林场发展规划（2018—2025年）》，明确了今后林场的生态保护、森林培育、产业发展、基础设施建设等任务。

2. 强化扶持帮助，激发脱贫致富动力

坚持国家扶贫项目向国有林场倾斜。做好国有贫困林场扶贫项目的立项、审批、上报和监督检查工作。制定了《湖北省国有贫困林场扶贫资金管理办法》，做到扶贫资金分配、使用有章可循，严格实行专款专用，做到安排一个项目，解决一个具体问题。坚持林业重点工程项目向国有林场倾斜。近年来，国家和湖北省实施的天然林资源保护、退耕还林、长江防护林工程和低产林改造、中幼林抚育、农业综合开发项目等一批重点林业工程项目，都优先考虑安排到国有林场，为林场脱贫提供了载体和有力支持。坚持优惠扶持政策向国有林场倾斜。各地政府及林业主管部门、国有林场从本地实际出发，制定了一系列优惠政策鼓励促进林场集体及职工脱贫工作，主要包括：提供、租赁林地资源开发，组织职工开展技术培训，搞好产前、产中、产后服务，对带头创业的先进典型给予奖励等。

3. 坚持团结协作，形成扶贫工作合力

国有林场扶贫工作任务艰巨，仅仅依靠林业一个部门的资金投入，无疑是杯水车薪。全省国有林场积极争取财政、银行、人保、交通、总工会等有关部门在政策、资金等方面给予支持，促进国有贫困林场早日摆脱贫困处境。利用国有林场改革契机，各级政府将国有林场基础设施建设纳入本级相关建设规划并积极组织实施，林场的生产生活条件发生了较大改观，改变了过去林场相关建设工作不被重视、政策不惠及的问题。2018年8月，省林业厅联合省发改委、财政厅、交通厅、水利厅、电力公司印发《关于进一步加强全省国有林场基础设施建设工作的通知》，要求各级相关部门将国有林场水、电、路等基础设施建设纳入本级相关建设规划，加大投入力度，确保国有林场基础设施达到周边农村同等水平。

五、国有林场发展方向与潜力展望

1. 提升认识高度

深入学习习近平生态文明思想和关于扶贫工作的重要论述，推动国有林场脱贫，加快现代林业建设步伐。按照国家现代林业建设的长远目标、布局和总体要求，根据林场的实际，有计划地在森林培育、资源保护、经营利用、林地建设、队伍管理等各领域采用先进实用科学技术和装备，推行现代管理模式和方法，同时精心研究制定森林经营方案、技术规程、基础设施建设标准、考核监管等科学管理制度，强化经营管理和基础建设，构建国有林场现代管理体制机制，充分发挥出国有林场在全省林业生态建设中的示范引领作用。

2. 加大协调强度

加大发改、交通、水利、电力等政府相关部门的沟通和协调，将国有林场水、电、路等基础设施纳入政府相关部门的发展规划，并逐年纳入财政投资预算，实现国有林场职工生产生活条件全面得到改善。

3. 选准发展角度

在不改变森林资源国家所有权的前提下，坚持依法、自愿、有偿的原则，放活使用权、经营权、收益权，允许国有林场根据市场定位和资源可开发利用等条件，将林地使用权、经营权和收益权，采取对外承包、租赁或合资合作等多种流转形式，引进有实力的企业，共同开发，为盘活国有林场森林资源注入市场活力，以解决国有林场发展资金不足、经营机制不活、管理水平低下、专业技术力量薄弱等问题。

4. 创新管理制度

在依据国有林场主体职能，将国有林场划为公益类事业单位的同时，进一步理顺体制、完善机制、健全制度，根据不同国有林场的自然资源禀赋，鼓励在确保国有森林资源资产安全完整，实现森林质量不断提高、森林资源总量持续增长、生态功能显著增强的前提下，大力发展森林旅游、林下经济产品开发等生产经营活动。

湖北省黄冈市红安县国有紫云寨林场

国有紫云寨林场位于湖北省黄冈市红安县内,由红安县林业局管理。截至 2017 年年底,经营面积 2.23 万亩,森林面积 1.82 万亩,蓄积量 8.55 万立方米;在职职工 65 人。

自扶贫工作开展以来,一是林场基础设施建设大步向前迈进。在各级领导的重视和支持下,在国家扶贫项目的带动下,紫云寨林场统筹谋划,多方筹资,突出重点,整体推进,实现了历史性跨越。硬化贯通羊城山 10 余公里环线公路,方便高山有机茶园核心区的建设和生产管理,极大促进了高山有机茶产业发展壮大。

二是发展特色茶园经济。已经建成高山有机茶园面积 1100 亩,其中盛产面积 500 余亩,年产茗宿牌老君眉高档绿茶 1000 多千克,产值 200 多万元;场部供水设施解决了 100 多个居民生活用水问题,极大方便了场部居民的生产生活,确保了饮水安全。

三是提高资金使用效率。该场采取的扶贫资金集中捆绑使用,扩展实施项目的辐射效应和拉动效应,获得中国林科院和湖北省林科院高度赞赏。目前,这两个单位正在与林场合作建设国家级马褂木种质资源库项目,现已完成引种栽培面积 320 亩,栽培品种 44 个,建立 1 个气象观测站和 5 个地表径流监测点,后续引种栽培面积要发展到 600 亩,引进品种 160 个。

湖北省黄冈市红安县国有紫云寨林场扶贫前后对比

湖北省宜昌市国有大老岭林场

大老岭林场位于湖北省宜昌市夷陵区内，由宜昌市林业局管理。截至 2017 年年底，经营面积 9.08 万亩，森林面积 9.02 万亩，森林总蓄积量 88.5 万立方米；在职职工 67 人。

自扶贫工作开展以来，大老岭林场充分发挥资源和区位优势，巧打"生态牌""三峡牌""移民牌"，整合各类资源，统筹推进扶贫工作。一是对接国家战略抓扶贫。按照习近平总书记提出的"共抓大保护，不搞大开发"战略，推动长江经济带发展，先后争取三峡后续、生物多样性保护资金 5000 多万元，完成人工造林近 20 万株，抚育 3.5 万亩次，森林管护 9 万亩。二是落实移民政策抓扶贫。共争取移民对口支援资金 3000 余万元，完成职工住房改造 183 套，建设管护站所 2 处 3000 平方米，培训移民 1000 余人次；争取成立花怡北大老岭教育基金，共受赠资金 14.4 万元，奖优助困 218 人次。三是整合项目资源抓扶贫。多方争取资金 2100 多万元，建成垃圾填埋场 1 座，维修加固水库 2 座，铺设安全饮水管网 18.1 公里，硬化道路 47.3 公里，改造供电线路 25 公里，架设通信线路 20 公里，架设网络光纤 25 公里，购制特种无人机 1 架，训练机 2 架，建成了大老岭资源管护视频监控系统。

湖北省宜昌市国有大老岭林场扶贫前后对比

湖北省神农架林区徐家庄林场

徐家庄林场位于湖北省神农架林区内,由湖北省神农架林区林业管理局管理。截至2017年年底,经营面积48.3万亩,森林面积46.8万亩,森林蓄积量282.28万立方米;在职职工34人。

自扶贫工作开展以来,徐家庄林场紧密结合林场实际,积极争取扶贫项目和资金,加快脱贫步伐,着力推进生态林业民生林业建设。一是通过实施道路硬化工程,先后投入500多万元,完成了徐家庄林场至燕子洞护林站34公里防火通道改造、修复及硬化工程,有效解决了护林员及周边300余户老百姓出行难的问题。二是通过实施所站改造工程,先后对林场4所13站进行了维修改造,所站职工住房全部实现了一室一厅一厨一卫,彻底改善了基础护林员的工作生活环境。三是通过实施安全饮水工程,先后投入80余万元,解决了林场以及场区周边单位、农户共计200余人饮水难问题。四是通过实施输电线路改造升级工程,完成边远所站老化输电线路改造20余公里。

在不断完善各类基础设施的同时,林场依托技术、管理和林地优势,采用"公司+基地+职工"的发展模式,走市场化、公司化发展之路,大力发展林下产业。一是中蜂养殖。徐家庄林场广阔的山场资源和独特的立体小气候,极为适合中蜂养殖。通过近年来的扶持,林场中蜂养殖已初具规模,由100余箱发展到1700余箱,年产值达160余万元。林场筹集资金40万元,建立蜂蜜加工车间和标准化验室;办理了蜂蜜QS认证和产品条形码,为产品打入市场提供坚实的基础。二是珍稀植物培育。按照近、中、远期效益相结合的发展思路,建设珍稀植物产业基地。现已基本掌握了红豆杉苗木的扦插、芽接、温控等繁育技术,实现本土化生产,培育红豆杉、珙桐、桫椤树、银杏等珍稀植物苗圃80多亩,花卉盆景3000多盆。

湖北省神农架林区徐家庄林场扶贫前后对比

湖北省孝感市大悟县国有仙居顶林场

仙居顶林场位于湖北省孝感市大悟县内,由湖北省大悟县林业局管理。截至2017年年底,经营面积3.2万亩,森林面积2.9万亩,蓄积量8.9万立方米,在职职工39人。

自扶贫工作开展以来,一是积极利用项目扶贫。扶贫先扶基,实事要办好。近年来,国家和林业主管部门对国有贫困林场扶贫项目建设政策逐步增加,尤其是在林场生活饮水、林区公路、危房改造、环境绿化美化等基础建设项目投入上进一步加大了投入力度。二是加强基础建设,着力办好实事。仙居顶林场结合这些扶贫政策和资金,围绕"一年啃一块硬骨头,一年为职工办一件实事"的建设发展思路,着力加强了林场基础设施建设,切实解决了大部分职工生产生活基本用水、总场场部、老职工家属院和部分生产组点的危旧房子改造1200多平方米、保持了总场至吕高线主干道公路畅通以及总场场部环境绿化美化。

结合扶贫和其他政策项目,近二十年来,林场共计新修硬化通场部水泥路8公里,新修断头土路15公里,完成改造危房面积1200平方米,新修总场生活用水管网和水塔设施2次2套,完成8个生产组点电网初级改造,场部环境绿化美化得到改善,新造速生丰产林3000多亩,安置分流人员21人。通过这些扶贫项目的实施,林场出行难、饮水安全及不通电的问题初步得到解决。

湖北省孝感市大悟县国有仙居顶林场扶贫前后对比

湖北省襄阳市保康县国有大水林场

大水林场位于湖北省襄阳市保康县内，由湖北省保康县林业局管理。截至 2017 年年底，经营面积 1.60 万亩，森林面积 1.54 万亩，蓄积量 9.70 万立方米；在职职工 13 人。

自扶贫工作开展以来，一是积极争取基础建设扶持项目，通往林场的公路纳入 S224 省道建设范围，实行扩宽硬化，先后维修公路 40 余公里，硬化防火道 4.3 公里，维护防火线 80 余公里。二是开展安全饮水改造工程，修建水塔 2 座，蓄水量 500 立方米，有效解决了用水问题。三是争取将林场纳入农村电网改造范围，架输电线路 5 公里，设专用变压器 1 座，解决林场用电问题。经多次与电信公司协商，林场于 2008 年年底顺利接入电信网络，打通与外界的网络联系。四是积极解决职工办公住宿问题，分别于 2004 年和 2008 年修缮建设办公用房及职工住房 2 栋共 900 余平方米，2010 年国家下达大水林场危旧房改造项目 136 户，截至 2015 年，项目已全面完成，职工全部住进了县城新居。五是土地开发整理近千亩。陆续营造日本落叶松 1900 亩、华山松 300 亩、香杉 300 亩、柳杉 200 亩、刺槐 300 亩，森林面积和森林覆盖率实现双增；新建珍稀植物园 1000 亩，使林场森林覆盖率增加了 11.9%，森林蓄积量增加了 3.2%；实施中幼林抚育 33000 亩，建设战略储备林 2000 亩，有效提升森林质量；常年培育红豆杉、日本落叶松、华山松、马褂木、珙桐等苗木，累计达到 200 多万株，为国土绿化做出了巨大贡献。

大水林场的发展，获得了各级领导的高度关注，省市相关领导曾先后到林场进行调研，对林场的发展给予高度肯定。

湖北省襄阳市保康县国有大水林场扶贫前后对比

第十六章 湖南省

一、国有林场基本情况

全省现有国有林场216个,其中省属2个,市属15个,县属199个。全省国有林场经营面积1658万亩,占全省林地总面积的8.49%,森林蓄积量8201万立方米,占全省森林总蓄积量的15.52%,森林覆盖率90.1%,高出全省平均水平近31个百分点;职工58089人,其中在职38594人,离退休19495人。经过多年建设,国有林场已经成为湖南省森林资源最丰富、森林功能最完善、生物多样性最富集、森林景观最优美的区域。有87个国有林场建立了森林公园,28个国有林场建立了自然保护区,国有林场在维护生态安全、保护生物多样性、提供生态服务等方面发挥了重要作用。

二、国有林场扶贫现状分析

国有林场改革后,全省216个国有林场全部定性为公益性事业单位,机构人员经费全部纳入政府财政预算,医保社保实现全覆盖,富余职工得到了妥善安置,职工收入大幅提高,职工个人贫困状况得到有效解决。林场贫困主要体现在国有林场单位整体贫困,由于地理环境、历史条件等多方面原因,林场基础设施仍存在较大欠账,基础设施滞后于城乡建设水平,全省216个国有林场的1024个通工区的道路有待改造,部分国有林场自供区电网未实现移交改造,办公管护用房危旧房比率在30%以上;林场金融债务有待化解,经林业主管部门和金融监管机构核算,全省国有林场所欠金融机构贷款债务总计34125.52万元,平均每个林场负债157.98万元。目前湖南省国有贫困林场主要分布在武陵山、雪峰山、罗霄山等集中连片贫困地区的贫困县,地方财政困难、基础条件差、地理位置偏远,国有贫困林场脱贫攻坚的责任大、任务重。

当前国有贫困林场扶贫要以改善林场的电力、道路、房屋等基础设施为重点,解决制约林场发展基础设施瓶颈,提高生产生活设施水平;以培育特色产业为抓手,增强林场自我发展能力,打造林场经济新的增长点,充分吸纳职工及家属就业创业,维护林区社会和谐稳定,成为林场扶贫的重要环节。

当前,国有林场的干部职工年龄结构偏大,全省国有林场职工平均年龄为48.9岁,大专以上学历人才和专业技术人才比例低于15%,人才结构矛盾突出,通过引进林场所需的专业技术人才,开展交流培训,提升现有干部职工素质,建立高素质的人才队伍,满足林场脱贫攻坚和发展的需求。

三、国有林场扶贫取得的主要成绩

国有林场扶贫是一个系统工程,涉及林场管理体制、职工收入、社会保障、基础设施、项目实施等诸多方面。二十年来,湖南省林业主管部门持之以恒地推进国有林场脱贫攻坚,通过一系列改革、一项项工程循序渐进地改变国有林场贫困落后的面貌，谱写了国有林场扶贫壮丽的绿色篇章。

1. 扶贫项目精准发力

1998—2018 年，中央共计安排湖南省国有贫困林场扶贫资金 24929.5 万元。在全省国有林场申报项目基础上，湖南省建立了国有林场扶贫项目库，按照支持改善基础设施建设为主，兼顾支持具有一定产业发展潜力的经营性项目的原则，每年从项目库中选择设计合理、预期效益好、扶贫需求最迫切的项目给予资金支持，二十年来，共计安排 505 个扶贫项目。一是基础设施改善效果显著。针对国有林场场部年久失修、道路通行状况差、职工群众饮水困难等基础设施落后的突出问题，全省共计安排基础设施建设项目 433 个，项目投资 22242 万元，占扶贫总资金的 89.22%，对国有贫困林场的基础设施进行改造和改建，共计改造林场场部 179 个，新建、改造林区道路 648.4 公里，建设安全饮水工程 44 个。二是利用国有贫困林场的资源优势发展生产项目，带动经济增长，安置富余职工。二十年来，共计投资 2321 万元，支持国有林场实施 63 个经营性项目，其中种植业项目 54 个，投资 1843 万元，种植规模 38420 亩；养殖业项目 7 个，投资 458 万元，年规模 3890 头（只）；林产品加工业项目 2 个，投资 20 万元。经营性项目的实施拓展了国有林场的收入来源，缓解了改革前国有林场的经济困境，吸纳富余职工 3000 多人就业，为保稳定、促就业、增收入提供了有力的支撑。三是开展技能培训和技术引进。累计投资 231 万元，其中引进优良品种、先进实用技术项目（如珍稀树木培育、花卉种植等）4 个，推广规模 400 亩，年产值 68 万元；培训经费投入 135.5 万元，用于科技推广及培训项目 5 个，培训管理人员 720 人次，使国有贫困林场的管理人员的整体素质得到了较大提升。

2. 危旧房改造圆安居梦想

2010 年，湖南省启动了林业棚户区（危旧房）改造工程，总投资 27.3 亿元，其中中央投资 5.18 亿元，省市县配套 5.18 亿元。至 2015 年 6 月，全省 51775 户林业棚户区（危旧房）改造任务已基本建成。林场职工告别了过去的棚户房、泥土房，住进了功能齐全的成套住房，林场职工人均住房面积由改造前的 10 平方米提高到改造后人均住房面积超过 30 平方米。工程还实施了的产权制度创新，将住房产权林场所有转变为职工所有，95%的职工拥有了产权房。洞口县委政府将国有林场棚户区改造作为一项重要的民生工程来抓，选择县城城郊位置良好、环境优越的区域，为该县 5 个国有林场职工集中新建高质量的林业住宅小区，工程建设占地 170 亩，新建楼房 2048 套，工程总投资 3.9 亿元，水、电、路等配套基础设施完善，公交站点连接县城和林场，小区河流环绕、干净整齐、绿树镶嵌，成为职工宜居的理想场所。此外，全省林场棚户区改造工程的实施拉动林场所在县域的经济发展。根据测算，工程至少为 2.4 万人提供了就业机会，工程实际总投入 42.6 亿元，拉动相关产业生产总值近 80 亿元。

3. 改革助推扶贫成效显著

一是明确了国有林场的性质。全省 216 个国有林场全部定性为公益性事业单位，其中公益一类事业单位 203 个，公益二类事业单位 13 个。全省国有林场主要功能定位于保护和培育森林资源，维护国家生态安全，向社会提供优良的生态服务。二是理顺了管理体制。根据林场经营规模大小、经营管理难易程度，立足今后的发展，全省国有林场核定事业编制 14343 个，其中全额事业编制 13468 个，差额事业编制 875 个，较改革前精简编制 32.82%。人员、机构和续保经费纳入当地财政预算,实现了"因养林而养人"的目标。三是实现了政事分开和事企分开。国有林场57所场办学校、87所场办医院全部剥离,移交属地管理,教师、医护人员完成转编。337个代管村实现剥离,减轻了国有林场办社会职能的包袱,使国有林场轻装上阵,专注于森林的经营管理。四是保障了民生。全省国有林场职工基本养老保险和医疗保险实现了全覆盖。富余职工得到妥善安置,3041名林场职工依据相关政策办理了提前退休手续,通过发展林果、林下经济、林下种植养殖、森林旅游等多种形式转岗就业9671人,内部退养5402人,政府购买服务安置6126人,原本下岗失业人员全部实现了再就业,形成了老有所养、医有所保、居有其所、安居乐业的和谐局面。五是加大了政策扶持力度。国有林场基础设施纳入地方发展规划。实施了国有林场饮水安全工程,惠及林场干部职工及周边群众17.8万人。省财政每年安排林区公路建设专项资金5000万元。在累计已安排近8.64亿元养老保险补助的基础上,省财政每年安排预算8300万元补助国有林场职工养老保险续保费用。

4. 特色产业发展态势良好

1994年,全省国有林场发展高效产业会议的召开,开启了国有林场特色产业竞相发展的新局面,国有林场由单纯的用材林培育到发展经济林、林产品加工、森林旅游、林下经济等,产品形态、产业结构、经营模式都发生巨大的变化,三产协调发展的格局初步形成,特色产业成为国有林场新的经济增长点和脱贫攻坚的利器。一是森林旅游成为国有林场的主导产业。全省以国有林场为基础建立了87个森林公园,占全省森林公园总数的71.9%,构建起森林公园建设布局的主体框架。国有森林资源的丰富性、景观优势为发展森林旅游提供了得天独厚的优势,借助旅游业快速发展的东风和日趋旺盛的旅游需求,塑造了以张家界、大围山、莽山为代表的一批知名森林旅游景区,观光游览、休闲健身、户外探险、森林康养等旅游产品形态日益丰富,张家界国际森保节、大围山杜鹃花等生态文化节庆品牌影响力深入人心,特色精品森林旅游线路的打造促进了旅游消费的升级。截至2017年,全省森林旅游接待年接待游客数超过5000万人次,旅游收入超过70亿元,大围山、花岩溪、桃花源等国有林场依托森林旅游发展实现了脱贫。二是种植、养殖等林下经济蓬勃发展。国有林场依托自身资源优势,因地制宜发展特色产业,全省国有林场茶叶、林药、林下种养、林产品加工等产业收入稳定,据统计全省共有55个林场发展茶叶产业,创建了48个品牌,全省国有林场茶产业年产值达37767.4万元。林下经济的发展,催生了新型经营主体的涌现,合作社、家庭农场、职业林农等新型经营主体实行规模化、市场化、集约型经营,提高了适应市场发展的能力。三是林产品加工产业的发展拓展了产业链,成为吸纳职工群众就业的重要渠道。

四、国有林场扶贫工作的主要做法

1. 政策支持是林场脱贫的前提条件

国家、省级层面出台的针对国有林场的改革和专项建设,解决了资金投入保障机制、国有林场基础设施落后等国有林场贫困的根本性、共性问题,对于推进国有贫困林场整体脱贫进程具有决定性作用。

2. 培育特色产业是林场脱贫的重要途径

国有林场的脱贫既要依托政策支持,也要培育特色产业,增强自我发展能力,把资源优势转变为经济效益，将"绿水青山就是金山银山"的绿色发展理念贯彻落实到实处。培育特色产业要因地制宜，因场施策，充分挖掘自身资源优势潜力，突破以往固有的国有经营模式，探索职工入股、引进社会资本等多种所有制经营模式，激发发展活力。要吸收先进的经营理念、实用技术，塑造品牌，提升产品价值。各级林业主管部门要深入国有林场调研，把握产业发展方向和市场需求，对林场产业发展给予政策技术支持。

3. 加强扶贫项目管理是林场脱贫的制度保障

一是要把好项目申报关。扶贫项目的实施成效关键在于项目选择科学合理，实施方案操作性、可行性强，预期效益好。林业主管部门要加强对扶贫项目申报的审核，使扶贫项目真正解决林场脱贫进程面临的实际问题。二是要规范项目资金管理。要按照《湖南省国有贫困林场扶贫资金和项目管理实施细则》的规定，扶贫资金的管理和使用采取"财政报账制"，扶贫资金做到专款专用，建立单独的项目账目，由财政部门对扶贫资金的使用管理进行全程监督。三是要加强对扶贫项目实施成效的评估。湖南省通过创新评估方式，通过引入第三方评估、开展林业扶贫领域作风督察的方式对扶贫项目完工情况、资金管理、实施成效进行全面评估，保障扶贫成效落到实处。

4. 抓干部队伍建设是林场脱贫的重要支撑

国有贫困林场的脱贫攻坚关键在于打造一支作风优良、业务过硬、能力突出的林场干部职工队伍，特别是林场场级干部对于林场的发展和扶贫项目的实施要有清晰的思路、高强的执行力，要制定林场发展的长远规划，积极对接政府和各级部门的政策项目支持，形成多方推动林场脱贫的合力。林业主管部门要通过场级干部挂职交流、培训学习、职业教育等平台提升国有林场干部队伍素质。

五、国有林场发展方向与潜力展望

1. 争取国家对国有林场后续支持政策

一是建议中央财政对国有林场给予一般性转移支付补助。改革后，国有林场的经费支出以县级财政保障为主，大多数县级地方财政非常困难，建议国家按照林场经营面积、职工人数、生态区位等因数给予国有林场给予一般性转移支付补助。二是大力支持国有林场基础设施建设。推动国有林场道路建设项目实施，启动管护用房建设工程。三是按照国有林场金融债务类型，出台国有林场金融债务化解政策。四是设立国有林场专项建设资金，尽快启动国有林场资源保护和培育项目。在全面完成国有贫困林场脱贫攻坚任务后，争取设立国有林场专项发展资金，支持国有林场改善基础设施、发展经营性项目，巩固国有林场的扶贫成果。

2. 发展森林质量精准提升示范效益

国有林场汇聚了森林资源的精华，具备固定的管理机构、拥有林业专业人才优势和森林经营的技术优势，要在森林质量精准提升中发挥先锋示范作用。以突出生态修复、森林生态系统功能提升为导向，兼顾经济功能、景观功能，高质量的实施各类营造林项目，加强大径材培育、珍稀树种和乡土阔叶树种、景观树种、经济树种的营造，优化林分结构，调整林种布局，稳步提升国有林场森林质量，满足生态建设、森林旅游和特色产业发展的需要，充分发挥森林资源的生态效益、经济效益、社会效益。

3. 打造绿色产业发展聚集地

一是巩固森林旅游发展优势。拓宽森林旅游景区建设投融资渠道，积极争取政府的优惠政策，创新社会投资模式，以投融资推动森林旅游景区提质升级，完善景区内外交通等基础设施和接待服务设施，开发新型旅游业态，丰富旅游产品供给，加大森林旅游景区宣传力度，提高湖南森林旅游品牌的综合效益。二是大力特色生态产业。依托国有林场丰富的资源、优质的自然环境，借助林业科研院校技术力量，结合国有林场协会市场信息资源优势，将资源、资金、技术、市场充分对接起来，指导国有林场、森林公园因地制宜大力发展林茶、林果、林药等绿色生态产业，培育绿色生态品牌，打造林场经济新的增长点，促进职工增收致富，实现"林场美起来，职工富起来"。

湖南省衡阳市衡阳县岣嵝峰国有林场

岣嵝峰国有林场位于湖南省衡阳市衡阳县内，由衡阳县林业局管理。截至2017年年底，经营面积3.1万亩，森林面积2.98万亩，蓄积量11万立方米；在职职工80人。

自扶贫工作开展以来，岣嵝峰林场采取以下措施开展扶贫工作，实施脱贫。

一是发挥楠竹产业具有投入少、见效快、生态功能好的独特优势，2012年共实施楠竹低产林改造面积共1000亩，其中南林工区695亩，龙井工区305亩，全年完成辟山除杂1000亩、在辟山除杂基础上完成垦复200亩以及开沟施肥500亩，两个作业区共修建竹林道4公里，通过楠竹低产林改造国有贫困林场扶贫项目的实施，促进楠竹健康生长，实现竹林丰产、稳产，生态良好，景观迷人的目标。

二是2015年国有林场改革争取定性为公益一类事业单位，定编85人，将人员经费纳入财政预算保障人员的正常支出。

三是为提质森林景观进行四季有花、有果、有景的植物花卉和南方红豆杉、楠木等珍稀树种的营造培育，为改善基础设施开展的森林康养步道和公用房及配套设施建设，2016年完成2000亩的植物花卉和珍稀树种的营造培育，完成森林康养步道、场部和新林、夜花坪工区2400平方米管护房及配套设施建设。自2012年以来，岣嵝峰林场于2012年、2015年、2016年先后3次实施国有林场楠竹低产林改造、改善生产生活条件扶贫项目建设，国家共投入扶贫资金135万元。

经过几代人努力，全场干部职工艰苦奋斗、团结拼搏，狠抓资源培育和保护，生产生活条件逐步改善，森林覆盖率达96%，是个典型的生态公益型国有林场。2012年被评为国家AAA级旅游景区、湖南省生态文明教育基地；2016年度被评为湖南省秀美林场；2017年度被评为省级森林经营示范基地；2018年被评为湖南省十佳森林公园。

湖南省郴州市宜章县莽山国有林业管理局

莽山国有林业管理局位于湖南省宜章县内，由宜章县管理。截至2017年年底，经营面积29.75万亩，森林面积28.47万亩，蓄积量164.26万立方米；在职职工484人。

通过十多年辛勤经营耕耘，莽山脱贫攻坚工作取得了显著成效。

一是森林旅游产业成为林场转型发展的主导产业。年接待游客量超过74万人次，实现门票收入1372.41万元，带动园区所在乡镇实现旅游总产值近2亿元。

二是林场面貌焕然一新。莽山国有林场通过实施国有林场改革、发展森林旅游产业，林场由过去偏僻、人迹罕至的林区转变为植被茂密、景观优美、设施完善的AAAA级景区，成为了湖南省面向粤港澳地区的重要景点，产业结构由生产型的第一产业转变为服务型的第三产业，实现了林业产业转型和探索了可持续发展的有效路径，职工年平均收入超过当地事业单位职工年平均收入标准，林场实现了全面脱贫。

为了打好森林旅游产业发展基础，在宜章县委县政府大力支持，莽山林管局多方拓展投资取得，改善旅游基础设施。自2004年来，自筹资金1亿元，开发了天台山、将军寨、猴王寨、湘粤峰四大景区，修建了近50公里的景区公路和游步道，温泉酒店、游客中心、生态停车场等一批接待设施相继建成，旅游基础设施日趋完善。为了进一步提升莽山旅游发展品质，打造国家AAAAA级旅游景区，莽山林管局引进战略投资者中景信旅游集团，投资30亿元用于莽山旅游开发建设。

湖南省郴州市宜章县莽山国有林业管理局莽山风光

湖南省郴州市宜章县莽山国有林业管理局民俗文化广场

湖南省张家界市永定区猪石头国有林场

猪石头国有林场位于湖南省张家界市永定区西北部，由永定区林业局管理。截至 2017 年年底，经营面积 2.7 万亩，森林面积 2.6 万亩，蓄积量 16.7 万立方米；在职职工 178 人。

在扶贫工作中，猪石头国有林场采取以下措施开展工作。

一是大力开展资源保护培育。林场通过造林补贴和森林抚育一系列项目的实施，森林覆盖率由原来的 82% 上升到现在的 93%，森林蓄积量达到 16.7 万立方米。林场重新修缮了森林防火瞭望塔，购置了森林防火宣传车，配备了各种消防器材，为林场几十年无一次火警火灾提供了有力的保障。

二是积极建设国家级森林公园。猪石头国有林场由过去一穷二白的国有贫困林场发展成为现在的国家级森林公园即湖南天泉山国家森林公园。建成同时可接待 100 多人的游客接待中心，修了两条共长 5000 米，宽 2 米的森林游步道，其中配备了休息亭、公共厕所、瑜伽基地、生态停车场，场内公路达到 50 余公里，硬化路面 30 多公里，溪流治理 10 多公里，修建垃圾中转站和旅游公共厕所等设施。

三是积极改善林场职工生活待遇。林场富余职工的生活补贴从原来的零发放到现在每人每月发放 1000 元，医疗保险达到每人每年 2000 元水平。2016 年，林场与张家界天门旅游投资公司成功签约，成立了张家界天泉山旅游开发有限公司。通过森林旅游开发，林场每年收入不低于 120 万元。同时有效地带动了周边相关产业的发展，为周边农村富余劳动力提供了更多的工作岗位，拓宽了周边群众的收入渠道。

湖南省张家界市永定区猪石头国有林场天泉山风光

湖南省张家界市永定区猪石头国有林场场部

湖南省常德市石门县白云山国有林场

白云山国有林场位于湖南省常德市石门县内，由湖南省石门县政府管理。截至2017年年底，经营面积3.2万亩，森林面积2.8万亩；在职职工7人。

自扶贫工作开展以来，全场享受产业扶贫政策82户，扶贫小额信贷30户，大病救助1人，危房改造56户（2014—2018年建档立卡23户，四类对象13户，一般贫困户20户），就业扶贫50人。全面提升识贫准确度、脱贫精准度、群众满意度，取得了以下主要成效。

一是基础建设促进林场面貌改变。投入资金870万元，硬化林道路16.687公里，拓宽两主干道9公里；投入资金近47.5万元，进行安全饮水管网更新和修建蓄水池3座，铺设管网18000米，确保群众生活用水；投入资金74万元，电力低压线改造19公里。新建移动通信机站一座，实现手机信号全覆盖，光纤宽带有线电视全接入；投资110万元，新建两村级综合服务平台，各类为民服务功能和配套设施齐全。

二是产业建设提高农户收入。投入资金近100万元，新建茶园120亩和茶园150亩，亩产值预计达3000~5000元，受益农户289户807人，贫困户户均年收入达2000元。两村各投入50万元入股林场茶业，年分红6万元，连续分红10年。白云山国有林场在扶贫工作中，采用以基础建设改变贫困面貌，以产业发展助推精准扶贫方式，带动贫困群众走向脱贫，受到了石门县委县政府的肯定。

湖南省常德市石门县白云山国有林场新修林区道路

湖南省湘西土家族苗族自治州古丈县高望界国有林场

高望界国有林场成立于1958年，位于湖南省湘西土家族苗族自治州（以下简称湘西自治州）古丈县东北部，沅江上游，是湘西北最大的国有林场，由古丈县管理。林场经营总面积9.44万亩，有林地面积8.42万亩，国有林场森林覆盖率94.94%，活立木总蓄积量71.83万立方米，有国家重点生态公益林7.16万亩。高望界国有林场改制后为公益性一类全额拨款正科级事业单位，核定全额事业编制29名，设场长1名，副场长3名，下设1室3站和11个资源管护点，现有干部职工25人，退休61人。

多年来，一是利用国家扶贫资金改善和提高了路、水、电、职工住房等基础设施条件，大量新建和维修林区公路；架设了供电线路；实施了饮水安全工程改造，解决了1750人吃水困难问题；新建职工住房9800平方米，维修职工旧房，班点业务用房3600平方米。二是利用国家扶贫资金建立了一批适宜林场环境的种植业基地，进一步夯实了林业发展基础，增强了林场发展后劲。据统计，近年来林场共实施森林质量精准提升项目7000多亩，国家储备林建设项目6000多亩，大径材培育项目3000多亩；林场造林400多亩，其中营造商品林200亩，毛竹林200亩，苗木培育8亩，发展高望界云雾茶120亩；种植杜仲、厚朴200亩。

湖南省湘西自治州古丈县高望界国有林场新建场部办公楼

湖南省湘西自治州古丈县高望界国有林场防火瞭望塔

第十七章 广东省

一、国有林场基本情况

广东省国有林场大多数成立于20世纪50~60年代，截至2018年年底，全省共有国有林场206个，其中，省属林场13个，市属林93个，县属林场100个。全省国有林场总面积1169万亩，其中林业用地1124万亩，森林覆盖率92%，活立木总蓄积量5421万立方米。根据国有林场改革前的统计数据，2014年，全省国有林场经营总收入8.97亿元，其中木材收入4.15亿元，占经营总收入的50.80%；经营支出8.95亿元，其中人员支出5.56亿元，占总经营支出的62.12%。至2015年，全省国有林场资产总额72.10亿元，总负债4.26亿元。国有林场职工的人均年收入低于4万元，退休职工人均年收入低于2万元。

二、国有林场扶贫现状分析

自开展国有林场扶贫工作以来，广东省不断加大对国有林场基础设施的建设力度，结合国有林场危旧房改造、林区道路建设、农村电网改造、村村通自来水工程等项目，逐步完善国有林场基础设施。2010—2012年，通过国有林场危旧房改造项目，新建和改造职工住房50万平方米，9739户林场职工住房问题得到了改善。结合林区公路建设、农村电网改造等工程，2016—2017年，国有林场共建设林区道路1466公里、通电网415公里。2015—2018年，累计投入国有贫困林场中央扶贫资金3557万元，加强林场基础设施建设，有51个林场基础设施得到了不同程度改善，国有林场职工生活条件明显得到提高。

长期以来，由于过量依赖消耗木材资源，导致大部分林场陷入经济危机和资源危机困境，为实现林场转型发展，全省不同地区结合自身情况不断探索和尝试。东莞市结合林场脱贫工作，从2003年开始，以国有林场为基础，建成了大岭山、大屏嶂、银瓶山等一批森林公园，出台了森林公园建设补贴政策，由市财政对建设森林公园的镇给予每公顷5.4万元补贴，市镇两级财政共投入23.83亿元，不仅加快了林场脱贫，成功实现了国有林场转型发展，也让更多市民共享国有林场森林资源。

三、国有林场扶贫取得的主要成绩

在有效保护森林资源的前提下，鼓励国有林场开拓多种经营渠道，通过发展林下种植、养殖、森林旅游、林产品加工业和林副产品开发等项目，实现自我造血功能，省通过项目给予资金和技术扶持。2015—2018年，全省共安排1328万元中央扶贫资金，扶持了19个国有林场26个经营类项目。广州市流溪河林场通过使用扶贫资金升级茶厂设备，提高生产力，使茶厂产值增长了26%。汕头市南澳县黄花山林场结合扶贫项目，加速发展森林生态旅游，完善旅游配套设施，每年入园人数20万人次，实现收入400多万元。一批国有贫困林场发展多种经营，调整产业结构，多元化发展，使国有贫困林场由"输血型"林场向"造血型"林场转变。

国有林场是培育和保护森林资源的重要场所，广州、东莞、佛山等地区按照"突出生态、强调保护"的原则，从2000年开始已全面停止林木商业性采伐。2015年，广东省全面开展国有林场改革工作，改革期间，共安排985万元中央扶贫资金，用于林场林分改造、中幼林抚育、苗圃培育等项目，加快提升森林质量。据统计，2018年，国有林场森林蓄积量为5421万立方米，比2015年的4798万立方米提高了13%。

广东省国有贫困林场大多位于韶关、梅州、清远、肇庆等偏远山区，基础设施薄弱，经济结构单一，职工收入水平较低。随着国有林场扶贫力度的不断加大和改革政策落实逐步到位，国有贫困林场的脱贫步伐也在加快。据统计，2018年，国有贫困林场职工平均年收入为6.44万元，比2016年的3.79万元提高了70%。

四、国有林场扶贫工作的主要做法

1. 统筹规划，突出重点

广东省国有林场扶贫一直坚持规划先行，务本求实的原则，针对不同时期的国有林场经济情况，制定相应的扶贫规划。从2006年至今，分别印发实施了《广东省国有贫困林场扶贫实施规划》《广东省国有贫困林场"十二五"扶贫实施规划（2011—2015年）》《广东省国有贫困林场"十三五"扶贫实施规划（2016—2020年）》，以规划为基础，带动项目实施开展，统筹安排国有林场扶贫项目及资金。

2. 科学分配，兼顾公平

广东省国有贫困林场分布地区广，数量多，如何在统筹安排资金的环节做到兼顾效率与公平，是每年扶贫的重要课题。对此，在编制《广东省国有贫困林场"十三五"扶贫实施规划》时，引入"贫困系数"的概念，依据国有林场在职职工人均年收入与当地平均收入的比值计算贫困系数，贫困程度较高的林场将作为分配资金的重点扶持对象。通过采用这种资金分配方法，既能够做到对国有贫困林场较多、贫困程度较高的地区加大扶持，又能兼顾国有贫困林场较少但仍需帮扶的地区。

3. 强化督查，促进落实

在扶贫项目实施过程中，注重对各地进度的跟踪，通过不定期检查项目开展情况，掌握国有林场扶贫资金支出进度，督促扶贫项目实施较慢的地区加快落实项目，发挥扶贫资金应有效率。

4. 总结经验，及时整改

除日常工作检查外，为全面掌握全省国有贫困林场扶贫资金项目任务完成情况及完成质量，进一步加强扶贫资金监管力度，切实提高扶贫效果。近年来，专门委托第三方专业技术部门，对国有贫困林场扶贫资金项目进行核查。针对检查中发现的问题，提出整改意见，反复跟踪落实；同时对一些违反规定使用扶贫资金情节严重的地区，启动问责机制，确保扶贫资金专款专用。

5. 推进改革，加快脱贫

从2009年以来，广东省积极探索国有林场改革发展之路，东莞、佛山等地区率先启动改革探索，为全省乃至全国国有林场改革树立了典型示范。2015年以来，按照中央改革精神，推动国有林场管理体制改革和机制创新，全省原217个国有林场整合为206个，共有98%的国有林场定性为公益型事业单位（一类151个，二类51个），核定事业编制6914名（一类4126名，二类2788名）。国有林场依属性纳入同级政府财政预算，落实财政支持和保障措施，从根本上解决了职工收入的难题，加快了国有林场脱贫进程。

五、国有林场发展方向与潜力展望

一是林业科研主阵地。全省国有林场将为自然教育和科学研究提供坚实基础保障，强化承接中小学生开展自然教育的能力；加大与高校和生态公益机构的合作，开发多样化教育创新课程，丰富生态建设的内涵，为建设美丽中国发挥国有林场的应有作用。

二是木材战略储备地。2018年，广东省印发实施了《关于建立森林经营样板基地的意见》，要求全省每个林场分别制定森林经营方案，根据林场自然条件、社会经济状况和森林资源特点，针对森林经营突出问题，统筹考虑林场生态需求、森林类型和经营方向，将森林经营分类、森林作业法和经营措施落实到小班，明确经营策略，做到因林施策，精准提升森林质量。力争到2020年，大部分国有林场建成1个以上森林经营样板基地，以此探索形成适合不同地区、不同经营主体、不同森林类型和培育目标的森林经营技术、管理模式。

三是美丽森林聚集地。随着国有林场由商品性向公益性转型，森林得以休养生息。改革后，广东省将重点抓好国有林场全面提高造林质量、切实加强森林抚育、积极推进退化林修复、不断强化森林资源保护"四项工作"，将国有林场建设成美丽森林聚集地。

四是林下经济示范地。全省将继续贯彻国有林场改革"保生态"的精神，在让森林实现可持续发展的基础上，争取政策突破，打破投资壁垒。争取财政支持，引入社会资本，发展林下经济、景观租赁、森林旅游、森林康养产业和森林小镇等，争做生态产品示范的排头兵。

五是百姓向往目的地。国有林场改革后，林场通过建设森林公园，发展森林旅游，逐步转型发展成为向社会提供生态产品和生态服务的森林旅游胜地。进一步推动广东省旅游业的发展，让更多的百姓走进林场，认识林场，热爱林场。

广东省汕头市南澳县黄花山国有林场

黄花山林场位于广东省省汕头市南澳县，由南澳海岛国家森林公园管理委员会管理。截至 2018 年年底，经营面积 2.06 万亩，在职职工 8 人。目前，森林覆盖率达到 92%，是南澳县主要活立木蓄积量区和水源涵养林区，对南澳县乃至汕头市起着重要的生态屏障作用。

"十三五"期间，经过林场不懈努力，取得了以下成绩。

一是加强基础设施配套建设。近年来，林场结合旅游业发展，建设了 13 公里的林区旅游公路；各自然村全面实现了通电、通邮、通信；为加强林区防火建设，建设了 2.6 公里防火林带。

二是完善森林生态旅游区建设。林场按照"对内配套、推外推介"的方针，突出自然、生态、特色的发展理念，构筑以林场为中心的南澳海岛国家森林公园，推动森林生态旅游的健康快速发展。据统计，2017 年，公园旅游收入 400 万元，旅游人数 20 万人次。基础设施的完善，保障了游客的旅游安全。

三是致力发展特色产业。林场把山区综合开发和生态旅游紧密结合，大力发展生态观光农业。一方面是努力培育和打造农产品特色品牌。根据本地实际，充分发挥区域资源优势，在巩固原大尖山茶叶和油茶基地的基础上，继续做好茶园改造和扩建工作；另一方面是引导群众调整种植结构，发展特色农业，扶持农家乐发展，进一步服务生态旅游。

下一步，黄花山林场将继续在"抓重点、破难题、求突破"上狠下功夫，努力加快林场发展步伐。以创建"南澳国际生态海岛"和国家 AAAAA 级旅游景区为抓手，突出建设森林生态旅游功能区，推动林场社会经济再上一个台阶。

广东省汕头市南澳县黄花山国有林场南澳海岛国家森林公园

广东省汕头市南澳县黄花山国有林场内部环岛路

广东省广州市流溪河国有林场

流溪河林场位于广东省广州市从化区，由广州市林业和园林局管理。截至 2018 年年底，经营面积 9.26 万亩，森林面积 7.44 万亩，森林蓄积量 46.26 万立方米；在职职工 81 人。林场除了编制人员的基本支出外，还需承担解决编制外职工的就业和工资福利等庞大支出。

自"十三五"国有林场扶贫工作开展以来，林场大力推进扶贫项目实施。

一是利用扶贫资金升级茶厂设备。利用中央扶贫资金 25 万元，采购了茶厂生产茶叶的设备：全自动包装机一台、红茶发酵机一台、茶叶炒干机一台、揉捻机三台、茶叶烘干机一台。

二是充分利用林场的优良条件，结合场内自然环境、人才技术、生产经验等雄厚实力，盘活茶厂资产，推广"白姑娘"茶叶品牌。通过不懈努力，取得了积极成果。通过各种新设备逐渐进入生产线，对比 2017 年茶厂总产值 127 万元，在项目实施后，增长到 160 万元，增长率达 26%，使茶厂扭亏为盈；同时，茶厂的发展带动林场其他产业的发展，增加旅游流量，对运输、餐饮、景区等产业带来积极的影响。项目的实施，改变了取柴和烧柴的茶叶加工方式，大幅降低有害气体的排放，生态环境得到了有效保护。项目的实施直接提高了林场与职工的收入，在带动其他产业发展的同时，增加原林场代管村镇的人员就业机会，改善当地民生。

第十八章 广西壮族自治区

一、国有林场基本情况

通过国有林场改革，广西国有林场由改革前备案的175家优化整合为145家，其中公益一类事业单位52家、公益二类84家，公益类事业单位性质国有林场比重达到94%。人员经费纳入财政预算保障。现有职工4.46万人，全区经营林地面积2251万亩（含对外造林401万亩），森林蓄积量5668.4万立方米。2018年，全区国有林场实现经营收入5.37亿元，营业利润-0.28亿元，资产合计398.8亿元。

二、国有林场扶贫现状分析

根据《国有贫困林场界定指标与方法》及全区国有林场的自然条件、生产条件、收入水平、人员素质等方面现状，2016年界定全区国有贫困林场数量为52个，经过国有林场改革整合后，国有贫困林场数量为43个，占国有林场总数145个的29.6%。贫困林场职工总数量为9620人，占国有林场职工总数量44578人的21.6%；国有贫困林场专业技术人员总数为577人，占贫困林场职工总数量的5.9%。全区国有林场贫困现状主要体现在以下几个方面：

1. 人均产值低，职工收入低

根据2018年年底统计数据，国有贫困林场职工年人均收入2.5万元，比全区市县国有林场职工年人均收入4.2万元少1.7万元。2018年年末，还有4家林场职工人均收入少于1万元。

2. 可经营商品林地偏少，经营水平不高

全区国有贫困林场公益林占比为46%，公益林占比比全区市县国有林场平均公益林占比高出9个百分点，其中黄连山林场公益林比例超过95%。国有贫困林场人均可经营商品林地212亩，比全区市县国有林场人均少26亩，还有14个国有贫困林场人均可经营商品林地面积不足100亩，有5个国有贫困林场人均可经营商品林地面积不足50亩。同时国有贫困林场专业技术水平相对较低，单位面积林地产出少，造成国有贫困林场收入长期低下。2018年，有4个国有贫困林场可经营商品林地亩产收入不足30元。

3. 基础设施薄弱，生产生活条件差

国有贫困林场道路通达率为50%，比全区市县国有林场低2个百分点；林区道路密度为12.1公里/万亩，比全区市县国有林场道路密度19.3公里/万亩少37%，其中柳江县鹿岭林场、平乐县广运林场、永福县坪岭林场、昭平县罗富林场、平果县海明林场、东兰县东风林场、凤山县坡桃林场、大新县隘江林场甚至没有1条符合硬化道路标准的道路通达场部和分场；通电比例为61%，比全区市县国有林场低5个百分点，其中坪岭林场、马林源林场、石镬肚林场、百笔林场、紫胶林场（田东县）、海明林场、良利林场、百合林场的管护站点均未通电；广播电视通达率仅23%，比全区市县国有林场低6个百分点，还有鹿岭林场等25个国有贫困林场的管理站点均未通广播、电视；通信设施覆盖率为64%，比全区市县国有林场低11个百分点，8个国有贫困林场的管护站点均未覆盖任何通信信号；饮用水水量和水质达到国家标准的比例为22%，比全区市县国有林场低12个百分点，还有33个国有贫困林场的所有管护站点的饮用水水量和水质均未达到国家标准；危旧房比例45%，比全区市县国有林场高15个百分点，还有鹿岭林场等6个国有贫困林场的生产与办公用房均为危房。

4. 职工文化水平较低，呈现明显老龄化

全区国有贫困林场共有职工9620人，其中在职职工4069人，在职职工中大专以上学历人数为577人、管理人员人数为982人。大专以上学历人数占比14.1%，比全区市县国有林场低12个百分点，专业技术人员占比9.8%，比全区市县国有林场低5个百分点，有的国有贫困林场甚至没有1名专业技术人员，如容县天堂山林场、德保县黄连山林场、龙州县八角林场。多数国有贫困林场多年未进新人，林场职工平均年龄多在45岁以上，个别林场平均年龄达到55岁，年龄结构老化明显。

三、国有林场扶贫取得的主要成绩

1. 林场基础设施得到改善

广西自开展国有贫困林场扶贫工作以来，国家和省级共安排国有贫困林场扶贫资金10290万元，主要用于国有林场管护危旧房改造、修建断头路、解决饮水安全、通电及电视接收等必要的基础设施。据统计，2016—2018年，国有贫困林场共开展了119个扶贫项目，完成林区管护房建设及改造4000多平方米，新建蓄水池24个，维修及新建林区道路48.6公里，新建输电线路长度12.3公里，新建和改造输水管道15.96公里，修复桥梁6座等。通过项目的实施，林场的基础设施条件得到改善，增收渠道得到拓展，为林场实现脱贫奠定了基础。

2. 林场发展后劲得到增强

国有贫困林场在保护好现有森林资源的前提下，因地制宜探索林下草珊瑚、香榧、养殖等特色产业发展模式，发展杉木、马尾松、八角、红豆杉等乡土速生丰产林和特色经济林，通过技能培训、交流锻炼等方式加强国有贫困林场干部职工的整体素质和自我发展能力，实现扶贫和扶智相结合，林场的发展得到进一步加强。

3. 林场改革促进扶贫攻坚

在自治区党委、政府的正确领导下，我区按照中央要求稳步推进国有林场改革各项工作，2016年开始试点，2017年全面推开，2018年继续深化。2018年9~11月，自治区国有林场改革工作领导小组办公室对全区国有林场改革工作进行了自治区级验收，综合评定为优秀等级，全区国有林场改革工作自评得分96.36分，按目标要求完成国有林场改革任务。通过改革，明确了国有贫困林场的性质定位，科学核定事业编制，落实人员经费，职工收入得到保障，森林资源得到有效保护，林场面貌得到改善，林场活力得到释放。

四、国有林场扶贫工作的主要做法

1. 开展全区国有贫困林场认定，精准扶持贫困林场

为能够将扶贫资金用到刀刃上，全区组织开展了国有贫困林场认证，按照《国有贫困林场界定指标与方法》组织相关专家评审，界定了52家林场为国有贫困林场，并在广西林业网上公示，确保精准到位扶贫；组织编制了《广西壮族自治区国有贫困林场脱贫实施方案》，针对不同国有贫困林场的贫困状况，制定实施具有针对性的扶贫措施，指导今后几年国有贫困林场扶贫工作，确保在2020年顺利完成脱贫任务。

2. 开展全区国有林场改革工作，保障林场正常发展

在2016年开始试点，2017年全面铺开的基础上，2018年全区继续深化改革。成立自治区级改革工作领导小组，主要领导亲自抓，有关领导具体抓，统筹推进全区国有林场改革各项工作；制定全区改革实施方案，明确全区改革目标、主要任务、保障措施、时间路线图等；签订改革工作责任状，各级人民政府层层压实责任抓落实，各市人民政府与各有关县（市、区）人民政府层层签订国有林场改革工作责任状，形成"一级抓一级、层层抓落实"的国有林场工作责任机制；定期召开全区性工作会议，研究部署全区国有林场改革工作，扎实推进改革工作；建立改革情况通报制度，对全区国有林场改革进展情况进行定期通报，设立红黑榜，督促鞭策进度缓慢的各市、县加快改革进度，完善改革工作，确保按时完成改革任务。保障改革经费，落实了自治区财政国有林场改革补助资金1.3亿元，有力支持了全区国有林场改革工作；财政支持，强化保障。2016年以来全区争取了中央财政补助资金10.6亿元，自治区改革补助资金1.3亿元，为解决全区国有林场职工参加社会保险等问题提供了有力的资金支持。

3. 加强危旧房改造，提高职工生活环境

林业部门通过加强与财政、住建、发改、国土等部门的沟通协调，重点加强职工的危旧房改造，着力改善国有贫困国有林场的生产生活条件。在全区范围内开展了国有林场危旧房改造工作，采取政府投入、林场补助、职工自筹和银行贷款等多渠道筹集资金。2016年，全区国有林场危旧房改造竣工890套，分配入住780套，超额完成300套目标任务。2017年全区国有林场危旧房改造开工建设55套，主体完工27套；2018年新开工477套。

4. 加强基础设施建设，改善林区生产条件

为切实改善林场基础设施和生产生活条件，广西各级林业主管部门和林场，积极协调水利、电力及交通等部门，将国有林场的饮用水、供电设施和林区道路纳入地方政府年度建设计划。全区国有林场道路建设已纳入《广西乡村振兴规划》，2015年以来自治区共安排财政资金29338万元支持国有林场道路建设；国有林场饮水安全已纳入《广西农村饮水安全巩固提升工程"十三五"规划》，2015年以来全区共安排财政资金940万元用于国有林场饮水工程建设；国有林场供电已纳入《广西农村电网改造升级"十三五"规划》，2015年以来全区有19个县（市、区）20家国有林场实施新一轮农村电网改造升级项目。2016年以来，完成林区道路建设里程2300公里，解决饮水安全和饮水困难人口3.10万人，完成电力设施建设里程309公里。

5. 加大资金投入力度，增强林场造血功能

广西将国有林场作为林业重点工程建设的示范样板基地，优先将中央和自治区林业项目，

特别是各类新造改造、珍贵树种、森林抚育等工程项目安排在国有林场，促进国有贫困林场调整优化树种结构，提高森林经营水平，增强林场的造血功能。2016年以来，中央财政森林抚育补贴广西106个国有林场，完成165个森林抚育任务，安排资金数19105万元，抚育中幼林面积668万亩。

五、国有林场发展方向与潜力展望

1. 巩固国有林场改革

一是申请国家验收。在各市县完成查缺补漏的基础上，全面梳理、认真总结全区国有林场改革工作，并做好改革政策文件和相关材料的归档备查，尽快向国家提出验收申请。二是国家验收整改。根据国家验收的情况，针对存在问题进行整改完善，巩固各项改革成果，推动国有林场改革进一步的发展，不断扩大改革成效。

2. 推进国有贫困林场脱贫工作

根据全区国有贫困林场扶贫要求，重点对国有林场发展生产、改善民生和推广科技方面做好项目的精准扶贫。一是积极争取地方政府加大对国有贫困林场扶贫项目配套资金，进一步巩固推进扶贫项目的落地实施。二是及时更新国有贫困林场项目库，科学合理利用扶贫资金开展扶持工作。三是做好资金的监督使用工作，提高资金的使用率，规范项目的管理。

3. 加大基础设施建设投入力度

积极争取各级交通、水利等有关部门支持，在饮水安全、林区道路、电网改造和危旧房改造配套设施建设等方面加大投入，改善林场的生产生活条件。

4. 深挖林场发展道路

将进一步增强国有林场的造血功能，在努力做好营造林工作的同时，充分利用林地资源，创新林下经济经营发展方式，推广"抓两头、活中间"的发展模式，抓好种苗种源、抓好市场销售、放活职工中间种养环节，提高林地的综合生产力，增加林场职工收入。

广西壮族自治区桂林市国营平乐县广运林场

广运林场位于广西壮族自治区平乐县内，由平乐县管理。截至 2017 年底，经营面积 29.21 万亩，森林面积 28.40 万亩，蓄积量 116.47 万立方米；在职职工 85 人。

经过几十年努力，林场的生态效益、经济效益和社会效益都得到了显著提升。

一是成立项目资金管理小组，严格资金管理。所有扶贫项目均经过项目考察、项目管理小组会议讨论、申报项目资金以及上级批准并拨款后实行。

二是合理利用扶贫资金，进行基础设施建设。根据自治区林业厅相关文件精神，合理运用自治区财政厅安排的 2014 年国有贫困林场扶贫资金 10 万元以及林场的自筹资金 10 万元，山冲水库及附属设施建设已经基本完工并通过验收；根据《关于下达 2015 年国有贫困林场扶贫资金的通知》以及《关于平乐县广运林场小贝至末家林区公路项目建议书》的批复，林场新修建了小贝至末家林区四级公路 6 公里。根据《广西壮族自治区财政厅关于下达第二批中央和财政专项扶贫资金的通知》《广西壮族自治区林业厅关于印发国有贫困林场脱贫实施方案的通知》精神及林场实际情况，30 万国有贫困林场扶贫方向资金现主要用于林场饮水工程，2018 年对林场小王家分场、大龙分场、猫儿分场、末家分场、小结分场的饮水工程进行新建及更新改造，确保了林场职工饮水安全。

广西桂林市国营平乐县广运林场扶贫前

广西桂林市国营平乐县广运林场扶贫后

第十九章 海南省

一、国有林场基本情况

改革后全省国有林场由原来的36个林场减少到32个,其中,省属林场13个,市县属林场19个。共定性公益事业单位林场28个,占总数的87.5%,公益性企业林场4个。职工总数8845人(在职3558人、离退休5287人),其中,省属国有林场职工7794人(在职2984人、离退休4810人),市县属国有林场职工1051人(在职574人、离退休477人)。全省国有林场管理面积624.47万亩,其中省属林场603.72万亩,市县属林场20.75万亩;公益林面积569.83万亩,占管理面积的91.3%,占全省公益林1345万亩的42.4%,其中,省属林场559.33万亩,市县属林场10.50万亩;有天然林面积564.14万亩,占管理面积90.3%,占全省天然林总面积989万亩的57.04%,其中,省属林场559.5万亩,市县属林场4.64万亩。

二、国有林场扶贫现状分析

海南省先后编制了《海南省天然林保护工程2011—2020年实施方案》《海南省"十三五"林业发展规划》(国有林场部分)、《海南省国有林场"十三五"扶贫规划》等。省属13个林区林场森林经营方案中,有8个单位已完成编制及修订工作,5个正在编制修订中,为国有林场可持续发展提供了科学依据。

为保护国有林场森林资源安全,省林业厅印发《关于在国有林场改革期间暂停审批录用职工和森林资源流转的通知》,出台了《海南省国有林场外包林地"三过"问题解决方案》,杜绝森林资源违法占用和流转。加强天保工程建设管理,省林业厅分别与11个天保林场签订2017年天保工程森林资源保护目标责任书,科学合理划定森林管护责任区,天保林场与护林员签订森林管护合同,将管护责任落实到具体人员和山头地块,落实护林员1425人,实现了工程区森林管护全覆盖。

林场建设了护林员网络化管理平台及森林资源监管系统,有效提高对护林员考勤情况的管理水平和整个公益林保护管理水平。尖峰、霸王、吊罗等林场建成森林防火视频监控前端和森林防火指挥分中心,实现与省森林防火指挥中心互联互通。一些林场应用无人机开展森林资源调查监测工作,未出现资源变动和乱砍滥伐现象。各林区林场充分利用林区资源优势和区位优势,积极创新林区发展的体制机制,通过引进资本、引进项目,承包合作等形式,大力发展林区森林旅游、小水电产业及热带花卉等特色产业,有力地促进了林场产业的发展。2017年,尖峰、霸王、吊罗山林业局,黎母山林场等林区森林旅游、小水电、橡胶等产业经济收入3179万元,其中仅森林旅游收入达806万元。

省委、省政府印发的《海南省国有林场改革实施方案》(琼发〔2016〕10号)规定,省政府对国有林场改革负总责,省林业主管部门负责省属国有林场改革,各市县政府负责辖区内的市县属国有林场改革。省委、省政府成立国有林场改革领导小组，省委副书记任组长，分管副省长任副组长，成员由省直有关单位组成。领导小组下设办公室，在省林业厅办公。市县政府和省属林场也相应成立了国有林场改革领导小组及办事机构。省政府与市县政府签订了国有林场改革工作责任书，同时印发《关于印发海南省国有林场改革实施方案重点工作责任分工的通知》（琼府办函〔2017〕143号），将改革任务进行责任分工，落实到省直有关单位。省改革领导小组办公室（省林业厅）自2015年3月启动改革以来，先后组织召开大会、厅务会议、专题会、协调会、汇报会、现场会等共78次，研究解决改革有关问题。各市县、各省属林场高度重视，采取了有力措施，切实推进改革工作。

三、国有林场扶贫取得的主要成绩

海南省国有林场管理体制改革创新取得突破性进展。一是合理优化了国有林场管理层级。将原26个省属林场中13个生态区位重要、林地面积8万亩以上、生态公益林占比60%以上的林场保留为省属林场，由省林业厅直接管理；将处于重要生态区位外缘、一级林地总面积8万亩以下的林场下放当地市县政府管理；将市县属林场一律调整为市县林业行政主管部门直接管理，克服了原来管理政出多门的弊端。二是科学整合优化了林场布局。原26个省属林场，1个合并，1个划转，原10个市县属林场，2个合并，使全省林场总数从原来的36个减少到32个，其中，省属林场13个，市县属林场19个。此外，为实现统一管理，将尖峰岭、霸王岭、吊罗山、黎母山、猕猴岭等5个自然保护区管理局（站）与所在的林业局（林业公司、林场）合并，实行两块牌子一套人马的管理体制，原保护区保护范围不变，并将黎母山、猕猴岭的级别从正科升格为副处。三是事业单位定性取得里程碑性的进步。改革后，定性为公益一类或二类事业单位林场28个（其中公益一类7个、公益二类21个），占总数的87.5%，使列入财政拨款的事业单位林场个数从改革前的1个增加到28个，比例从改革前的2.8%提高到改革后的87.5%。其中，省属林场列入财政拨款的事业单位林场个数从改革前的0个增加到13个，事业单位比例达到100%，彻底结束了长期以来全省国有林场既要承担生态建设的公益职责，又要自己"找饭吃"的辛酸历史。四是初步核定了事业编制。据初步统计，全省现已核定事业编制304个，使列入财政拨款事业编制人员比改革前的30人增加了279人，是改革前的10.3倍。其中省属林场核定编制186人，使列入财政拨款事业编制人员比改革前的56人增加了130人，是改革前的3.3倍。五是积极推进了事企分开。有两种模式，第一种是组建经营实体，如省属林场全部成立森林发展有限公司，实行职能分开、财务分开、资产分开、债务分开。这种模式是主要的，省属林场和绝大多数市县属林场都采用了这种模式。第二种模式是不组建经营实体，由林场直接经营商品林采伐、林业特色产业和森林旅游等暂不能分开的经营活动，实行严格的"收支两条线"管理。

四、国有林场扶贫工作的主要做法

2017年投入国有贫困林场扶贫资金1248万元，其中，中央扶贫资金1028万元，省财政配套220万元。重点扶持4个国有林场的饮水安全、污水处理、林区公路、农贸市场配套建设等5个项目建设，目前项目建设正在实施中。继续按照《林区贫困家庭精准扶贫实施方案》和"一户一策"扶贫措施，对11个林区林场20户贫困家庭实施精准脱贫，通过就业安置、低保等措施，现有7个林区林场16户贫困家庭已脱贫。同时，结合国有林场改革，安置富余职工方面，全省采取了"全员安置法"，即把原有林场（林业局）在册职工（都是企业身份），成建制转入经营实体就业，确保其工作有着落、待遇不降低，让职工吃上了"定心丸"。

将全部职工按照规定纳入城镇职工社会保险范畴，将符合低保条件的林场职工及其家庭成员纳入当地城镇居民最低生活保障范围，做到应保尽保。目前，全省3558名在职职工已全部参保，参保率达100%。而且原省属26个林场还推行了住房公积金制度。同时还解决职工发展生计问题。过去因停止采伐天然林，职工断了收入来源。为了生计，职工承包林地种植树木发展自营经济，但随着天保工程的实施和保护区范围的扩大，将职工承包的商品林划为公益林，职工因为不能按时砍树变现而蒙受损失，这个问题目前正在制定方案，努力筹集资金解决。

创新森林资源管护机制进展情况。一是完善公益林政府购买管护机制。根据财政部、中央编办《关于做好事业单位政府购买服务改革工作的意见》（财综〔2016〕53号）有关规定，对于公益二类事业单位林场的公益林管护，由省或市县林业行政主管部门直接委托其实施并实行合同化管理；对于公益一类事业单位林场的公益林管护，分两个阶段进行。第一阶段是改革过渡期，为妥善安置富余职工，确保林场社会稳定，暂由林业行政主管向经营实体购买公益林管护服务，如霸王岭林业局通过签订管护合同的方式，直接委托霸王岭森林发展有限公司管护辖区内的森林资源。第二阶段，改革过渡期结束后，待安置的富余职工退休减员后，逐步引入市场机制，通过合同、委托等方式面向社会购买服务。

实施最严格的森林资源保护制度。省委、省人大、省政府先后出台了《海南经济特区林地管理条例》《海南省森林保护管理条例》《海南省生态环境保护条例》《海南省生态保护红线管理规定》《海南省陆域生态保护红线区开发建设管理目录》《海南省党政领导干部生态环境损害责任追究实施细则（试行）》等。省政府利用全省"多规合"，将国有林场森林资源纳入各市县林地保有量、公益林保有量、森林保有量的总目标，将森林资源保护管理纳入地方政府目标责任考核内容。省政府与市县政府签订《"十三五"期间海南省森林资源保护和发展目标责任书》。

建立权责明确、监管有效的森林资源监管体制。首先，省林业厅先后出台了《海南省国有林场森林资源监督管理办法（试行）》《海南省林业厅关于进一步加强森林资源监督管理工作的意见》《海南省国有林场森林经营方案编制和实施工作指导意见》《海南省天然林资源保护工程二期森林培育管理办法》《海南省国有林场森林资源保护管理考核办法》《海南省国有林场年度绩效考核办法》《海南省国有林场森林资源有偿使用管理办法》《海南省国有林场场长森林资源离任审计办法》《海南省国有林场管理办法》等，为森林监管提供了制度保障。其次，为加强天然林和公益林管护，集中从严管理林地，建立权责利统一，管资产和管人、管事相结合的森林资源管理体制，将省属委托市县管理的天保林场收归省林业厅直接管理，市县属林场全部调整为市县林业主管部门直接管理，从而实现省、市县两级国有森林的有效监管，为保护森林资源安全提供了体制机制保障。第三，从2017年开始，省林业厅建立了由省森林资源监测中心、市县林业局、林场和保护区技术人员组成的全省森林资源监测体系，开展年度监测工作，为生态环境损害鉴定、资源资产负债表编制、领导干部生态建设保护离任审计、领导干部生态损害追究制度考核等生态文明制度提供技术保障。

五、国有林场发展方向与潜力展望

1. 总体目标

到2020年海南省国有贫困林场基础设施状况全部得到改善；职工收入明显增加，收入增长幅度高于当地平均水平；生活环境显著改善，科学教育、文化、卫生等各项社会事业不断发展，职工子女义务教育、基本医疗和住房有保障；职工素质明显提高，基本满足林场生产经营的需要，森林质量和森林蓄积量明显提高，森林生态功能显著增强。

2. 具体目标和任务

"十三五"期间，整合中央、地方和林场的投入，扶贫支持覆盖全部国有贫困林场。具体实现以下几方面的目标。

基础设施，到2020年，国有贫困林场饮水安全通过改造升级得到保障；全面解决场部、分场（工区）和管护站的供电和林区电话等基本通信问题；林区主干道路进出通畅，尖峰岭、吊罗山林业局要完成扶贫攻坚道路任务；林区电网升级改造全面完成；林区饮水安全提质改造全面完成。

收入水平，到2020年，省属林区林场人均可支配收入增长幅度高于全省平均水平，确保全省现行标准下国有贫困林场人口全部实现脱贫。

产业经营，重点扶持国有贫困林场形成公益事业的投入机制、主导产品政府购买服务的运行机制和优势特色产业的科学经营机制，使其基本具备自我积累、自我发展的能力；基本实现森林可持续经营，森林面积和森林覆盖率稳中有增，森林质量明显提高。

职工队伍，职工素质明显提高，基本满足林场生产经营的需要。到2020年，职工总数的30%有大专以上学历，初级以上职称达30%以上，1000人次得到培训。

社会保障，到2020年，国有林场职工群众生活环境显著改善，教育、文化、卫生等各项社会事业不断发展，林场面貌发生根本性改变；基本医疗、住房、养老和职工子女义务教育等社会保障水平达到或超过本省平均水平。

第二十章 重庆市

一、国有林场基本情况

重庆市现有国有林场69个，分布于37个区县（自治县）和万盛经开区，均为生态公益型林场，其中，公益一类单位64个，公益二类单位5个，全额财政预算单位65个，差额财政预算单位4个。现有职工5641人，其中在职职工2469人、退休职工3172人。全市国有林场经营面积595万亩，国有林地面积397万亩，占全市林地总面积的6%；国有森林面积535万亩，占全市森林总面积的9.5%。林木蓄积量2964万立方米，森林覆盖率90%。目前，依托国有林场建立自然保护区32个，建立森林公园57个。

二、国有林场扶贫现状分析

根据《国有贫困林场界定指标与方法》及全市国有林场的自然条件、生产条件、收入水平、人员素质等方面现状，界定全市国有贫困林场数量50个。国有林场贫困主要表现在以下几个方面：

1. 经营机制不活

全市国有林场公益林比重高达90%以上，林地使用的经济功能受限，融资较为困难，森林资源利用率整体偏低。国有林场发展森林旅游，虽拥有资源优势，但由于缺乏前期资金投入，致使多数森林公园经营只能停留在对外出租层面，很难深度参与经营。国有林场多种经营收入所得全部上缴财政，部分区县并未返还用于国有林场发展建设，林场发展产业积极性不高。

2. 管理体制不顺

全市国有林场全部为区县管理，地方政府随意成立、分设、变更、撤销国有林场，没有征求市林业主管部门意见，不利于行业管理。地方政府为发展经济存在着转让、划拨、抵押国有林场森林资源不按规定上报审批等现象。区县林业主管部门对国有林场管得过细，存在过度管理问题。

3. 基础设施滞后

全市国有林场26.7万平方米房屋建筑中，大部分建造标准较低，加上长年无力维修，形成危房占总面积的40.5%以上。1/3的林场防火公路不足10米/公顷（有5个林场没有防火公路）。输电设施大多老化严重，缺乏定期检查、维修或更新，存在较大安全隐患。饮水安全存在较大差距，管护站点仍主要靠自备水源维持生活，仅有8个林场有净水设备，林场饮用水水质堪忧。信息化水平低，大部分林场未建立相关网站和林火视频监控系统。

4. 生态功能不足

全市依托国有林场建立森林公园大多为森林游憩类，主要以观光、登山、徒步等为主，类型单一且管理水平不高，森林景观利用不足。尤其是在森林体验、森林康养、增强生态服务和生态产品生产能力等方面差距较大。

三、国有林场扶贫取得的主要成绩

1. 生产生活条件明显改善

一是林场职工住房状况明显改善。2009年全市启动实施了国有林场危旧房改造工程，目前已建设完成7235户，面积57.6万平方米，国有林场职工住进了宽敞明亮的新居，林区民生得到很大改善。二是国有贫困林场通路、通水、通电问题有效解决。改造危旧管护用房13.6万平方米，修建林区道路1160公里，建设饮水管线95公里，解决了15万人的饮水问题，架设电线90公里，购买护林专用摩托车1000多辆下发到林场、管护站。三是场容场貌得到较大改观。69个林场进行了场部危房改造，实施通水通电通广播电视，万州、石柱等区县积极推进标准化管护站建设。目前全市319个管护站中，96%实现公路通达，94%实现通电，100%实现通水，国有贫困林场的场容场貌和社会形象得到很大改观，干部职工精神面貌焕然一新。国有林场生产生活条件明显改善，森林可进入程度显著增加。

2. 财政支持力度不断加强

国有林场公共保障能力明显增强，目前全市69个林场中，实行全额预算管理的林场65个，剩余4个差额预算管理林场由区县财政设立国有林场发展基金，补足国有林场经费。据统计，2017年区县财政支持国有林场资金达4.8亿元。市级财政也加大了国有林场扶贫支持力度，自2014年起设立国有林场基础设施建设资金，稳定在1500万元/年，同时在中央国有贫困林场扶贫资金的基础上，自2017年起配套安排市级补助。国有林场支持政策不断稳固，发展后劲显著增强。

3. 林业特色产业蓬勃发展

通过规划引领，整合项目资金，突出地域特色，充分挖掘国有林场发展潜力，发挥国有林场森林资源优势，集中林业产业发展资金、市财政农发资金、林业科技资金、林业贷款贴息等。同时，积极鼓励社会资本进入国有林场，以此带动和支持国有林场积极发展种植业、养殖业、森林旅游业等特色产业，不仅为职工创造了许多就业岗位，而且大大增加了职工收入。依托有林场建设市级以上森林公园58处，森林旅游从2005年的32万人次，增加到2017年的1200万人次，森林旅游产值11亿元，发展中药及特种经济树种面积达3万亩，建设笋竹基地2万亩，苗木基地近1万亩，林下养殖牛羊等家畜17万头（只），国有林场森林资源有效利用，森林资源保值增值。

4. 职工整体素质明显提升

以调整岗位设置为抓手，优化职工队伍，国有林场岗位设置得到优化。目前设置管理岗位546个，工勤职能岗位880个，专业技术岗位1369个，专业技术岗位占比达49%。同时利用天保工程、扶贫项目、森林抚育、造林补贴、职工技能竞赛等开展职工专业技能培训，每年举办技能培训班2期以上。二十年来,培训林场职工超过1万人次。组织参加国有林场场长培训200人次,50余名场级干部异地挂职锻炼。自2010年起,实施了国有林场职工子女助学计划,目前已经资助近千名国有林场贫困职工子女读大学,国有林场职工素质明显提高,履职能力显著增强。

5. 森林资源得到有效保护

二十年来,在扶贫工作的推动下,国有林场将更多的精力集中到森林资源培育保护上来,森林规模和质量得到了提升,实现了森林面积、蓄积量双增长。完成更新造林95万亩,森林抚育180万亩,低效林改造35万亩,建设珍贵树种培育基地1万亩,实施场外造林18万亩,国有林场森林经营面积增加了133万亩,蓄积量增加了1300万立方米。国有林场森林生态功能显著增强。

6. 科技示范带动得到强化

国有林场承担着林业科学研究、生产试验示范、教学实习基地和林业新技术推广的重要任务,在林业科技推广、林木良种选育中发挥着主要示范作用。二十年来,全市国有林场共承担了猕猴桃丰产栽培技术推广示范、城口县小香脆板栗丰产技术推广示范等30个中央林业科技推广项目,获得中央补助3000万元,共推广优良品种面积3万亩,示范带动面积超过10万亩,培训各类专业技术人员超过5000人次。同时,国有林场大力开展林木良种基地建设,建立国家级林木良种基地3处,市级林木良种基地11处,总面积超过3.5万亩。

四、国有林场扶贫工作的主要做法

1. 国有林场扶贫脱贫离不开国家宏观层面的政策支撑

1998年,国家启动天然林资源保护工程,全市国有林场全部纳入天保工程实施区。据统计,天保工程一期和二期,中央投资森林资源管护费4.2亿元,五险资金2.9亿元,切实解决了职工保障。2003年,中共中央、国务院《关于加快林业发展的决定》精神,对长期困扰国有林场发展的一些重大问题进行全面改革,进一步挖掘国有林场潜力,增强了发展活力。2009年,国家在全国12个省(市)开展国有林场危旧房改造试点,通过积极争取,全市于2010年已全部纳入改造范畴,切实解决了林场职工住房难的问题。2010年以来,国家交通运输部、国家广播电视总局等部委相继把国有林场场部连接道、村村通广播纳入专项规划并于启动。2011年,国家林业局出台了《国有林场管理办法》,更有利于推动国有林场管理的法制化、科学化,对国有林场建设管理具有里程碑的深远意义。2015年,中共中央、国务院印发了《国有林场改革方案》,全面启动国有林场改革。这一系列的政策、法规的出台,加快了国有林场的发展,促进国有林场脱贫,为切实改善国有林场职工的生产生活提供了坚强的政策保障。

2. 国有林场扶贫脱贫离不开地方各级党委政府的正确领导和相关部门的大力支持

重庆市委、市政府非常重视林业工作,历来关心支持国有林场的建设发展。1998年,市委、市政府紧紧抓住国家启动天然林资源保护工程这一机遇,积极争取国家把全市38个区县及国有林场500多万亩林地纳入实施范畴,并在资金政策上给予大力支持。同年9月,市政府发布了《关于保护天然林资源的通告》。2005年,市政府出台了《关于深入推进国有林场改革与发展的意见》(渝府发〔2005〕43号),通过区县政府、有关部门的共同努力,全市国有林场均界定为生态公益型林场，全部纳入了区县财政预算，核销了历史债务1.14亿元，基本解决了职工基本养老、基本医疗等社保问题。2016年，全面启动国有林场改革，国有林场功能定位更加清晰，管理体制进一步理顺，基础设施显著改善，管护机制全面创新。市级有关部门对森林资源保护、林场职工安置、职工社会保障、基础设施建设等工作也给予大力支持。据统计，2005年以来市财政累计投入4亿元，用于改造国有林场场部和管护站房屋、职工危旧房、饮水、通电、通路、广播电视等民生工程建设。市发展改革委把国有林场基础设施建设列入地方发展规划，并投入4500万元用于国有林场危旧房改造及林场项目建设；市建委、市国土、市规划积极支持国有林场危旧房改造，并配合出台优惠政策，市地税局对危旧房改造产生的税费全返；市交通局"十二五"期间共安排全市林区公路建设任务903公里，总投资4.52亿元，有效地改善了林区交通基础设施条件；市人力社保局把全市国有林场职工全部纳入"五险"参保对象。通过各级政府的高度重视和部门的大力支持，国有林场脱贫步伐进一步加快，林场发展基础得到夯实。

3. 国有林场建设发展离不开全体务林人的艰苦创业和无私奉献

全市国有林场多建在高海拔的偏远山区，土壤贫瘠，交通非常不便，造林难度很大。林场职工们发扬艰苦奋斗精神，经过几代人几十年的艰苦努力，绿起了一个山头又一个山头，使昔日杂草丛生，荒芜的野岭荒坡，变成了嫩绿葱茏、万木竞秀的林业基地。国有林场在大力开展植树造林活动中，积极开展林业科学研究和实用技术推广，在良种繁育、树种选择、育苗、整地方式、造林密度、幼林抚育、人工林间伐、低产林改造、防火林带营造、长江两岸绿化等方面，进行了大量的试验研究，摸索出了一大批切合实际、适用性强的先进技术，起到了较好的示范带动作用。先后成功引进了火炬松、湿地松、日本落叶松、69杨、巨尾桉等速生用材树种，总面积达50万亩，为国家培育木材2000万立方米。在育苗方式方法、造林方式上积极探索和总结，为全市长江防护林、天然林资源保护、退耕还林等起了带头示范作用，加快了造林绿化步伐。

五、国有林场发展方向与潜力展望

下一步，全市国有林场脱贫和发展将以习近平新时代中国特色社会主义思想为指导，牢固树立"绿水青山就是金山银山"的理念，坚持"一个定位"，实现"一大目标"，完成"一大任务"，即坚持保护培育森林资源，维护长江上游和三峡库区生态安全的功能定位；贯彻落实新发展理念，推进国有林场高质量发展，实现森林景观优美、基础设施完备、管理科学规范、林区和谐幸福的现代化林场建设目标；完成以制定国有林场管理法规为引领的国有林场政策支持制度体系任务。

在具体工作上，就是以建设森林经营示范林场为重点，积极建设国家略储备林基地、珍贵树种基地和大径材林基地，改造森林景观，提升森林美度和靓度；以建设现代国有林场为载体，加强国有林场基础设施建设，显著提高森林可进入程度，让市民共享生态成果，将国有林场打造为城市休闲后花园；以打造智慧林场为示范，实现国有林场资源管理数字化、信息化，提高森林资源管理效率；以建设森林特色小镇为依托，积极发展森林旅游、森林康养产业，融入乡村振兴战略，带动引领周边绿色发展。

重庆市永川区国有林场

永川国有林场位于重庆市永川区境内,由永川区管理,属永川区林业局下属事业单位。截至2017年年底,经营面积14.96万亩,森林面积13.68万亩,蓄积量75.64万立方米;在职职工145人。

自扶贫工作开展以来,林场采取了一系列措施来促进扶贫工作的展开。

一是改善林场基础设施。自2009年以来,先后投资资金300万元,改造林场电线线路3.5公里,修建防火林道10公里,修建蓄水池12口,安装管道10公里,完善喷灌设施30亩、人行便道2000米,改造管护站建筑面积1000平方米。经过扶贫建设后达到成效,彻底解决了职工的生产生活条件。目前,林场分场、管护站点基本实现了通水、通电、通路;网络、电视等娱乐设施已全覆盖。基础设施的不断改善,有效提高了职工获得感和幸福感。

二是科学经营森林资源。通过开展封山育林、森林抚育、科技推广、珍稀林木保护培育等项目,不仅调整了林分结构,还有效增加了森林面积及生物多样性,森林质量得到明显提升。目前,林场森林面积从12.89万亩增加到13.68万亩,森林蓄积量从71.52万立方米增加到75.64万立方米,森林覆盖率从92.6%提高到95.1%。珍稀树种保护培育方面,建立桢楠种质资源库1个,建立桢楠育苗基地300余亩,共培育桢楠轻基质营养袋苗475万株,为永川区政府实施的"楠木下乡行动"发放桢楠苗木300万株。特别是在扶贫工作中,将林场纳入全额拨款事业单位,保证了单位的正常运转,解决了后顾之忧,让职工能全身心地投入到林场的各项建设中,并取得积极效果。2011年林场获得"永川区文明单位"荣誉称号,2013年在全市国有林场年度工作考核中获得三等奖,2016年被重庆市人力资源和社会保障局、重庆市林业局评为"重庆市林业系统先进集体"。

重庆市永川区国有林场新建分场综合楼

重庆市永川区国有林场新建管护站

重庆市南川区林木良种场

南川区林木良种场位于重庆市南川区,由南川区管理。截至 2017 年年底,经营面积 8.16 万亩,森林面积 6.88 万亩,特殊灌木林面积 1.11 万亩,蓄积量 66 万立方米;在职职工 71 人,其中在编职工 29 人,企业员工 42 人。

自扶贫工作开展以来,一是多方筹集资金开展规划和建设。投入 2000 万元建设了公园内林区公路 5 公里、步游道 14 公里、公厕 7 处、停车场 5 处,约 20000 平方米,小木屋及廊道 250 平方米,供 2000 人同时使用的安全饮水工程、供电、通信设施等。累计使用国有林场扶贫资金 285 万元、国有林场基础设施建设资金 860 万元,自筹约 1000 万元。

二是立足以林为本,大力培育和保护森林资源,确保森林资源数量和质量双增长。近十年来,森林覆盖率从 94.2% 提高到 98.0%,活立木总蓄积量从 53 万立方米增加到 66 万立方米。同时逐步停止了森林商业性采伐,谋求转型发展,将山王坪工区作为旅游产业发展重点,申报喀斯特国家生态公园获得批准,山王坪喀斯特国家生态公园建设投入使用,年接待游客 15 万人次,直接经济收入 550 万元,带动周边群众增加涉旅收入 4000 万元。林场通过开发森林旅游业,成功实现转型发展。2015 年,被中国林场协会评为"全国十佳林场",2016 年,被评为重庆市林业先进单位。

重庆市南川区林木良种场新貌

重庆市南川区林木良种场新修道路

重庆市璧山区东风林场

东风林场位于重庆市璧山区,由璧山区林业局管理。截至2018年年底,经营面积8.93万亩,森林面积8.66万亩,蓄积量11.38万立方米;在职职工48人。

在扶贫工作中,采用的"项目带动森林提质""产业帮助农户脱贫",取得了积极效果。

一是大力实施森林经营,做大林场资产。合理利用森林资源,实施47000亩中幼林森林抚育,1500亩国家木材战略储备林项目,实施中央造林补贴项目营造林8000亩,1000亩珍贵树种培育项目,场外营造尾巨桉林2300亩。通过实施森林经营,森林面积从8.44万亩增加到8.64万亩,林木蓄积量从9.53万立方米增加到11.38万立方米,森林覆盖率从96.2%提高到98.5%。

二是林业产业发展成效突出,带动林农增收。新建木材加工厂2个,年产值240万元,解决当地50余名贫困林农就业;发展青龙湖国家森林公园避暑休闲旅游产业,投入资金500万元建设林园宾馆,年接待游客近10万人次。

三是加大投入改善职工生产生活条件,职工实现稳步增收。对危旧管护站、点进行了改造,新修青龙湖三江管护点,改善场部、管护站办公环境,实现水、电、路、气、网络全通,全面落实职工福利待遇政策,职工人均收入达到10.2万元,实现稳步增加,对困难职工家庭定期慰问,帮助困难职工摆脱贫困。

东风林场先后受到全国、市、区林业局的表彰。2011年,被重庆市人力资源和社会保障局、重庆市林业局评为重庆市天然林资源保护工程(1998—2010年)"先进集体";2011年,被重庆市绿化委员会、重庆市人力资源和社会保障局授予"重庆市绿化先进集体"称号;2018年4月,被中国林场协会评为"全国十佳林场"。

重庆市璧山区东风林场新建木材加工厂

重庆市忠县国有林场

忠县国有林场位于重庆市忠县,由忠县林业局举办和管理。经营面积5.18万亩,森林面积4.89万亩,森林覆盖率94.4%。现有活立木蓄积量42.67万立方米。场部内设综合科、营林科、保护科、森林公园管理科、森林病虫防治科5个科室;下设天池、巴营、精华、石子4个管护站,下辖36个管护点;管理天池山国家级和巴营市级2个森林公园。现有职工134名,其中在职职工52名,退休职工82名。

自林场开展扶贫工作以来,整合各项资金,改造及修建危旧房护林点,新建防火通道,林区工作生活条件得到显著改善。

一是大力修建林区道路,改善林区及周边农户出行条件。以前林区内存在许多的断头路,交通不便,管护地块分布在13个乡镇及街道,巡护只能靠步行或选择性的巡护,导致有些边缘地块得不到有效管护。目前,林区修建巡护步道2公里,硬化林区公路3.2公里,林区内道路四通八达,提高了职工巡护效率,便捷了周边农户出行。

二是整修水塘,安装饮水,改善林区用水条件。在国有林区内整治山坪塘1000平方米,修建饮水池4口,安装供水管道6000米,为林区及周边农户提供了便捷优质的饮用水源。

三是改善林区职工住宿条件,便于林内巡护。拆除原有的危旧护林哨,在重要地段新建护林哨5处,总面积1200平方米,保障了管护人员的人身安全,为护林员提供了休息场所。

重庆市忠县国有林场新建林区道路

重庆市石柱县国有林场

石柱县国有林场位于重庆市石柱土家族自治县，由石柱土家族自治县林业局主管。截至2017年年底，经营面积为15.08万亩，蓄积量为86万立方米；在职职工71人。

在扶贫工作中，抢抓机遇、落实政策、务求实效，积极推进各项工作顺利开展。

一是狠抓政策落实，积极化解林场不良金融债务2046万元，减轻林场负担。落实国有林场职工"五险二金"，保障林业职工队伍稳定。

二是不断加强基础设施建设。其中货币安置国有林场家属院D级危房6328.99平方米，林场职工危房改造达1.4万平方米，改造管护站（点）管护用房2412.54平方米，新建林区公路8.167公里、电力线路改造3.5公里、职工饮水38.5公里，实现管护站点通水、通电、通路、通信息，不断改善职工生产生活条件。

三是创新经营机制，盘活资产资源。经过几代人努力，从建场之初的森林面积4.9万亩增长到目前的15.08万亩。累计实施封山育林25万余亩，新造人工林3万余亩，实施完成了森林抚育5.6万亩，水杉母树基地建设0.02万亩，划定国家储备林1.7万亩，木材战略储备林基地建设1.19万亩。国有林场千野草场和大风堡景区合作旅游发展，每年可分成40万元以上，林场寺尚店国有森林的旅游合作开发建设正稳步推进中，有望2019年初收益分成。

四是职工人均年收入从1998年的不足0.5万元增加到2017年的6万元，职工满意率达100%。森林资源管护面向社会公开购买服务33名护林人员，保障国有森林资源安全。

重庆市石柱县国有林场干果场护林点改造新建管理用房　重庆市石柱县国有林场寺尚店护林点改造新建管理用房

第二十一章 四川省

一、国有林场基本情况

四川省现有国有林场 159 个，分布在全省 20 个市（州）93 个县（自治区、直辖市），其中公益一类林场 156 个，企业性质林场 3 个。现有国有林场职工总人数 12715 人，其中在职职工 5943 人、退休职工 6772 人。全省经营管护林地面积 4817 万亩，占全省国有林面积的 26%，约占全国国有林场总面积的 5.3%。国有林场林木蓄积量 2.16 亿立方米。

二、国有林场扶贫现状分析

根据《国有贫困林场界定指标与方法》及四川省国有林场的自然条件、生产条件、收入水平、人员素质、生活条件、基础设施建设等方面现状，四川省全部的林场都为国有贫困林场。国有林场贫困主要表现在以下几个方面：

一是基础设施建设滞后，生产条件艰苦。四川省国有贫困林场全部分布在山区，很多林场自然条件十分恶劣、土壤贫瘠且风沙严重，基础设施建设滞后。据统计，目前全省林场仍有 93 个工区车辆无法到达，有 85 个工区或管护点不通电，80 个工区或管护点不通电话，97 个林场吃水困难，这些条件制约着国有贫困林场经济的发展，也给职工生活及生产带来严重影响。目前绝大部分林场工区及管护点房屋为 20 世纪 70~80 年代建造的简易房，部分房屋已经坍塌或者裂缝，冬日透风，夏日漏雨，且林场自身无力承担维修或者重建费用。此外，大部分林场远离城镇，就医及就学需要到几公里甚至十几公里以外的地方，交通十分不便。

二是管理体制不健全，资源监管不到位。目前国有林场仍然存在着林地管理不严格、森林资源流转不规范、分级管理责任不明确、监测考核体制不灵活、监管执法力度不大等诸多问题，势必影响今后国有林场的进一步发展和脱贫经营活动。因此，因地制宜推进政事、政企分开，完善政策支持体系及森林资源管护体制，是改善生态和民生，增强林业发展活力和全面脱贫的必要条件之一。

三是扶贫机制不健全。过去对国有林场单项扶贫较多，综合扶贫少。尽管单项扶贫项目效果显著，但林场整体脱贫效果不明显。由此便造成了年年扶贫不脱贫的尴尬现状。此外，以部门扶贫为主，没有建立起专项扶贫、社会扶贫和行业扶贫的联动机制。建议各相关部门积极想办法，实现多元投入，多方筹资。实践证明，在逐步建立健全扶贫机制的前提下，中央扶贫资金对带动地方增加国有林场基础设施建设和产业发展投入发挥了重大引导和辐射作用。

四是债务沉重制约发展。尽管国有林场近些年来在二、三产业方面下了很大功夫，发展了一批生产经营项目，但是，由于历史原因，国有林场背负了较重的债务，致使许多生产经营项目资金投入不足，产业化程度低，产品科技含量不高，缺乏市场竞争力，再加上林场自身实力不强，导致林场所经营的产业发展缓慢，总体效益不佳，影响了职工生产经营的积极性，严重制约了林场的进一步发展。

五是人才队伍老化。林场职工老龄化程度严重，在职职工中，40~50岁职工共计4058人，占在职职工总数的68.3%；距离法定退休年龄（男60岁、女55岁）不足5年职工1201人，占在职职工总数的20.2%。学历层次较低，有大中专毕业生1785人，仅占在职职工总数的30%，而初中文化以下（含初中）的职工占在职职工总数的50.8%。

三、国有林场扶贫取得的主要成绩

二十年来，四川省根据国家国有贫困林场扶贫工作的部署和《四川省国有贫困林场扶贫开发规划》，坚持以人为本、统筹规划、突出重点、分步实施开展国有贫困林场的扶贫工作，大力加强林区公路、通电、通信设施、职工饮水安全建设，加大危旧房改造力度，发展林业产业，积极推进国有林场改革，开展职工的培训。

据不完全统计，截至2018年年底，全省共投入国有贫困林场扶贫开发资金50亿元，其中，中央财政安排扶贫资金19008万元，省级财政安排扶贫资金5858万元。据初步调查统计，1998年以来，四川省共修建林区断头公路和无通车能力公路6393.7公里，改造和加固危房968960平方米，投入资金14.5亿元，为职工新建危旧房11461套，架设通电通信线路1174.81公里，打机井291口，修蓄水池38380立方米、引水渠20公里，安装输水管13.6公里。国有贫困林场种苗培育、发展花卉苗木、林下种养业、林产品加工、森林旅游等多种经营得到发展。2018年，全省国有贫困林场实现销售收入20977万元，近2000余户职工参与种养殖、旅游服务等林下经济发展，平均增加年收入1万元以上。举办培训班55班次、培训干部职工2000人次。2018年，全省林场职工平均年收达到8万元，高于2017年城镇非私营单位在岗职工平均收入，是1998年的13倍。总体看来，通过实施国有贫困林场扶贫工作，全省国有贫困林场基础设施建设不断加强，产业得到发展，职工生产生活条件得到改善，林场职工的素质得到提高。

四、国有林场扶贫工作的主要做法

1. 科学编制规划

在深入调查摸底和研究分析四川省国有贫困林场的情况后，2006年，根据国家扶贫规划政策和《国有贫困林场扶贫资金管理办法》，会同省财政厅编制了《四川省国有林场扶贫开发规划（2006—2010）》。2017年编制了《四川省国有林场扶贫发展规划（2017—2020）》，对四川省不同时期国有贫困林场扶贫开发的总体思路，基础设施的建设规模，产业发展布局、职工培训和资金投资预算等做出了具体部署，确保了国有贫困林场扶贫发展工作顺利开展。

2. 积极发展林业产业，促进国有林场经济发展

全省国有贫困林场积极转变思路，以市场为导向，努力适应天保工程实施后全面禁伐产生的新情况、新问题，大力发展林业产业，促进国有林场经济发展。一是发挥土地资源优势和技术优势，大力发展林果、林化、木本药材、茶叶等种植业；兴办苗圃，提供生态建设和城市绿化用苗木；利用林下搞养殖等。二是积极发展森林旅游业等第三产业。全省国有林场剥离一部分森林风景资源优美、动植物资源丰富、森林生态景观和人文景观十分独特、深受游人喜爱的森林资源，建立国家、省级和市县级森林公园123个，开展生态旅游、观光旅游、休闲度假、科普教育等，森林旅游业成为国有林场新的经济增长点。

3. 大力支持职工发展自营经济，推动林场职工脱贫

国有林场职工在管护好森林资源，完成林业生产任务的同时，开展种植、养殖、加工等多种经营。林场采取提供垫底资金、传递市场信息、做好技术服务、帮助产品销售等措施，大力支持、鼓励林场职工发展自营经济、创办家庭林场，做到"管好一片林、建好一个园、致富一家人"，开辟了新的经济增长点，增加了职工收入，加快了脱贫步伐，维护了林场稳定。

4. 不断推进林场改革，增强林场自身发展活力

全省国有贫困林场解放思想、更新观念，采取多种形式改革劳动用工、工资分配制度等，创新经营机制。一是积极推进国有林场改革，到2018年年底，全省已有156个国有林场纳入财政全额事业单位预算管理，占全省国有林场总数（159个）的98%。二是冲破"大锅饭、铁饭碗"的束缚，克服"等、靠、要"思想，推行竞争上岗制度，施行工资制度改革，将职工工资与完成任务数量、质量和效益挂钩，护林人员实行岗位工资，生产人员实行计件工资，产品销售和多经人员实行效益工资，并按照社会主义按劳分配的原则进行利益分配，努力调动广大干部职工的生产积极性。三是林场的各项生产经营活动实行不同形式的责任制，林场工作实行目标责任制，生产经营项目实行承包经营责任制，管理干部实行聘任制，工人实行聘用制，做到"干部能上能下，工人能进能出"。四是试行产权制度改革，对场办企业、多种经营项目等进行股份合作制改革。五是精简机构和管理人员，减少管理层次，能不设的机构尽量不设，能撤的机构尽量撤，将多余的管理人员合理分流，充实到生产第一线。

5. 大力扶持国有林场，努力解决林场的实际困难

全省各级林业主管部门采用多种形式，多渠道扶持国有贫困林场，促进了林场发展。一是在实施天保工程和退耕还林工程中，在任务、资金等方面向国有贫困林场倾斜，安排国有贫困林场富余人员管护集体林和营造生态公益林。二是积极争取天保工程一次性安置指标，安置林场富余人员1700余人。三是将林场离退休职工和在职职工纳入养老保险，使离退休职工退休金有了较好保障，同时也解决了在职职工的后顾之忧。四是省财政拨出专款，将包括国有林场职工在内的全省国有林业企事业单位职工全部纳入医疗保险，解决了较长时间以来林业职工看不起病、吃不起药的问题。五是通过积极争取，豁免了全省国有贫困林场在国有金融机构和资产公司的木材生产性债务20756万元，豁免世行贷款林业项目到期债务4180万元（516万美元），延期归还未到期贷款本金2805万元（346.3万美元），大大减轻了林场负担。同时，利用国有林场改革国家豁免金融债务政策，为林场豁免债务1亿元以上。六是对"5·12"汶川地震和"4·20"芦山地震受灾的国有贫困林场进行扶持，制定灾后重建规划，对受损道路、房屋、供电、饮用水工程等基础设施建设给予支持，并对后期产业发展在项目上予以倾斜，通过重建使国有贫困林场脱贫，超过灾前的水平。

五、国有林场发展方向与潜力展望

四川省国有林场发展将以习近平新时代中国特色社会主义思想为指导，按照习近平总书记"绿水青山就是金山银山"的发展理念，切实履行"保护培育森林资源，维护国土生态安全"的功能，进一步加强制度建设，完善监管体制，充分发挥生态建设主力军作用，通过大力造林、科学营林、严格护林等方式有序开展森林资源保护与培育，实现森林碳汇能力显著增强，生物

多样性更加丰富，森林质量明显提升，生态安全屏障进一步巩固。加强林场科学提升，高质量绿色发展，科学编制国有林场绿色发展实施方案，大力发展林下经济、森林旅游、森林体验及养生、森林康养等生态产业，培育林木良种、花卉苗木、中药材、珍稀树种，开展国有林场森林小镇建设等。同时，结合实施"乡村振兴"战略，推进国有林场与乡村、社区融合发展，带动周边群众就业、增收、脱贫。

四川省眉山市洪雅县国有林场

洪雅县国有林场位于四川省眉山市洪雅县境内,始建于1953年,1993年建立瓦屋山国家森林公园(与林场辖区全覆盖),实行"二块牌子、一套班子"管理,2017年纳入洪雅县政府直属的公益一类事业单位管理。截至2017年年底,经营面积90.2万亩,森林面积90万亩,蓄积量850万立方米,在职职工381人。

自开展扶贫工作以来,主要做了以下工作。

一是争取政策支持,增强发展活力。找准国家政策与林场发展建设的切入点、共鸣点,积极向上汇报、反映,寻求政策支持,每年向上争取到位天保工程、森林培育和保护、基础设施、国有林场扶贫等项目资金2000万余元,林场发展建设有了基本保障。

二是以林为本不动摇,筑牢林场发展基础。坚持科技兴林,设立林业科技研究所,按乡土化、特色化、差异化原则,开展森林培育工作,近二十年来,有林地面积增加25万亩,森林蓄积量增加210多万立方米,森林覆盖率提高了19.4个百分点,达到了86%,被评为全国绿化先进集体。产业发展不放松,增加林场发展造血功能。

三是以森林旅游产业为产业转型的突破口,先后投入1.5亿元,建立玉屏山野鸡坪营地,率先在全国提出森林康养概念,成为全国首批森林康养基地试点建设单位,评为全国森林康养基地标准化建设示范单位,推动洪雅县森林康养和森林旅游产业发展。到改革前,林场年可支配收入近8000万元,职工年收入达到5万余元,续交了社会保险,改造了危旧房,职工搬进了新家,通管护站公路全部硬化、网络全部联通、用电全部解决,常态化的森林管护、森林抚育更加科学规范,林场重新恢复活力和走上正轨,连续34年保持省级文明单位称号,长期保持省级守合同重信用单位称号,被评为全省林业产业工作先进集体。

四川省眉山市洪雅县国有林场扶贫前的职工住宅小区

四川省眉山市洪雅县国有林场扶贫后的职工住宅小区

第二十二章 贵州省

一、国有林场基本情况

贵州省现已全面完成国有林场改革主体任务。改革后,全省共有国有林场105个,分布于全省9个市(州)的76个县(市、区、特区),全部属于国有贫困林场,其中,省属林场3个,市(州)属林场7个,县属林场95个,全部核定为公益一类独立法人事业单位。总经营面积555万亩,其中,林地面积497.27万亩,非林地面积63.73万亩;森林面积439.36万亩,森林覆盖率79.2%。现有职工10046人,其中,在职职工3867人,离退休职工6179人。

二、国有林场扶贫现状分析

在财政部和国家林业局的关心支持下,全省1999—2018年共争取到中央扶贫资金20102万元,主要用于国有贫困林场基础设施建设、产业发展及森林保护和培育三个方面。其中,用于水、电、路、工区管护房等基础设施建设的项目资金共计11758万元,约占扶贫资金总额的58.5%;用于森林旅游基础设施建设的项目资金5411万元,约占国有林场扶贫资金总额的26.9%;用于珍稀树种培育、苗木基地建设等森林保护培育类的项目资金2933万元,约占国有林场扶贫资金总额的14.6%。纵观二十年,国家扶持贵州国有贫困林场的资金量逐年增加,不但有效改善了国有贫困林场基础设施建设,保护了珍贵的国有森林资源,更有力助推了贵州的脱贫攻坚。

三、国有林场扶贫取得的主要成绩

1. 改善了林场落后的基础设施条件

通过实施国有贫困林场扶贫资金基础设施建设项目,有效缓解和改善了部分国有林场基础设施条件,重点解决了部分林场通电和饮水安全问题。如黔东南苗族侗族自治州的榕江县国有林场,通过实施扶贫资金项目,结束了该场平旧工区几十年不通电的历史,2010年春节前,林场职工家里安上了电灯,看上了电视。

2. 增强了国有贫困林场的经济实力,提高了职工收入

为改变林场贫困状况,提高林场职工收入,全省重点支持了一些选择项目具有发展潜力和实施条件的林场,如三都拉揽林场40万元的中央扶贫资金用于水厂扩建后,年利润可达28余万元,并可分流安置林场富余职工14人。独山国有林场60万元的中央扶贫资金用于森林旅游接待服务设施建设,项目建成后,每年可为以独山国有林场为基础建立的紫林山国家森林公园创收达50万元以上,同时,还能解决5个职工家属就业。岑巩县国有林场20万元中央扶贫资金用于实施林场养殖深加工项目,随着该项目的建成,将每年为林场增加经济收入20万元。另外,还

有部分林场充分利用有利条件，发展特色种植和养殖业，提升林场自身的造血能力，前景十分看好。林场职工及家属通过参股、承包等形式参与项目实施和管理，不但可解决富余劳动力就业问题，也增加了林场职工的家庭收入。

3. 引导国有林场产业结构调整，有效保护森林资源

贵族省在扶贫资金项目安排上，做到了基础设施建设与森林公园建设相结合，培育森林资源、提高森林质量、发展珍稀树种与景观改造相结合，改善了国有林场和森林公园的基础设施，方便了职工生活，促进了森林旅游业发展。并为森林公园开展招商引资或经营活动创造了前提条件，增加了创收渠道，带动了周边农村经济发展，不仅提升了林场职工的工作积极性，还为林场周边的精准扶贫户提供就近就业的机会，充分发挥了国有林场的示范带头作用，有力地促进了林场经济发展和产业结构调整。

4. 凸显示范作用，壮大扶贫力量

贵州省通过实施中央国有贫困林场扶贫资金和省级财政配套资金项目，带动了地方各级党委政府和相关部门对国有贫困林场的支持。各地在国有贫困林场实施扶贫资金项目过程中，采取国家出一点、有关部门拿一点、林场自筹一点、职工集一点的做法，有效形成了社会资源共同帮扶国有贫困林场的局面。壮大了扶贫力量，扶贫效果十分显著。

四、国有林场扶贫工作的主要做法

1. 明确指导思想，制定分配原则

国有贫困林场扶贫资金的安排和投放，既是一项业务工作，又是一项严肃的政治任务，事关国家对国有贫困林场的关心和支持能否得到体现，事关基层林场和职工的困难和问题能否得到解决。为此，我们始终注重改善国有贫困林场落后的生产和生活设施，夯实林场发展基础，始终关注民生问题，使有贫困林场职工与其他社会经济组织一样共享国家改革和发展的成果，生活得更有尊严。在项目资金分配上，围绕保护生态、保障职工生活两大改革目标，积极探索制定有效的分配原则，将国有林场扶贫资金用在刀刃上。

2. 严把项目资金投向，完善项目资金分配程序

一是结合各地林场内部改革，坚持资金分配原则，按照有关管理办法规定，要求各非经营性项目建设要以通过改善基础设施，带动生产经营发展为目的，逐步转换为能产生经济效益的资产。各经营性项目要以改革创新为本，以追求经济效益为中心，采取灵活有效的经营方式，大力发展职工自营经济和股份制经济，通过经营机制创新，确保资金用出效益，使扶贫资金项目对国有林场脱困发展和提高职工生活水平真正起到推动作用。二是严格按照项目资金分配程序，把资金投向林场职工生产生活急需的地方。在项目资金分配上，首先是要求各国有林场上报扶贫项目，其次是对各地上报的项目组织有关人员深入林场调研，综合考虑林场需求、项目实施的可行性，结合实际制定全省国有林场扶贫资金使用方案，确定项目及资金分配数量。

3. 强化项目管理，确保资金发挥效益

为使项目资金充分发挥应有的效益，一是每年在下达年度资金时，省财政、林业主管部门要求各项目单位首先要编制项目实施方案，逐级上报至省林业厅批复后方可开工建设，确保做

到资金使用规范;二是项目实施过程中加大指导力度,省林业厅不定期对重点项目指导,同时要求市(州、地)、县级财政、林业主管部门做好项目建设的检查、督促等管理和服务工作,严格按工程建设进度拨付资金;三是项目建设完成后,省级主管部门发文并组织项目竣工验收,确保项目程序完善,有始有终。

4. 切实做到与国有林场改革和具体实际相结合

贵州省在项目资金使用过程中,始终坚持与国有林场改革和具体实际相结合。一是坚持与国有林场改革相结合,督促国有林场积极探索财政管理新体制,实现国有林场"收支两条线"管理。科学合理地分配项目资金,有效引导并调动林场和地方政府参与改革的积极性,改革后,全省国有林场转为公益一类事业单位,纳入了地方财政全额预算管理范围。二是坚持与林场基础设施建设相结合,多种渠道争取国有贫困林场扶贫等项目资金。近年来,国家投入全省的国有贫困林场扶贫以及危旧房改造、水、电、路等各方面的资金都有所增加,为切实保障投入资金帮扶效果,全省始终将国有贫困林场扶贫资金项目尽可能向基础设施建设较为落后的国有贫困林场倾斜。

五、国有林场发展方向与潜力展望

伴随国有林场改革,根据全省实际情况,制定了《贵州省国有林场中长期发展规划(2018—2035年)》和《贵州省国有林场森林资源保护培育专项规划(2018—2035年)》,为全省国有林场发展指明了方向。下一步,将根据两个规划一步一个脚印,稳扎稳打,做好国有林场森林资源保护工作。同时,积极争取国家和省、市相关部门对国有贫困林场予以更多扶持,在项目资金安排上将更加突出重点,在项目监管方面加大监管力度,健全资金项目建设管理体系,力争通过"十三五"建设,逐步把国有林场建设成为"管理科学、经营有序、设施完备、森林优质高效、产业发展充分"的现代化管理林场,把林场打造成贵州省生态文明建设的示范基地、经济可持续发展的精品亮点、社会和谐发展的展示品牌。

贵州省虽然在国有贫困林场扶贫资金项目管理和使用工作上做了一些工作,但离上级的要求和我们自身需要还有很大差距,存在的问题和困难仍然很多。我们要以实施中央国有贫困林场扶贫资金项目为契机,发扬"团结奋进、拼搏创新、苦干实干、后发赶超"的新时代贵州精神,学习借鉴外地宝贵经验,创新工作思路,不断提高国有林场帮扶工作的能力和水平,同时也恳请财政部、国家林业和草原局能继续加大对贵州国有林场的支持力度,切实帮助贵州省早日实现"无山不绿、有水皆清、四时花香、万壑鸟鸣,替河山装成锦绣,把国土绘成丹青"的林业梦!

贵州省独山县国有林场

独山县国有林场位于贵州省独山县，为独山县人民政府管理的正科级公益一类事业单位。截至2017年年底，经营面积29.12万亩，森林面积25.42万亩，活立木总蓄积量73.63万立方米；在职职工129人。

从1998年开展扶贫工作以来，林场累计获得中央财政扶贫资金750万元，经过几代人的努力，林场面貌日新月异，取得可喜成绩。

一是国有林场职工住房和办公条件得到极大改善。林场在2000年以前登记在册的危旧房达8600平方米，通过危旧房改造资金的扶持和林场的努力，完成24个基层护林站的改造建设，改造职工危旧房203套，基本完成了职工住房条件的改善，让职工对林场发展的信心更足，干劲更大。

二是国有林场林区道路基础设施建设得到改观，林区科技营林水平和森林防火能力明显提升。林场通过林区道路扶贫资金的整合利用，已建成林区水泥硬化道路80余公里，建成紫林山国家森林公园20公里彩色健康步道，重点林区连接县乡主要交通干线的林区道路均已畅通，到2019年年底，国有林区硬化道路将达到180公里，国有林场的管理能力将得到全面改善。

三是解决了国有林场产业发展基础设施建设的困难。至2012年以来，林场全面推进产业结构的调整，注册成立了贵州紫林山园林绿化有限公司和贵州紫林山生态林业投资有限公司，发展精品园林绿化精品苗木基地4500余亩，河麂饲养基地450亩。通过扶贫资金的大力扶持，解决了基地道路硬化工程和水电安装工程，建成绿化苗木生产基地管理用房和相关配套设施，从根本上完善基地发展的基础，让基地特色产业建设在助力农村脱贫攻坚工作中的作用更加明显。2018年通过扶贫资金解决基地管理用房后，林场产业建设能力明显提升，基地劳务带动贫困户就业人员由360人增长到680人，人均增收24000元，实现了林场产业助推脱贫的愿望，提升林场在经济社会建设中的作用。

贵州省独山县国有林场扶贫前职工宿舍

贵州省独山县国有林场扶贫后职工宿舍

贵州省黔南布依族苗族自治州贵定县国有甘溪林场

甘溪林场位于贵州省黔南布依族苗族自治州（以下简称黔南州）贵定县境内，属贵定县林业局管理的公益一类财政全额预算管理的副科级事业单位。截至2017年年底，林场管理面积0.91万亩（其中，国有面积0.68万亩，集体联营面积0.23万亩），活立木总蓄积量3.07万立方米，森林覆盖率86.8%。林场现有在册职工93人，其中退休职工85人，在职职工8人，已全部纳入贵定县综合目标管理考核单位。

2011年5月9日，时任中央政治局常委、中央书记处书记、国家副主席的习近平同志，来到了这个名不见经传的甘溪林场，站在林场的半山腰上，看着满目苍翠的森林，习近平作出了"既要金山银山又要绿水青山，还要在更高境界上做到绿水青山就是金山银山"的重要指示。

在管理体制上，贵定县重新核定了林场的机构编制、岗位和人员。改制后，在职职工全部转为护林员，职工们还培育风景植物树苗，每年销售收入就达60多万元，为旅客提供餐饮服务，年纯收入超过100多万元。林场里还栽种了大量花草供游客欣赏，靠旅游业发展，日子越过越火红。

2014年以来，甘溪林场从省级森林公园升格为国家森林公园，先后获得"贵州省生态文明教育基地""国家级生态文明教育基地""全国十佳国有林场"等荣誉称号，贵定县因此被评为"全国森林旅游示范县"，成为省内外知名企业团队、机关单位、中小学校开展生态文明教育的重要基地。同时，通过开发森林旅游，走上了林业产业化发展路径，甘溪林场年接待游客30万人次以上。

目前，通过招商引资，森林公园贵定阳宝山景区投入资金1.7亿元，已建成为国内知名的禅修、清修、养生、养心度假圣地。下一步，甘溪森林公园将按照生态立园、旅游兴园的理念，将甘溪林场优越的人文生态资源、阳宝山宗教文化遗址、独木河30里长峡生态修复打包纳入旅游招商，打造独具特色的森林旅游产品，建成全国生态旅游和生态文明建设的标杆，为林区聚集更多的人气和财气。

贵州省黔南州贵定县国有甘溪林场森林公园

贵州省黔南州贵定县国有甘溪林场森林步道

贵州省铜仁市江口县林场

江口县国有林场始建于1957年，经营林地面积3.67万亩，活立木总蓄积量75.70万立方米，森林覆盖率94.3%，林地涉及5个镇。自2015年启动国有林场改制来，机构规格改制为公益一类副科级事业单位，下设办公室、财务室、营林室、林政室、4个工区、5个护林点，隶属于江口县林业局，财政全额拨款事业单位，总编制人数36人，其中，管理岗5人、事业技术编制23人、工勤岗8人，职工总人数59人，其中：在职职工33人；退休职工26人。

自开展扶贫工作以来，坚持生态为本、优先保护，科学管理、合理利用、持续发展的原则，采取国有贫困林场扶贫政策与资金扶持，积极开展扶贫工作。经过全体干部职工团结协作，完成了1200平方米（林场场部、工区、护林点）业务用房维护，修建厕所600平方米、围墙200米、便桥一座长20米×宽4米及场地硬化4500平方米，完成饮水工程改造3公里，电路改造安装变压器一台，改造电路3000米。累计投入资金610万元。

在扶贫工作中，林场充分利用江口县2018年整县退出扶贫计划结合国有林场改革工作，全面推进林场建设，自工作开展以来，努力争取上级主管部门政策资金扶持，林场场部、工区、护林点等基础设施建设得到明显改善，日常办公条件得到提升，工作效力增强，干部职工应享有的待遇一一落实，并取得了一些成效：完成国有林场棚户区改造工程，实施建设棚改户78户，建设面积9750方米，现已完成搬迁入住。完成江口县梵净山东麓省级森林康养基地项目申报，并获得省林业厅批复立项，已开工实施，完成主体建筑、活动广场、停车场、会议室、餐厅建设、环境美化。完成"森林人家"项目申报，开工建设，已实施完工，进入筹备营业阶段。成功申报凯马省级森林公园项目，已获省林业厅批复立项。完成国家储备林项目建设1610亩、森林质量提升1000亩、珍稀苗圃50亩。

贵州省铜仁市江口县林场扶贫前的森林人家

贵州省铜仁市江口县林场扶贫后的森林人家

贵州省黎平县国有东风林场

东风林场位于贵州省黔东南苗族侗族自治州黎平县内,由黎平县管理。截至2017年年底,经营面积1.3万亩,有林地面积0.87万亩,总蓄积量13.44万立方米,森林覆盖率70%;在职职工34人。

自扶贫工作开展以来,林场具体实施的各个项目始终遵循"严管林、慎用钱、质为先"的九字方针进行。严格按照财政专项扶贫项目计划使用资金,项目投资控制在投资概算内。每个项目的申报和实施,都是按贵州省财政厅、贵州省林业厅每年下达的中央国有贫困林场扶贫资金和林场编制的中央国有贫困林场扶贫资金项目建设实施方案进行,即按专户管理。

建场以来,林场一直从事林木良种繁育、林木种质资源收集和种子园建设等工作。经过几代人努力,取得了显著的成绩,共获得国家科技进步一等奖1项,省部级二等奖4项、三等奖4项、四等奖2项,州级二等奖2项,杉木高世代种子园建设和科技成果的研发。林木良种选育水平与国内同步,将科技成果积极推广到林业生产,产生了明显的经济效益、显著的社会效益和卓著的生态效益。

特别是在扶贫工作中,采用扶贫项目发展带动贫困群众稳定增收实现脱贫。利用国有贫困林场资金完成林场基础设施建设步道(鹅卵石、水泥硬化路)总长8151.1米和大气负氧离子监测系统建设。林场在国家、省厅政策扶持下,进一步改善了基础设施条件,推动了森林公园的建设和旅游业的发展。基础设施的建设使林场的每个园区便捷相通,园区之间片片相连。为集科研科普、森林康养、休闲娱乐建设为一体的花园式林场打下良好的基础。

贵州省黎平县国有东风林场2010年油茶物种园步道

贵州省黎平县国有东风林场2016年油茶物种园步道

贵州省盘州市老厂国有林场

老厂国有林场位于贵州省六盘水市盘州市东南部,场部地处东经104°48′12″~104°49′25″,北纬25°36′15″~25°37′25″。林场下设办公室、森林资源培育股、林政资源管理股、森林公园管理办公室、老厂工区、大桥河工区、邓家湾工区、八角箐工区。截至2017年年底,经营面积2.56万亩,森林面积2.09万亩,蓄积量29.85万立方米。盘州市老厂国有林场为隶属盘州市生态文明建设局的正科级全额事业单位,正科级领导职数1名,副科级领导职数2名,正股级领导职数8名。林场现有事业编制总数36名,其中,管理人员编制3名,专业技术人员编制9名,生产工人编制22名,工勤人员编制2名,实有在职职工36名。

自扶贫工作开展以来,林场采取中央资金投入为主,地方配套为辅的资金筹集模式,大力开展国有林场水、电、路、职工住房等基础设施建设,平稳推进产业结构调整,大胆探索林业综合发展。经过近二十年的努力,国有林场基础设施建设滞后、生产生活条件艰苦、产业发展单一等情况得到彻底改善,林场场部、4个营林工区、1个速生丰产林基地的饮水安全有保障,道路通达通畅率大幅调高,生产生活用电全面解决。

通过扶贫资金的投入带动社会资本的投入,2016—2017年间,宏财集团在盘州市七指峰森林公园投入的资金为6000余万元,在大桥河景区初步建成接待中心一处(面积3000余平方米)、石梯步行道3000米、高20米的古式观景塔一座、面积为900多平方米的停车场地两块、柏油路1000米。在竹海景区修建完成4.5公里柏油路、5公里木质游步道和景区大门2道。在大桥河景区修建完成面积为3000余平方米母亲湖一个,环湖柏油路1.5公路,生态停车场400平方米,湖心岛屿观音雕塑一尊,生态公厕1座,观光亭3座,休息长廊500米,休闲广场2100平方米。

贵州省盘州市老厂国有林场老旧的林区道路

贵州省盘州市老厂国有林场2018年的林区道路

第二十三章 云南省

一、国有林场基本情况

全省原203个备案国有林场总经营面积4702.23万亩，其中林地4073.82万亩，占全省林地面积的11%，森林蓄积量3.1亿立方米，占全省活立木蓄积量的17.5%，森林覆盖率达75%。全省备案国有林场职工总人数10378人。

云南是全国扶贫攻坚的主战场，全省203个国家备案林场生产生活条件很差，职工生活困难，全为国有贫困林场。通过20多年的不懈努力，至2018年已有153个国有林场脱贫出列，余下的50个国有贫困林场将于2020年如期脱贫。

二、国有林场扶贫现状分析

云南省自1998年开始实施国有贫困林场扶贫项目，二十年来，国家和省级共安排国有贫困林场扶贫项目483个，投入2.07亿元，其中中央投入1.92亿元，省级配套0.14亿元。

据统计，国家安排到云南省的扶贫资金分阶段递增且增长幅度较大：1998—2004年，每年安排100万~200万元；2004—2007年，每年安排600万元左右；2008—2011年，每年安排800万元左右；2012—2015年，安排资金从900万元递增到1200万元；2016以后，每年分两批下达，均在2000万元以上。此外，2005—2011年间，省级每年配套200万元左右的国有贫困林场扶贫专项资金。

根据《国有贫困林场扶贫资金管理办法》要求，国有贫困林场扶贫资金实行省级项目管理，由国有贫困林场编制项目文本并按隶属关系逐级上报到省级林业主管部门，省级林业主管部门会同财政部门共同审核确定年度项目及补助资金。资金主要用于支持国有贫困林场改善生产生活条件，利用林场或当地资源发展生产，补助内容包括基础设施建设、生产发展、科技推广及人员培训等方面。

三、国有林场扶贫取得的主要成绩

通过改革，进一步理顺国有林管理体制，国有林场管理林地面积大幅度增加。全省在将原备案的203个国有林场整合优化为133个的基础上，普洱市、临沧市结合实际新组建了8个国有林场，将县林业局、乡镇林业站代管的国有林纳入国有林场管理，落实了管理主体和管护责任，全省国有林场管理林地由4074万亩增加到6187万亩，占全省林地总面积的15%，位居西南地区第一位。

通过改革，职工社会保障和富余职工安置得到全面落实。采取内部消化稳队伍、购买服务稳就业、社会保障稳民心的安置模式，全省1612名富余职工通过政府购买服务方式从事森林管护抚育，或由国有林场提供林业特色产业等工作岗位逐步过渡到退休等方式得到妥善安置。云南省 2017 年下达中央林业生态保护恢复（停伐补助）资金 1707 万元补助非天保工程区 11 个欠缴社保缴费的国有林场足额补缴社会保险费，全省林场基本养老和基本医疗保险实现了全覆盖，参保率达到 100%。各地逐步落实了符合条件的国有林场职工享受乡镇基层站所福利待遇等政策。全省国有林场职工月均工资由改革前的 4078 元增加到 7484 元。

云南共完成林区管护房建设及改造 83189 平方米，架设输水管道 209.83 公里，新建蓄水池 7000 多立方米，架设林区输电线路 81.6 公里。通过项目的实施，林场基础设施条件得到改善，增收渠道得到拓展，为国有林场改革发展奠定了基础。

云南省于 2010—2015 年间实施国有林场危旧房改造项目，国家共下达云南省国有林场危旧房改造 5698 户，安排在 14 个州市 126 个国有林场实施。据统计，云南省已实施国有林场危旧房改造 5698 户，国家财政投入 8542.5 万元，省级财政投入 6015 万元，地方配套 17280 万元。截至目前，所有投资均已到位，资金严格按照相关财务纪律和制度规定执行，做到了专款专用。全省 5698 户建设任务均已完成建设，建设和改造面积 53.558 万平方米，极大地改善了国有贫困林场的生产生活条件。

通过改革，明确了国有林场公益性质定位，科学核定事业编制，落实人员经费，职工收入大幅度提高，富余职工得到妥善安置，林场面貌进一步改善，森林资源得到有效保护，林场发展活力得到释放，探索出一条"生态得保护、民生得发展"的成功路径，为国有林场与全国同步迈入小康社会打下了坚实基础。

四、国有林场扶贫工作的主要做法

全省国有林场扶贫项目共完成林区公路、防火通道新建及修缮 3341 公里。随着一条条林区路的修建，让山区群众彻底告别了行路难，还打破了当地经济社会发展的"瓶颈"制约，林场和周边群众脱贫致富步伐明显加快，为贫困山乡发展插上了腾飞的翅膀。

在保护好现有资源条件下，积极支持国有贫困林场因地制宜发展苗木、花卉、茶叶、林果、中草药、林下养殖等特色产业，充分促进职工创业就业，带动增收脱贫。鼓励国有贫困林场采取"集中开发、分别入股"、PPP 等方式，联合开发森林旅游、森林体验和森林康养等特色产业。同时，鼓励职工采取承包、租赁、股份、联营等形式发展特色产业。盘活森林资源资产，创新发展机制，激发内在动力，增强国有林场发展后劲。

云南省共扶持国有贫困林场发展红豆杉、八角、西南桦、杉木等乡土速生丰产林和特色经济林、观赏苗木、珍贵用材林基地建设以及龙胆草、草果、党参、重楼等林下药材和花卉基地建设 76400 亩，发展林下养蜂、林下养鸡、林下养殖豪猪等特色养殖项目 60 多个。

国有贫困林场科技推广及培训力度不断加大。大力加强国有贫困林场技能培训，采取技能培训、交流锻炼、送科技书送技术进林场、特色文化林场建设等多种方式，努力提高国有贫困林场干部职工的整体素质和自我发展能力，实现扶贫与扶智相结合。同时，鼓励和支持高等院校、科研院所发挥科技优势，为国有贫困林场培养科技致富带头人。

国有林场改革为国有贫困林场扶贫注入了新动力。2016 年 4 月，省委、省政府印发《云南省国有林场改革实施方案》后，全省各级各部门深入推进国有林场改革发展工作，截至 2018 年 12 月，云南国有林场改革目标任务基本完成，云南省 203 个备案国有林场整合优化为 141 个林场圆满完成国有林场改革主体任务。

五、国有林场发展方向与潜力展望

加强国有林场基础设施建设。各级政府将国有林场基础设施建设纳入本级政府建设计划，按照支出责任和财务隶属关系，在现有专项资金渠道内，加大林场道路、供水、供电、通信、森林防火、管护站点用房、有害生物防治等基础设施建设投入，将国有林场道路按属性纳入相关公路网规划，切实改善国有林场营林区、管护站的通达条件。加快国有林场电网改造升级，切实解决偏远林区管护站用电困难问题。积极推进国有林场生态移民，将位于生态环境极为脆弱、不宜人居地区的场部逐步就近搬迁到小城镇。

创新国有林场发展机制。在保持国有林场生态系统完整性和稳定性的前提下，按照科学规划原则，鼓励社会资本、林场职工发展林下经济、森林康养、森林旅游等特色产业，有效盘活森林资源。国有林场从事经营活动要实行市场化运作，对商品林采伐、林业特色产业和森林旅游等暂不能分开的经营活动，按照"收支两条线"的规定进行管理。鼓励优强林业企业参与兼并重组，通过规模化经营、市场化运作，科学合理利用森林资源，大力发展林下经济等特色产业，切实提高企业性质国有林场的运营效率，实现经济效益、生态效益、社会效益相统一。深化国有林场收入分配制度改革，实行职工收入与岗位绩效挂钩的分配制度，切实调动职工的积极性、主动性和创造性，增强国有林场发展活力。进一步探索建立有利于强化国有林场公益属性，科学开展森林经营，精准提升森林质量，加大基础设施建设力度，切实增强国有林场生态建设能力，制定完善适合国有林场实际的收支两条线管理办法，切实增强国有林场职工收入，增强国有林场发展活力，加快林场转型升级，减轻财政投入压力的新的体制机制，加快建设绿色林场、智慧林场、文化林场，推动国有林场不断转型升级。

加强国有林场人才队伍建设。参照支持西部和艰苦边远地区发展相关政策，引进国有林场发展急需的管理和技术人才。建立公开公平、竞争择优的用人机制，营造良好的人才发展环境。适当放宽艰苦地区国有林场专业技术职务评聘条件，适当提高国有林场林业技能岗位结构比例，改善人员结构。加强国有林场领导班子建设，加大林场职工培训力度，提高国有林场人员综合素质和业务能力。

云南省大理白族自治州云龙县漕涧林场

漕涧林场位于云南省大理白族自治州云龙县，经营面积32.3万亩，蓄积量137.5万立方米；在职职工30人。

自2017年脱贫工作开展以来，漕涧林场按照党中央、国务院关于坚决打赢脱贫攻坚战的决策部署，坚持精准扶贫、精准脱贫基本方略。

一是以生态提升作为扶贫工作开展的基础，加强森林资源保护，严守生态红线。在保证国有林地不流失，保障森林资源安全的同时，重点实施西黑冠长臂猿、熊猴珍稀濒危野生动物、漾濞槭等极少种群野生植物保护项目，突出生物多样性保护重点。

二是积极争取项目资金，完善基础设施建设。累计争取各类资金4000多万元。硬化道路20公里，修复林区公路50多公里，修缮和新建管护房520平方米，场区和管护站绿化827平方米，建成珍稀濒危植物繁育基地20亩，年产绿化苗木20多万株，迁地保护基地1000亩，职工食堂300平方米，职工书屋110平方米，职工健身活动场所90平方米，林业及科普展览馆350平方米，完成国家木材储备基地建设1万多亩。通过项目的实施，基本实现"两有四化五配套"标准，即有良好的生活工作场所，有先进的办公设备，美化、绿化、硬化和净化环境，水、电、暖、交通、通信五配套。

三是通过"扶贫资金+职工入股+科技扶贫"的方式增加"造血"功能，大力发展林菌、林禽、林渔等特色产业。建成林下种养殖科技推广示范园80亩。年产乌骨鸡1万羽、冷水鱼500千克，培训各类林农及学生2.2万人次。得到了县委、县政府的高度肯定，根据县委政府的要求，由林场牵头组建云龙县食用菌种植产业发展专家组，指导和带动全县发展种植羊肚菌、黑木耳、重楼等1000多亩，增加群众收入3000多万元。2020年漕涧林场携手挂钩村双双脱贫，产业扶贫助力脱贫攻坚取得显著成效。

四是创新管理机制，强化内部管理。率先在全县范围内开展"职称评聘分开"改革工作试点，推行竞聘上岗和绩效考核激励机制。实行"林区—管护站—责任人"的三级管理模式，建立森林防火"分管领导—管护站—责任人"的"235"连带责任制，利用无人机、3S技术等进行网格化管理，逐步建立起符合现代林业发展要求的国有林场管理体制和经营机制。

五是加强职工技能培训和思想政治教育，强化职工队伍建设。积极与高校、科研院所、媒体单位建立合作关系，开展每年不低于两次的专业知识和技术技能培训长效机制，成功将无人机、红外相机等先进设备和3S技术应用于林场管理，为打造现代化林场奠定了良好基础。同时，鼓励大家通过自考、函授、网络培训等进行学历、技能提升。通过党支部组织生活会、党小组活动等开展职工思想政治教育，做到内强素质，外树形象。截至2020年年底，大专及以上学历比率达86.2%，高级职称比率达44.8%（其中正高1人，副高12人），实现云龙县林业系统正高级职称零突破。

六是全力以赴建设云南云龙国家森林公园，打造云南健康旅游目的地，助力精准扶贫，巩固脱贫攻坚成果和乡村振兴，带动区域经济发展。

云龙县漕涧林场从"靠输血"到"造血"，从"等、靠、要"到"比着干"，经过几代人的努力，扶贫开发取得了历史性的成就。先后被授予全国十佳林场、全国绿化模范单位、云南省绿化先进单位、全省造林绿化先进单位、云南省生态文明教育基地、云龙县县级文明单位、云龙县脱贫攻坚优秀单位和云龙县扶贫先进单位等荣誉称号。

云南省大理白族自治州云龙县漕涧林场新修用房

林下经济

林下经济

第二十四章 西藏自治区

一、国有林场基本情况

国家林业和草原局认定的西藏自治区国有林场均成立于20世纪80年代，不同于其他省（市），西藏自治区林场没有自己的经营林地。改革前，西藏有5家国有贫困林场，分别为昌都地区的昌都林场，林芝地区的东久林场、更岗林场、林工商公司，日喀则地区的亚东林场。林芝地区的3家林场于2009年合并为西藏林升森工有限责任公司（林地林字〔2009〕135号）。2015年5月清产核资审计报告显示，林场资产总额42453.79万元，负债总额14782.43万元，净资产总额27671.37万元；共有职工1907人，在职职工（干部、固定工、合同制工人）514人，退休职工1393人。

二、国有林场扶贫现状分析

1. 积极发展林业产业，助力实现精准脱贫

近年来，西藏自治区国有林场在持续经营原有业务的同时不断扩大业务范围，积极致力于发展苗圃基地、山体造林、园林绿化及林下资源产业基地等林业相关附属产业。结合本区林业产业扶贫相关政策要求，各项产业发展都优先雇佣国有林场贫困职工和当地贫困群众参与建设，通过聘用长期临时工及短期临时工，增加了就业岗位，拓宽了林场困难职工和农牧民增收致富渠道，劳务收入明显增加。同时，为适应不同岗位技术需求，国有林场组织开展了不同的林业实用技术和技能培训，使林场贫困富余劳动力掌握了一技之长，收获了谋生技能。

2. 积极争取扶贫资金，夯实林业发展基础

随着国家对生态环境建设的日益重视，加大了天然林保护力度。天然林商品性停伐政策实施以来，给传统的国有林场加工生产方式和林场可持续发展带来严峻的挑战。面对困难和挑战，全区国有林场紧紧抓住国家产业扶贫的政策机遇，积极申报并争取国有林场扶贫资金。二十年来，国家林草局为西藏自治区安排国有林场扶贫资金5714.92万元，实施了乡土树种基地、林产品开发、果园基地、藏药材基地、木耳基地、森林公园生态旅游示范、森林旅游基础设施、天麻培育基地、标准化七彩山鸡养殖基地、特色经济林种植基地等建设项目。通过实施国有林场扶贫项目，进一步夯实了林业发展基础，增强了林场发展后劲，解决了职工就业增收问题。上述项目的实施，实现产值7039.9多万元。

3. 推进基础设施建设，大力帮扶困难职工

国有林场个别生产点水、电、路等基础设施滞后，难以满足职工合理的生活需求。为此，积极向国家林草局等相关部门申请改善职工生活区基础设施，通过扶贫资金及企业自筹资金不

断改善供水、供电及道路设施，为职工提供一个良好的生活环境。同时，国有林场在职党员均参与了一对一帮扶活动，一定程度上缓解了部分职工生活困难问题。

4. 充分发挥工会作用，创新扶贫工作形式

国有林场工会组织除了为职工解决劳动、工资、休息休假等纠纷问题外，还积极组织干部职工以企业名义开展了面向社会困难学生、底层劳动人民等弱势群体的捐资助教、献爱心等公益活动，提供力所能及的帮助。部分领导干部还多次以个人名义为社会贫困人员、家庭困难大学生提供一定的资金支持，圆他们一个生活及大学梦。除此之外，工会还于每年年初制定了慰问退休困难职工、伤病住院职工的工作计划，安排专人负责走访慰问。

二十年来，本区国有林场扶贫工作虽然取得一系列丰硕成果，但仍然面临着一些困难和问题：一是国有林场均没有属于自己的林地资源和经营管护区，扶贫项目实施地局限性较大；二是国有林场扶贫项目发展缺乏人才智力支撑，现有人员远远满足不了对专业技术人才的需求；三是国有林场扶贫项目资金量有限，建设规模不大，依靠下拨扶贫资金不能满足建设需求；四是国有林场为国有老森工企业，人员多、底子薄、工资低、负担重。五是个别生产点交通、水、电、住宿等基础设施建设滞后，严重制约了扶贫项目的落地实施。

三、国有林场扶贫取得的主要成绩

1. 实施国有林场危旧房改造工程

国有林场危旧房改造工程自2010年启动实施，国家共下达国有林场危旧房改造工程2697户，申请投资10525.9万元。实际下达中央投资3035万元，其余资金由地方配套或企业和个人自筹。通过实施国有林场危旧房改造工程，极大地改善了国有林场职工的生活条件，深得国有林场职工拥护和支持。同时通过实施国有林场危旧房改造工程，加强了基层组织政权建设，确保了林场干部职工住有所居，国有林场更加稳定。

2. 实施"林场+基地+农户"的发展模式

在国有林场转型升级、转产发展关键时期，重点实施的生态苗木良种基地建设采取"林场+基地+农户"的发展模式，让当地农牧民以土地租赁和土地入股的形式参与林场产业建设项目。据初步测算，该项目可带动近600余人次就业，带动当地农牧民每年租赁收入在130万元左右。国有林场在寻求产业发展的同时，积极响应国家精准扶贫、精准脱贫的号召，有效带动当地农牧民增收致富，使得国有林场改革发展与经济社会发展、农牧民增收致富工作同步开展，相得益彰。

3. 林场基础设施得到改善

国有林场利用扶贫资金完善和提高了路、水、电、职工住房等基础设施条件，解决了近1240余名干部职工饮水难、用电难、出行难和住房难等问题，民生项目的实施，有力地改善了国有贫困林场的生产和生活条件，稳定了职工思想情绪，坚定了干部职工发展壮大国有林场的信心和决心。

4. 拓宽了职工就业渠道通过实施扶贫项目

先后安置了83名贫困人员从事相关工作，改变了国有林场过去较为单一的就业模式，极大地拓宽了职工就业渠道，每年为从事相关工作的职工稳定实现收入65000元左右。国有林场扶贫

工作的有力开展，极大地缓解了国有林场就业岗位不足的巨大压力，有力地推动了就业工作的稳定开展。

四、国有林场扶贫工作的主要做法

1. 加强领导，精心组织

高度重视国有林场扶贫工作，区发改、财政、扶贫、民政、社会保障、住房城乡建设等部门组成联合工作组，多次对国有林场进行专题调研，共同研究国有林场扶贫工作，并对国有林场危旧房改造工作成立了专门的领导小组。就困难林场扶贫工作具体由区林草局天保办负责，具体负责各地困难林场项目的审查和监督检查工作，确保困难林场扶贫资金落到实处。

2. 科学规划，编制方案

根据财政部和国家林草局对困难林场补助资金和危旧房改造资金管理办法的有关要求，积极组织各国有林场结合各自实施，编制项目实施方案。各项目实施方案立足当地实际，结合各地资源和区位优势，把扶贫工作的重点放在投资少见效快的森林生态旅游、森林药材种植、林产品精深加工和服务业项目。对各地上报的国有林场扶贫项目，组织专家认真审查，严把项目设计关，确保把项目选准、选好，确保投资效益。

3. 强化监管，确保质量

区林草局和各地林业主管部门高度重视困难林场扶贫工作，对工程项目的实施严格按照国家和自治区对工程项目管理的有关要求，实行招投标制、法人负责制和监理制。区、地两级林业主管部门和财政部门每年都组成联合工作组深入各项目实施林场，加强对困难林场扶贫资金和项目质量的监管，对检查过程中发现的问题，责成项目建设单位按期改正，确保了项目建设质量和投资效益。

4. 以人为本，效益优先

始终把改善民生放在工作的重要位置，维护好、实现好林场职工的根本利益。实行"林场+基地+农户"的模式实施国有林场扶贫项目，在稳定职工就业增收，林场增效的同时，助推精准扶贫脱贫工作，带动当地农牧民群众共同增收致富奔小康。对国有林场扶贫资金的使用，本着优先解决困难林场职工就业的原则，各扶贫项目优先选择投资少见效快，林场职工易于参与的扶贫项目。困难林场扶贫开发项目所需劳动力全部为林场困难家庭职工，着力解决他们的生活和生计问题，确保林区的稳定。

五、国有林场发展方向与潜力展望

重点围绕职工分流与妥善安置、职工养老和医疗保险的补足、产业的转型与可持续发展，提高涉林工作能力，及时合理使用国有林场改革专项资金等开展工作；积极争取成立国有林管理机构，理顺森林资源监管体制；加快转型发展，建立新的产业发展基地，确保职工基本生活保障和收入稳定增长，国有林场资产保值增值；继续实施"林场+基地+农户"的发展模式，使得国有林场改革发展与经济社会发展、农牧民增收致富工作同步开展；大力实施科技兴场和人才强场战略，深化国有林场改革发展；加快调整经济结构，大力发展特色产业、替代产业，积极引入新技术和商业模式，推进林业一、二、三产业融合发展。

西藏自治区林芝市林升森工有限责任公司

西藏林升森工有限责任公司改制重组于2009年11月6日，经林芝市委、市政府批准，由原西藏林芝地区林工商联合公司、西藏林芝地区更岗森工联合总厂、西藏林芝地区东久林场3家国有林场进行资产重组成立。林场位于西藏自治区林芝市境内，生产经营范围跨越林芝市巴宜区、米林县、波密县3个县区，由林芝市林业局和属地县林业局进行业务管理。

自扶贫工作开展以来，国有林场扶贫工作取得了明显成效：一是林场基础设施得到改善。解决了近260余名生产一线干部职工饮水难、用电难、出行难和住房难等老大难问题。二是培育新的林业产业发展项目，林业发展后劲得到增强。三是拓宽了职工就业渠道，稳定了职工收入。通过实施扶贫项目，公司先后安置干部职工60余人从事相关工作，扶贫工作大力实施，改变了国有林场过去较为单一的就业模式，极大地拓宽了职工就业渠道，每年为从事相关工作的职工稳定实现收入65000元左右。四是林业产业不断壮大，国有林场经济实力得到增强。

通过国有林场扶贫项目的实施，林场林区基础设施条件得到了明显改善，生产生活条件得到有效改善，稳定增加了职工就业岗位，职工增收渠道不断拓展，林场发展后劲得到增强，林场职工的工作主动性和积极性不断增强，生活质量明显改善，职工队伍更加稳定，生态文明建设有力推进，国有林场扶贫项目建设取得的成效，为加快国有贫困林场脱贫步伐发挥了举足轻重的重要作用。

西藏自治区昌都市昌都国有林场

昌都市国有林场位于西藏自治区昌都市内,由昌都市国资委作为国有资产监管部门,昌都市林业局作为业务主管部门进行管理。截至 2017 年年底,经营面积 53000 平方米,林业用地面积 12000 平方米;在职职工 74 人。

自扶贫工作开展以来,昌都市国有林场采取了多种形式开展扶贫工作。

一是改善基础设施建设。国有林场积极向上级主管部门及住建局申请改善职工生活区基础设施,通过政府扶贫资金及企业自筹资金不管改善供水、供电及道路设施,为职工提供一个良好的生活环境。工会还于每年年初制定了慰问退休困难职工、伤病住院职工的工作计划,安排专人负责走访慰问。

二是林业产业扶贫。结合昌都市林业产业扶贫相关政策要求,各项产业发展都优先雇佣当地农牧民群众参与建设,通过提供充足的长期临时工及短期临时工就业岗位拓宽了农牧民致富渠道,劳务收入明显增加。

三是帮扶困难职工。经过几代人的努力,近年来通过产业扶贫为当地农牧民每年带来的经济收入达到 550 万元,帮助贫困人口 459 人,其中含建档立卡户 269 户。工会及党员帮扶公司困难职工 23 人,资助金额共 6.8 万元。通过改善基础设施,新建职工宿舍,解决了 36 户职工的住宿问题。面向社会帮助贫困人口 29 人,资助金额 9.6 万元。捐资助教活动提供价值 3.8 万元物资。

西藏自治区昌都市昌都国有林场定期开展扶贫工作

第二十五章 陕西省

一、国有林场基本情况

国有林场改革前,陕西省共有国有林场262个。2018年年底改革完成后,共有国有林场211个,涉林县(区)86个,主要分布在秦岭、巴山、黄土高原沟壑区和长城沿线风沙区。按隶属关系分:省属9个,市属9个,县属192个,西北农林科技大学教学试验林场1个;按林场性质分:公益一类事业单位201个,公益二类事业单位1个,非财政补助事业单位1个,公益性企业8个。国有林场总经营面积6079.14万亩,其中林业用地5907.47万亩,国有林地面积5604万亩,活立木蓄积量2.43亿立方米,森林覆盖率74%,有林地面积和活立木蓄积量分别占全省的34%和42%。现有在职职工12255人,其中,事业编制8628人,退休职工8942人。

二、国有林场扶贫现状分析

根据《国有贫困林场界定指标与方法》及陕西省国有林场的自然条件、生产条件、收入水平、人员素质等方面现状,2018年全省仍有国有贫困林场80个,占全省国有林场总数的38%。国有林场贫困主要表现在以下几个方面:

1. 国有林场场部和管护站危旧房情况仍然比较严重

大部分国有林场场部和管护站,是在20世纪60~70年代木材生产时期的采育队、营林队或林区道路养护道班的原有房屋设施基础上改建的,大多属于土木结构,耐久性普遍已超设计年限,有的已出现地基下陷,墙体开裂等现象,直接威胁职工人身安全。据统计全省尚有43处林场场部需要重建,521处管护站需要重建或维修改造。

2. 国有林场路、电、水基础设施建设步伐缓慢

"十二五"以来,国家在新农村建设和城乡一体化建设投入巨资和出台相配套项目扶持政策。林场地处农村,林场的建设和发展,本应与新农村建设同步推进,但现实政策是被弱化或是边缘化了。如农村电网升级改造、人畜饮水安全、村村通道路等项目的实施,对国有林场还没有全覆盖。

3. 国有林场人才匮乏

全省国有林场从1998年天保工程实施以后,几乎没有招录大中专院校毕业生,加之林业职工老龄化问题突出,林场事业后继无人。全省现有在职职工,年龄在39岁以下的占职工总数10%;40~50岁的占职工总数60%;51~60岁的占职工总数30%。技术人员主要集中在40~50岁年龄段,共计2760人,占职工总数的18%,其中高级工程师113人,工程师858人,助理工程师以下1789人。

4. 国有林场多种经营的"造血"功能不强

全省国有林场主要分布在秦岭、巴山、关山黄桥林区和长城沿线风沙区。秦巴林区山大、沟深、坡陡，是国家级水源涵养林区，不适合发展用材林，不宜大力发展林下经济。关山黄桥林区和长城风沙区气候寒冷，降雨稀少，立地条件差，生产力低，生态脆弱，林下生态系统单一，更不宜发展林下经济。一些国有林场近年种植了核桃、板栗、花椒等干杂果经济林，养殖了鸡、羊、猪等禽、畜和土蜂等多种经营项目，因投资不足，收入低微，"造血"功能不强。

5. 森林资源管护手段相对落后

近年来，国有林场森林资源管护手段普遍增强，但和其他省份相比仍然相对落后。由于国有林场管护面积大，管护站（点）多，管护路程远，火灾、火险和破坏森林资源等违法违规行为也不能及时发现、反馈和准确处理，管护效率低。

三、国有林场扶贫取得的主要成绩

1. 生产生活条件明显改善

一是林场职工住房状况明显改善。2010年全省启动实施了国有林场危旧房改造工程，国有林场职工住房得到了有效保障，职工幸福感进一步增强。二是国有贫困林场通路、通水、通电问题有效解决。改造危旧管护用房33.2万平方米，修建林区道路4160公里，建设饮水管线275公里，解决了2万人的饮水问题，架设电线220公里，购买护林专用摩托车3000多辆下发到林场、管护站。三是场容场貌得到较大改观。188个林场进行了场部危房改造，实现通水通电通广播电视，2012年，全省积极推进标准化管护站建设，2016年，又推进重点林区"十线百站"建设，国有林场基础设施得到有效改善。目前全省789个管护站中，90%实现公路通达，91%实现通电，96%实现通水，国有贫困林场的场容场貌和社会形象得到很大改观，干部职工精神面貌焕然一新。

2. 财政支持力度不断加强

市、县（区）财政加大了国有林场扶贫支持力度。在中央国有贫困林场扶贫资金的基础上，自2017年起配套安排市级补助。国有林场支持政策不断稳固，发展后劲显著增强。

3. 林业特色产业蓬勃发展

通过规划引领，突出地域特色，充分挖掘国有林场发展潜力，发挥国有林场森林资源优势，有效利用各项林业资金政策等，并积极鼓励社会资本进入国有林场，以此带动和支持国有林场积极发展种植业、养殖业、森林旅游业等特色产业，不仅为职工创造了许多就业岗位，而且大大增加了职工收入。依托国有林场建设省级以上森林公园78处，森林旅游从2005年的410万人次，增加到2018年的2626万人次，森林旅游产值12亿元，发展中药及特种经济树种面积达21万亩，苗木基地近3万亩，国有林场森林资源得到有效利用，森林资源保值增值。

4. 职工整体素质明显提升

以调整岗位设置为抓手，优化职工队伍，国有林场岗位设置得到优化，全省管理岗位、专业技术岗位、工勤岗位占总岗位比例分别为20%、49%、31%，实现了以工勤岗位为主向以专业技术岗位为主的转变，进一步拓宽了职工晋升通道。同时利用天保工程、扶贫项目、森林抚育、造林补贴、职工技能竞赛等开展职工专业技能培训，每年举办技能培训班 2 期以上。二十年来，培训林场职工超过 2 万人次。组织参加国有林场场长培训 400 人次，50 余名场级干部异地挂职锻炼。

5. 科技示范带动得到强化

国有林场承担着林业科学研究、生产试验示范、教学实习基地和林业新技术推广的重要任务，在林业科技推广、林木良种选育中发挥着主要示范作用。二十年来，国有林场承担核桃、花椒等丰产栽培技术推广示范、小香脆板栗丰产技术推广示范等 30 个中央林业科技推广项目，共推广优良品种面积 1 万亩，示范带动面积超过 7 万亩，培训各类专业技术人员超过 5000 人次。

四、国有林场扶贫工作的主要做法

1. 国有林场扶贫离不开国家政策支撑

1998 年，国家启动天然林资源保护工程，陕西省国有林场全部纳入天保工程实施区。天保工程一期和二期，中央投资森林资源管护费、"五险"资金切实解决了林场和职工困难。2003 年，中共中央、国务院《关于加快林业发展的决定》精神，对长期困扰国有林场发展的一些重大问题进行全面改革，国有林场体制机制进一步理顺，国有林场潜力有效激发。2009 年，国家在全国 12 个省（市）开展国有林场危旧房改造试点，陕西省于 2010 年已全部纳入改造范畴，切实解决了多年来林场职工住房难的问题。2010 年以来，国家交通运输部、国家广播电视总局等部委相继把国有林场场部连接道、村村通广播纳入专项规划并相继启动。2015 年，中共中央、国务院印发了《国有林场改革方案》，全方位系统性地拉开了国有林场改革大幕，国有林场迎来了发展的春天。这一系列政策的出台，助推了国有林场的快速发展，促进国有林场脱贫步伐，改善国有林场职工的生产生活条件。

2. 国有林场扶贫离不开地方党委政府的坚强领导和相关部门的大力支持

陕西省委、省政府非常重视林业工作，历来关心支持国有林场的建设发展。1998 年，省委、省政府紧紧抓住国家启动天然林资源保护工程这一机遇，积极争取国家把全省 88 个区县及国有林场 3500 多万亩林地纳入实施范畴，并在资金政策上给予大力支持。2005 年，省政府出台了《关于深入推进国有林场改革与发展的意见》，省发改委、省农业厅、省水利厅、省人社厅也相继出台政策支持国有林场基础设施建设。全省 11 个地市也加大了对国有林场的投入。据统计，自 2000 年以来，各级相继投入约 4.5 亿用于改造国有林场场部和管护站房屋、职工危旧房、饮水、通电、通路、广播电视等民生工程建设。2016 年，全省全面启动国有林场改革，国有林场功能定位更加清晰，管理体制进一步理顺，基础设施投入更加顺畅。通过各级政府的高度重视和部门的大力支持，国有林场脱贫步伐进一步加快，林场发展基础得到夯实。

3. 国有林场建设发展离不开全体务林人的艰苦创业和无私奉献

陕西省国有林场多建在高海拔的偏远山区，交通非常不便，造林难度很大。林场职工们发扬艰苦奋斗精神，以林场为家，以绿树为伴，年复一年，经过几代人几十年的艰苦努力，绿起了一个山头又一个山头，使昔日杂草丛生，荒芜的野岭荒坡，变成了嫩绿葱茏、万木竞秀的林业基地。尤其是国有林场在大力开展植树造林中，认真研究并摸索出了一大批切合实际、适用性强的先进技术，起到了较好的示范带动作用。

五、国有林场发展方向与潜力展望

下一步陕西省国有林场发展将以习近平新时代中国特色社会主义思想为指导,牢固树立"绿水青山就是金山银山"的理念,坚持保护培育森林资源,维护秦岭生物多样性、黄土高原水土保持、长城沿线风沙防治的功能定位;贯彻落实新发展理念,推进国有林场高质量发展,实现森林景观优美、基础设施完备、管理科学规范、林区和谐幸福的现代化林场建设目标;完善以制定国有林场管理法规为引领的国有林场政策支持制度体系。

在具体工作上,以建设现代国有林场为载体,加强国有林场基础设施建设,切实提高森林可进入程度,让市民共享生态成果,将国有林场打造为城市休闲后花园;以打造智慧林场为示范,实现国有林场资源管理数字化、信息化,提高森林资源管理效率;以建设森林特色小镇为依托,积极发展森林旅游、森林康养产业,融入乡村振兴战略,带动引领周边绿色发展。

陕西省西安市周至县国有厚畛子生态实验林场

厚畛子生态实验林场位于陕西省西安市周至县境内，秦岭北麓黑河上游，为周至县林业局下属单位，是国家重点生态公益林、西安市水源涵养林区、秦岭大熊猫的走廊带，地理区位特殊而重要。截至2017年年底，林场经营面积69.45万亩，森林面积67.19万亩，蓄积量521.53万立方米；林场在职职工200人。

第一，林场高度重视项目建设，多年来通过世界自然基金会、亚洲开发银行、发改委、林业、旅游、财政等部门积极争取各类项目30余个，累计投入资金1.2亿元。林场积极争取国家、省、市危旧房改造项目补助资金3000万余元，抽调业务骨干和工作能力强的职工，不畏艰难，多方协调联系，高起点设计建设职工保障房156套，目前已全部入住。

第二，林场积极筹建第三产业黑河森林公园。自建成营业以来，始终坚持"保护与发展共进双赢"的经营理念，科学理性发展森林生态旅游。公园先后晋升为秦岭终南山联合国教科文组织世界地质公园、世界自然基金会生态旅游示范区、国家级森林公园、国家AAAA级旅游景区、全国森林康养示范基地、全国首批国家级林木良种基地、陕西省文明森林公园，旅游收入也逐年增加。

第三，依托林业重点工程大力营造山茱萸、板栗、核桃、花椒等经济林2100亩，全场人均达到7亩，达产后职工人均年增收3000元。鼓励职工工作之余充分利用林下隙地人工种植天麻、猪苓、灯台七等中药材，或者进行中蜂、土鸡养殖，收到良好经济效益。

陕西省西安市周至县国有厚畛子生态实验林场扶贫前

陕西省西安市周至县国有厚畛子生态实验林场扶贫后

林场新貌

林区风光

陕西省咸阳市旬邑县石门国有生态林场

石门国有生态林场位于陕西省咸阳市旬邑县，由陕西省旬邑县林业局管理。截至 2017 年年底，经营面积 38.61 万亩，森林面积 27.6 万亩，蓄积量 73.99 万立方米，在职职工 103 人。

自扶贫工作开展以来，一是大力开展基础设施建设工作。林场运用国有贫困林场资金对 6 个管护站实施了基础设施建设项目，累计共修复、修筑林区道路 89 公里，完成管护站新建、扩建、危房改造 3200 平方米，从偏远处搬迁管护站 4 个；疏通饮水管道及水井 6 处 1100 米，架设高低压线路 22 公里，使林场职工出行难、饮水不安全、不通电、不集中供暖的问题初步得到解决。同时，增加了多处网络机站，基本实现了网络全覆盖。加之，森林防火视频监控系统的落实，大大提高了防火监管效率和日常办公工作条件。二是发展林业特色产业。依托资源优势因地制宜，积极发展种植、养殖、森林旅游等林业产业，增加了林场经济实力，提高了职工收入，并开展了诸多产业扶贫项目，利用天保苗圃资源优势重点发展花卉种植，绿化苗木种植，建立花卉苗木基地 42 亩，针对贫困职工实行承包经营，鼓励职工养牛、养兔、养羊、种植中药材等林下经济产品，安置带动周边 700 多人逐步摆脱贫困，走向致富道路。同时，组织开展各种形式的培训、经验交流、科普示范、现场指导等活动 80 多期，使领导干部和职工林业科技水平明显提高，为增强国有林场实力和职工致富奠定了良好的基础。

陕西省咸阳市旬邑县石门国有生态林场扶贫前后对比

陕西省延安市桥山国有林管理局建庄国有生态林场

桥山国有林管理局建庄国有生态林场（玉华木材检查站）位于陕西省黄陵县店头镇，始建于1954年8月，科级建制，公益一类事业单位，隶属于延安市桥山国有林管理局，由陕西省延安市管理。截至2018年年底，经营面积31.85万亩，森林面积31.42万亩，总蓄积量130.95万立方米，森林覆盖率98.7%；在职职工58名。

自扶贫工作开展以来，累计争取项目投资500多万元，其中局、场自筹400多万元，争取2018年、2011年、2016年国有贫困林场改善生产生活条件项目中央投资81万元，经过二十多年的努力，基础设施条件得到了极大的改善。

一是争取国有贫困林场建设资金和自筹，改善了办公、生产生活的基础条件。2018年建成了具有公共用房、办公、住宿标准的生产生活及管护用楼房，2018年12月5日干部职工已入住。场部、瞭望台重新架设低压电线，确保了正常用电。实施了场部、卅亩地和瓦窑坪管护站及瞭望台自来水改造，铺设了输水管线、修建了蓄水池。购置直饮净水机2台，解决了水质差的问题。场部取暖改造，前院平房安装了暖气片、铺设了供暖管道网。场部、建庄管护站更新了干部职工办公设备，购置了桌、椅、床、柜等生活、办公必需品。场部楼内安装了LED显示屏、监控等。

二是利用场部周边现有110亩土地，充分利用了林业行业技术、资源优势，根据市场需求，发展培育了油松、云杉、柳树、七叶树等各种绿化苗木9万多株，种植中药材仓术6.8亩，年收入10万多元。

三是积极建设建庄森林特色小镇。2018年8月20日，国家林业和草原局将建庄林场列为首批国家森林小镇建设试点单位。小镇的各项建设正在规划之中。

陕西省延安市桥山国有林管理局建庄国有生态林场新修场部

陕西省汉中市略阳县铁厂坝生态林场

铁厂坝林场位于陕西省汉中市略阳县内，经营面积29.41万亩，森林面积29.24万亩，蓄积量203.75万立方米；在职职工106人。

自扶贫工作开展以来，一是在基础设施上得到改善，利用2005年林场扶贫项目投资30万元，新建道路840米，护坡治理，育苗40亩。近年来，在省市县政府的关注下和林业主管部门的支持下，通过国有林场改革，采取多种方式，林场的管护站维修加固，改造修建住宅楼和场部附属设施。通过地方道路建设和农村电网改造，使林场管护站通行和用电基本得到保障，有力地改善了林场生产和生活条件。改善了林场的面貌。

二是林场发展后劲得到增强。通过国有林场改革，职工工资全部纳入县财政预算，全面落实了职工"五险一金"，解决了退休职工和社保并轨问题，解除了林场职工的后顾之忧，化解了林场的债务，减轻了林场的负担，使林场职工干劲倍增，发展有了后劲。

特别是林场在扶贫工作中，采用的捆绑式资金投入，项目式实施，项目式管理等扶贫方式，项目实施落地精准，目前南山基础设施功能不断完善，名贵、珍稀和当地具有观赏价值的植物种类繁多，园区内郁郁葱葱，把生态休闲的绿、美、幽充分展现，以供人们休闲。完成光亮工程和广播通信设施，以及休闲广场建设，成为城市居民休闲锻炼和外来游客观光的好去处，成为略阳亮丽的名片。

陕西省汉中市略阳县铁厂坝生态林场扶贫前林场场部　　陕西省汉中市略阳县铁厂坝生态林场扶贫后林场场部

陕西省商洛市洛南县石坡生态林场

石坡林场位于陕西省商洛市洛南县北部，经营总面积 9.39 万亩，森林面积 9.19 万亩，森林活立木蓄积量 29.91 万立方米。

林场积极利用政策支持及灾后重建项目资金和产业发展资金整合，集中力量办大事的理念开展扶贫脱困工作，经过十几年的努力，取得了显著成绩。

一是改善了林场的基础设施。2009 年争取防火专项资金 15 万元，在林区制高点修建固定防火瞭望哨一座，提高了视线所及范围 3 万余亩森林的防火监测监控能力。2012 年，依据国有林场棚户区改造相关政策，结合县域移民搬迁政策，在县城为职工集中修建家属楼 51 套，争取国省补助资金 255 万元，为职工解决了安家之忧，稳定了职工队伍。2015 年争取林区道路建设资金 404 万元，新建林区道路 8.083 公里，方便了生产和林区群众出行。

二是自营苗木产业不断壮大。除加强原有苗圃苗木培育管理外，分段采取从社会上租地、职工集资入股联营等多种形式，先后从辖区群众手中租地 300 余亩，积极培育油松、侧柏、刺槐、连翘、核桃、白皮松、华山松等生产急需乡土树种，取得了较好的经济效益，除保障了在职职工工资全额发放外，还补发了 1994 年以来历史拖欠职工工资 260 余万元，为基础设施建设及办公条件改善投入资金 100 多万元。同时，带动培训农民育苗技术人员 1350 多人次，引导群众走上脱贫致富道路。

陕西省商洛市洛南县石坡生态林场场部

陕西省商洛市洛南县石坡生态林场新建职工宿舍

第二十六章 甘肃省

一、国有林场基本情况

2015年年底，甘肃省国有林场304个，分布在13个市（州）、82个县（区），其中省属49个、市（州）属63个、县（区）属192个，经营总面积790万公顷，森林面积和蓄积量分别占全省森林面积和蓄积量总量的80%和80.6%。国有林场职工34927人，其中，在职职工22376人，离退休职工12551人。国有林场改革后，甘肃省国有林场从304个整合为265个，全部核定为公益性事业单位，其中公益一类事业单位248个、公益二类事业单位17个；现有职工31030人，其中在职职工19334人、离退休职工11696人，全部纳入基本养老保险和基本医疗保险。通过改革，全省国有林场的管理体制初步理顺，经营机制全面创新，分离林场办社会职能全面完成，遗留问题得到妥善化解，社会保障实现全覆盖，干部职工保护、培育森林资源的积极性得到有效发挥。

二、国有林场扶贫现状分析

一是贫困面大。2011年，根据国务院扶贫开发领导小组的通知，甘肃省有58个县（市、区）纳入国家连片特困地区。其中，40个县（市、区）纳入六盘山区连片特困地区，陇南市9县（区）纳入秦巴山区连片特困地区，甘南州8县市以及武威市的天祝县纳入四省藏区。58个国家级贫困县有209个国有林场，其中，省属林场42个，市属林场38个，县属林场129个，全省国有贫困林场贫困率达70.6%。

二是基础设施差。甘肃省86%的国有林场成立于20世纪60~70年代，职工住房、管护用房，目前仍有15%为60~70年代的土木和砖木结构，年久失修，已成危房，需改建各类危房面积131221平方米。全省国有林区未通达、未通畅道路里程共计10739公里，待建项目628个；需新建改造10千伏线路2827公里，低压线路1461公里，无电户1337户；28个国有林场，1.67万人的饮水安全需要提质增效。

三是人员结构不合理。1998年天保工程实施以来，全面实行禁伐，富余人员多，分流难度大，二十年来，65%以上的林场没有招录专业技术人员，45%的林场近10年没有招聘管护人员，导致林场职工年龄老化，职工平均年龄为48.6岁。受资金、编制和林区条件的限制，招录专业技术人员数量少，大学生不愿到林区工作，林场技术人员出现断层，影响和制约着林区的发展。

四是林场负债重。二十年来，甘肃省加大了生态建设的力度，造林任务逐年加大。近4年来，全省累计完成造林任务1893.72万亩，义务植树3.8亿株。由于甘肃省立地条件差，营造林成本高，后期管护投资大，国有林场负债较多，截至2018年，全省林场国内银行债务共计9100.2577万元，涉及68个国有林场。

三、国有林场扶贫取得的主要成绩

一是国有林场改革活力激发。近年来,甘肃省紧紧抓住国有林场改革发展的契机,将国有林场改革作为深化生态文明体制改革、助推绿色发展、激发林场活力的重要任务,坚持高位推进,取得了阶段性成果。全省国有林场全部定性为公益性事业单位,在职职工经费由同级财政予以保障,全部纳入同级基本养老保险和基本医疗保险。通过改革补交了拖欠职工的基本养老和医疗保险费用,化解了部分林场金融债务,剥离了林场办社会职能,加大了林区基础设施建设力度。目前,国有林场负担减轻、干部职工思想稳定、各项机制进一步健全,林场发展活力初显。

二是森林资源管护能力加强。随着各级政府和群众生态意识的增强,国有林场以生态修复、森林资源保护和提供生态服务的经营理念转变,森林资源培育和管护进一步增强。近4年来,结合精准扶贫,当地政府采取购买服务的方式,聘请林区群众和林场家属6200多人为林场生态护林员,每人年收入6000~8000元,带动林区群众脱贫,增强了群众生态意识,维护了林区和谐稳定。二十年来,甘肃省以增加森林资源总量、提高森林资源质量、优化森林资源结构为目标,加大森林培育投入,推动了森林资源的稳步增长。庆阳市以"再造一个子午岭工程"为抓手,大力实施工程造林、封山育林,全市国有林场年均造林面积是改革前的近4倍,有林地面积较改革前增加19.48万亩,森林覆盖率增长2.49个百分点。

三是林区基础设施明显改善。甘肃省将国有林区(场)的危旧房改造(公租房建设)、饮水安全、公路建设、电网改造、广播电视等基础设施建设项目作为关注民生,为林区职工办实事的重点工作全力推进,取得了显著进展。截至2015年年底,已完成国有林场棚户区(危旧房)改造3.35万套,6189套国有林区(场)公共租赁住房。解决了国有林区(场)饮水不安全人口4.57万人,涉及61个国有林场(自然保护区)。完成了国有林场(区)电网升级改造项目35个,涉及庆阳市、甘南州等5个市(州)45个基层林场。累计解决国有林区(场)通沥青(水泥)路建设项目686.1公里,解决了偏远地区2120个国有林区护林站(点)12319户的广播电视覆盖工程。对209个国有林场扶贫开发项目进行了扶持,累计完成办公生产危房改造4.57万平方米,职工住宅危房改造0.27万平方米,新建维修林区道路190.6公里,建设防火通道129.3公里,修建饮水安全工程20处,架设输电线路77公里,国有林场基础设施得到了有效改善。

四是林场产业发展潜力显现。在坚持生态优先的前提下,国有林场依托丰富的资源优势,积极开展多种经营,整合社会资源,挖掘林场发展潜力。2017年年底,全省国有林场已累计建立苗圃243个,大田育苗4.5万亩,容器育苗1.6亿株,年产值达1.8亿元;种植各类特色经济作物7万亩,90多个国有林场林副产品加工产业链不断延伸,山野菜、中药材、蜂蜜等林副产品年销售额4301万元,发展特色养殖76万头(只),年产值1.1亿元。全省国有林场依托森林资源开展森林生态旅游的规模不断扩大,创造出了一批诸如冶力关、官鹅沟、小三峡等知名森林公园,年收入超6000万元,较好地促进了国有林场的发展。

五是林场职工素质进步提升。按照国家林业局场圃总站的安排部署,近3年来甘肃省先后选派17名基层林场管理人员,到省外先进国有林场进行了挂职锻炼;组织48名国有林场主管部门负责人和国有林场场长参加了国家林业局场圃总站举办的国有林场场长培训班;组织260名基层林场业务骨干参加了国有林场经营模式暨改革创新培训班。2013年在敦煌举办了2013年西部地区国有林场年会暨国有林场改革研讨会；组织林场职工参加了国家林业局、中国农林水利工会举办的两届国有林场职业技能竞赛，通过学习先进经验，开阔了眼界，更新了观念，增强了素质，进一步提高了国有林场场长的决策与管理能力。

四、国有林场扶贫工作的主要做法

一是高位推动是做好扶贫工作的前提。省委、省政府把国有林场脱贫致富作为一项重点工作来抓，列入全省扶贫工作总体规划，多次进行了专题调研和部署，协调解决制约国有林场扶贫工作体制机制、经费保障问题。2008年汶川地震期间，省委十分关心林区灾后重建工作，将陇南市、白龙江林业管理局、小陇山林业实验局纳入重建范围，较好地解决了道路、场部办公、管护用房等问题。各级政府十分关注林区职工的生活待遇，2011年，庆阳市、甘南州将所有国有林场职工全部纳入政府财政预算，解决了职工福利待遇问题。同时，各地政府将国有林场的道路、用电、饮水、住房等基础设施纳入规划内容，按照"国家扶贫投一点、地方财政拨一点、林场经营补一点"的保障机制，不断加大投入资金，较好缓解了基础设施滞后的问题。

二是专项规划是做好扶贫工作的推手。2006年，根据《国家林业局计资司关于组织编制重点林区基础设施建设专项规划的通知》（计建函〔2006〕162号）要求，编制了住房、医疗卫生、道路、饮水安全等4个专项规划。项目建设共涉及重点林区的208个国有林场，林业人口11.4万人。其中，《住房专项规划》，新建楼房116万平方米，危房改造楼房30.7万平方米，解决了4.8万林业人口住房问题；《医疗卫生规划》，在白龙江林管局扩建医疗用房2.78万平方米，小陇山林业实验局扩建医疗用房0.9万平方米，配备医疗基本设备454台（套），病床设备530台（套），较好地解决了职工就医问题；《林区道路专项规划》，解决了全省国有林场林区公路7825.1公里，防火道路4172.5公里；《饮水专项规划》，打挖机井64眼、修建泵站237座，建设给（净）水厂10处，建污水处理厂（站）96座，解决了白龙江林管局、小陇山林业实验局两个林区职工的生活用水以及污水处理问题。通过专项规划的实施，

三是深化改革是做好扶贫工作的根本。1998年以来，部分国有林场陷入了"不城不乡、不工不农、不事不企"的困境，各级政府坚持以人为本，为了林场的生存和民生问题，在机制体制、职工福利待遇、林场功能定位、森林培育经营等方面，主动进行了相应的改革，收到了一定的成绩。

四是强化管理是做好扶贫工作的保障。按照"钱要花在刀刃上"的要求，着力抓好扶贫项目实施和管理。按照先急后缓的要求，科学审核批复扶贫项目，确保扶贫项目发挥应有的效益；注重加强项目实施监督管理，实行项目法人负责制，按照施工进度，加大监管力度，确保项目建设的进度和质量；严格按照《甘肃省国有贫困林场扶贫资金管理实施细则》，加强扶贫资金的管理，明确了资金支出范围，落实了会计核算、单独设立账页、执行分账核算、第三方审计等制度，保证了扶贫资金有效使用。

五是自力更生是做好扶贫工作的关键。国家对国有贫困林场实施扶持政策，广大林场干部职工感受到党和政府的温暖，同时也感受到一味依赖着"输血"是不可能消除贫困的，唯有自身形成"造血"功能才能告别贫困，走向小康。林业人发扬"人一之、我十之，人十之、我百之"为核心的甘肃精神，自力更生、艰苦奋斗，立足自身，改变林场落实面貌，在林木种苗培育、林下经济发展取得了一定的成效。

五、国有林场发展方向与潜力展望

下一步，甘肃省将坚持以习近平生态文明思想为指导，进一步创新体制机制，不断强化森林资源管护和监管责任，努力为维护国家生态安全、保护生物多样性、建设生态文明作出更大贡献。

一是坚持生态优先，加快国有林场发展进程。按照《甘肃省国有林场中长期发展规划》，在增强生态意识、盘活林场森林资源、促进林场全面发展上下功夫，大力实施工程造林、封山育林、中幼林抚育和低产林改造项目，加强森林资源保护，筑牢国有林场基础、增强可持续发展后劲，发展壮大林业产业。

二是创新管理机制，增强国有林场发展活力。督促各地政府抓好《国有林场森林资源监管办法》等四个办法的落实，确保四个办法的有效运行。加强改革后国有林场配套制度建设，在挖掘职工积极性、发挥场长能动性、激发国有林场发展活力上下功夫。进一步健全完善有利于保护和发展森林资源、有利于改革生态和民生、有利于增强林业发展活力的新体制。

三是树立先进典型，打造一批示范性林场。充分挖掘甘肃林区独特的地理优势、资源优势、人文优势，结合国家森林公园、特色森林小镇、森林康养基地建设，努力打造一批在全国影响较大的典范林场，影响和带动全省国有林场的健康快速发展。

甘肃省白龙江林业管理局羊沙国有林场

羊沙国有林场位于甘肃省甘南藏族自治州卓尼、临潭两县境内，东以洮河为界与卓尼县新堡林场相邻，南接临潭县新城乡，西连卓尼县恰盖、申藏两乡，北与冶力关林场接壤，东西长50公里，南北宽30公里，由甘肃省白龙江林业管理局洮河林业局管理。截至2017年年底，经营面积116.12万亩，森林面积67.23万亩，蓄积量112.09万立方米。截至2018年年底，累计造林7894.5公顷，封山育林10266.4公顷。森林覆盖率由23.87%提高到了58.57%。在职职工151人。

自扶贫工作开展以来，一是林场基础设施得到改善。场部修建办公大楼一座，新建职工家属院24户。辖区内管护站近百间、千余平方米房屋得以新建或重建，全场职工从棚户区迁到了宽敞明亮的新居，基本解决了职工养老的后顾之忧。随着时间推移，近年又为场部家属院和管护站加装了防水彩钢屋顶、进行了室内外粉刷、铺设地坪、安装暖廊等。因地制宜修建蓄水池一座，铺设管道2500多米，利用自流压力，实现了苗圃灌溉自动化。

二是林业产业向前发展。随着市场经济的发展，苗木商品化时代的到来，林场大力发展种苗产业，并带动周边群众育苗致富，仅2018年就实现苗木销售收入70余万元。铺设管道4000多米，修建大型蓄水池、沉淀池各1座，解决了羊沙林场及周边村社群众上千人饮水问题。维修防火通道上万米，方便了职工出行；为消除汛期安全隐患，暗门沟管护站修筑了长120米，高2米的防洪墙1座。

羊沙林场这些成绩的取得，离不开党和政府的扶贫政策，离不开历任领导的精心谋划，更离不开全场职工的辛勤努力。二十年来，林场被省林业厅评为"林区禁毒先进单位"，暗门沟苗圃被评为"国家级标准化苗圃"。在造林、育苗、护林防火、禁种铲毒、森林抚育等领域多次受到白龙江林业管理局和洮河林业局的表彰奖励，职工获得过白龙江林业管理局、洮河林业局、卓尼县各种"先进"和"优秀"称号的多达20余人次。

甘肃省白龙江林业管理局羊沙国有林场新貌

甘肃省白龙江林业管理局羊沙国有林场新修建筑

甘肃省白银市景泰县寿鹿山国有林场

寿鹿山国有林场位于甘肃省白银市景泰县，由景泰县林业局管理。截至2017年年底，经营面积17.81万亩，森林面积11.35万亩，蓄积量29.6万立方米，在职职工29人。

自扶贫工作开展以来，采取领导重视，强势推进；统筹规划，分步实施；上下互动，多方筹资等方法开展扶贫工作。

一是改善林场基础设施。经过几代人的努力，新建管护点一座；接通通电线路4公里；维修管护点5座850平方米；场部维修1020平方米；维修防火道路50公里；购置计算机5台、打印机2台、办公桌椅40套、森林防火专业设备120台。特别是在基础设施建设方面，采取了全面统筹协调规划设计，分布重点实施的方法，逐步解决了寿鹿山国有林场许多亟待解决的重大问题。

二是森林资源持续向好发展。二十年以来，寿鹿山林场依托天保、公益林、三北防护林建设等工程完成了人工营造任务13400亩，主要分布在东沟管护区的管草沟、苗家沟1000亩；西沟管护区的郑家地湾、菜子沟、王家阴岘1500亩；宽沟管护区的单墩沟500亩；录山管护区的岘子滩、车娄沟1500亩。近年来，国家继续加大了造林绿化投资力度，林场总结了以往的造林技术经验，巩固成果，持续林缘区造林，在录山管护区的窝窝沟、绸林沟造林1400亩；西沟的白杨岘1500亩；大庄管护区的岘子大湾2500亩、单墩管护区的毛家湾沟3500亩。林场遵循"三分造、七分管"的造林原则，成活率在85%以上，保存青海云杉、落叶松、油松株数255.82万株，郁闭度达到0.3以上，取得了显著的生态、经济和社会效益。

三是林区民生显著改善，职工收入和素质明显提高。赢得了林区职工的拥护，取得了积极效果，并在争取地方领导重视、带动多方投资、加强资金和项目管理等方面积累了许多宝贵的经验，为进一步做好国有林场扶贫工作奠定了良好的基础。

甘肃省白银市景泰县寿鹿山国有林场大门

甘肃省白银市景泰县寿鹿山国有林场场部

甘肃省酒泉市金塔县金塔潮湖国有林场

金塔潮湖国有林场位于甘肃省酒泉市金塔县境内。经营面积7.5万亩，森林面积5.7万亩，蓄积量2.97万立方米；在职职工11人。

在扶贫工作中，金塔潮湖林场结合区位和资源优势，认真调研，广泛讨论，打消思想顾虑，搅活发展思路，采用生态扶贫的方式，积极发展苗木、优质梨和森林旅游三大产业，取得了良好成效。

一是"按照支部+合作社+农户"的组织方式，动员各作业站群众家家户户育苗，育苗面积620亩，年出圃苗木200多万株，收入达到100多万元。

二是支持发展特色林果产业，建成优质梨基地1个，年销售果品125多万千克，收入200多万元。

三是借助森林旅游开发的东风，大力改善林区基础，2018年共接待游客38万人次，实现旅游收入1394万元。先后投资3.2亿元，完成了入口综合服务区及附属工程、景区道路、游行步道、生态停车场、景观景点、旅游标识等工程，引进了特色餐饮、驼队漫游、沙滩摩托等体验项目。积极鼓励林区群众发展旅游服务业，兴办农家乐、家庭宾馆，从事旅游商品、农副产品销售，动员群众就近务工，从事景区保洁服务等。

金塔潮湖林场坚持生态扶贫，以绿兴旅的思路，大力发展森林旅游、鼓励林区群众发展苗木、优质梨等特色林果产业，实现了脱贫攻坚的任务目标。为了阻止白水泉沙系吞噬自己的家园，缓解沙进人退的局面。从20世纪50年代开始，潮湖人开始在沙漠上一株一株地栽植成了上万亩的人工胡杨林，经过几代人的不懈努力，将昔日的沙漠戈壁打造成如今的魅力绿洲，并将金塔县沙漠胡杨林打造成西北乃至全国最大的人工胡杨林景区。

甘肃省酒泉市金塔县金塔潮湖国有林场森林旅游

甘肃省酒泉市金塔县金塔潮湖国有林场森林旅游农家乐

甘肃省天水市清水县温泉国有林场

温泉国有林场位于甘肃省天水市清水县，由清水县管理。截至2017年年底，经营面积0.225万亩，森林面积0.225万亩，蓄积量0.9136万立方米；在职职工10人。

自扶贫工作开展以来，采取三条扶贫路径。一是积极申报国有贫困林场建设项目标准文本，争取财政专项扶贫资金。二是因地制宜繁育适销对路的生态绿化苗木。三是争取市县财政资金的扶持力度。经过几代人努力，林场基础设施建设得到了全面的改造维修，水、电、路畅通，办公设备、家具全部得到更新，结合本场实际，制定出台了各类管理制度10多项，林场工作逐步迈入规范化管理轨道。以前只有几个户户通，通过扶贫资金，给所有职工办公室及宿舍每间房子开通了电信网络，大家不但能看网络电视，还能手机无线上网，彻底实现了信息化。

特别是在扶贫工作中，采用"国家扶贫政策+国有贫困林场+林场育苗产业+造林专业队"的扶贫方式。加强国有林场各项工作的组织领导；坚持以人为本，着力改善民生是关键；加强国有林场各项工作软件资料的建设；加强国有林场工作的宣传力度；加强国有林场扶贫资金的规范运行，扶贫工作发挥了积极的示范带动效果，获得了省市相关领导的充分肯定。新的历史时期，清水县温泉林场将深入践行科学发展观加快发展，借助改革成就和新的历史机遇进一步剖析问题，提出可行方案，明确发展方向；完善社会保障体系，维护国有林场稳定；调整结构，多元化提高效益；加强营林力度，确保森林资源有增无减。

甘肃省天水市清水县温泉国有林场新貌

甘肃省天水市清水县温泉国有林场新貌

甘肃省陇南市康南林业总场

康南林业总场位于甘肃省陇南市康县境内,由甘肃省陇南市林业局管理。现有经营面积83.28万亩,森林面积83.05万亩,蓄积量498.19万立方米;在职职工129人。

自扶贫工作开展以来,实现了"三个改善、两个增加、一个提高"。

一是住房条件得到改善。完成国有贫困林场危旧房改造280平方米,建设公租房139套6052平方米,完成棚户区改造320套26147平方米,生活污水处理设施1座,架通输电线路7公里,建设安全饮水工程8处,林场职工全部实现进城进镇。

二是办公条件得到了改善。灾后重建办公用房1576.92平方米,受灾林场场部搬迁1处,场部管护站点绿化亮化硬化1200平方米。

三是管护条件得到了改善。新修基层管护站4个700平方米、木材检查站2个610平方米、修建护林防火检查站6个468平方米,维修林区公路10公里,维修防火线3公里,维修公益林管护道路5公里。

四是森林面积增加。完成人工造林9.5万亩,森林面积增加了9.13万亩。

五是森林蓄积量增加。完成封山育林12.11万亩,森林抚育25.1万亩,全场森林蓄积量增加了157万立方米,森林覆盖率由1998年的76.82%增长到94.52%,提高了17.7百分点。

六是职工待遇提高。完成了国有林场改革,林场定性为公益性事业单位,注册登记为事业单位法人,经费纳入财政供给,养老保险与机关事业单位并轨,实现了"五险一金"全覆盖。

甘肃省陇南市康南林业总场职工住宅小区

甘肃省陇南市康南林业总场长坝林场办公楼

第二十七章 青海省

一、国有林场基本情况

青海省现有国有林场110个，其中省属7个，市、州属7个，县属96个。全部为公益服务一类事业单位。2000年以前成立61个，2000年天保工程实施后新成立49个。林场林地总面积8163万亩，基本覆盖全省各地林区、水土流失区和风沙前沿区，承担着保护和培育森林资源的重要职责，管理着全省森林资源的精华。目前除西宁市区5个林场外，其余105个林场全部为国有贫困林场。现有职工总数3368人，其中在职2919人、离退休人员449人，护林员2万余人。在国有林场范围内有7个国家级、16个省级森林公园。

二、国有林场扶贫现状分析

自1998年实施国有贫困林场扶贫建设项目以来，累计投入国有贫困林场扶贫资金1.48亿元，建设林区道路380公里、铺设饮水管道670.5公里、新建及维修办公用房4.06万平方米、新建围墙11427米、地坪9370平方米。随着多年来国有贫困林场的扶贫建设，森林面积不断扩大，蓄积量持续增加，基础设施条件逐步得到了明显改善，森林资源管理进一步加强，但同时也面临着一些问题。

一是管护房、防火道路等管护设施投资仍然不足。目前林场管护房和林区道路缺乏专项投资渠道，林区防火道路无法纳入交通部门规划建设。导致部分管护房年久失修，存在安全隐患；部分道路过窄、坡度较大，部分路段尚未硬化，不便于开展森林资源管护及防火工作。

二是防火任务艰巨，防火机具简陋。部分林场生活条件仍较差，影响职工积极性。目前大部分林场主要还是以护林员巡护的方式开展森林防火工作，扑火工具落后，扑救森林火灾主要还是依靠人力，灭火机具单一，基础设施等方面都比较落后，大部分林区内尚未安装防火监控设施。

三是人员结构简单，文化程度普遍较低。林场普遍存在核定的编制少，且专业技术人员及管理人员较少，文化程度普遍较低，接受新事物、新观念的能力较差，对开展科技项目及林场可持续发展不利。

三、国有林场扶贫取得的主要成绩

1998年，随着国家启动国有林场扶贫工作以来，不断加大扶贫投入，特别是近几年加大了林场生态环境的建设和保护力度，国有贫困林场基础设施有所改善，"造血"功能有所增强，加快了国有贫困林场脱贫步伐，提升了国有林场科学发展能力，促进了国有林场可持续健康发展。

1. 加强管理，确保项目建设成效

各级国有贫困林场主管部门严格按照财政部、国家林业局《国有贫困林场扶贫资金管理办法》和《青海省国有贫困林场财政扶贫资金使用管理实施细则》的要求，成立扶贫项目领导小组，规范项目管理，确保项目建设符合国有贫困林场扶贫项目管理要求；认真组织项目申报，严格筛选扶贫项目，会同财政部门一起规范下达项目建设内容和资金计划，并按照实施方案组织省级抽查；严把作业设计审批关，确保项目按下达的投资计划实施，确保项目工程按期完成；严格资金管理，实行专账核算、专款专用，确保扶贫资金安全运行；及时组织项目竣工验收，确保扶贫项目投资效益充分发挥。同时，积极争取配套资金。

2. 改善了国有林场基础设施条件，提高了林场职工生活水平

国有贫困林场扶贫项目的实施，极大地改善了全省部分国有贫困林场的贫困现状，改善了职工生产、生活条件，对稳定职工安居乐业，提高干部职工的积极性，充分发挥国有林场经营管理、森林资源的培育等职能起到了积极的作用。职工生活质量和生产条件明显改善，新建国有贫困林场办公生活用房，解决了国有贫困林场办公用房不足及职工宿舍等问题，同时解决了贫困林场取暖困难，购置取暖锅炉，改善了冬季取暖困难的现状。基础设施得到了切实改善，解决了林场干部职工及林场附近农民的吃水困难的问题；林场用电得到明显改善，解决了林场无电和信息不通现象；办公条件得到了有效的改善。特困林场配备了电脑、桌椅、复印机等，使林场职工有了一个较好的办公条件。

3. 经营管理面积逐年扩大，进行科学集约化经营

由单一的荒山造林发展为集林地经营管理、景区经营管理、造林育苗、科研等为一体的综合性林场。根据建设条件，部分区域内的灌溉采取节水滴灌，在保证林木生长量和保存率的前提下，节约用水，降低灌溉成本，对全省干旱浅山造林节水绿化具有重要示范引领作用。国有林场的职能由原来的单一的造林管护转变成为社会提供更好的森林生态资源及服务的经营理念，2018年国有林场完成人工造林13.44万亩，封山育林44.3万亩，森林抚育84.8万亩，完成林业有害生物防治158万亩，育苗基地达到106处，育苗面积达9941亩，年出圃苗木达436万株。

4. 积极承担林业重点生态绿化、城乡绿化工程建设，发挥国有林场示范带头作用

林业重点工程启动以来，全省各国有林场在完成自身生产任务，经营管理好现有林地资源的同时，充分发挥国有林场专业技术优势，积极投入到三北、天保、西宁南北山一、二、三期建设、海东南北山绿化等工程，同时高标准、高质量完成了西宁机场高速公路沿线重点绿化工程、城镇景观提升工程、绿道系统景观提升工程等重点绿化工程，做到了精细化施工与养护管理，苗木长势良好。西宁市五个国有林场积极参与西宁市南北山绿化建设，2000年以来，共完成造林绿化12.35万亩。2018年海东市平安区、乐都区、民和县、互助县各国有林场完成海东南北山绿化3.3万亩。

5. 国有林场改革工作稳步推进，森林资源得到有效保护

国有林场改革的目标是将国有林场所有森林转为生态林，国有林场均为承担保护和培育森林资源等生态公益服务的一类事业单位，有编有岗，国有林场林地并已全部完成确权发证。

6. 强化培训，不断提高队伍素质和保护意识

在积极组织参加国家举办的国有林场场长培训班和国有林场职业技能竞赛等活动的同时，有条件的国有林场组织开展了多种形式的林场职工培训和技能大赛。

四、国有林场扶贫工作的主要做法

1. 提高认识，切实发挥财政扶贫专项资金的效益

国家投入国有贫困林场的财政扶贫专项资金，主要是解决贫困地区的发展和贫困职工的生产生活问题，对于贫困地区国有林场职工的生产生活环境的改善，促进贫困地区经济和社会发展有着重要的意义。财政扶贫资金事关社会稳定、民族团结，关系到构建社会主义和谐与全面建设小康社会。管好用好财政扶贫资金，使其发挥最大效益，真正把财政扶贫资金用在贫困地区的国有贫困林场建设中，使更多的国有贫困林场基础条件改善、管理手段加强。为此，全省高度重视财政扶贫资金和扶贫项目的事前、事中、事后全过程管理，切实明确财政扶贫专项资金的重要作用，确保专款专用，把每一分钱都按规定花在刀刃上，力求发挥最大效益。

2. 明确责任，强化管理

在财政扶贫资金及项目的管理上，制定了相关制度，明确财务管理和项目监管职责，每个项目的申报和实施，均按照扶贫林场规划和年度计划有序进行，在资金使用范围和投向上，严格执行《青海省国有贫困林场财政扶贫资金使用管理办法实施细则》《青海省财政专项扶贫资金管理办法》的规定，实行专账核算，专款专用。

3. 严格执行基本建设程序，确保工程质量

为保证工程质量和进度及项目建设的规范，要求林业主管部门和各有关林场认真编制项目建设方案，并报省级主管部门批复实施。一是落实了项目法人责任制，建设单位主要负责人为项目建设的第一责任人；二是严格项目招投标制、监理制、合同制，严格按基本建设程序开展工作。同时，采取积极措施，加大对工程质量的监管力度，确保工程建设质量。

4. 切实加强项目组织管理

一是严把实施方案审批关，确保项目按下达的投资计划实施；二是各实施林场成立项目领导小组，确保项目工程按期完成；三是规范项目管理，确保建设符合国有贫困林场扶贫项目要求；四是严格资金管理，确保扶贫资金安全运行；五是及时组织项目竣工验收，确保扶贫项目投资效益的发挥。

五、国有林场发展方向与潜力展望

1. 鼓励引导国有林场合理利用森林资源

在保持森林生态系统完整性和稳定性，符合土地利用总体规划的前提下，合理利用林区的以层林、瀑布、药水泉、丹霞地貌、沟峡断陷构造、群峰怪石、不同季相等为自然景观、中藏药种植、野生动物驯养等森林资源。在森林景观优美，自然景观和人文景物集中，具有一定规模，可供人们游览、休息或进行科学、文化、教育的国有林场，规划建设森林公园，保护和合理利用森林资源，发展森林生态旅游，促进生态文明建设。并将森林公园的管理主体明确为林业部门，有效防止国有林地管理权限混乱和国有资产流失。国有林场结合林场实际联合社会资本、林区群众成立专业合作组织或股份制公司依法经营森林旅游、野生动植物繁育加工、中藏药材种植利用；对苗木培育、森林抚育、营造林等暂不能分开的生产经营活动，可以市场化经营或国有林场自主经营。林场深入实行"收支两条线"，对林场上缴的生产经营收入，在优先保

障弥补继续经营项目成本支出的前提下,其余部分由县财政部门以安排项目的形式给予支持,主要用于林场森林资源保护、自身再发展。

2. 加强护林队伍建设,提高护林人员素质

国有林场公益林日常管护以"因养林而养人"为方向,制定具体管护方案,在现有聘用护林员实施公益林日常管护的基础上,逐步引入市场机制,通过合同、委托等方式面向以林区社会合作组织和家庭为主的社会力量购买服务,结合精准扶贫要求聘用林区贫困人员参与森林管护,帮助贫困家庭增加收入。加强护林队伍建设,通过培训、宣传教育等方式提高护林人员素质,提高全社会生态保护意识。

3. 健全责任明确、分级管理的森林资源监管机制

保持全市国有林场林地范围和用途的长期稳定,严禁将林地转为非林地。认真执行全省林地管护绩效考评制度,对国有林场林地管理、营造林、育苗、林业科技、林业产业、基础建设、资金和档案管理进行年度专项考评,将考评结果作为综合评价国有林场主要领导政绩的重要依据。建立健全国有林场森林资源管理档案,定期向社会公布国有林场森林资源状况,逐步建立以林场为单位的森林资源资产化核算体系和考核体系,接受社会监督。

青海省果洛藏族自治州多柯河林场

多柯河林场始建于 1984 年，总面积为 14.9 万亩，林地面积 9.65 万亩，其中有林地 6.55 万亩，疏林地 0.77 万亩，灌木林地 2.2 万亩，其他林地 0.13 万亩，主要乔木树种有川西云杉、鳞皮冷杉、紫果云杉、塔枝圆柏等。现有职工 16 名、临时工 5 名，其中场长 1 名属于行政编制，其余 15 名为事业编制，均为森林管护员；技术员有 7 名。林区有一个检查站，有 5 人经常驻守。

自扶贫工作开展以来，一是林场基础设施基本已达到需求。分别建设了县场部办公楼、检查站办公楼、林区场部办公楼、招待室、职工宿舍、职工食堂、锅炉房及锅炉、活动室、篮球场、院内道路硬化亮化等相关设施。

二是造林任务圆满完成。三年来共完成造林绿化 10900 亩，其中，2016 年完成了造林 2700 亩，2017 年完成了造林 3200 亩，2018 年完成了造林 5000 亩，分别完成了计划的 100%。节假日全体职工不休息，加大宣传教育力度，近三年内没发生过森林火警火灾事故，确保了森林资源安全，并且深入做好了森林管护力度，没有发现滥砍滥乱的现象。广泛开展群众植树造林活动，进一步做好了精准脱贫工作，加强植树造林力度，坚持封山育林、人工造林相结合，增强生物多样性，做到适时、适地、适林。

青海省海南藏族自治州贵德县国有江拉林场

江拉林场位于青海省海南藏族自治州贵德县尕让乡境内。截至 2017 年年底，国有江拉林场现有林业用地 13.8 万亩，其中有林地 1.78 万亩，乔木林地 1.78 万亩，灌木林地 8.74 万亩，宜林地 3.18 万亩，疏林地 7.48 万亩，非林地 13.76 万亩，天然林 11.78 万亩。活立木总蓄积量达到 21.6 万立方米。林场现有正式职工 3 名，其中林业工程师 1 名，助理工程师 2 名；社会护林员 18 人。精准扶贫工作开展以来，累计安排林场周边村社贫困护林员 70 人。

二十年来，林场扶贫工作取得了较好成绩。林场基础设施得到改善。利用国有贫困林场扶贫资金改善和提高了路、水、电、职工护林员住房等基础设施条件，其中，投资 55 万元新建场部管理房 120 平方米；投资 200 万元新建管护站点管理房 230 平方米，广场 760 平方米，步栈道 300 平方米，15 座凉亭，蓄水池一座，给水管线 1 公里等，投资 20 万元解决林场场部饮水问题，投资 40 万元建设鹿场一处。共实施天保工程新造林 300 亩，森林抚育项目 3000 亩；每年有害生物防治 1900 亩。

青海省黄南藏族自治州泽库县麦秀林场

麦秀林场位于青海省黄南藏族自治州（以下简称"黄南州"）泽库县境内，隶属黄南州林业局管理。截至 2017 年年底，经营面积 100 万亩，森林面积 51.36 万亩，蓄积量 184.8 万立方米；在职职工 64 人。

自国有林场改革以来，一是进一步深化国有林场改革，提升林场发展后劲。在场部修建了职工宿舍楼、医务室、食堂、温室、篮球场等，在苗圃、管护站、检查站修建了办公宿舍楼；林区所有管护站都通路，90%以上的区域覆盖移动网络，80%以上的管护站通电，不通电的配备了太阳能供电设备。

二是大力开展营造林生产，精心培育森林资源。据调查统计，林场林地面积从 2006 年的 47.88 万亩增长为 2014 年的 59.30 万亩；森林覆盖率从 27.53%增加到 51.36%；活立木蓄积量从 112.5 万立方米增加到 186.5 万立方米。积极与捷克、斯洛伐克、美国等国外林业科研机构以及西北农林科技大学等国内林业高校的专家学者合作开展云杉小蠹虫、云杉矮槲寄生害虫等林业有害生物发生机理及防控技术研究，不断提高营林生产科技比重。

林场曾获青海省绿化委员会颁发的"青海省绿化模范单位"，青海省林业厅颁发的"青海省天然林保护一期工程先进单位"，黄南州人民政府颁发的"全州林业工作目标考核先进单位"，黄南州总工会颁发的"全州文明工会"，黄南州委组织部、黄南州老干局颁发的"全州老干部工作先进单位"等荣誉称号。

青海省黄南州泽库县麦秀林场森林灭火抢险救援分队

青海省黄南州泽库县麦秀林场新建站点

青海省西宁市湟源县东峡林场

东峡国营林场位于青海省西宁市湟源县东部，隶属湟源县林业局管理，距离县城15公里，始建于1972年。截至2017年年底，东峡国营林场总经营面积8.92万亩，林区包括东峡乡的12个村和和平乡2个村的部分地区。其中，有林地面积1.83万亩、疏林地面积0.11万亩、灌木林面积4.67万亩、未成林地面积1.44万亩、宜林地0.85万亩，活立木总蓄积量9万多立方米，森林覆盖率48.8%；林场在职职工9人，森林护林人员31人。

自国有贫困林场工作开展以来，湟源东峡国营林场立足县情实际，抢抓历史机遇，结合国有林场改革，扎实开展国有林场扶贫工作，前后共实施4个扶贫项目，集中资金着力解决林场职工办公、取暖、用水等急需解决的困难和职工最关心的住房等问题。其中，扶贫补助资金总计367万元；修建林区防火道路15.6公里，危旧房改造480平方米。

维修业务用房320平方米；供水管道1200米，机井1眼，机井房9平方米，蓄水池1座，检查井4眼，供电线拉设4公里，架设变压器1台，锅炉1台；修建国有林场下属纳隆苗圃混凝土路面510米，种子晾晒场1300平方米，铁艺围墙750米，砖混围墙1020米；修建灌溉水渠2400米；处理场部生产业务用房屋面漏水330平方米、改造场部防火通道地坪410平方米。国有林场棚户区危旧房改造项目2个，落实资金1165万元，2010—2011年，完成国有林场危旧房改造项目96户，项目建筑总面积为9728.1平方米。

青海省西宁市湟源县东峡林场扶贫前老场部　　青海省西宁市湟源县东峡林场扶贫后新场部

青海省海东市互助县北山林场

北山林场位于青海省东北部，祁连山支脉冷龙岭南域，达坂山北坡，大通河下游，属于互助县境内，林场行政隶属于县人民政府领导。截至2017年年底，经营面积169万亩，林业用地面积154万亩，天保工程面积145.7万亩，蓄积量为546.22万立方米，森林覆盖率80.01%。现有职工617人，其中正式职工88人，大学生志愿者3人，社会护林员184人，生态护林员253名，分散面积管护人员89人。

经过几代人的努力，一是林场基础设施得到改善，特别是天保二期工程实施后，加大了对基础设施的建设力度，改扩建了部分站点。尤其是近几年，林场党组高度重视各站点的基础设施建设，对巴扎、加定2个营林区、8个天保站进行了原址重建，对建成的站点均统一配备了办公桌椅、床和冰柜等生活用品，购置冰柜11台，办公桌椅345套。结合林业棚户区和林场危旧房改造，建立了集中居住区，解决职工住房173套。

二是统筹各类基本建设投资。购置森林消防车1辆、森林消防摩托车2辆；投资680万元，建设森林"三防"智能管护系统一套、监控点14处；投资81.25万元，新建消防车库2间，建筑面积130平方米，防火物资库3间，建筑面积195平方米；投资148.2万元完成消防兵营改造工程，总建筑面积1543.5平方米，共改造宿舍、卫生间、洗漱间、值班室等房间61间；投资10万元，在公路沿线及重点地段新建护林防火宣传电子显示屏10处50平方米；投资10万元，实施标准基础设施站建设，公路沿线站点绘制文化墙170平方米，完成场部及两营林区国旗、天保标志旗、防火旗旗台、旗杆建设和悬挂工作，安装天保标识牌20块。结合国有林场改革，投资255.36万元用于生产生活条件改善，购置锅炉房及设备24.4万元，设施建设98.45万元，职工饮水管道建设89.79万元。

第二十八章 宁夏回族自治区

一、国有林场基本情况

宁夏回族自治区经过国有林场改革，现有国有林场90个，公益一类事业单位74个，公益二类事业单位10个，企业性质单位6个，总经营面积1637万亩；现有职工9921人，其中在职职工5628人、离退休职工4293人。

二、国有林场扶贫现状分析

全区的国有林场大多始建于20世纪60~70年代，主要分布在宁南山区、腾格里沙漠、毛乌素沙地边缘，黄河两岸及其一、二级支流源头、天然林区等区域，处在生态林业建设的最前沿，守护的生态环境极为重要。多年来，林场建设投入缺乏长效机制，中央和自治区安排的专项资金有限，林场的基础设施较为薄弱，生产生活条件比较落后，脱贫任务依然艰巨。宁夏属于欠发达地区，大多数市、县（区）财政困难，对国有贫困林场扶持力度有限。

宁夏国有林场森林面积占全区森林总面积的53.7%，在生态建设中具有举足轻重的地位，是生态林业建设的主战场。目前，全区国有贫困林场生态公益林比重较大，大部分林场没有生产经营性收入或生产经营性收入少，同时也无其他供给和收入渠道，缺乏政策和资金扶持。

根据《自治区人民政府办公厅关于改革财政专项扶贫资金管理机制的实施意见》（宁政办发〔2015〕112号）精神，中央财政国有贫困林场扶贫资金的项目审批、资金使用、项目实施及检查验收下放到各市、县（区），自治区林业和草原局负责业务指导，自治区层面对项目的监管力度相对较弱。

三、国有林场扶贫取得的主要成绩

自中央财政国有贫困林场扶贫资金项目实施以来，宁夏高度重视国有贫困林场扶贫工作，认真加强指导和有效监督，国有贫困林场精心组织实施，广大干部职工积极参与，国有贫困林场扶贫工作取得了显著成效。

1. 林场基础设施得到改善

多年来，利用中央财政国有贫困林场扶贫资金改善了国有林场水、电、路及职工住房等基础设施，提高了场部办公及职工宿舍条件。目前，全区大部分国有林场生产生活用房显著改善，实现了林场管理制度化、林场环境园林化，干部职工积极性增强，森林资源管护水平明显提高。

2. 脱贫致富信心得到增强

一是中央财政加大了对国有贫困林场的扶贫力度，扶贫资金逐年加大。二是实施国有林场改革，理顺国有林场隶属关系，明确国有林场功能定位，创新了国有林场资源管护机制。三是中央财政安排本区国有林场改革补助资金19516万元，用于国有林场职工社会保险缴纳、场办社会职能的分离、基础设施建设和生产发展。通过广泛深入的扶贫政策逐步实施，广大国有贫困林场职工深受鼓舞和倍感振奋，极大地增强了脱贫致富的坚定信念。

3. 林场多种经营稳步发展

通过中央财政国有贫困林场扶贫资金项目的实施，林场基础设施逐步完善，生产条件逐步改善，各国有林场积极创办二、三产业，呈现以葡萄、枸杞、红枣、苹果为主的经济林产业、苗木产业、速生丰产林、设施林业等发展格局，并鼓励发展生态旅游、养殖（牛、羊、生态鸡等）业、承揽园林绿化工程等进行创收，有效壮大林场经济，增加职工收入。

四、国有林场扶贫工作的主要做法

在实施中央财政国有贫困林场扶贫工作中，宁夏坚持把实施好扶贫项目作为国有贫困林场脱贫解困的重要内容认真抓紧抓实，采取了一系列行之有效的措施，保证了国有贫困林场扶贫资金项目的顺利实施。

1. 落实扶贫资金

在中央财政国有贫困林场扶贫资金的分配上，坚持权责匹配，公开透明的原则，按照国有林场贫困状况、基础设施建设需求、林场自身能力等要素分配。严格实行国有贫困林场扶贫工作责任、权力、资金、任务"四到县"机制，把中央财政国有贫困林场扶贫资金项目审批权限下放到县级，要求各市、县（区）人民政府对国有林场扶贫资金的使用和管理负主体责任。

2. 强化项目管理

从中央财政国有贫困林场扶贫项目的申报、审核及确定项目单位、下达资金计划等环节入手，根据中央财政国有贫困林场扶贫资金项目的要求，按照公开、公正的原则，每年对申报的扶贫资金项目进行梳理，制定初步计划，并会同财政部门对项目进行实地调研、审核后再确定最终计划。在项目实施中，要求项目实施单位严格按照项目建设的要求，落实项目法人负责制，积极推行建设工程招投标制和工程监理制，加强项目质量的监督管理。

3. 加强资金管理

严格执行《宁夏回族自治区财政专项扶贫资金管理办法》（宁财农〔2017〕637号）和《宁夏国有贫困林场扶贫资金管理实施细则》（宁财农发〔2005〕743号）规定，分账核算、专款专用，实行资金报账、预决算制度，加强资金管理，规范资金使用，切实杜绝不合理开支和挤占挪用现象发生，提高资金使用效益。

4. 规范项目档案

坚持档案管理与项目建设同步进行的原则，建立完善项目建设档案，进一步规范项目档案管理。加强国有贫困林场扶贫资金项目档案管理制度，选派专人收集和归档项目档案资料，对实施方案的批复、设计文件、图表、验收报告等资料全部建档。

五、国有林场的发展方向与潜力展望

1. 加大扶贫资金投入力度

宁夏国有林场尤其是宁南山区的国有林场普遍存在基础设施落后，职工生产生活条件艰苦等问题。多年来,各级政府对国有林场发展投入有限,致使林场基础设施建设欠账较多,严重影响林场正常的生产生活和森林资源管护工作。建议国家增加年度国有贫困林场扶贫资金预算。

2. 加强国有林场管护用房建设

用房大多分布在偏远的深山密林中,承担着生态护林员生产生活之用,维系着我区国有森林资源的生态安全。长期以来,对国有林场没有明确的政策支持和投入渠道,国有林场管护用房建设严重滞后。建议国家林业和草原局加大对我区国有林场管护用房项目支持力度,确保国有林场管护用房得到全面改善。

宁夏回族自治区石嘴山市平罗县黄河湿地保护林场

黄河湿地保护林场位于宁夏石嘴山市平罗县以东20公里的黄河边上，是平罗县林业局的下属单位，林场经营面积5.78万亩；在职职工10人。

林场根据自身的基础设施现状和财力情况，整合资金，采取由国家扶贫资金建设场部主体，单位自筹资金建设配套设施，按照节约资金、整体推进的建设原则进行工程建设。经过几年的努力，建起了林场场部，其中建筑面积350平方米，1层24间，集办公室、会议室、住宿为一体。2012年，修缮了林场东西两院排房，安装了门窗、覆盖了房顶、加装了保温层、改造了卫生间、重新铺设了地面、粉刷了外墙，彻底改变了林场的场容场貌，优质的办公条件为林场发展奠定了基础，提升了社会地位。

工程按照规模适中，功能齐全的思路，实现以人为本，集办公、学习、生活为一体的人文布局。实施了党员活动区域、业余生活区域、运动休闲区域等，配备了林区文化展板、各项制度流程、各类办公设备、书籍影像材料、运动健身器材、户外桌椅板凳等，改善了职工工作生活条件，体现了人文理念。2014年12月，国家林业局同意宁夏平罗天河湾国家湿地开展国家湿地公园试点工作。

宁夏石嘴山市平罗县黄河湿地保护林场修葺前

宁夏石嘴山市平罗县黄河湿地保护林场修葺后

宁夏石嘴山市平罗县黄河湿地保护林场扶贫前林场道路

宁夏石嘴山市平罗县黄河湿地保护林场扶贫后林场道路

宁夏回族自治区石嘴山市平罗县陶乐治沙林场

陶乐治沙林场始建于1975年，位于宁夏平罗县河东地区，地处毛乌素沙地西南边缘，东与内蒙古鄂托克旗接壤，南与银川市兴庆区相接，北与陶乐镇相邻。林场现有土地面积13.1万亩，其中沙漠面积12.8万亩。建场初期以林果业生产为主，2000年在实施西部大开发中转变经营理念，开始了以沙漠生态治理为主，林果业及育苗为辅的生态林业建设之路。辖区面积由原来的不足5000亩逐渐扩大到现在的13.1万亩，且由原来的以耕地为主，逐渐演变为以沙漠为主，区域面积占到宁夏平罗县沙漠总面积的80%。全场总人口225人，职工115人，其中，在职职工34人（管理人员8名，骨干技术人员26人），离退休职工81人。

林场林地面积由过去的600亩，增加到现在的12.8万亩，且在逐年增加；森林蓄积量由过去的400立方米增加到现在的8684立方米，植被覆盖度由过去的10%增加到现在的57.2%；林场固定资产由过去的68万元增加到现在的256万元；职工收入逐年增加，畜牧养殖业、沙漠生态旅游业蓬勃发展，成为带动当地经济的龙头产业。同时随着森林面积及蓄积量的不断增加，当地生态环境得到明显改善，减少了土地流失，生态效益和社会效益明显。

2003年、2008年、2010年、2011年争取自治区林业局国有贫困林场扶贫资金221万元，改造危旧住房7200平方米，改造自来水管道8公里，修建沙区生产道路21公里，新建护林点178平方米，夯实了林场基础设施，改善了职工生产生活条件。2010—2018年，争取国家天保工程森林抚育资金367万元，对沙区40000亩国家公益林进行了人工抚育更新。积极争取国家重点公益林界定，现有重点公益林5.35万亩，地方公益林6.26万亩，每年享受国家森林生态效益补偿资金53.5万元，使生态建设成果得到有效的保护。在2002—2005年，争取日本协力银行防沙治沙贷款项目600万元，重点用于沙区防沙造林及基础设施建设。

宁夏石嘴山市平罗县陶乐治沙林场红陶路片林整治前

宁夏石嘴山市平罗县陶乐治沙林场红陶路片林整治后

宁夏回族自治区西吉县大寨山林场

大寨山林场位于西吉县东北部的白崖乡、沙沟乡，场部位于沙沟乡的大寨村，距西吉县城42公里，林场现经营管理总面积8.7万亩，森林面积2.2万亩，蓄积量1.3万立方米，在职职工20人。

自扶贫工作开展以来，一是利用扶贫项目促进林场发展。在中央财政国有贫困林场扶贫资金的支持带动下，通过实施荒山造林、森林抚育、天保工程等项目建设，极大地扩展了林场经营规模，林场现有森林面积2.2万亩，生态公益林占林地总面积的99.9%，森林覆盖率达25.08%，以落叶松、油松、桦树为优势树种的林分面积0.3万亩，占有林地总面积96%。

二是紧密结合国有林场改革，多方筹措资金，基础设施建设得到了改善。大寨山林场共获得了227万元的扶贫项目资金的扶持，新修维修林区道路72.5公里，新建护林点2处，建设管护用房155.6平方米，完成改造危房面积556.6平方米，新建生活用水机井1眼，架设10千伏专用供电线路3.8公里，安装30千伏变压器一台，配备30千瓦发动机一台，场部坪院、围墙、大门及其他附属设施都得到了全面的维修改造。场部现拥有砖木结构的生产及办公用房950平方米，职工住房160平方米，管护用车2辆。场部与护林点水、电、通信设施完善，交通便利。

宁夏西吉县大寨山林场场部

宁夏回族自治区银川市园林场

银川市园林场位于西夏区的西部，东起干沟路、南邻平吉堡农场、北接苗木场、西至空军部队。林场始建于1958年，主营生态防护林建设抚育和果品、苗木生产销售。1984年，园林场由全额拨款的事业单位转为差额事业单位，实际上执行的是自收自支事业单位。2009年，银川市园林事业单位改革，园林场退出事业单位序列，改为国有独资企业。园林场现有土地总面积9789.74亩，其中果林地面积4689.28亩，防护林地面积3992.16亩，宜林地225.7亩，林业辅助用地882.53亩。所属范围内，绿地率达到85%以上，是银川市西部的绿色屏障，具有良好的生态环境。全场职工总数为550名，其中在职职工153名，离退休职工397名。场机构设置有办公室、经营管理科、工程建设科、财务科，下设4个管理所，分别是果林管理一、二、三所和苗木管理所。

自扶贫工作开展以来，园林场采取多项举措。

一是争取到一系列国家扶贫惠民政策，累计争取中央财政预算资金及自治区配套资金2230余万元，争取银川市棚户区改造专项资金11974万元，争取农发行生态环境改善资金500余万元等，利用项目资金先后实施完成了林场棚户区改造、国有林场居民饮水工程、林场道路改造提升、灌溉渠道砌护等工程，彻底解决了多年以来困扰职工的住房困难问题，使得林场职工居住条件大幅提升，生产生活条件明显改善。

二是加强自身造血机能，成功申请取得了园林绿化施工二级资质，承揽绿化工程施工和管护绿地，创造利润收入，增加单位创收渠道，提高职工收入。

三是单位从内部政策上给予保障与支持，消除后顾之忧，让职工可以放手去创业，走出单位谋生计，创出适合自己的发展之路。

四是鼓励职工积极发展多种经营，结合自身特点灵活创业。经过几代人坚持不懈的努力，扶贫工作取得了显著成效。

宁夏回族自治区固原市原州区沈家河林场

沈家河林场成立于1956年，位于固原市区东北12公里处，目前，林场经营管护总面积5.55万亩，其中森林面积3.03万亩，森林蓄积量近1万立方米。在职职工15名。

国有林场扶贫二十年来，在各级党委、政府和有关部门的关心与支持下，林场以基础设施改善为契机，不断加大森林资源培育力度，着力解决职工差额工资问题，取得了可喜的成绩。

一是办公生活条件切实改善。依托国有贫困林场扶贫项目，2012年5月，沈家河林场3栋职工宿舍拔地而起。2012年年底，全体职工欢天喜地地搬进了梦寐以求的新宿舍。太阳能淋浴设备、天然气厨具、互联网等现代设备走进林场，职工再也不用为晚上巡山归来没有热水洗澡而发愁了，再也不用为做饭而忍受烟熏火燎的煎熬了。职工的生活更加丰富多彩了，林场面貌焕然一新。

二是林场发展后劲进一步增强。2014年以来，林场使用国有林场改革补助资金相继建成智能连栋温室1座1075平方米、设施林业大棚2栋4224平方米，不但解决了林场职工吃菜困难，而且为林场今后发展夯实了基础。

三是职工收入不断提高。1994年，沈家河林场改为工资田林场后，职工主要靠果园收入，但由于受甘肃、陕西等果品冲击，加之经营条件落后，职工收入骤减，大部分职工不得不靠打工维系生活。随着扶贫工作的深入开展，在各级主管部门的关怀下，林场职工于2013年恢复了全额工资，"五险一金"应保尽保，工资、房补等全部按照公益一类事业单位核拨。目前，林场职工月均收入达到4500元以上，职工的干劲更足了。

宁夏固原市原州区沈家河林场场部

第二十九章 新疆维吾尔自治区

一、国有林场基本情况

全区国有林场经营总面积2.7亿亩，林地面积1.28亿亩，占全区林地面积的62%。新疆维吾尔自治区现有国有林场107个，按照单位性质分，公益一类国有林场98个，公益二类国有林场3个，公益性企业国有林场6个。按照机构级别分，正县级国有林场30个，副县级国有林场3个，正科级国有林场25个，副科级国有林场22个，股级国有林场27个。按照隶属关系划分，自治区直属国有林场25个，地（州）属国有林场13个，县（市）属国有林场68个，大中专院校属国有林场1个。

全区101个事业性质国有林场共核定编制2765名，其中公益一类事业编制2501名，公益二类事业编制264名，按规定已纳入属地财政供养人员3636人（有35个国有林场正常超编运行，超编1195人；有空编国有林场43个，空编435人，公益性企业国有林场事业身份人员130人财政供养）。全区90个承担国家级公益林管护任务的国有林场建立了以政府购买服务为主的国家级公益林管护机制，社会化购买服务资金主要来源于森林生态效益补偿基金和天然林保护工程资金。社会购买服务人员3967人，社会化程度到达59.1%。国有林场正式职工"四险一金"实行全覆盖，四险参保率100%，所有正式职工全部落实住房公积金。外聘人员全部落实"四险"，参保率100%。

二、国有林场扶贫现状分析

1. 自然条件恶劣，基础设施落后

国有林场大多位于山区和荒漠化地区，地理位置偏僻，远离城镇，荒漠区的林场风沙大，水资源缺乏，经常遭受旱、涝、雹、风、冻等自然灾害侵袭，导致生产生活难以稳定。林区道路、电力、通信等设施虽已纳入政府的建设规划，但基础设施建设欠账短时间内无法补齐。后勤保障方面与在林区工作的其他行业，如水利、水电、交通、气象等部门相比有很大的差距。林场职工住房和大多数林场办公用房多为平房，职工人均住房面积小。管护站、点建设不全，水、电、路不配套，部分林场供电线路老化、线面直径小、用电负荷大。饮水质量不安全，职工饮水受地表水污染，浅层地下水达不到国家饮用水标准，有的林场职工还在饮用涝坝水。部分地处偏远的林场靠太阳能照明，只能维持日常照明用电。以上情况不仅影响职工生产生活，还严重阻碍了林场发展和招商引资项目及林业发展的步伐。

2. 基本公共服务滞后，自我发展能力弱

国有贫困林场主要集中在边远地区，现实决定了这些区域的基础设施建设比较滞后，再加上长期以来我国基本公共服务区域之间的巨大差距，落后地区特别是贫困地区的基本公共服务

发展十分滞后，教育、卫生等基本公共服务在质和量上都存在严重不足，贫困地区青壮年缺乏必要的劳动培训，致使劳动力素质低下，只能从事简单的体力劳动或别人不愿从事的脏累差或危险性工作，自我发展能力弱。贫困地区基本公共服务特别是教育十分滞后。在贫困地区，由于交通不便，居民居住分散，教育设施十分落后，师资力量薄弱。

3. 人员结构、队伍素质有待提高

国有林场职工由汉、哈萨克、维吾尔、回、蒙古等民族组成，少数民族比例大，文化程度低，由于富余职工多，招收新职工很少，造成新老更替衔接不上，职工年龄偏大。虽然对管护员采取公开招聘的方式竞聘上岗，但由于管护站环境条件恶劣，不能吸引和留住人才，一些新招的管护员刚从学校毕业，年龄较小，缺乏经验，还有一些管护员为下岗职工，许多法律、法规不熟悉，不能严格地依照法律、法规处理问题。缺乏培训经费，没有能力进行科技推广和职工技能培训等，致使职工人员整体素质偏低，缺乏高素质的各种专业技术人员，技术力量相对薄弱，影响着各林场的经济建设和科技水平的提高，科技致富人口比例小。基础设施建设投入困难，使得林场的林业再生产、林木良种及育苗推广、科研、种植业、养殖业、生态旅游等资源优势难以转化为产业优势，影响到林场职工的收入和生产发展。技术能力差，自我发展能力差，是导致林场贫困的重要原因。

三、国有林场扶贫取得的主要成绩

20世纪90年代末以来，新疆维吾尔自治区实行禁伐，林场经济上入不敷出，生产经营举步维艰，林场面临着危困的状况，各林场为了保护和培育好国有林场的森林资源，发挥生产技术、资源优势，挖掘林地潜力，确保有后备资源的永续利用，根据市场发展的需求，各林场发展了林业产业。通过国有林场改革，全区107个国有林场均已落实法人自主权。按照管理层级拥有财务自主权，国有林场主管部门对国有林场财务进行监督监管。事业单位国有林场按照编制部门文件，合理设置国有林场内部科室；公益性企业国有林场按照市场需求，合理设置内部科室。全区国有林场原有的场办学校12所，涉及442人；场办医疗机构11个涉及114人；代管村7个，涉及5626人，通过此次改革已全部移交属地政府管理。

1. 开展森林旅游业增加收入

在林场的天山云杉林区、胡杨林区、桦树林区、小叶白蜡林区、河谷杨树林区等天然林林区建有65个特色森林公园，"十三五"期间森林公园总收入3365万元，旅游接待总人数100多万人次。

2. 积极发展特色林果业增加收入

20世纪80年代中后期，人工造林林场大力发展特色林果业，不仅增加了林场和职工的收入，而且还带动了周边乡镇农民增收。阿克苏地区神木果业发展有限公司（原阿克苏地区实验林场）种植7万亩红枣、核桃等各类果品，总产量1.36万吨，林果业总产值2.7亿元（其中年产干红枣8000吨，年产值1.8亿元），林果业实现上交林场收入600万元。目前，林场红枣平均单产可达1300千克，生产水平已达到国家先进水平。

四、国有林场扶贫工作的主要做法

1. 大力发展森林旅游

国有林场是展示和宣传生态文化的重要阵地。多年来，国有林场在其经营区内，不仅培育发展了大面积的森林资源，生产了数量可观的森林产品，而且还造就和保护了一大批风光秀丽、形态各异的森林景观和自然历史文化遗迹。国有林场必将承担起生态文化示范和带动的传播者和建设者。新疆森林公园建设和森林旅游产业发展迅速，共建立各级森林公园65处，森林公园经营总面积165万公顷。森林公园内拥有旅游车船376台（艘）、旅游床位1.4万张、餐位1.8万个、旅游步道2445公里。新疆森林旅游基本形成了以天池、喀纳斯、那拉提、巩乃斯等国家级森林公园和自然保护区为龙头，以自治区和县级森林公园为补充，覆盖新疆12个地州市、40多个县市的森林旅游格局。森林公园已经成为人们休闲、度假、养生、健身的重要场所，是推进食、住、行、游、购、娱一体化森林旅游特色品牌的标榜。

2014年，自治区林草局与新疆旅游局签订了《关于推进森林旅游发展的合作协议》，双方将以国家森林公园、国家级湿地公园、国家级自然保护区为主体，打造一批森林精品景区、示范景区和生态旅游示范基地。各级林业主管部门把大量珍贵的森林风景资源纳入有效保护范围，坚决制止和依法严厉打击破坏森林资源的行为；坚持统筹规划，整体推进，2014年编制完成《自治区森林旅游发展规划》；强化品牌意识，做大做强做优市场，扩大旅游市场份额，提高旅游市场竞争力。

2. 加强基础设施建设

利用国有贫困林场扶贫项目资金，先后新建砖混结构房屋6.5万平方米，修通林区公路1510.43公里，架设高低压电线路1056公里，修建饮水管道52.3公里，解决了部分国有林场职工的住房困难问题；"十二五"期间，利用国家林业棚户区（危旧房）改造专项资金解决林场职工的住房问题，特别是2010—2016年，林场职工危旧房改造工程成效显著，惠及8222户职工（不含林业棚改户），改造面积698870平方米。近年来，国家加大了资金投入，不断改善林区基础设施，新建了管护所（站）、公益林管护所（站）、森林防火站和防火检查站，并进行了通电、供水、通信、广播电视等，改善了管护员的工作、生活环境。通过实施安全饮水工程，基本解决了林场场部职工的饮水问题。新疆国有林场职工的收入随着国有林场改革的完成和财政投入力度的加大而不断增加，2018年国有林场在职职工年均工资为7.2万元，离退休人员人均年收入5.3万元。

3. 加大科学技术推广力度

新疆国有林场建有各类母树林、区域试验林、采种基地、良种繁育基地是自治区林业科研的重要试验基地，在核桃、巴旦木、杨树、榆树等良种汇集、选育上具有明显优势，其中3个林场为部省联营林木良种基地，2个林场为自治区特色林木良种基地（其中阿克苏地区实验林场2009年被国家林业局确定为第一批国家级重点林木良种基地）。西部大开发以来，新疆国有林场紧紧围绕新疆林业五大工程建设，大力开展林木良种的选育和适用技术研究，林木良种选育和良种繁育工作步入了林业发展的快车道。2001年伊犁州平原林场被列为自治区级的林木良种基地，充分发挥林木良种基地的社会服务功能。林场先后营建了杨、柳、榆基因汇集圃、杨树优良品种示范林、林纸一体化示范林、高规格杨树基因示范林、优质抗逆用材品种示范林，引种保留了 566 个杨树品种品系，80 个柳树品种品系，83 个白榆无性系，14 个榆树品种及 52 个小叶白蜡家系，收集杨、柳、榆基因资源仅次于中国林科院，位居全国第二。

4. 大力营造森林文化

"环保优先、生态立区"理念、"资源开发可持续、生态环境可持续"发展道路的提出，全面丰富了新疆生态文明建设的理论内涵。以生态立区为主导思想的生态文明观念逐步深入人心，以保护森林植被、加强林业建设为主的生态文明建设已经成为各级党政和全社会推进跨越式发展和长治久安的自觉行动。积极创建森林城市、园林城市、绿化模范城市，成为各地的工作重点。"十一五"期间，新疆新增 11 个国家园林城市、14 个自治区园林城市，阿克苏市被评为国家森林城市，库尔勒市的孔雀河改造、克拉玛依市的世纪公园等工程成为新疆生态文明建设的突出代表。

五、国有林场发展方向与潜力展望

1. 公益一类国有林场

主要以天然林保护培育为主，经营区内都是新疆最优质的天然林资源，可以结合自身资源优势，继续加强基础设施建设，大力发展森林特色旅游。

2. 公益二类国有林场

可结合自身条件整合土地资源，加大林木良种培育力度，深入林木良种研究、试点、推广，盘活国有林场经营大盘，利用国有林场擅长的林业领域专业知识增加收入，做好示范引领。

3. 公益性企业国有林场

应该深入调研市场，以市场经济为抓手，打造自身品牌文化，发展特色林业产品及衍生品，加大品种培育引进力度，不断用优质产品扩大市场份额，积极探索林业产品及衍生品的市场化运作，逐步扩大企业盈利。

新疆国有林场自然环境有着国内其他省份所不具有的天然优势，不仅有苍凉壮阔的沙海胡杨，而且有连绵万里的挺拔松林，既有顽强生长的荒漠灌木林，也有花开连片的前山带灌木分布带，还有秋天如梦如幻的白桦林，美景之多数不胜数。多样的美景，蕴含了无穷的发展潜力，赋予了新疆国有林场大力发展特色森林旅游的绝佳底蕴。新疆国有林场发展较之内地仍然落后，无论是经济支持、政策引领还是发展理念，都有着巨大的发展空间，自然环境丰富多样的优势仍有待发掘，持续发掘新疆国有林场发展潜力，继续为新疆经济发展提供强大助力。

新疆维吾尔自治区喀什地区昆仑山国有林管理局

喀什地区昆仑山国有林管理局前身为昆仑山林场（驻地叶城县零公里轻工业园区），成立于1959年，隶属于喀什地区林业局管理的全额事业单位，机构规格相当于正科级。截至2017年年底，林区总面积568.67万亩，其中：林地面积102.26万亩，宜林地面积472.42万亩，森林覆盖率1.81%；活立木总蓄积量124.89万立方米。全局共有在职职工28人，其中管理岗4人，专业技术人员9人，工勤技术岗15人。

自扶贫工作开展以来，积极采取以人为本，着力解决民生问题为导向，把森林资源安全放在首位的方法，主动争取森林资源保护项目资金，开展扶贫工作，经过昆仑山国有林管理局几代人的努力，生产生活基础设施得到根本改善。二十年来，利用国家扶贫资金改善和提高了路、水、电、职工住房等基础设施条件，其中各管护站道路都纳入地方道路规划，到达各管护站都修建了乡村道路；叶城、莎车营林区中心管护站架设了1公里供电线路，安装了2个变压器，8所管护站安装了大功率太阳能设备；8所山区管护站实施了饮水安全工程改造，解决了40名站点护林人员吃水困难问题；6所管护站新建职工办公住房4220平方米，维修危旧管护站500平方米。为10所管护站购置了办公家具及监控设施，这些涉及国有贫困林场民生项目的实施，有力地改善了国有贫困林场的生产和生活条件。

新疆喀什地区昆仑山国有林管理局新建果萨斯管护站　　新疆喀什地区昆仑山国有林管理局新建菩萨管护站

新疆维吾尔自治区吐鲁番市鄯善县双水磨林场

鄯善县双水磨林场地处鄯善县城东 8 公里，辖区总面积 17.33 平方公里，种植面积 10806.38 亩，其中，葡萄 8875.91 亩；防护林带 1350 亩。总人口 5070 人，其中，汉族 3485 人，占辖区总人口的 68.7%；少数民族 1585 人，占辖区总人口的 31.3%。下辖 3 个连队，现有职工 879 人，其中，在职职工 306 人，退休职工 573 人；党员 201 名。

近年来，鄯善县双水磨林场高度重视国有林场扶贫工作，严格按照打赢脱贫攻坚战的要求，立足实际，主动作为，精准施策，狠抓落实，通过积极采取输血式扶贫和造血式扶贫相结合的各项措施，确保国有林场扶贫工作取得了明显成效。

一是重点抓无业、失业人员的技能培训，全面提升困难群体。通过"科技之冬"的培训活动，为全场培训出养殖能手 8 人、设施农业种植能手 16 人、农业经济人 22 人、致富能手 58 人、葡萄种植科技示范户 78 户，涌现出一批致富带头人。四队的热扎克·木合买提和儿子一起加工特色馕，每年收入可达到 4 万~5 万元。

二是因地制宜、源头防范，全面提高全民增收致富能力。鄯善县双水磨林场居民收入的 90% 以上来自葡萄，只有通过壮大葡萄产业、增加葡萄销售收入，才能最大限度地提高全民增收致富能力，从源头上防止脱贫返贫问题。截至目前，林场的葡萄商品率达 80% 左右，在全县葡萄商品率是最高的，林场葡萄亩产也从 1000 千克/亩左右提高到 3000 千克/亩以上，亩收入从 3000 元/年左右提高到 15000 元/年左右。2018 年职工人均收入达 16497 元，比上年增加 1362 元。

新疆吐鲁番市鄯善县双水磨林场扶贫前

新疆吐鲁番市鄯善县双水磨林场扶贫后

新疆维吾尔自治区塔城市南湖次生林场

南湖次生林场位于塔城地区塔城市,是全新疆唯一的平原柳树次生林场。塔城市南湖次生林场建场于 1982 年 7 月,隶属塔城市林业局,机构规格副科单位。南湖次生林场林区面积 125 万亩,其中,森林面积 6 万亩,100 万亩为北山山区公益林,20 万亩为平原灌木林;活立木蓄积量 756769.43 立方米。在职职工 10 人。

经过几代人的努力,一是新建了一大批基础设施。林场现有办公室及职工宿舍 1300 多平方米,其中,2006 年国家投资投入扶贫资金 20 万元,新建、翻修 200 平方米;2010 年投入资金 33 万用于林场断头路改造项目,为林场职工出行提供了便利;2011 年国家投入扶贫资金 40 万元用于翻建办公室及职工宿舍 220 平方米,现工程已完工,投入使用。2014 年投入扶贫资金 60 万用于场部办公室及职工宿舍水暖改造、锅炉安装和屋顶彩钢顶安装。

二是职工办公条件和生活水平得到改善。2016 年,为提高护林员护林、巡林效率和生活条件,建设了 2 个管护站。其中一个在阿克苏林场,另一个在草原站林区,面积为 50 平方米。解决了林区巡逻线路过长导致的巡逻效率低,改善了林场职工的生活环境和办公条件。同时,为更好地保护好天然次生林,提高森林火灾的预测、预警、预防能力,达到森林零火灾率,搭建了 2 座瞭望塔;新盖了 100 平方米的防火物资库,提升了防火救灾的能力。在南湖林场场部新建了 800 平方米的中心管护站,为提高库鲁斯台草原生态功能准备好了硬件设施。

新疆塔城市南湖次生林场

新疆维吾尔自治区乌苏林场

乌苏林场国有林区位于天山北坡中段，乌苏南部山区，东邻沙湾林场，西接精河县林区。乌苏林场场部位于新疆维吾尔自治区乌苏市，由新疆维吾尔自治区天山东部国有林管理局管理。截至2017年，林场经营范围内总面积876.99万亩，林地面积214.09万亩，活立木蓄积量328万立方米。在职职工57人。

扶贫工作开展以来，一是林区基础设施建设不断完善。分局共有森林管护所站18座（9所9站），其中，新建管护所（站）12座，均配备标准办公生活设施，完成引水改造、道路维修、所站绿化等，为管护人员配备智能巡护手机26部，配发摩托车20辆，有效改善了林区管护所站住房、供水、用电、取暖、通信等生产生活条件。

二是全面完成棚户区改造工作。自2011—2015年，乌苏林场全面完成了908户国有林棚户区改造任务。通过实施国有林棚户区（危旧房）改造工程，使林场基层困难群体住房条件得到了改善，提升了林区职工生活品质，促进了林区社会和谐稳定。

三是积极培育发展森林旅游绿色产业。充分依托森林资源和地缘优势，建立了乌苏佛山国家森林公园，现已晋升为国家AAAA级旅游景区。通过招商引资、自筹资金、争取国家项目资金等方式，先后投入资金1.8亿元，进行公园基础设施建设。目前，公园主景区道路、电力、通信网络、宾馆、酒店、公厕等一应俱全。年接待游客13万人次，旅游社会化收入达1.2亿元。公园的发展，极大地带动了周边农牧民增收致富，为当地提供290多个就业岗位。在公园从事旅游经营的当地牧民有72家，纯收入达300多万元。妥善解决了一次性安置人员养老和医疗补助问题。乌苏林场通过多方协调工作，按政策让一次性安置人员享受到了国家养老和医疗补助，解决了基本生活困难。

新疆维吾尔自治区巴楚县夏马勒国有林管理局

夏马勒国有林管理局位于新疆维吾尔自治区巴楚县内,由巴楚县管理。截至2017年年底,管理局经营总面积210万亩,森林面积132万亩,森林蓄积量217万立方米;在职职工39人。

自扶贫工作开展以来,取得了显著成绩。一是管理局各项基础设施建设得到逐步改善。通过多年来的项目扶持和发展,软硬件设施配套齐全,办公和生活条件得到了改善。场部路面硬化、路灯和通电、通暖、通网络都已经全部完成。管护站点房屋建设大部分得到了更新建设。林区通达道路得到了改善,由多年前的没有路和土路到现在大部分都通了石子路。二是配套设施得到全面改善。职能部门健全,部门化、专业化得到进一步规范,职能作用发挥得到进一步提高。管理局各科室办公设施配套齐全,有视频会议室、有维稳安全指挥部、有监控视频办公室等配套设施,功能齐全,发挥作用明显,具有一体化、专业化的职能作用。巡护摩托车配备到位,通信对讲机配备全覆盖。三是森林资源不断发展壮大,生态效益日益突显。林区开荒种地和盗采盗挖及放牧现象得到全面的遏制,在通过不断引洪灌溉和封育项目,森林资源蓄积量逐年递增,林下作物和植被密度不断增加,天然生态屏障已经形成,防风固沙作用日益显著。

特别是在扶贫工作中,一是强化组织领导。根据扶贫工作要求和项目分配,严格责任分工,强化领导和培训。结合发展实际,按工作职责和职能分工,重点以保护自然生态和提升整体功能建设为主。二是强化政策落实。通过生态工程建设、生态补偿、资源开发、增加就业、转移支付等方式,保护改善生态环境质量,促进贫困群众增收。在国家、自治区、地区等上级部门的大力支持下,合理利用公益林补偿资金。三是精准实施林业生态扶贫、加大国家政策法规宣传力度,积极引导绿色生态发展理念,取得了积极的效果。

新疆巴楚县夏马勒国有林管理局新貌

第三篇
国有林场扶贫相关材料及政策文件

第一章 国有林场扶贫相关管理办法

贫困国有林场扶贫资金管理办法

林财字〔1998〕29号

第一条 为扶持贫困国有林场（以下简称贫困林场）发展生产，管好用好贫困国有林场扶贫资金（以下简称扶贫资金），特制订本办法。

第二条 本办法所称贫困林场是指：以经营生态林为主，外部环境差、生存条件弱、缺水少电、交通不便，束缚了自身的创收能力，难以维持简单再生产，收不抵支，职工工资水平低于所在省（区、市，下同）职工平均工资水平的国有林场。

第三条 扶贫资金是国家扶持贫困林场发展生产、实现脱贫的无偿资金，是国家财政扶贫资金重要组成部分，此项资金必须专款专用，任何单位和部门不得以任何理由改变资金的性质和用途。

第四条 扶持贫困林场脱贫所需的资金须按照多渠道、多层次、多形式的原则进行筹集，凡向中央申请补助的省，可视自身财力情况安排适当配套资金，以保证扶贫开发项目的顺利完成。

第五条 扶贫资金主要用于改善贫困林场的生产条件，发展多种经营以及利用当地资源并能带动林区经济发展，有利于贫困林场脱贫致富的项目。对推广新技术，运用科技成果进行脱贫的项目予以倾斜。

第六条 申请使用扶贫资金，由省级林业主管部门根据本省的贫困林场脱贫规划，经本地区财政部门同意将贫困林场脱贫项目按顺序排队报国家林业局。计划单列市报本省统一汇总上报。

第七条 国家林业局根据各省的资金申请及贫困林场脱贫工作的实际情况，商财政部按项目将扶贫资金一次性分配给省级林业主管部门，并报财政部备案。由省林业主管部门分配给项目使用单位。

第八条 各级林业主管部门要把扶贫资金落到实处，做到资金到项目，管理到项目，核算到项目，按项目进度核拨资金，当年使用不完的，可以结转下年度使用。

第九条 扶贫资金不得用于下列支出：①机构开支和人员经费；②各种奖金、津贴和福利补助；③弥补亏损；④修建楼、堂、馆、所、住宅；⑤各种形式的周转；⑥弥补预算支出的缺口；⑦大中型基建项目；⑧购买小汽车等与扶贫资金使用宗旨相违背的支出。

第十条 各级林业部门要加强对扶贫资金使用情况和脱贫成效的反馈工作，省级林业主管部门必须在年终将扶贫资金使用情况总结上报国家林业局，抄报财政部。计划单列市的总结报本省统一汇总上报。

第十一条 各级林业部门应加强对扶贫资金使用与管理情况的检查,并接受同级财政和审计部门的监督。发现问题及时处理,同时将处理意见上报财政部和国家林业局。

第十二条 对配套资金不到位、脱贫工作质量不合格或未按规定上报资金使用总结的省区,将视情况调减或取消下年度的扶贫资金;对违反规定,截留、挤占、挪用或造成资金损失、浪费的单位,将视情节轻重追究有关人员的责任。

第十三条 各省林业主管部门可根据本办法,结合本地实际情况,制定补充规定,并抄报国家林业局、财政部备案。

第十四条 本办法自发布之日起执行。

第十五条 本办法由财政部、国家林业局负责解释。

国有贫困林场扶贫资金管理办法

财农〔2005〕104号

第一条 国有贫困林场扶贫资金（以下简称林场扶贫资金）是中央财政预算安排用于支持国有贫困林场（以下简称贫困林场）扶贫开发的专项补助资金，是中央财政扶贫资金的组成部分。为加强此项资金的使用和管理，提高资金的使用效益，根据财政扶贫资金使用管理要求，制定本办法。

第二条 贫困林场是指亏损或微利、生产生活设施条件差，以培育和保护生态公益林为主要任务的国有林场。贫困林场的具体标准由各省（自治区、直辖市）林业主管部门会同财政部门共同确定。

第三条 林场扶贫资金主要用于支持贫困林场改善生产生活条件，利用林场或当地资源发展生产。补助内容主要包括：

（一）基础设施建设：用于修建断头路、林场和职工危旧房改造、解决饮水安全、通电通话、电视接收设施等。

（二）生产发展：用于发展种植业、养殖业、森林旅游业、林产品加工业及林副产品开发等。

（三）科技推广及培训：用于优良品种、先进实用技术的引进和推广、职工技能培训。

第四条 林场扶贫资金不得用于下列支出：

（一）机构、人员经费；

（二）各种奖金、津贴和福利补助；

（三）弥补经营性亏损；

（四）修建楼堂馆所；

（五）大中型基建项目；

（六）小轿车、手机等交通工具及通信设备；

（七）其他与本办法第三条使用规定不相符的支出。

第五条 省（自治区、直辖市）林业主管部门应会同财政部门立足国有林场改革与发展要求，按照统筹兼顾、突出重点、科学论证的原则编制本省（自治区、直辖市）国有贫困林场扶贫开发规划。

第六条 国家林业局会同财政部根据年度贫困林场扶贫重点、各省（自治区、直辖市）贫困林场状况及上年度林场扶贫资金使用管理情况，确定每年补助给各省（自治区、直辖市）的林场扶贫资金额度，由财政部下达资金，同时抄送国家林业局和省级林业主管部门。

第七条 林场扶贫资金实行省级项目管理。贫困林场申请林场扶贫资金补助，需编制项目文本，并按隶属关系逐级上报到省级林业主管部门。

第八条 各省（自治区、直辖市）林业主管部门根据中央财政补助的林场扶贫资金额度，会同财政部门共同审核确定本省（自治区、直辖市）的年度林场扶贫资金项目及补助金额。各省（自治区、直辖市）林场扶贫资金项目应在收到财政部下达的年度林场扶贫资金文件后一个月之内确定并及时下拨资金。

第九条 各省（自治区、直辖市）财政部门会同林业主管部门根据实际需要可在林场扶贫资金总额中按不高于1.5%的比例提取项目管理费，用于贫困林场编报项目、省级林业主管部门和财政部门进行项目评估论证、检查验收、信息公开等方面支出。省级以下林业主管部门、财政部门和贫困林场不得再从林场扶贫资金中提取有关管理费用。

第十条 林场扶贫资金纳入国库集中支付范围的，执行国库集中支付的有关规定。

第十一条 林场扶贫资金下达到各省（自治区、直辖市）后，要纳入各省（自治区、直辖市）财政国库统一管理，分账核算。林场扶贫资金实行报账制，执行各省（自治区、直辖市）制定的财政扶贫资金报账制管理办法。

第十二条 林业主管部门和项目实施单位应加强项目管理，实行项目法人负责制，有条件的实行监理制。凡属于政府采购的支出，按有关规定实行政府采购。

第十三条 各省（自治区、直辖市）林业主管部门和财政部门负责组织对贫困林场实施的林场扶贫资金项目进行竣工验收。

第十四条 各省（自治区、直辖市）林业主管部门商财政部门同意后，将上一个年度的林场扶贫资金使用情况于当年的2月底前上报到国家林业局，国家林业局汇总后将全国林场扶贫资金使用情况于3月底前报送财政部。

第十五条 各级财政部门和林业主管部门应加强对林场扶贫资金的监督检查。国家林业局和财政部根据各省（自治区、直辖市）报送的林场扶贫资金备案材料进行抽查。

第十六条 对截留、挪用、骗取林场扶贫资金的单位和个人，按照国家有关规定处理。

第十七条 财政部和国家林业局对违反本办法第三、四条规定，或检查验收不合格以及未按规定上报资金使用情况总结和项目备案材料的省（自治区、直辖市），将调减直至取消下年度分配该省（自治区、直辖市）的林场扶贫资金。

第十八条 各省（自治区、直辖市）财政部门和林业主管部门应根据本办法，结合本省（自治区、直辖市）贫困林场扶贫开发工作的实际情况，制定具体实施办法。

第十九条 各省（自治区、直辖市）财政部门和林业主管部门制定的本省（自治区、直辖市）贫困林场扶贫开发规划、林场扶贫资金管理的具体实施办法要上报财政部和国家林业局备案。各省（自治区、直辖市）林业主管部门和财政部门确定的年度林场扶贫资金项目情况要及时上报财政部和国家林业局。

第二十条 本办法自发布之日起施行。《贫困国有林场扶贫资金管理办法》（林财字〔1998〕29号）同时废止。

国有贫困林场扶贫工作成效考评办法（试行）

第一条 为了规范和加强国有贫困林场扶贫工作管理，提高扶贫工作成效，根据《中共中央 国务院关于打赢脱贫攻坚战的决定》，制定本办法。

第二条 国有贫困林场扶贫工作成效考评是指用量化指标考评的办法对国有贫困林场扶贫工作成效及管理等进行的综合性考核与评价。

第三条 考评的对象是各省、自治区、直辖市林业厅（局）。本办法所称扶持林场是指利用中央财政国有贫困林场扶贫资金扶持的国有贫困林场。

第四条 考评的目标是突出成效，强化监督，促进扶贫工作的科学性、规范性和有效性。

第五条 考评遵循以下原则。

（一）客观、公正、公开、规范；

（二）效果和效益应当与扶贫工作的内容相对应；

（三）有利于统筹整合扶贫资源；

（四）奖励先进。

第六条 考评的依据。

（一）国有贫困林场扶贫工作的相关规章及规范性文件；

（二）《国有贫困林场界定指标与方法》（LY/T 2088-2013）等行业标准及专业技术规范等；

（三）资金拨付文件及各省、自治区、直辖市上年度国有贫困林场扶贫工作总结等；

（四）其他相关资料。

第七条 考评的主要内容包括扶贫目标、资金管理、扶贫效果、扶贫效益和扶贫管理等5个方面。

第八条 考评量化指标依据考评内容设定，考评量化指标见附1。

第九条 考评工作从2016年到2020年，每年开展一次。各省、自治区、直辖市林业厅（局）每年1月底前将上年度本省、自治区、直辖市国有贫困林场扶贫工作总结和成效考评材料报国家林业局，成效考评材料清单见附2。

第十条 国家林业局于每年2月底前组织有关专家对各省自治区、直辖市林业厅（局）国有贫困林场扶贫工作进行考评打分，必要时，到有关省、自治区、直辖市进行抽查核实。

第十一条 考评依据所设定的指标和评分标准逐项计分，分别计算各省、自治区、直辖市得分。考评结果划分为5个等级，分别为：A级（≥90分）、B级（≥80分，<90分）、C级（≥70分，<80分）、D级（≥60分，<70分）、E级（<60分）。

第十二条 国家林业局对考评结果予以通报。考评结果将作为扶贫资金分配的重要因素之一，考评等级达到A、B级的将此项因素资金额分别增加20%、10%，对于D、E级的将此项因素资金额分别调减10%、20%。

第十三条 各省、自治区、直辖市林业厅（局）应当根据考评结果，及时总结经验，提高管理水平和资金使用效益。

第十四条 本办法自印发之日起施行。

中央财政专项扶贫资金管理办法

第一章 总 则

第一条 为贯彻落实《中共中央 国务院关于打赢脱贫攻坚战的决定》（以下简称《决定》）和精准扶贫、精准脱贫基本方略，加强中央财政专项扶贫资金管理，提高资金使用效益，依据《中华人民共和国预算法》和国家有关扶贫开发方针政策等，制定本办法。

第二条 中央财政专项扶贫资金是中央财政通过一般公共预算安排的支持各省（自治区、直辖市，以下简称"各省"）以及新疆生产建设兵团（以下简称"新疆兵团"）主要用于精准扶贫、精准脱贫的资金。

第三条 中央财政专项扶贫资金应当围绕脱贫攻坚的总体目标和要求，统筹整合使用，形成合力，发挥整体效益。中央财政专项扶贫资金的支出方向包括：扶贫发展、以工代赈、少数民族发展、"三西"农业建设、国有贫困农场扶贫、国有贫困林场扶贫。

第四条 坚持资金使用精准，在精准识别贫困人口的基础上，把资金使用与建档立卡结果相衔接，与脱贫成效相挂钩，切实使资金惠及贫困人口。

第二章 预算安排与资金分配

第五条 中央财政依据脱贫攻坚任务需要和财力情况，在年度预算中安排财政专项扶贫资金。

地方各级财政根据本地脱贫攻坚需要和财力情况，每年预算安排一定规模的财政专项扶贫资金，并切实加大投入规模，省级资金投入情况纳入中央财政专项扶贫资金绩效评价内容。

第六条 中央财政专项扶贫资金分配向西部地区（包括比照适用西部大开发政策的贫困地区）、贫困革命老区、贫困民族地区、贫困边疆地区和连片特困地区倾斜，使资金向脱贫攻坚主战场聚焦。

第七条 中央财政专项扶贫资金主要按照因素法进行分配。资金分配的因素主要包括贫困状况、政策任务和脱贫成效等。贫困状况主要考虑各省贫困人口规模及比例、贫困深度、农民人均纯收入、地方人均财力等反映贫困的客观指标，政策任务主要考虑国家扶贫开发政策、年度脱贫攻坚任务及贫困少数民族发展等工作任务。脱贫成效主要考虑扶贫开发工作成效考核结果、财政专项扶贫资金绩效评价结果、贫困县开展统筹整合使用财政涉农资金试点工作成效等。每年分配资金选择的因素和权重，可根据当年扶贫开发工作重点适当调整。

第三章 资金支出范围与下达

第八条 各省应按照国家扶贫开发政策要求，结合当地扶贫开发工作实际情况，围绕培育和壮大贫困地区特色产业、改善小型公益性生产生活设施条件、增强贫困人口自我发展能力和抵御风险能力等方面，因户施策、因地制宜确定中央财政专项扶贫资金使用范围。教育、科学、文化、卫生、医疗、社保等社会事业支出原则上从现有资金渠道安排。各地原通过中央财政专项扶贫资金用于上述社会事业事项（"雨露计划"中农村贫困家庭子女初中、高中毕业后接受中高等职业教育，对家庭给予扶贫助学补助的事项除外）的不再继续支出。

开展统筹整合使用财政涉农资金试点的贫困县，由县级按照贫困县开展统筹整合使用财政涉农资金试点工作有关文件要求，根据脱贫攻坚需求统筹安排中央财政专项扶贫资金。

第九条 各省可根据扶贫资金项目管理工作需要，从中央财政专项扶贫资金中，按最高不超过1%的比例据实列支项目管理费，并由县级安排使用，不足部分由地方财政解决。项目管理费专门用于项目前期准备和实施、资金管理相关的经费开支。

第十条 中央财政专项扶贫资金（含项目管理费）不得用于下列各项支出：
（一）行政事业单位基本支出；
（二）交通工具及通信设备；
（三）各种奖金、津贴和福利补助；
（四）弥补企业亏损；
（五）修建楼堂馆所及贫困农场、林场棚户改造以外的职工住宅；
（六）弥补预算支出缺口和偿还债务；
（七）大中型基本建设项目；
（八）城市基础设施建设和城市扶贫；
（九）其他与脱贫攻坚无关的支出。

第十一条 中央财政专项扶贫资金项目审批权限下放到县级。强化地方对中央财政专项扶贫资金的管理责任。各省要充分发挥中央财政专项扶贫资金的引导作用，以脱贫成效为导向，以脱贫攻坚规划为引领，统筹整合使用相关财政涉农资金，提高资金使用精准度和效益。

第十二条 各省要创新资金使用机制。探索推广政府和社会资本合作、政府购买服务、资产收益扶贫等机制，撬动更多金融资本、社会帮扶资金参与脱贫攻坚。

第十三条 财政部在国务院扶贫开发领导小组批准年度资金分配方案后，及时将中央财政专项扶贫资金预算下达各省财政厅（局），并抄送财政部驻当地财政监察专员办事处（以下简称"专员办"）。

根据预算管理有关要求，财政部按当年预计执行数的一定比例，将下一年度中央财政专项扶贫资金预计数提前下达各省财政厅（局），并抄送当地专员办。

安排新疆兵团的财政专项扶贫资金，按照新疆兵团预算管理有关规定管理。

第十四条 各地应当加快预算执行，提高资金使用效益。结转结余的中央财政专项扶贫资金，按照财政部关于结转结余资金管理的相关规定管理。

第十五条 中央财政专项扶贫资金的支付管理，按照财政国库管理有关规定执行。属于政府采购、招投标管理范围的，执行相关法律、法规及制度规定。

第四章 资金管理与监督

第十六条 与中央财政专项扶贫资金使用管理相关的各部门根据以下职责分工履行中央财政专项扶贫资金使用管理职责：

（一）扶贫办、发展改革委、国家民委、农业部、林业局等部门分别商财政部拟定中央财政专项扶贫资金各支出方向资金的分配方案。扶贫办商财政部汇总平衡提出统一分配方案，上报国务院扶贫开发领导小组审定。由国务院扶贫开发领导小组通知各省人民政府。财政部根据审定的分配方案下达资金。

（二）各级财政部门负责预算安排和资金下达，加强资金监管

（三）各级扶贫、发展改革、民族、农业（农垦管理）、林业等部门负责资金和项目具体使用管理、绩效评价、监督检查等工作，按照权责对等原则落实监管责任。

（四）安排新疆兵团的中央财政专项扶贫资金规模由财政部确定，新疆兵团财务、扶贫部门负责使用管理与监督检查。

第十七条 各地应当加强资金和项目管理，做到资金到项目、管理到项目、核算到项目、责任到项目，并落实绩效管理各项要求。

第十八条 全面推行公开公示制度。推进政务公开，资金政策文件、管理制度、资金分配结果等信息及时向社会公开，接受社会监督。

第十九条 中央财政专项扶贫资金使用管理实行绩效评价制度。绩效评价结果以适当形式公布，并作为中央财政专项扶贫资金分配的重要因素。绩效评价年度具体实施方案由财政部、扶贫办制定。

第二十条 各级财政、扶贫、发展改革、民族、农业（农垦管理）、林业等部门要配合审计、纪检监察、检察机关做好资金和项目的审计、检查等工作。各地专员办按照工作职责和财政部要求对中央财政专项扶贫资金进行全面监管，定期或不定期形成监管报告报送财政部，根据财政部计划安排开展监督检查。各级扶贫、发展改革、民族、农业（农垦管理）、林业等部门要配合专员办做好有关工作。创新监管方式，探索建立协同监管机制，逐步实现监管口径和政策尺度的一致，建立信息共享和成果互认机制，提高监管效率。

第二十一条 各级财政、扶贫、发展改革、民族、农业（农垦管理）和林业等部门及其工作人员在中央财政专项扶贫资金分配、使用管理等工作中，存在违反本办法规定，以及滥用职权、玩忽职守、徇私舞弊等违法违纪行为的，按照《中华人民共和国预算法》、《公务员法》、《行政监察法》、《财政违法行为处罚处分条例》等国家有关规定追究相应责任；涉嫌犯罪的，移送司法机关处理。

第五章 附 则

第二十二条 各省根据本办法，结合本省的实际情况制定具体实施办法，报送财政部、扶贫办备案，并抄送财政部驻本省专员办。

第二十三条 本办法自2017年3月31日起施行。《财政部 发展改革委 国务院扶贫办关于印发〈财政专项扶贫资金管理办法〉的通知》（财农〔2011〕412号）同时废止。《财政部 国家民委关于印发〈少数民族发展资金管理办法〉的通知》（财农〔2006〕18号）、《财政部 农业部关于印发〈国有贫困农场财政扶贫资金管理暂行办法〉的通知》（财农〔2007〕347号）、《财政部 国家林业局关于印发〈国有贫困林场扶贫资金管理办法〉的通知》（财农〔2005〕104号）、《财政部、国务院扶贫办关于印发〈"三西"农业建设专项补助资金使用管理办法（修订稿）〉的通知》（财农〔2006〕356号）中有关规定与本办法不符的，执行本办法。

第二十四条 本办法由财政部会同扶贫办负责解释。

第二章 国有林场扶贫相关标准

国有林场基础设施建设标准

国家林业局2013年公布

编制说明

本标准是根据《国家林业局发展规划与资金管理司关于下达2009年林业工程建设标准、定额工作计划的通知》（林规财建便字〔2009〕001号）的要求，依据国家有关基本建设的法规、规范和技术标准编制，并经多次征求有关方面的专家意见、反复修改后而形成的。

我国国有林场是国家为加快森林资源培育，保护和改善生态，在重点生态脆弱地区和大面积集中连片的国有荒山荒地投资建立的，大部分分布在长江、黄河、珠江等大江大河中上游、主要湖泊水库、各大风沙区、黄土高原区以及我国西部地区，是我国重要的后备森林资源基地，在绿化国土、涵养水源、保持水土、防风固沙、改善农牧业生产条件和促进经济社会发展等方面作出了重要贡献，形成了生态脆弱区重要的生态屏障，是构成我国生态安全体系的重要组成部分。国有林场是我国现代林业建设的重要阵地和根基，经过多年的发展建设，在改善生态环境、培育森林资源、带动和促进地方经济发展、推广和传播先进林业生态文化等方面都具有不可替代的作用，对建设发达的林业生态体系、完备的林业产业体系、繁荣的生态文化体系和保护生物多样性都具有十分重要的意义和作用。随着林业改革的深入开展和现代林业建设进程的推进，加强国有林场建设尤其是基础设施建设迫在眉睫。为因地制宜地确定国有林场基础设施建设规模，充分发挥国有林场的作用和功能，使国有林场基础设施建设内容安排合理而规范，在总结以往国有林场基础设施建设经验的基础上，编制了《国有林场基础设施建设标准》。

本标准共分为9章38条。第一章总则，主要包括国有林场基础设施建设的原则和条件；第二章国有林场规模划分，主要包括国有林场规模的划分标准；第三章基础设施项目构成，主要为国有林场基础设施建设的项目组成；第四章场部（址）基础设施主要建设内容及技术要求，提出了国有林场场部建设项目内容、规模及要求；第五章生产配套设施与附属设施主要建设内容及技术要求，提出了国有林场房建、水、电、路、通信、护林等基础设施及配套建设内容和技术要求；第六章防灾减灾，提出了消防、防洪、抗震防灾、地质灾害防治等建设内容和技术要求；第七章环境保护，提出了污染防治、环境卫生、绿化、景观维护等环境保护措施；第八章主要技术经济指标，分别规模提出了国有林场基础设施项目的主要技术经济指标；第九章附则，说明了标准的管理和解释部门。

《国有林场基础设施建设标准条文说明》是对《国有林场基础设施建设标准》编制的依据以及执行中要注意的事项的说明。

本标准由国家林业局发展规划与资金管理司提出。国家林业局组织制订。

标准的主编单位为国家林业局调查规划设计院和国有林场和林木种苗工作总站，主要起草人为：唐小平、程小玲、吴小群、管长岭、杜书翰、陈孟涤、春英、王建新。

第一章　总　则

第一条　为加强对国有林场基础设施建设的管理与监督，提高国有林场基础设施项目决策的科学化水平和投资效益，特制定本标准。

第二条　本标准是编制、评估国有林场工程项目建设及可行性研究报告的重要依据，也是主管部门（包括行业部门投资）审查国有林场工程项目初步设计和监督检查整个建设过程建设标准的尺度。

第三条　本标准适用于经各级人民政府同意批准及相关部门建立、由林业部门管理的国有林场工程项目。

第四条　国有林场基础设施工程项目建设须遵守《中华人民共和国森林法》、《中华人民共和国森林法实施条例》、《中华人民共和国野生动物保护法》、《中华人民共和国环境保护法》、《中华人民共和国建筑法》等相关的法律、法规和规章。

第五条　国有林场基础设施建设应遵循以下基本原则：

一、公益化原则。国有林场应编制发展规划，围绕公益化发展方向确定建设与管理策略。

二、保护为先原则。项目建设应有利于自然环境和自然资源的保护，不破坏生态环境，不造成环境污染。

三、分步实施原则。在国有林场基础设施规划的基础上，根据国有林场现状和经营目的确定建设内容、建设重点、投资规模与建设期限，投资规模较大的国有林场可分期建设，每个分期为2-3年；投资规模较小的国有林场宜一次建设完成分期建设的国有林场，结合林场实际，首期重点建设以公共设施、生活服务设施及生产配套设施为主。

四、因地制宜原则。工程建设应遵循自然规律，因地制宜地采用先进技术，建设项目符合建设目的及资源保护、经营需要，确保质量。

第六条　国有林场基础设施建设应具备下列条件：

一、有相应各级人民政府批准建场文件或省级林业主管部门证明材料。

二、经省级有关主管部门批准的国有林场建设与发展规划。

三、行业部门立项投资的依据。

四、管理机构健全。

五、人员稳定，人员经费有来源。

第七条　国有林场基础设施建设应在实地综合调查的基础上进行。调查内容包括国有林场及周边地区的自然、社会经济状况，工程项目建设条件，国有林场范围内原有基础设施状况等。

第八条　国有林场已建森林公园和自然保护区的，应本着综合利用、节约投资的原则，做好与相关标准间的衔接，充分发挥设施的功能和作用，不应各成体系。

第九条　国有林场基础设施建设除遵守本标准外，尚应符合国家现行有关强制性标准的规定。

第二章　国有林场规模划分

第十条　国有林场按照经营面积分为超大型、大型、中型、小型四个规模等级，按照下表的规定确定。

国有林场规模等级划分表   单位：万亩

类型	超大型	大型	中型	小型
划分指标	≥50	10-50	5-10	<5

第三章 基础设施项目构成

第十一条 国有林场基础设施项目由房屋建筑、道路、给排水、供电、供热、通信、环境美化、生产设施设备、其他配套设施等工程构成。

第十二条 房屋建筑包括住宅建筑、公共建筑两部分。公共建筑包括场部办公用房、公安派出所、职工活动室、职工图书室、食堂、工区（分场）生产用房等。

第十三条 道路包括场部对外连接道路、场部道路、国有林场施业区内部道路。

第十四条 给排水包括场部及工区（分场）生产生活供水、给排水管线、污水处理设施等。

第十五条 供电包括场部及工区（分场）供电电源、输配电线路、变配电站等。

第十六条 供热包括锅炉房及锅炉设备、供热管线等。

第十七条 通信包括通信设施设备及通信线路等。

第十八条 环境美化包括环卫设施、场区绿化等。

第十九条 生产办公设施设备包括办公管理信息化设备、交通工具和其他配套设施设备等。

第二十条 其他配套设施包括停车场、围墙、大门等。

第二十一条 国有林场基础设施按性质可分为公共服务设施、生活服务设施和生产基础配套设施。

第二十二条 公共服务设施包括林场场部办公用房、公安派出所和工区办公用房以及为公共设施提供的道路、给排水、供电、供热、环卫、办公等设施设备。

第二十三条 生活服务设施包括职工个人住房及为居住区提供的道路、给排水、供电、供热、环卫等设施。

第二十四条 生产基础配套设施包括为育苗、营造林、护林、防火、有害生物防治、科研、监测等林业生产提供服务的房屋、道路、水、电、通信等设施及设备。

第四章 场部（址）基础设施主要建设内容及技术要求

第二十五条 林场用地控制指标应符合以下要求。

一、居民区按居住总人口控制，人均占地面积应不低于110m²。

二、公共建筑区按职工人数控制，职工人均占地面积应不低于40m²。

三、如林场设置学校、卫生院、旅馆、商业服务等设施，以及具有木材生产（贮木场）、木材加工等设施，应按实际占地规模增加林场用地面积。

四、场部在城市的，应按《城市总体规划》控制面积执行；场部在乡镇的，应按《镇规划标准》控制面积执行。

第二十六条 林场场部（址）基础设施项目与工程量根据国有林场规模等级列于附表。

一、林场办公用房、公安派出所等公共建筑设施建设应满足以下要求：

1. 选址应有利生产，方便生活，应具有防灾减灾的地形地质条件、水文条件和卫生条件。布置于大气污染源的常年最小风向频率的下风侧以及水污染源的上游；位于丘陵和山区时，优先选用向阳坡和通风良好的地段。

2. 采用框架或砌体结构；

3. 办公用房参照党政机关办公用房建设标准执行；

4. 林场设置公安派出所的，参照《公安派出所建设标准》（建标100-2007）执行；

5. 单身职工达到4人以上宜设置职工食堂；

6. 职工活动室、图书室、食堂等公共建筑按职工人数确定；

7. 使用年限为50年，抗震烈度要达到抗震规范标准要求；

8. 北方地区应配备取暖设施。

二、职工个人住房建设应满足以下要求：

1. 选址应有利生产，方便生活，应具有防灾减灾的地形地质条件、水文条件和卫生条件。布置于大气污染源的常年最小风向频率的下风侧以及水污染源的上游；位于丘陵和山区时，优先选用避风向阳地段。

2. 采用框架或砌体结构；

3. 职工住房要达到成套化，并鼓励自筹修建；

4. 职工居住使用面积人均不小于20m²；

5. 建于水文地质良好条件地段；

6. 使用年限为70年，抗震烈度要达到有关抗震规范标准要求；

7. 按规划集中建设电视接收设施、取暖设施、垃圾处理设施等公共设施。

三、场址道路建设应满足有以下要求：

1. 场址主街道建筑红线20m，行车路面7m，采用沥青或水泥混凝土路面；

2. 场址次街道建筑红线14m，行车路面5m，采用沥青或水泥混凝土或碎石路面；

3. 街道两侧设置行道树，安装路灯；

4. 场部在城镇的，应按照城镇统一规划执行；

5. 林场连接外部道路应满足场部与外界的车行、人行的需要，符合《公路工程技术标准》（JTG B01—2003）；

6. 林场连接外部道路等级应不低于公路三级标准，特殊情况可酌情降低标准；

7. 林场连接外部道路路面宜为水泥混凝土或沥青路面；

8. 林场连接外部道路两侧宜植树绿化或设置景观带；

9. 有条件地段应安装路灯。

四、环境美化建设应满足以下要求：

1. 设置排水管道（渠）、化粪池等污水处理设施、垃圾箱（筒）等卫生设施；

2. 设置垃圾集中分类处理、转运等设施；

3. 宜配备垃圾转运房和转运车辆；

4. 选择适宜的垃圾处理场所；

5. 必要的场区绿化美化。

五、生产办公设施设备配备应满足以下要求：

1. 办公用房需配备办公桌椅、档案柜等办公用具；

2. 配备计算机、打印机、复印机、传真机、扫描仪等必要办公设备，满足办公管理信息化；

3. 可配备必要的电视机，用于开展宣传教育等活动。

4. 根据需要可安装空调等设备；

5. 林场可根据实际业务工作需要配备巡护、监测等设备；

六、其他配套设施应满足以下要求：

1. 场部应设有路灯、路牌、户牌等；
2. 场部所在地宜设置必要的车库和停车场；
3. 场部办公区域宜设置围墙、大门等。

第五章 生产配套基础设施与附属设施主要建设内容及技术要求

第二十七条 林场生产基础设施项目与工程量根据国有林场规模等级列于附表。

一、工区（分场）生产用房及管护用房建设应满足以下要求：

1. 工区（分场）办公生产用房参照党政机关办公用房建设标准执行；
2. 管护用房建筑面积不小于100m²；
3. 房屋建筑采用砖混结构；
4. 工区（分场）用房或管护用房内应配有相应的办公、生活设施。

二、场部连接工区（分场）的道路应满足以下要求：

1. 公路等级应不低于林三级标准，特殊地段酌情降低标准；
2. 路面宜采用硬化路面；
3. 险要路段应修建必要的安全防护设施，设立交通安全警示牌；
4. 必要地段设置挡土墙等人工构造物。

三、巡护道路应满足以下要求：

1. 路面宽度在2m以内；
2. 土石路面；
3. 路基坚实。

四、作业道建设应满足以下要求：

1. 路面宽3m以内；
2. 采用土石路面；
3. 路基坚实。

五、防火道路、林区防火隔离带建设应满足《森林防火工程技术标准》、《森林重点火险区综合工程项目建设标准》中的相关要求。

六、工区（分场）、管护点应配备交通工具、定位仪等巡护设备和望远镜、照相机等监测设备。

第二十八条 林场附属设施项目与工程量根据国有林场规模等级列于附表。

一、给排水设施应满足以下要求：

1. 场部（址）应采用集中供水；
2. 场部在城市的，按照《城市给水工程规划规范》（GB 50282—98）执行；场部在乡镇及以下的，执行《镇规划标准》（GB 50188—2007）有关给排水工程的有关要求；
3. 生活饮用水水质须符合《安全饮用水卫生标准》；
4. 设置自来水供水设施，饮用水优先选用地表水；
5. 取水构筑物应选在水文地质条件良好地带；
6. 场部（址）排水采用雨污分流，污水应采用暗管排放；设置化粪池等排污设施及防止水源污染设施；
7. 工区（分场）宜采用自来水管网供水，自供水应配水处理设施；
8. 工区（分场）宜设置化粪池等排污设施。

二、供电设施应满足以下要求：
1. 因地制宜，尽量考虑可再生等清洁能源；
2. 场部（址）在城市的，纳入城市供电系统；场部（址）在乡镇及以下的，供电线路结构和供电线路设置符合《镇规划标准》中的有关规定；
3. 电源选择为国家电网、地方电力、小水电、沼气、太阳能、风力发电等；
4. 优先采用新技术和性能完备、运行可靠、技术先进和节能新设备；
5. 应有相应的安全配套设施。

三、供暖设施应满足以下要求：
1. 北方地区应配备供暖设施；
2. 场（址）宜采用集中供暖；
3. 场部在城市的，纳入城市供暖系统；
4. 优先采用新技术和运行可靠、技术先进和节能设备。

四、通信设施应满足以下要求：
1. 场部（址）应安装程控电话，具备良好通信条件；
2. 实现户户通电话；
3. 优先考虑有线通信，条件不具备时考虑无线通信；
4. 无线通信设施应综合比较建设费用和运行成本，达到经济、合理、实效；
5. 场部（址）宜埋设通信电缆。
6. 应满足森林防火、自然灾害监控监测需要；
7. 优先选择运行费用低的设施；
8. 野外巡护通信设施宜选择对讲机、移动电话等移动设施，必要时选用卫星电话；
9. 工区（分场）在条件允许的情况下，应优先选择有线通信。
10. 通信线路布置应避开受洪水淹没、河岸塌陷、土坡塌方以及有严重污染的地区，并便于架设、巡察和检修；宜设在电力线走向的道路另一侧。

第六章 防灾减灾

防灾减灾包括消防、防洪、抗震、防风等。

第二十九条 消防

一、消防给水应符合下列规定：
1. 具备给水管网条件时，其管网及消火栓的布置、水量、水压应符合现行国家标准《建筑设计防火规范》（GB 50016）的有关规定；
2. 不具备给水管网条件时应利用河湖、池塘、水渠等水源规划建设消防给水设施；
3. 给水管网或天然水源不能满足消防用水时，宜设置消防水池，寒冷地区的消防水池应采取防冻措施。

二、消防车通道之间的距离不宜超过160m，路面宽度不得小于4m，当消防车通道上空有障碍物跨越道路时，路面与障碍物之间的净高不得小于4m。

第三十条 防洪

一、与当地江河流域、农田水利、水土保持、绿化造林等相结合，统一整治河道，修建堤坝，圩垸和蓄、滞洪区等工程防洪措施。

二、根据洪灾类型选用相应的防洪标准及防洪措施，实行工程防洪措施与非工程防洪措施相结合，组成完整的防洪体系。

三、执行《防洪标准》（GB 50201）的有关规定。场部在城市的，还应执行《城市防洪工程设计规范》（CJJ 50）的有关规定。

四、修建围埝、安全台、避水台等就地避洪安全设施时，其位置应避开分洪口、主流顶冲和深水区，其安全超高值应符合下表规定。

就地避洪安全设施的安全超高

安全设施	安置人口（人）	安全超高（m）
围埝	地位重要、防护面大、人口≥10000的密集区	>2.0
	≥10000	2.0-1.5
	1000<10000	1.5-1.0
	<1000	1.0
安全台、避水台	≥1000	1.5-1.0
	<1000	1.0-1.5

五、各类建筑和工程设施内设置安全层或建造其他避洪设施时，应符合《蓄滞洪区建筑工程技术规范》GB50181的有关规定。

六、易受洪涝灾害的林场，排涝工程应与排水工程统一考虑。

第三十一条　抗震防灾

一、建筑设施抗震防灾应符合《中国地震动参数区划图》GB18306和《建筑抗震设计规范》GB50011等的有关规定，选择对抗震有利的地段，避开不利地段，严禁在危险地段建设居住建筑和人员密集的建设项目。

二、道路、供水、供电等工程应采取环网布置方式。

三、人员密集的地段应设置不同方向的四个出入口。

四、避震疏散场地应根据疏散人口的数量确定，疏散场地应与广场、绿地等综合考虑，并避开次生灾害严重地段，人均疏散场地面积不宜小于$3m^2$，疏散人群至疏散场地的距离不宜大于500m，主要疏散场地应具备临时供电、供水并符合卫生要求。

第三十二条　其他地质灾害防治

一、地质灾害防治实行预防为主、防治结合、全面规划、综合治理。

二、建设项目选址应预先开展地质灾害评估，防止引发滑坡、塌方、泥石流等地质灾害。

三、因工程建设可能引发地质灾害的，应按《滑坡防治工程设计与施工技术规范》、《崩塌、滑坡、泥石流监测规范》、《泥石流灾害防治工程设计规范》等要求做好地质灾害防治工程设计，并加强地质灾害监测，设置明显警示标志。在可能引发地质灾害区域，配备必要的应急处理设施。

四、对容易发生地质灾害的区域，应划定地质灾害易发区并实行预警、人员远离等重点管理。

五、在地质灾害危险区内，禁止采矿、伐木、开荒、削坡、取石、取土、堆放渣石、弃土、抽取地下水等可能诱发地质灾害的活动。

第三十三条　防风减灾

一、其居住或办公设施选址应避开与风向一致的谷口、山口等易形成风灾地段。

二、易形成风灾地区的林场，建筑物设计应符合《建筑结构荷载规范》GB50009的有关规定，建筑物宜成片布置，迎风地段宜布置刚度大的建筑物，体型力求简洁规整，建筑物的长边应同风向平行布置，不宜孤立布置高耸建筑物。

第七章　环境保护

第三十四条　环境保护措施

环境保护主要包括生产污染防治、环境卫生、环境绿化和景观维护。具体执行《镇规划标准》GB50188—2007 中第 12 章的有关规定。

第八章　主要技术经济指标

第三十五条　国有林场基础设施建设项目技术经济指标列于附表。

第九章　附则

第三十六条　其他林场可参照本标准执行。
第三十七条　本标准由国家林业局负责管理、解释。
第三十八条　本标准自发布之日起施行。

附录　本建设标准用词说明

在执行本建设标准条文时,对于要求严格程度不同的用词说明如下:
一、表示很严格,非这样做不可的:
正面用词采用"必须";
反面用词采用"严禁"。
二、表示严格,在正常情况下均应这样做的:
正面用词采用"应";
反面用词采用"不应"或"不得"。
三、表示允许稍有选择,在条件许可时首先应这样做的:
正面用词采用"宜"或"可";
反面用词采用"不宜"。
表示有选择,在一定条件下可以这样做的,采用"可"。

附表　国有林场基础设施建设项目技术经济指标表

序号	项目	内容		单位	超大型	大型	中型	小型	投资参考单价(万元)
一	林场用地	居民区人均占地面积		m^2		110	120		
		公共建筑区每位职工占地面积		m^2		40	50		
二	场址基础设施	场部用房	办公用房	m^2	按相关标准				0.18
			派出所	m^2	按相关标准				0.18
			职工食堂	m^2	职工人均 1~1.5m^2		职工人均 1.5~2m^2		0.18
			职工活动室	m^2	职工人均 1.5m^2		职工人均 2m^2		0.18
			职工图书室	m^2	职工人均 1.5m^2				0.18
		职工个人用房	居住住房	m^2	户均≥50,人均不小于 20				0.18

（续）

序号	项目	内容		单位	超大型	大型	中型	小型	投资参考单价（万元）
二	场址基础设施	环卫用房		m²	250-350	150-250	90-150	90	0.12
		场址道路	主街道	km	根据实际需要确定				70~80
			次街道	km	根据实际需要确定				50~70
			场部连接外部道路	km	根据实际需要确定				100~120
		办公设施	桌椅	套	人均1套				0.25~0.3
			档案柜	套	每个办公室1套				0.15~0.2
			打印机	台	每个办公室1台				0.2
			计算机	台	管理人员人均1台				0.5
			传真机	台	4	3	2	2	0.2
			扫描仪	台	机关1台				0.2
			办公用具	套	人均1套				0.4
			网络设施	套	场部1套				1.5
			程控电话	门	按办公室个数确定，每个办公室1门				0.1
			电视机	台	按办公室个数确定，每个办公室1台				0.2
		交通工具	办公用车	辆	4	3	2	1	18
			工具车	辆	以二级管理机构为单位，每个管理机构1辆				15
		其他配套设施	停车场	m²	1000~1500	800~1000	500~800	500以下	0.03
			车库	m²	700~900	500~700	300~500	300以下	0.1
			围墙	m	不大于场部占地周长				0.05
			大门（含门房）	座	1	1	1	1	10
三	生产配套基础设施	工区办公用房		m²	按相关标准				0.15~0.2
		管护用房	数量	处	40~50	25~40	12~25	12以下	
			用房面积	m²	每个不少于100m²				0.1
		林场连接工区道路		km	根据实际需要确定				50
		巡护道路		m/hm²	3	3.5	4	4.5	2.5万元/km
		作业道		m/hm²	1	2	3	4	8万元/km
		生产用车		辆	每个工区（分场）、管护点1辆				15
		巡护摩托车		辆	巡护人员每人1辆，条件不具备的可用马匹替代				0.75
		配套生产设备	GPS、定位仪等巡护设备	套	根据实际需要选择设备类型，每个工区/管护站2套				3
			照相机、摄像机等监测设备	套	根据实际需要选择设备类型，每个工区/管护站1套				6

(续)

序号	项目	内容		单位	超大型	大型	中型	小型	投资参考单价（万元）
四	附属设施	给水设施	给水水量	m³/（人.d）	colspan>0.08m³				
			小型水厂	座	1	1			0.1万元/m³
			蓄水池	处	7~10	6	5	4以下	15
			给水管线	km	根据实际需要确定				10-20
			扬水泵站（含变压器等）	处	18~23	12~18	8~12	8以下	10
			蓄水塔	座	每个工区1座				5
			机井	眼	原则上每处集中居住点1眼，具体按实际需要确定				0.1-0.2万元/m
			泵房（含水泵）	处	按实际需要确定				5
			水处理设施	套	每个工区1套				10
		排水设施	化粪池	处	15	12	9	7	5
			排水暗管	km	根据实际需要确定				15-25
			排水明渠	km	根据实际需要确定				8
			小型污水处理厂	座	1	1	1	1	0.05万元/（m³.d）
			垃圾桶（箱）	个	人流多处每100m一个				0.035
			公共厕所	处	旅游区每500m一处				10
		供电设施	小水电	处	根据实际需要确定				1万元/kW
			太阳能发电	处	根据实际需要确定				1万元/kW
			沼气		根据实际需要确定				0.3
			配电室	处	根据实际需要确定				5
			变配电设施	套	根据实际需要确定				8
			高压输电线路	km	根据实际需要确定				25~30
			低压架空输电线路	km	根据实际需要确定				15~20
			低压电缆输电线路	km	根据实际需要确定				60~70
			小型水电站	座	根据实际需要确定				1万元/kW
		供暖设施	锅炉房	m²	100~300				0.15
			热水锅炉设备	套	1				15~30
			供热管线	km	根据实际需要确定				0.03~0.04
			电取暖设备	套	分散供暖，根据实际需要确定				0.5
		通信设施	有线通信线路	km	65~85	50~65	35~50	35以下	2
			程控电话	门	入户率100%				0.02
			卫星电话	部	4~6	3~5	2~3		3
			对讲机	部	25~30	20~25	10~20	10	0.3
			车载台	处	3	2	1		0.3
			无线电台	处	1	1	1		0.3
			发射台	处	3	3	2	1	10

国有贫困林场界定指标与方法

国家林业局 2013 年公布

1 范围

本标准规定了界定国有贫困林场的指标体系和方法。

本标准适用于国有贫困林场的界定与管理。

2 规范性引用文件

下列文件对于本文件的应用是必不可少的。凡是注日期的引用文件，仅注日期的版本适用于本文件。凡是不注日期的引用文件，其最新版本（包括所有的修改单）适用于本文件。

GB/T 4754　国民经济行业分类

GB 5749　生活饮用水卫生标准

JGJ 125　危险房屋鉴定标准

3 术语和定义

下列术语和定义适用于本文件。

3.1 国有林场 the slate-owned forest farm

国家建立的专门从植树造林、森林培育、保护和利用的具有独立法人资格的林业事业单位。

3.2 国有贫困林场 the poverty state-owned forest farms 亏损或微利、生产生活设施条件差，职工收入明显偏低的国有林场。

3.3 职工收入比 the ratio of average annual income of forest farm worker with the average annual income of the public institution staffer

林场所有职工的人均年收入与全国事业单位职工年均收入的比例。以百分比表示。

3.4 人均经营性收入 annual business income per capita

平均每个职工每年从事第一、二、三产业经营性活动的收入额。单位：元/（人·年）。

3.5 林场人员费支出占林场总收入的比例 the ratio of the personnel expenditure with the revenue of forest farm

林场用于人员工资、福利和基本社会保障的支出总额占整个林场各种渠道来源的总收入的比例。以百分比表示。

3.6 生态公益林比例 the ratio of ecological forest

林场林地中确定为国家和地方生态公益林的面积占林场有林地面积的比例。以百分比表示。

3.7 高中（含中专）及以上学历人员占职工总人数的比例 the proportion of the staff with high school or above education level

林场职工中具有高中（含中专）及以上毕业学历的人数占林场职工总人数的比例。以百分比表示。

3.8 专业技术人员的比例 the proportion of professional personnel

林场职工中具有专业技术职称的人数占林场职工总人数的比例。以百分比表示。

3.9 道路通达率 the ratio of standard road length

林场中符合道路硬化标准的道路（包括水路）通行到达场部和分场部的数量占全部场部和分场部总数的比例。以百分比表示。

3.10 通电比例 the proportion of forest management station with electricity

林场中所有营林和经营管护站点通过各种方式实现通电的数量占林场所有营林和经营管护站点总数的比例。以百分比表示。

3.11 广播电视通达率 the ratio of radio and TV connection

林场中所有营林和经营管护站点接通广播电视的数量占林场所有营林和经营管护站点总数的比例。以百分比表示。

3.12 通信设施覆盖率 the proportion of communication facilities coverage

林场中所有营林和经营管护站点电话、手机等通信设施覆盖的站点数量占林场所有营林和经营管护站点总数的比例。以百分比表示。

3.13 饮用水水量和水质达到国家标准的比例 the proportion of standard drinking water

林场中生活饮用水达到 GB 5749 要求的水量和水质的比例。以百分比表示。

3.14 营林区林道密度 the forest-road density in forest management area

林场中平均每公顷营林和管护作业所修建的道路长度。单位：m/hm^2。

3.15 危旧房比例 the proportion of parlous houses

林场中符合国家危旧房标准的面积占林场整个房屋面积的比例。以百分比表示。

3.16 资产负债率 asset-liability ratio

林场负债（不包括经相关部门批准挂账的负债额）与资产（不含林木资产）总额的比。以百分比表示。

3.17 人均维持林场运行费 per capital expenses for maintaining forest farm

林场维持运行的各种费用的总额与林场职工总数的比值。单位：元/（人·年）。

3.18 单位面积经营性收入年增长率 the annual increasing ratio of business income per hectare

林场平均每公顷林地本年度经营性收入额同上一年度经营性收入额差值的比率。以百分比表示。

4 界定指标体系

界定指标体系分为四层，具体包括：

第一层：总目标层，用字母 A 表示；

第二层：分目标层，用字母 A_i 表示，i 表示类别号；

第三层：主题层，用字母 B_i 表示，i 表示类别号；

第四层：指标层，用字母 C_i 表示，i 表示类别号·

具体如表 1 所示。

表 1　国有贫困林场界定标准值一览表

总目标层	分目标层	主题层	指标层	指标计算公式
A. 国有贫困林场界定指标体系	A_1. 经济收入状况	B_1 职工收入	C_1 职工收入比	（林场职工年均收入/全国事业单位职工年均收入）×100
		B_2 林场收支状况	C_2 人均经营性收入	林场年度经营性总收入/林场职工年平均人数
			C_3 林场人员费支出占林场总收入的比例	（林场用于工资、福利和基本社会保障的支出总额/林场总收入）×100%
	A_2. 可持续经营和发展能力	B_3 森林资源基础	C_4 生态公益比重	（林场国家和地方生态公益林面积/林场有林地面积）×100
		B_4 人力资源基础	C_5 高中（含中专）及以上学历人数占职工总人数的比例	[高中（含中专）及以上学历人数/林场职工总人数]×100%
			C_6 专业技术人员占职工总人数的比例	（具有专业技术职称的人数/林场职工总人数）×100%
		B_5 基础设施和生产条件	C_7 道路通达率	（林场中符合硬化道路标准的道路通达场部和分场部数量/林场所有场部和分场部数量总和）×100%
			C_8 通电比例	（林场中所有营林和经营管护站点通电的数量/林场所有营林和经营管护站点总数）×100%
			C_9 广播电视通达率	（林场中所有营林和经营管护站点接通广播、电视的数量/林场所有营林和经营管护站点总数）×100%
			C_{10} 通信设施覆盖度	（林场中所有营林和经营管护站点电话、手机等通信设施覆盖的站点数量/林场所有营林和经营管护站点总数）×100%
			C_{11} 饮用水水量和水质达到国家标准的比例	（林场中生活用水的水量和水质达到国家饮用水标准的营林和经营管护站点数量/林场所有营林和经营管护站点总数）×100%
			C_{12} 营林区林道密度	林场中营林区所有林道长度总和/林场经营区总面积
			C_{13} 危旧房比例	（林场中符合国家危旧房标准的面积/林场房屋总面积）×100%
		B_6 发展能力	C_{14} 资产负债率	（负债总额/资产总额）×100%
			C_{15} 人均维持林场运行费	维持林场运行总费用/林场职工总数
			C_{16} 单位面积经营性收入年增长率	（本年度林场经营性总收入/林场总经营面积－上年度林场经营性总收入/林场总经营面积）/（上年度林场经营性总收入/林场总经营面积）×100%

5　界定方法

5.1　单个指标标准值的界定

指标标准值如表 2 所示。

表 2　国有贫困林场界定标准值一览表

总目标层	分目标层	主题层	指标层	指标性质	标准值
A. 国有贫困林场界定指标体系	A_1. 经济收入状况	B_1 职工收入	C_1 职工收入比	逆指标	70%
		B_2 林场收支状况	C_2 人均经营性收入	逆指标	10000元/（人·年）
			C_3 林场人员费支出占林场总收入的比例	正指标	50%
	A_2. 可持续经营和发展能力	B_3 森林资源基础	C_4 生态公益比重	正指标	60%
		B_4 人力资源基础	C_5 高中（含中专）及以上学历人数占职工总人数的比例	逆指标	60%
			C_6 专业技术人员占职工总人数的比例	逆指标	30%
		B_5 基础设施和生产条件	C_7 道路通达率	逆指标	60%
			C_8 通电比例	逆指标	60%
			C_9 广播电视通达率	逆指标	60%
			C_{10} 通信设施覆盖度	逆指标	60%
			C_{11} 饮用水水量和水质达到国家标准的比例	逆指标	80%
			C_{12} 营林区林道密度	逆指标	$2m/hm^2$
			C_{13} 危旧房比例	正指标	30%
		B_6 发展能力	C_{14} 资产负债率	正指标	40%
			C_{15} 人均维持林场运行费	逆指标	5000元/（人·年）
			C_{16} 单位面积经营性收入年增长率	逆指标	5%

注：人均经营性收入和人均维持林场运行费根据物价指数进行调整。

5.2 界定方法

5.2.1 指标的基础数据来源

获取各项界定指标实际值的基础数据来源如表3所示。

表 3　界定指标的基础数据来源表

指标	所需基础数据	来源
C_1 职工收入比	职工人均年收入	国有林场统计报表
	全国事业单位人均年收入	国家社会经济统计年鉴

(续)

指　标	所需基础数据	来源
C_2 人均经营性收入	林场年经营性总收入	国有林场统计报表
	林场职工人数	国有林场统计报表
C_3 林场人员总支出占林场总收入的比例	林场人员费用总额	国有林场统计报表
	林场总收入	国有林场统计报表
C_4 生态公益林比重	生态公益林面积	国有林场统计报表
	林场经营总面积	国有林场统计报表
C_5 高中（含中专）及以上学历人数占职工总人数的比例	具有高中（含中专）及以上学历人数	国有林场统计报表
	职工总人数	国有林场统计报表
C_6 专业技术人员占职工总人数的比例	专业技术人员人数	国有林场统计报表
	职工总人数	国有林场统计报表
C_7 道路通达率	林场中符合硬化道路标准的道路通达场部和分场部数量	国有林场统计报表
	场部及分部都总数量	国有林场统计报表
C_8 通电比例	林场中所有营林和经营管护站点通电的数量	国有林场统计报表
	林场所有营林和经营管护站点总数	国有林物统计报表
C_9 广播电视通达率	林场中所有营林和经营管护站点接通广播、电视的数量	国有林场统计报表
	林场所有营林和经营管护站点总数	国有林场统计报表
C_{10} 通信设施覆盖度	林场中所有营林和经营管护站点电话、手机等通信设施覆盖的站点数量	国有林场统计报表
	林场所有营林和经营管护站点总数	国有林场统计报表
C_{11} 饮用水水量和水质达到国家标准的比例	林场中生活用水的水量和水质达到国家饮用水标准的营林和经营管护站点数量	国有林场统计报表
	林场所有营林和经营管护站点总数	国有林场统计报表
C_{12} 营林区林道密度	林场中营林区所有林道长度总和	国有林场统计报表
	林场经营区总面积	国有林场统计报表
C_{13} 危旧房比例	林场中符合国家危旧房标准的面积	国有林场统计报表
	林场房屋总面积	国有林场统计报表
C_{14} 资产负债率	负债总额	国有林场统计报表
	资产总额	国有林场统计报表

（续）

指标	所需基础数据	来源
C_{15} 人均维持林场运行费	维持林场运行总费用	国有林场统计报表
	林场职工总数	国有林场统计报表
C_{16} 单位面积经营性收入年增长率	本年度林场经营性总收入	国有林场统计报表
	上年度林场经营性总收入	国有林场统计报表
	林场经营区总面积	国有林场统计报表

5.2.2 指标权重确定步骤

指标权重确定采用专家打分法，具体步骤如下：

（1）制作权重打分表。依据国有贫困林场界定指标体系的层级结构，采用百分制，制作权重打分表。

（2）专家选择。从国有林场管理的研究专家、国有林场管理部门以及基层国有林场单位等三种渠道选择相关专家。专家人数一般 7~11 名。

（3）收集整理专家反馈结果。向选定专家发放权重打分表，收集并对反馈结果进行整理，然后将整理结果再反馈给各位专家，并请专家第二次进行权重打分；将第二次打分表结果与第一次的结果进行一致性比较，如果一致性稿，则专家打分结束，如果一致性不高，则前两次结果够反馈给各位专家，再请专家进行第三次权重打分。

（4）计算权重。根据上述两次（或者三次）专家打分结果进行算术平均获得各项指标权重。具体参考权重见附录 A。

5.2.3 计算方法

综合得分的计算方法见附录 B。

5.2.4 依据综合评价得分，进行国有贫困林场界定

根据综合评价得分，具体界定出国有贫困林场。界定标准为：综合得分在 50 分以下（不含 50 分）的界定为国有贫困林场。

附录 A
（规范性附录）
国有贫困林场界定指标体系权重参考值一览表

表 A.1 国有贫困林场界定指标体系权重参考值一览表

总目标层	分目标层	主题层	指标层
A. 国有贫困林场界定指标体系	A_1. 经济收入状况（55%）	B_1 职工收入	C_1 职工收入比（28%）
		B_2 林场收支状况	C_2 人均经营性收入（9.8%）
			C_3 林场人员费支出占林场总收入的比例（17.2%）
	A_2. 可持续经营和发展能力（45%）	B_3 森林资源基础	C_4 生态公益重（8%）
		B_4 人力资源基础	C_5 高中（含中专）及以上学历人数占职工总人数的比例（3.7%）
			C_6 专业技术人员占职工总人数的比例（4.3%）
		B_5 基础设施和生产条件	C_7 道路通达率（4.2%）
			C_8 通电比例（4%）
			C_9 广播电视通达率（1.1%）
			C_{10} 通信设施覆盖度（1%）
			C_{11} 饮用水水量和水质达到国家标准的比例（4.1%）
			C_{12} 营林区林道密度（1.4%）
			C_{13} 危旧房比例（4.2%）
		B_6 发展能力	C_{14} 资产负债率（2.8%）
			C_{15} 人均维持林场运行费（3.2%）
			C_{16} 单位面积经营性收入年增长率（3%）

附录 B
（规范性附录）
国有贫困林场界定的计算方法

B.1 将每一项指标的实际值与标准值进行比较，确定每一项指标的得分 x_i（i 表示指标的顺序号，$i = 1, 2, \cdots, 16$）。凡是实际值好于标准值的计 100 分；实际值与标准值持平的计 50 分；实际值劣于标准值的计 0 分。其中实际值与标准值持平就是指实际值与标准值之间的差异性小于 5%，即当实际值在标准值的 95% 至 105% 之间即表示实际值与标准值持平。具体得分按照式（B.1）计算：

$$x_i = \begin{cases} 0 & C_i > Q_i\,(\text{正指标})\ C_i < Q_i\,(\text{逆指标}) \\ 50 & 0.95\,Q_i \leq C_i \leq 1.05\,Q_i \\ 100 & C_i < Q_i\,(\text{正指标}),\ C_i > Q_i\,(\text{逆指标}) \end{cases} \tag{B.1}$$

式中：x_i——第 i 项指标的得分；
　　　C_i——第 i 项指标的实际值；
　　　Q_i——第 i 项指标的标准值；
　　　i——界定指标的顺序号，$i = 1, 2, \cdots, 16$。

B.2 某林场界定综合得分 S 按式（B.2）计算：

$$S = \sum x_i f_i \tag{B.2}$$

式中：S——某林场的界定综合得分；
　　　x_i——第 i 项指标的得分；
　　　f_i——第 i 项指标的权重；
　　　i——界定指标的顺序号。

第三章 国有林场扶贫工作通知与会议

国家林业局办公室 中国农林水利工会全国委员会关于进一步做好国有林场（林区）帮扶工作的通知

办场字〔2015〕58号 2015年4月16日

各省、自治区、直辖市林业厅（局）、林业工会，内蒙古、吉林、龙江、大兴安岭森工（林业）集团公司、工会，新疆生产建设兵团林业局、工会：

为贯彻落实全国国有林场帮扶工作经验交流会、国家林业局与中国农林水利工会第十四次联席会议精神，进一步做好国有林场（林区）帮扶工作，提升帮扶成效，加快国有贫困林场（林区）脱贫步伐，现就有关事项通知如下：

一、加强组织领导

各级林业主管部门、林业工会要把国有林场（林区）帮扶工作摆上重要议事日程，主要领导负总责，分管领导具体抓，层层落实分解任务，确保责任到人。各级林业主管部门和林业工会要加强沟通协作，定期召开联席会议，制定工作计划，明确责任分工，细化工作措施，统筹协调工作中的重大事项。要制定和完善社会保障、富余职工安置等一系列帮扶政策，帮助困难职工解决参加社会保险和转岗就业等问题。要加强跟踪分析和督促检查，及时发现问题并加以解决，不断完善帮扶方式，提高帮扶工作水平，推动各项政策措施落到实处、取得实效。

二、确保资金投入

各级林业主管部门、林业工会要积极争取地方财政的资金支持，切实提高国有林场（林区）帮扶工作的资金投入水平。要主动向地方总工会汇报，将国有林场（林区）帮扶工作纳入地方帮扶工作范畴，并按照中华全国总工会2010年14号文件的要求，将帮扶资金向国有林场（林区）倾斜。要加强对帮扶经费的使用监管，强化财务管理和审计监督，严防帮扶经费被挪用和流失。

三、完善帮扶机制

各级林业主管部门、林业工会要健全国有林场（林区）困难职工帮扶档案，准确把握困难职工的基本情况，实行动态化、规范化管理，进一步加强帮扶中心、帮扶站点建设，逐步做到帮扶网络全覆盖。要建立健全帮扶救助机制，积极开展元旦、春节送温暖、金秋助学等活动，大力引导扶持困难职工发展特色产业、自营经济，为困难职工无偿提供法律咨询和法律援助。

要完善社会保障机制，积极与当地民政部门协调，把没有脱贫能力的老、弱、病、残、特困户全部纳入最低生活保障范畴。

四、夯实工作基础

各级林业主管部门、林业工会要深入开展调查研究，认真总结经验，主动适应新常态下国有林场（林区）帮扶工作的特点和规律。要在努力争取各方面的理解和支持，推广帮扶好经验、好典型的同时，客观反映帮扶工作中亟待解决的困难和问题。要加强国有林场（林区）队伍建设，强化帮扶与扶智相结合，做好干部职工的培训交流、异地挂职锻炼等工作，为国有林场（林区）职工提供更多的专业培训机会，努力提高国有林场（林区）干部职工的自身素质和工作能力。

特此通知。

国家林业局办公室关于做好 2015 年国有贫困林场扶贫工作的通知

办场字〔2015〕75 号 2015 年 5 月 14 日

各省、自治区、直辖市林业厅（局）：

为深入贯彻落实习近平总书记和李克强总理在首个"扶贫日"对扶贫开发工作的重要批示、中央 6 号文件以及全国国有林场帮扶工作经验交流会精神，扎实推进 2015 年国有贫困林场扶贫工作，提高扶贫成效，加快国有贫困林场脱贫步伐，现就有关事项通知如下：

一、编制扶贫"十三五"实施方案

各省级林业主管部门要按照中央 6 号文件和《中国农村扶贫开发纲要（2011—2020 年）》的要求，结合本省区实际，积极联系发展改革、财政、住房建设、交通、水利、能源等部门，在国有林场电网改造升级、职工住房改善、管护站点布局、道路建设、饮水安全保障、信息化建设等方面进行科学规划，抓紧编制本省区国有贫困林场扶贫"十三五"实施方案，经省级人民政府批准后实施，并报我局备案。

二、创新扶贫工作机制

各级林业主管部门要积极探索扶贫工作新机制，减少扶贫工作的随意性和盲目性，避免扶贫资金安排中存在的"撒胡椒面"和挤占挪用等现象。要将扶贫工作与国有林场改革紧密结合，实现"改革一场，扶持一场，致富一场"。要建立扶贫工作绩效考评制度，对扶贫目标、资金管理和工作成效等内容实施考评，考评结果与扶贫资金安排挂钩，确保扶贫工作取得实效。

三、进一步加大扶贫支持力度

各级林业主管部门要落实中央 6 号文件提出的"将国有贫困林场扶贫工作纳入各级政府扶贫工作计划，加大扶持力度"的要求，积极协调地方政府支持国有贫困林场发展。要加大与有关部门的沟通协调力度，力争扶贫资金总量有大幅增加。要用足用好现有林业政策，基本建设投资、森林抚育补贴、造林补贴、林木良种补贴、森林保险保费补贴等各项林业资金安排要向国有贫困林场倾斜。要认真落实已纳入"十二五"相关规划的国有林场扶持政策，确保 2015 年完成国有林场应有的建设任务和投资。

四、确定一批扶贫重点项目

各地要在组织实施好国有贫困林场基础设施建设、科技推广及培训项目的同时，积极利用自身优势，发展苗木、花卉、茶叶、林果、森林旅游等绿色、有机、无污染的特色产业，妥善安置富余职工，促进林场增加收入。请各省级林业主管部门在已经启动改革的国有贫困林场中选择2—3个省级林业主管部门支持力度大、基础工作扎实、工作机制健全、富余职工得到安置、预期效益良好的特色产业项目，对项目名称、背景、内容、规模、进度、投资估算、资金来源、组织领导、责任分工、当前和预期效益、安置富余职工人数及占富余职工总数比例，以及省级林业主管部门支持政策等进行详细说明，形成文字材料，于每年5月29日前以正式文件形式（一式三份）报送我局，我局将选择项目实施效果显著的国有贫困林场作为扶贫重点特色产业项目实施示范基地，适时予以公布、宣传和推广。

特此通知。

国家林业局关于进一步做好国有贫困林场扶贫工作的通知

林场发〔2017〕25号

各省、自治区、直辖市林业厅（局）：

为全面贯彻落实《中共中央 国务院关于打赢脱贫攻坚战的决定》和中共中央、国务院《国有林场改革方案》精神，加快国有贫困林场脱贫攻坚步伐，确保到2020年国有贫困林场实现脱贫，现就进一步做好国有贫困林场扶贫工作通知如下：

一、明确指导思想和工作目标

（一）指导思想

按照党中央、国务院关于坚决打赢脱贫攻坚战和全面推进国有林场改革的决策部署，坚持精准扶贫、精准脱贫基本方略，以改善民生为主旨，以深化改革为动力，以强化管理为保障，以完善基础设施、发展特色产业、提高职工素质为重点，充分调动中央、地方、林场以及社会各方面的积极性和主动性，着力实施五大脱贫举措，坚决打赢国有贫困林场脱贫攻坚战，促进国有林场事业持续健康发展。

（二）工作目标

到2020年，实现国有贫困林场生产生活条件明显改善，有效改善工作用房、安全饮水、通电、通信、道路交通等基础设施落后问题；职工素质明显提升；职工收入明显增加，人均年收入基本接近当地平均水平；社会保障水平明显提升，基本养老、医疗等得到保障；确保我国现行标准下国有贫困林场实现脱贫，促进生态功能进一步放大，森林面积增加，森林质量提升。

二、精准定贫，科学谋扶

（一）核实国有贫困林场名单

各省（自治区、直辖市）林业主管部门要全面掌握本省（自治区、直辖市）国有贫困林场林业用地面积、职工人数、职工年人均工资、吃水困难或存在饮水安全、不通公路、不通电、不通电话情况以及办公护林房危房面积等基础数据，严格按照《国有贫困林场界定指标与方法》（LY/T 2088—2013），梳理核实国有贫困林场名单，为实施精准扶贫打好基础。

（二）制定精准扶贫实施方案

各省（自治区、直辖市）林业主管部门要深入研究分析国有贫困林场致贫原因，结合国有林场改革实际，精准确定扶贫措施和年度脱贫目标，组织编制本省（自治区、直辖市）到2020年国有贫困林场精准扶贫实施方案，经省级人民政府批准后实施，并报我局备案。各有关市、县级林业主管部门要进一步明确工作目标、重点任务、实施步骤和行动措施，确保扶贫工作落到实处。各国有贫困林场要结合自身实际，谋划好本场的脱贫攻坚方案，充分发挥积极性、主动性和创造性，依靠自身努力改变贫困落后的面貌。

三、精准施策，率先脱贫

（一）加快推进国有贫困林场改革

要把国有贫困林场改革放在优先位置，加快推动。优先批复国有贫困林场比较集中的市县国有林场改革实施方案，确保做到林场公益性质明确到位、事业编制落实到位、财政预算保障到位、基础设施建设资金安排到位。国有贫困林场改革实施方案中要把脱贫作为改革的重要任务，精心谋划、精准设计脱贫的对策与政策。中央财政国有林场改革补助资金要优先安排到国有贫困林场，全面解决林场职工参加社会保障和分离办社会职能问题。对于率先完成改革的国有贫困林场，要在2017年、2018年国有贫困林场扶贫资金安排上给予优先支持，帮助其尽快实现脱贫。全面落实《关于国有林场岗位设置管理的指导意见》（人社部发〔2015〕54号）等人才队伍建设配套政策，促进国有林场人才队伍结构不断优化，为国有贫困林场改革奠定坚实的人力资源基础。

（二）重点支持特色产业发展

实施国有贫困林场特色产业推进行动，鼓励因地制宜发展苗木、花卉、茶叶、林果、中草药、林下养殖等绿色、有机、无污染特色产业，充分促进职工就业创业，带动增收脱贫。中央财政国有贫困林场扶贫资金要优先用于扶持建设一批基础工作扎实、发展机制科学、预期效益良好的重点特色产业项目实施示范基地。鼓励国有贫困林场采取"集中开发、分别入股"、PPP等方式，联合发展森林旅游、森林体验和森林养生等特色产业，鼓励职工采取承包、租赁、股份、联营等形式投身特色产业发展。清理回收的被无偿或低价使用的国有林场森林景观资源可优先用于支持贫困职工和代管乡镇、村及周边贫困人口发展"森林人家"。结合管护站点建设，在充分发挥管护站点森林管护、防火等功能的基础上，积极建设职工小特色种养基地和"森林人家"。

（三）推动实施易地搬迁

具备条件的地区，要结合新型城镇化和国有林场森林特色小镇建设，加快实施对地处自然条件严酷、生存环境恶劣、发展条件严重欠缺等地区的国有贫困林场场部易地搬迁或撤并工程。结合有关保障性安居工程，对生活在不具备基本生存条件居住地的国有贫困林场职工家庭进行搬迁。依托政府现有安置区已有基础设施、公共服务设施以及土地、空置房屋等资源，由当地政府采取回购空置房屋等资源安置国有贫困林场职工家庭居住。

（四）着力加强技能培训

采取技能培训、交流锻炼、送书送技术进林场、特色文化林场建设等多种方式，实施智力扶贫行动计划，努力提高国有贫困林场干部职工的整体素质和自我发展能力，实现扶贫与扶智相结合。鼓励和支持高等院校、科研院所发挥科技优势，为国有贫困林场和代管乡镇、村及周边贫困地区培养科技致富带头人。

(五) 实行政策兜底

积极协调民政部门，将符合低保条件的国有林场职工及其家庭成员，代管乡镇、村贫困家庭纳入当地居民最低生活保障范围，切实做到应保尽保。将国有贫困林场扶贫工作按隶属关系纳入地方政府扶贫工作计划。按照《中共中央办公厅 国务院办公厅关于进一步加强东西部扶贫协作工作的指导意见》（中办发〔2016〕69号）要求，开展东西部国有林场扶贫协作和对口支援，鼓励东部地区国有林场通过产业合作、吸纳西部地区国有贫困林场管理人员挂职等方式，共同推动西部地区国有贫困林场实现脱贫。加大林业政策对国有贫困林场扶贫支持力度，林业项目、投资要向国有贫困林场倾斜。

四、加强领导，精心组织

（一）落实领导责任制

各级林业主管部门要高度重视，按照任务分工和进度安排，把扶贫工作做扎实、做到位。要成立以主要领导负总责，分管领导负主责和相关部门参与的国有贫困林场扶贫工作领导小组，层层签订脱贫攻坚责任书，逐级落实责任制。要进一步加强定点扶贫工作，确保每个国有贫困林场都有帮扶责任人，各省级林业主管部门要建立全省国有贫困林场帮扶责任人数据库，并对其进行常态化管理、随机化抽查。要创新扶贫资金到场扶持机制，采取多种方式，使国有贫困林场得到直接有效扶持。

（二）强化考核监督

各省（自治区、直辖市）林业主管部门要按照《国有贫困林场扶贫工作成效考评办法（试行）》（办场字〔2016〕122号）的要求，每年1月底前将上年度本省（自治区、直辖市）国有贫困林场扶贫工作总结和成效考评材料报我局，由我局组织有关专家对各省（自治区、直辖市）林业主管部门国有贫困林场扶贫工作进行考评打分，必要时，到有关省（自治区、直辖市）进行抽查核实，对考评结果予以通报并作为扶贫资金分配的重要因素之一。各级林业主管部门要加大对国有贫困林场扶贫工作的督促检查力度，增强约束力和工作透明度，提高资金使用效益，确保专款专用，不得截留和挪用。对于截留或挪用的，要收回国有贫困林场扶贫资金，以后不予安排。

（三）做好宣传工作

各级林业主管部门要深入宣传中央脱贫攻坚的方针和国有贫困林场扶贫的思路举措，增强各地做好国有贫困林场脱贫攻坚的信心和决心，调动广大干部职工的积极性、主动性和创造性，开创扶贫脱贫工作的新局面。要及时总结国有贫困林场扶贫脱贫工作取得的成绩和成功经验，客观反映面临的困难和问题，利用政务信息、调研报告、文学艺术作品等多种方式，借助内部渠道、广播电视、报刊杂志和网络媒体等多种手段进行全面、广泛宣传，取得各级党委政府和有关部门对国有贫困林场扶贫工作的理解和支持，营造更加有利的外部环境。

特此通知。

全国国有林场帮扶工作经验交流会在重庆召开

2014年10月20日

以扶贫开发为核心的国有林场帮扶工作是我国扶贫开发工作的重要组成部分，是建设生态林业、民生林业的战略选择，也是推进国有林场治理能力和治理体系现代化的重要举措。10月16~17日，国家林业局和全国总工会在重庆联合召开全国国有林场帮扶工作经验交流会。国家林业局党组成员、中央纪委驻局纪检组组长陈述贤，全国政协社会和法制委员会副主任，全国总工会党组成员、原副主席、书记处书记张世平出席会议并讲话。

陈述贤说，这次会议是在全国林业系统深入贯彻党的十八届三中全会精神、林业各项改革任务有序推进、国有林场改革即将全面展开之际召开的一次重要会议。10月17日是国际消除贫困日，也是国务院确定的我国第一个全国"扶贫日"，使得这次会议主题更加鲜明，意义更加重大，影响更加深远。

陈述贤指出，经过多年努力，我国国有林场帮扶工作已初步探索出一条以改善生存条件为基本前提，以增强自我发展能力为根本途径，以中央投入为主导、地方推动与林场主体作用相结合，普惠性政策与特惠性政策相配套，扶贫开发与社会保障相衔接的路子；总结出了做好国有林场帮扶工作，领导重视是前提、深化改革是根本、强化管理是保障、部门协作是关键、自力更生是基础的宝贵经验。

陈述贤强调，林业是生态建设的主体，国有林场是我国林业和生态建设的主阵地，承担着为生态安全守底线、为经济发展拓空间、为民生福祉作保障、为科技进步作示范的重大历史使命。做好国有林场帮扶工作是全面建成小康社会奋斗目标的迫切需要，是推动林业治理能力和治理体系现代化的迫切需要，是发展生态林业、民生林业的迫切需要。要从实现建设生态文明和美丽中国、全面建成小康社会的战略高度，充分认识做好新时期国有林场帮扶工作的重大意义。

陈述贤要求，加快国有林场脱贫步伐，促进国有林场事业健康发展要认清形势、明确任务，从以下六个方面扎实推进国有林场帮扶工作取得新成效：一要深入推进国有林场改革；二要持续加大帮扶政策支持；三要不断创新帮扶工作机制；四要切实强化扶贫资金管理；五要高度重视困难职工帮扶；六要全面加强帮扶组织领导。

张世平说，林业职工是我国工人阶级中最具担当精神和牺牲精神的产业大军，为国家的经济发展和生态建设作出了突出贡献，在巩固国家生态安全屏障中发挥了主力军作用。同时也要看到，由于诸多原因，特别是"先生产、后生活"的早期建设模式，使国有林区形成大量历史欠账，林区基础设施差、工作条件艰苦、民生问题突出，许多林业职工的生活面临困难和问题，需要给予更多的帮助和关心。

张世平说，全国总工会每年通过"两会"平台，呼吁加大对林业改革发展的政策支持和中央财政对国有林场扶贫支持力度。中国农林水利工会也通过加强调查研究，积极反映林区的社情民意和职工的意见建议，推动国家帮扶政策向林业困难职工倾斜，推动中央下拨的工会专项帮扶资金对困难林场、困难林区加大分配力度。

张世平指出，随着国家生态文明建设的推进和林区改革发展的深化，国家针对林业的投入不断加大，林区的劳动和社会保障体系不断完善，为林区职工的权益维护和帮扶工作创造了有利条件。各级工会要在已有工作基础上更加开拓创新，从以下几个方面力求新的突破：一是加大源头参与力度；二是强化帮扶"造血"功能；三是突出帮扶工作重点；四是推动服务职工体系建设。

会议期间，与会代表还现场考察了重庆市南川区林木良种场山王坪云岭森林公园森林旅游项目、林下山羊养殖基地、林下玉簪花种植基地、山王坪饮水安全项目和林区扶贫公路建设项目，并就全国国有林场帮扶工作进行交流座谈。

第四章　国有林场基础设施建设相关文件

国家林业和草原局关于印发《国有林区（林场）管护用房建设试点方案（2020—2022年）》的通知

林规发〔2020〕8号　2020年1月19日

内蒙古、吉林、黑龙江、江西、广西、重庆、云南省、自治区、直辖市林业和草原主管部门，内蒙古、大兴安岭森工（林业）集团公司：

  为加快推进国有林区林场管护用房建设，根据《中共中央 国务院关于印发〈国有林场改革方案〉和〈国有林区改革指导意见〉的通知》关于加强国有林区林场基础设施建设的要求，经商国家发展改革委同意，我局在总结2017—2019年管护用房试点建设经验的基础上，组织编制了《国有林区（林场）管护用房建设试点方案（2020—2022年）》（详见附件）。现印发给你们，请结合本地实际，认真贯彻落实。

  管护用房试点建设实行"目标、任务、责任、资金"四到省。各试点单位要切实加强组织领导，加快开展前期工作，及时落实建设任务，根据本方案尽快制定省级实施方案并报我局备案。要严格执行《中共中央办公厅 国务院办公厅关于党政机关停止新建楼堂馆所和清理办公用房的通知》和《党政机关办公用房管理办法》的有关规定，坚持厉行节约，严禁以管护用房试点建设名义建设楼堂馆所。要强化中央预算内资金管理，严禁挪用、截留、串用建设资金，做到专款专用。要切实加强全过程监管，认真落实定期报送和重大事项报告制度，通过国家重大建设项目库，按时报送建设进度。要开展绩效管理工作，合理确定绩效目标并科学评价，确保绩效目标如期实现。各试点单位要以管护站为单位建立电子台账，及时记录、存储和报告管护用房建设情况，实施精准管理。在保证工程进度与质量的前提下，鼓励有条件的单位，采取投工投劳投料、以工代赈等方式进行自建，吸纳林区职工参与项目建设。

  特此通知。

  附件：国有林区（林场）管护用房建设试点方案（2020—2022年）

附件

国有林区（林场）管护用房建设试点方案

（2020—2022 年）

管护用房是护林员在执行森林管护等任务中为方便工作必须建设的房屋，具备生活和工作双重属性。管护用房建设是推进国有林区、国有林场改革的重要举措。按照《中共中央 国务院关于印发<国有林场改革方案>和<国有林区改革指导意见>的通知》（以下简称"中发6号文件"）有关要求，2017年，原国家林业局组织编制了《国有林区（林场）管护用房建设试点方案（2017—2019年）》（以下简称"全国试点方案"），并于2017—2019年期间，在东北、内蒙古重点国有林区和内蒙古、江西和广西3省（区）国有林场开展了管护用房建设试点工作。为总结试点经验成效，进一步推进国有林区林场管护用房建设，着力提升重要生态区域森林管护能力，维护森林生态安全，特制定本方案。

一、建设必要性与可行性

（一）管护用房建设试点情况

国有林区林场是我国森林资源培育的战略基地，是生态保护修复的骨干力量。根据中发6号文件关于加强管护站点用房等基础设施建设的要求，2017年，国家林业局启动了国有林区林场管护用房建设试点工作。在地处东北、内蒙古重点国有林区的内蒙古森工集团（内蒙古大兴安岭重点国有林管理局）、吉林森工集团、龙江森工集团、大兴安岭林业集团公司和长白山森工集团的国有森工局（含营林局），以及内蒙古、江西、广西3省（区）的国有林场开展了管护用房试点建设。按照计划，试点将于2019年结束。

3年试点期间，累计安排中央预算内投资6亿元，地方筹措1.48亿元，共投资7.48亿元。共新建和改造管护用房2739个，其中：新建457个、改造2282个（包括重建改造246个、加固改造1161个、功能完善875个），用房面积18.81万平方米。具体是：东北、内蒙古重点国有林区新建和改造管护用房1871个，其中：新建358个、改造1513个（包括重建改造168个、加固改造677个、功能完善668个）。内蒙古、江西、广西3省（区）新建和改造管护用房868个，其中：新建99个、改造769个（包括重建改造78个、加固改造484个、功能完善207个）。

为保障试点建设顺利实施，试点期间采取的主要做法如下。一是坚持生态优先，通过重建和加固改造，使试点省（区）和单位的危旧站房数量大幅减少，危旧房比例明显下降。原来不具备管护功能的站点恢复使用。同时，适度新建一批急需的管护用房，扭转了试点省（区）和单位管护用房数量不足、管护盲点多、危旧隐患大等突出问题。管护用房的建设布局得到进一步优化，逐步覆盖到森林腹地、重要保护物种分布区、林政案件高发频发区等重点区域，建成相对完备的管护用房网络，初步形成全天候、全方位的长效管护机制，成为维护森林资源安全的"前哨站"和"千里眼"。二是坚持民生为本，合理配置和更新水、电、暖等生活设施，完善日常巡护、灾害防控等设施设备，着力加强森林管护一线设施建设，在改善工作环境、大幅提升管护能力的同时，极大改善了护林人员的生活条件，成为森林哨兵的"安居屋""给养站"，使林区民生得到进一步改善，有效增强了林区一线职工的护林积极性和幸福感。三是坚持窗口作用，各地在优先保障森林资源管护职能的同时，立足管护用房的基本功能，积极创新建设理念，着力推进新型管护站房建设。结合使用功能和人员配备情况，在政策允许范围内适度优化和扩大建筑面积，合理延伸管护用房功能，通过建设育林营林基地，有效解决了场站撤并后的偏远地区和山区的生产经营问题，进一步强化了管护站在森林资源培育和管护中的突出作用。同时，增配科普知识、普法宣传等宣教设施，建成面向广大林区职工群众的生态文明窗口，推进了人、站点、森林的协调发展。四是坚持标准规范，在全国试点方案明确的基本配备标准基础上，各地认真对照全国标准，充分结合本地实际，出台了本地管护用房建设的具体标准和实施细则，初步形成了人员配置与管护功能配套协调、设施配备与工作需要相统一的建设机制，确保了各项工作的顺利推进。通过试点建设，修正了北方和南方建设标准，剔除了不适宜要求，为更大范围的开展管护用房建设提供了遵循和参考。五是坚持项目管理，试点期间，要求各试点省（区）和单位严格项目管理，在分解计划任务、资金拨付和使用、跟踪建设进度及检查验收等方面进一步加强监管，严格落实投资计划执行和项目监管主体责任，并依托国家重大项目建设库定期报送项目进度，确保试点建设质量和成效。六是坚持厉行节约，要求有关省（区）和单位认真贯彻中央有关文件精神，厉行节约，严格按照管护用房的使用功能和人员配置确定建设标准，不能以建设管护用房为由私搭乱建，严厉禁止修建楼堂馆所等违法、违规行为。

在3年的试点工作中，各地积累了富有成效的成功经验。一是夯实主体责任。各试点省（区）和单位根据全国试点方案，均制定了本地试点方案并进行了报备，将试点工作统筹纳入到年度重点工作任务中。相关省（区）发展改革部门会同林草主管部门严格落实投资计划执行和项目监管主体责任。如：广西等省（区）出台了项目实施指南，明确了具体的组织、资金、技术和管理要求。各建设单位高度重视，普遍成立了试点工作领导小组，采取积极措施，精心组织项目实施，足额落实中央和自筹资金。二是严格质量控制。各试点省（区）和单位通过专门发文、召开项目推进会等形式，对项目实施、年度投资计划监管和建设进度调度等进行统一部署。严格执行定期报告制度，及时掌握项目建设投资、资金使用、实施进展和存在问题等情况。认真采取省级抽查与建设单位自查相结合的方式，开展跟踪检查，加强工程建设质量管控。三是强化项目管理。管护用房主体工程与基础设施配套工程同步设计、协同推进。采取招投标等方式，选取具有建设资质的施工单位参与建设。以管护站为单位建立数字化台账，明确专人负责，管理项目资金计划、实施方案、作业设计、招投标、工程预算、建设合同、主体工程、配套设施建设、现场抽验、资金拨付、实景图片和年度报告等档案，对项目建设实施精准管理。同时，全面禁止以建设管护用房为由进行私搭乱建等违法违规活动。四是注重因地制宜。按照"贴近林地、利于管护、兼顾产业"的原则，各地围绕"增活力、促发展"的目标，在发挥管护用房作为护林人员工作、生活的主要场所作用，以及统筹站房设计的同时，注重加强墙体外观和配套绿化设计，使管护用房建筑风格与林区景观相得益彰，建成各具特色、功能完善的管护用房。

在试点工作中也反映出一些问题。集中体现在：一是危旧房判定标准差异大，因气候环境差异、施工条件难易度不同等因素，导致部分省（区）和单位家底不清，易出现建设地点和方式变更等问题，直接影响到实施进度。二是项目区大多数管护用房始建于林场（局）建设初期，多为简易房、土坯房，建设年代久远，多存在墙体开裂、漏风漏雨情况，安全隐患大，改造的需求规模仍较大。三是随着国有林区林场改革的深入推进，多数国有林场变为公益一类事业单位，除公共财政投入之外，资金筹措渠道匮乏，难以形成有效配套资金。这些都是管护用房建设中出现的突出问题，在今后的实践工作中应通过体制机制和模式创新逐步加以解决。

（二）推进管护用房建设的必要性

1998年以来，国家坚持以生态建设为主的发展战略，先后启动了天然林资源保护一、二期工程，并全面停止了天然林商业性采伐。管护用房建设作为林区基础设施建设的重要内容持续推进，初步建立了覆盖国有林区林场的森林管护站点网络，为控制林地非法流失，防止自然资产破坏，维护森林生态安全，以及促进森林资源持续增长发挥了重要作用。但是，从国有林区林场改革发展的实际情况看，面对加强森林资源保护修复、构筑国家生态安全屏障、建设生态文明和美丽中国的现实要求，管护用房建设仍存在一些突出问题。集中表现在：一是管护站点数量严重不足，布局不完整，驻站力量不足，巡护盲点多；二是房舍年久失修，危旧房率高，安全隐患大，大量管护站点实际已不具备管护功能；三是管护站点配套设施差，站点功能单一，难以满足全面保护修复森林、森林质量实现根本好转的需要，与促进人与自然和谐共生、建设社会主义现代化强国的要求不相适应。当前，推进国有林区林场管护用房建设十分必要。

1. 管护用房建设是加快完善天然林管护制度和体系的迫切需要

天然林是森林资源的主体和精华，是自然界中群落最稳定、生物多样性最丰富的陆地生态系统。20多年来特别是党的十八大以来，国家不断加大天然林保护力度，全面停止天然林商业性采伐。加强天然林管护、保障森林生态安全，已成为国有林区林场改革发展的首要任务。建立健全由国有林业局、林场、管护站、管护哨卡有机链接的四级管护机制，已成为重要推进林业改革的重要基础性工作。管护用房建设，是反映这一机制的重要支点。现有管护用房多为早期建造的原营林队、采伐队、工点、道班的老旧房屋。依托原施业区和林区道路设置的管护站点已经不符合现代森林管护工作的需要，急需合理布局，建设一线管护站点，建成一批设施完善、功能配套齐全的森林管护用房，促进构建全方位、多角度、高效运转的森林管护网络，加快构筑完备的天然林管护体系，形成权责明晰、衔接协调的全天候长效管护机制，突出解决国家重点生态功能区、生态保护红线、具有国家代表性的自然生态系统和森林腹地、重（热）点区域管护能力不足问题，打通森林管护的"最后一公里"，有效提高对天然林资源的精准管护、全面管护的能力。

2. 管护用房建设是全面加强国有林区林场森林保护修复的迫切需要

随着国有林区林场改革的深入推进，营林生产方向发生战略性转变，国有林区林场已由木材生产为主转变为全面保护和系统修复，由利用森林获取经济利益为主转变为保护森林、提供生态服务。大批林业职工由木材采伐岗位转向森林保护修复工作一线，除日常巡护外，还承担着造林绿化、更新造林、抚育性采伐、低质低效林改造和退化林修复等任务。近几年，随着国有林区林场棚户区（危旧房）改造工程的顺利推进，林场职工大多搬到山下局址或附近城镇居住。生产生活布局也由深山、远山区向局址所在地或中心林场靠拢，深山、远山区已成为林区森林保护修复和资源管护的薄弱环节。设立管护站点，配置驻站护林人员，建立护、保、修并举的森林管护制度，是全面落实天然林、公益林和国有林保护责任，严管国有林地占用，确保森林资源不破坏、国有林地不流失的当务之急和长远之计。实施管护用房建设，将进一步突显不同森林管护站点主导功能，促进林区森林保护修复布局的优化调整，进一步加强森林抚育、大径材和珍贵材培育、退化林分修复及国家储备林建设，加快实现森林资源总量、质量和功能的根本性好转，不断满足人民群众对优质生态产品、优美生态环境和丰富林产品的迫切需求。

3. 管护用房建设是保障护林人员居住安全和改善林区民生的迫切需要

国有林区林场改革后，富余职工妥善安置成为林区可持续发展的重大民生问题，直接关系到职工的生活幸福指数，以及林区社会的和谐稳定。森林管护和经营是富余职工再就业的主要渠道，也是一项十分艰苦的工作。森林管护站分布在国有林区林场的千山万岭中，是广大护林职工的生产生活场所。长期以来，国有林区林场坚持"先治坡、后治窝，先生产、后生活"的建设原则，将自有财力和精力都投到了营造林生产中，山绿了水清了，但基础设施却远远滞后于周边的城乡建设。特别是管护用房历史建设欠账十分严重，房舍危旧、设施简陋、居住条件差，安全隐患多，一线护林人员生活极为困苦，民生问题十分突出。实施管护用房建设，新建和改造升级危旧用房，将从根本上改善管护条件，切实解决一线护林人员的实际困难，调动一线护林人员守山护林、"以站为家"的积极性，让广大一线护林人员能够安全、安心的工作，共享林业改革发展成果，推进社会主义新林区林场建设，与全国人民共同打赢脱贫攻坚战、决胜全面建成小康社会。

（三）推进管护用房建设的可行性

1. 国家高度重视国有林区林场管护用房建设

党的十八大以来，党中央、国务院高度重视国有林区林场改革发展。习近平总书记对生态文明建设、林业改革发展和生态保护修复做出了一系列重要指示批示。中发6号文件在完善国有林区林场改革发展的政策支持体系中明确提出：加大对林场供电、饮水安全、森林防火、管护站点用房、有害生物防治等基础设施建设投入；各级政府要将国有林区电网、饮水安全、管护站点用房等基础设施建设纳入同级政府建设规划统筹安排。《国民经济和社会发展第十三个五年规划纲要》提出：加强林区道路等基础设施建设。《中共中央办公厅 国务院办公厅关于印发<天然林保护修复制度方案>的通知》（厅字〔2019〕39号）提出：统筹安排国有林区林场管护用房、供电、饮水、通信等基础设施建设，加强森林管护等方面现代化基础设施和装备建设，加大对天然林保护公益林建设和后备资源培育的支持力度。《中共中央办公厅 国务院办公厅印发<关于建立以国家公园为主体的自然保护地体系的指导意见>的通知》提出：创新自然保护地建设发展机制，按照生态保护需求设立生态管护岗位。社会各界时刻高度关注国有林区林场改革发展，全国人大代表建议、政协提案多涉及国有林区林场危旧管护用房改造等民生改善问题。

2. 国家对管护用房建设政策支持力度逐步加大

国家支持林草发展的公共财政政策不断完善，林业投资力度不断加大。建立了国家级公益林生态效益补偿、林木良种、人工造林、森林抚育、退化林修复、退化草原改良、林草防灾减灾、开发性政策性金融贷款贴息等一系列支持林草资源保护修复的投资和补贴制度。围绕保护天然林和公益林资源、恢复和发展森林资源，深入实施天然林资源保护工程，全面落实天然林保护责任，实施森林管护能力建设，并对管护用房建设提出了明确的具体要求。《天然林保护修复制度方案》明确提出：统一天然林管护与国家级公益林补偿政策，逐步加大对天然林抚育的财政支持力度，完善天保工程社会保险、政策性社会性支出、停伐及相关改革奖励等补助政策，调整完善森林保险制度，探索多元化投入机制，鼓励探索重要生态区位天然商品林赎买制度等。《关于建立以国家公园为主体的自然保护地体系的指导意见》明确提出：建立以财政投入为主的多元化资金保障制度，加强生态保护补偿制度，按自然保护地规模和管护成效加大财政转移支付力度。林业投融资渠道逐步拓宽。通过试点建设，森林管护的政策环境得到了逐步优化。

3. 森林管护用房建设和试点积累了有益经验和成功模式

进入 21 世纪以来，随着森林管护工作的推进实施，各地林草主管部门着力加强管护用房建设，站往一线建、人往一线派、工作往一线移，努力建立健全森林管护工作机制和规章制度。在管护站的布局和选址上，针对林区林场改革实际，着眼地域特色，综合考虑区位、功能、经济、实用等因素进行设计、建设和改造，确保"住得下、管得住、能发展、形象好"。同时，在森林管护与经营相结合、保障森林安全与改善民生相结合、生态保护与经济发展兼顾等方面进行了有益探索。特别是通过分别在我国北、中、南部地区选择 1 个省份和东北、内蒙古重点国有林区开展管护用房建设试点，在管护用房功能、建设内容、站房配建和投资补助等方面，逐步形成了适宜范围广、代表性强、相对成熟的建设和指导标准，为进一步推进管护用房建设打下了坚实的基础。

二、建设范围与基本概况

（一）建设范围

根据全国国有林资源分布、森林保护修复和管护站点建设现状，以国家重要生态安全屏障、生态保护红线、国家公园等自然生态系统集中分布、生态资源体量大、支撑能力强、管护用房建设任务重的地区为重点，充分考虑国家投资可能，科学选取地处东北、内蒙古重点国有林区的内蒙古森工集团、吉林森工集团、龙江森工集团、伊春森工集团、大兴安岭林业集团公司和长白山森工集团的国有森工局（含营林局），以及内蒙古、江西、广西、重庆和云南 5 省（区、市）（以下简称"5 省区市"）的国有林场为建设区域，推进实施 2020—2022 年国有林区林场管护用房建设。

以上建设区域中，东北内蒙古重点国有林区和内蒙古、江西、广西 3 省（区）为 2017—2019 年试点区域，本方案中拟继续推进实施。重庆、云南 2 省（市）为本轮建设新增区域。

将重庆、云南 2 省（市）纳入本轮建设区域，主要基于以下几点考虑：一是 2 省（市）地处长江中上游地区，是长江经济带国家战略实施的重要生态区域，该地区拥有独特的森林生态系统，生物多样性极为丰富，是我国重要的生态资源宝库，在构筑祖国西南生态安全屏障，维护国家生态安全上居于十分重要的战略地位；二是 2 省（市）是国家重要的国家储备林基地。

近年来，通过持续加强天然林保护，推进大规模国土绿化，森林资源快速增长，第八次和第九次森林资源清查结果显示，近5年来该地区的森林面积和蓄积量分别增加了10.33%和18.47%。加强该地区森林管护，对于促进培育健康稳定的高质量森林、增加木材资源供给和维护祖国西南地区生态安全具有十分重要的意义；三是2省（市）国有林场管护用房建设相对滞后，站房条件简陋、布局不合理、管护能力不足等问题十分突出，加强管护用房建设的需求十分迫切。同时2省（市）管护用房状况在西南高山林区很具有代表性。在2省（市）实施管护用房试点建设，对全面开展西南各省（区、市）管护用房建设，保护和培育好西南地区森林资源，探索建立西南地区全天候、全方位的森林资源长效管护机制具有重要的示范意义。

（二）基本概况

1. 森林资源概况

推进建设区域位于东北森林带、北方重要生态安全屏障、黄土高原生态屏障、南方丘陵山地带等生态屏障建设区，是"一带一路"、黄河流域生态保护和高质量发展、长江经济带等重大国家战略实施区，是国家生态安全战略格局的重要组成部分，生态地位十分重要。区域内建有国有森工局87个、国有林场905个，其中：国有林场数量占全国的20.06%。根据第九次全国森林资源清查结果，项目区森林面积9337万公顷，占全国森林面积的42.35%；森林覆盖率41.07%，比全国平均水平高18.11个百分点；森林蓄积68.02亿立方米，占全国森林蓄积量的38.73%。国有林面积达4200万公顷，占全国国有林面积的42.92%；国有林蓄积43.12亿立方米，占全国国有林蓄积的42.82%；区域内森林资源十分丰富，是保护长江、黄河、松花江等大江大河流域生态安全的绿色屏障，也是通过林业建设实现精准脱贫、推动林区乡村振兴的不可或缺的重要生态资源。但项目区整体上森林资源质量仍不高，生态功能性仍不强，亟待加强森林管护和经营。

2. 生态管护概况

项目区分布着众多重要的原生性自然生态系统、自然遗迹和自然景观，生物物种和地质地貌景观资源富集。此外，还分布着大量国际、国家级重要河湖湿地、沙化土地封禁保护区等。随着东北虎豹国家公园、云南普达措国家公园等国家公园体制试点的推进实施，国有林区林场在自然保护地建设中发挥了越来越重要的作用。一线护林人员依托管护用房在日常巡山护林的同时，依法肩负着森林、湿地、自然保护区和野生动植物资源的保护管理以及森林防火、有害生物防控等管护职责，管护用房建设已成为践行绿水青山就是金山银山、山水林田湖草生命共同体理念的具体实践。

3. 管护用房建设现状及存在问题

根据最新开展的管护用房改造和新建需求调查，项目区内的管护用房建设主要存在以下几方面问题：

——站房危旧率高，亟待修复的站房多。现有管护站点多为20世纪70年代以来，根据木材生产和后期天保工程的需要而建设的采伐站点或营林点，大多建筑面积小、质量差，投入使用年代久、站房破损严重，危旧率高、安全隐患大。已严重影响到一线护林人员的居住安全，急需建设和改造。通过2017—2019年试点，尽管东北、内蒙古重点国有林区和内蒙古、江西、广西3省（区）国有林场的危旧站房已经明显减少，但危旧房率仍然较高，与实际建设需求相比仍差距较大。据统计，东北、内蒙古各森工集团尚有急需改造的管护用房532个，站房危旧率达34%；5省市国有林场危旧站房达1330个，急需采取重建或加固措施继续深入开展管护用房建设，恢复管护站点的森林管护功能。

——森林巡护盲点多，急需新建站点完善布局。国有林区森林管护站点的建设布局十分不合理，现有管护站点布局与林区精准管护和民生高质量发展的需求不相适应。目前，现有管护站点在近山区相对集中，远山区布设较少，加之远山区水、电、道路等基础设施建设普遍滞后、巡护设备配置不足，森林管护难度特别大。据统计，截至目前，林区各森工局平均建有森林管护站仅为24个；5省区市中每个国有林场平均建有森林管护站仅为8个，每个森林管护站平均管护国有林面积达3.25万亩，远超过天保工程实施方案等的相关规定，已经形成了森林管护站点数量严重不足、管护盲点多、盲区大的窘迫局面。经测算，项目区内急需新建管护用房近3000个。

——站房功能不完善，生产生活条件差。大量管护站点，特别是远山区管护站点十分缺乏取水、取暖等设施设备，缺电问题更是普遍，用电饮水安全隐患大。特别是东北、内蒙古地区冬季严寒，配套设施落后的管护站多，林区护林职工群众的生活条件极差。此外，因配套设施设备不足，电子台账建设也很滞后，档案管理和消防防火等设施配置严重不足。管护站房功能不完善，一线护林人员的生产生活条件差，已经难以满足森林管护和经营工作的现实需要。

三、总体思路

（一）指导思想

以习近平新时代中国特色社会主义思想为指导，贯彻落实党的十九大和十九届二中、三中全会精神，深入学习贯彻习近平生态文明思想，牢固树立"绿水青山就是金山银山"和"山水林田湖草是生命共同体"的发展理念，坚持人与自然和谐共生，以推进现代国有林区林场管护体系建设，维护森林生态安全、提升生态安全屏障质量、改善林区职工民生为目标，以标准化、规范化管护用房建设为主线，以试点经验和成功模式为引领，因地因房施策，更大范围推进国有林区林场管护用房建设，着力提升森林管护修复能力，促进森林资源总量增加、质量提升、功能增强，为维护国家生态安全，建设生态文明和美丽中国奠定更加坚实的生态基础。

（二）基本原则

——坚持生态为民，完善功能。以人民为中心，把增进民生福祉作为一切工作的出发点和落脚点。把握管护用房建设是林区重要民生工程的公益特性，合理配备取水、用电、取暖、制冷等生活设施，改善护林人员的工作生活条件。突出目标导向，科学设置管护用房的功能，加强森林管护一线设施建设，建成森林保护修复的前沿基地。

——坚持因地制宜，多措并举。从各地森林管护站点分布和房舍现状出发，因地制宜，确定建设措施。统筹地理区位、自然气候、森林功能和保护管理状况，优先提升承担重要支点作用、急需改造的管护站点的功能。在天然林集中分布区、生物多样性富集区、林政案件高发频发区，坚持改造为主，适当新建部分用房，建设管护环线，实现生态管护的全辐射。

——坚持标准适度，精细实施。依据全国基本配备标准，结合地方实际，制定本地区管护用房建设标准，合理确定管护用房建筑面积和站房布局。严格按照国家和地方相关建设规定，逐站设计、施工和监管。严格建立电子台账，精细化施工，高质量推进主体建筑和配套设施建设。加强质量监管，防止出现新的"困难"站点，确保住得下、管得住。同时，要厉行节约，全面禁止以建设管护用房为由进行楼堂馆所建设等违法违规活动。

——坚持政府主导，社会参与。强化政府主导，明晰国家和地方事权，完善公共财政支持政策，建立逐级投入机制。国有森工局和国有林场承担管护用房建设主体责任，林权权利人和经营主体依法尽责。创新多元化投入和建管模式，引导和鼓励社会主体积极参与，形成全社会共抓、公管，国有林区林场管护用房建设的新格局。

——坚持创新引领，协调发展。结合当地林草改革发展、天然林保护和公益林管理实际，积极创新建设理念，延伸管护用房功能，有效发挥森林管护站点在育林、营林、护林和林区改革发展中的突出作用。建成生态文明窗口，推进人、站、林协调发展，促进人与自然和谐共生。

（三）建设期限

建设期限为 3 年，即 2020—2022 年。

（四）建设任务

科学总结试点经验和模式，以改造危旧管护用房为主，适度新建部分管护用房。建设期内，拟新建 932 个管护用房、建筑面积 6.70 万平方米，改造升级现有 1400 个管护用房、建筑面积 9.88 万平方米。经过三年的努力，项目区内危旧管护用房得到全面改造升级，在重点区域合理布局，新建一批管护用房，建成功能配套、宜居安全的生态管护用房网络，森林管护效率进一步提升，以森林为主的自然资源得到有效管护。区域内生态系统质量明显改善，生态功能持续提升，生态稳定性明显增强，有力促进国家生态安全屏障体系建设。林区民生明显改善，优质生态产品供给不断满足人民群众需求，绘就人与自然和谐共生的美丽画卷。

（五）建设方式与对象

1. 管护用房改造

综合试点成果和项目区内管护用房危旧情况，管护用房改造升级主要采取重建改造、加固改造和功能完善三种方式进行。不同改造方式的对象、措施不同，改造内容和投资也不同。

（1）重建改造

重建改造主要针对地处国有林区林场重要支点位置，年久失修、安全隐患大，严重威胁到护林职工居住安全，不具备继续使用条件，管护功能丧失的危旧用房。

重建改造在一般情况下，按照本辖区统一的建设标准，采取现地重建的方式进行。对于所处立地环境恶劣，且不处于重要地理区位的危旧用房，应重新选址、异地重建。异地重建按照新建管护用房的布局与选址要求进行建设。

（2）加固改造

加固改造主要针对地处国有林区林场重要支点位置，站房结构差、墙体开裂、透风漏雨，配套设施严重短缺，严重影响管护功能的发挥，需进行较大规模改造的管护用房。

加固改造应按照本辖区统一的建设标准，对照各管护用房的具体情况，对现有墙体结构进行加固改造，适当改扩建必要的房舍，配置相应的管护设施设备，恢复和增强管护用房的管护功能。

（3）功能完善

功能完善主要针对墙体结构完备，但配套设施差、营林功能滞后、生活条件艰苦的管护用房。

功能完善应按照本辖区统一的建设标准，对照各管护用房的具体情况，合理配置包括水、电、暖、消防、安全等日常必要的生活及生产设施设备。

2. 管护用房新建

综合考虑地理区位、地形地貌、交通状况、管护面积和管护难易程度等因素，按照"贴近现代、贴近林地，利于管护、方便生活"的原则进行布局和选址。

新建管护用房应重点设在地理区位突出的天然林集中分布区、生物多样性富集区、林政案件高发频发区和森林火险等级高地段等区域，并易于取水用电。其用地应满足巡护、营林等生产需要和驻站管护人员的生活需要。优先利用林场（站）撤并、深山远山职工搬迁后的闲置房舍。应避开存在滑坡、塌方、泥石流、水淹等安全隐患的地质不稳定区域以及危险性野生动物出没区域。

项目区各森工集团和各省（区、市）应结合区域内各国有森工局（含营林局）和国有林场的地理位置、森林资源分布和现有管护用房布局，统筹研究并制定本地新建和异地重建管护用房的布设方案，科学选址。

四、建设内容

（一）管护用房功能

1. 森林管护是林区森林保护修复的一项重要工作，主要包括：

（1）护林巡山，看管保护责任区内的森林资源。发现、报告和制止乱砍滥伐、偷砍盗伐、毁林开荒、滥占林地、采石取土等非法经营活动。

（2）保护责任区内的陆生野生动物资源和珍贵植物资源。发现、报告和制止非法采伐、采集植物、狩猎等破坏野生动植物资源的行为。

（3）及时发现和报告责任区内森林病虫鼠害等有害生物情况，并按有关规定进行预防和治理。

（4）巡查、管治责任区内森林防火。在防火期内，对重点部位、路段严防死守，杜绝野外用火行为。及时发现和报告责任区内的森林火情，并采取措施迅速扑救。

2. 管护用房是护林员开展管护工作必要的基础设施。必须具备食宿、饮水、供电、取暖、消防、安全等基本生活功能。

（二）建设内容组成

包括管护站房建设和管护用房电子台账建设。

1. 管护站房建设

管护站房建设包括站房、场区，以及取水用水用电设备、生活设施、档案管理、消防设备、炉灰存储池等配套设施。

2. 管护用房电子台账建设

运用GIS、北斗定位等技术建设管护用房电子台账，建立专题数据库，采集和存储每个管护用房设计、实景图片和台账图表，适时传输、管理和监控管护用房建设进展情况。

（三）建设达标标准

1. 基本配备

根据《宿舍建筑设计规范》（JGJ 36—2016）和《党政机关办公用房建设标准》等相关规定和林区棚户区改造人均居住面积状况，综合确定驻站管护人员人均用房面积应不低于10平方米。以平均驻站人数5~6人计算，每个管护站房使用面积应不低于50平方米。依据通过试点制定的《国有林区林场管护用房建设基本配备标准（试行）》（以下简称《配备标准》，详见附件1），管护用房建设应包括以下基本配备：

（1）站房应建有职工宿舍、办公间、厨房饭厅、工具房等。宜为一层建筑，寒冷地区应设置保温层，须满足当地抗震要求。

（2）场区场地应硬化，配置防雷设备和监控系统，修建围栏路栏、炉灰存储池等。

（3）应配置取水净水和排水设施、厨具和餐饮设备、取暖设备等生活设施，满足护林人员基本的生活需求。

（4）应配置工作桌椅、资料柜和巡护电子台账管理等档案管理设备，满足护林人员基本的工作需求。

条件具备的地区应配备室内卫生间、淋浴设备等生活设施、化粪池等环保设施，进一步改善护林员生活条件，提高生活品质。

对于重建改造和新建的，应完成站房、场区建设，配置取水用水用电设备、生活设施、档案管理、消防设备、炉灰存储池等设施。对于加固改造的，应完成站房墙体加固和个别房舍改扩建，合理配置或更新场区设施、取水用水用电设备、生活设施、档案管理、消防设备、炉灰存储池等设施。对于功能完善的，应合理配置或更新取水用水用电设备、生活设施、档案管理、消防设备、炉灰存储池等设施。

2. 增配设施

各地可根据本地国有林区林场改革和森林保护修复工作的实际，在《配备标准》的基础上，增加管护站房使用面积，扩展管护用房功能，合理增配巡护装备、信息管理、食材储藏、制冷设备等配套设施，持续加强森林培育、保护和管理。相关配备标准由各地自行制定。

五、建设规模与进度安排

综合考虑各地生态保护修复和现有管护用房危旧程度，采取按年度分批次的方式推进管护用房建设工作（详见附件2）。

（一）现有管护用房改造升级

2020—2022年，全面推进危旧管护用房改造升级。共改造管护用房1400个，其中：重建改造317个、加固改造607个、功能完善476个。

东北、内蒙古重点国有林区三年共改造管护用房500个，其中：重建改造140个、加固改造200个、功能完善160个。

5省区市三年共改造管护用房900个，其中：重建改造177个、加固改造407个、功能完善316个。

（二）新建管护用房

2020—2022年，共新建管护用房932个。其中：在东北内蒙古重点国有林区共新建管护用房620个；5省区市共新建管护用房312个。

通过三年的建设，全面完成管护用房建设任务，东北、内蒙古重点国有林区危旧管护用房改造整体完成，5省区市危旧管护用房得到系统修复。建成相对完备的森林管护用房网络。

六、投资估算与效益分析

（一）投资估算

1. 定额标准

根据《配备标准》、各森工集团和5省区市管护用房建设情况，重点国有林区和内蒙古自治区国有林场管护用房建设的定额标准按每个管护站平均建筑面积75平方米、平均驻站人数5~6人确定；其他4省（区、市）国有林场管护用房建设的定额标准按每个管护站平均建筑面积65平方米、平均驻站人数5~6人确定。管护用房建设基本配备（包括建筑安装工程、场区工程和配套设施配备）的造价，以各指标的当前参考基价进行测算。每个管护用房建设的投资标准为：

（1）重点国有林区和内蒙古自治区国有林场：新建或重建改造40万元，加固改造30万元，功能完善15万元。投资标准构成详见表1。

表1 重点国有林区和内蒙古自治区国有林场管护用房建设投资标准构成

单位：万元

建设方式	投资标准	投资标准构成
新建或重建改造	40	墙体新建16.0万元，室内外装修、电气、给排水、采暖铺设等9.0万元，场区地面硬化、围栏路栏修建等3.5万元，安全饮水设备3.0万元，发电及采暖设施设备3.0万元，生活设施3.0万元，消防安全系统1.5万元，档案管理设备1.0万元
加固改造	30	墙体加固7.5万元，室内外装修、电气、给排水、采暖铺设等7.5万元，场区地面硬化、围栏路栏修建等3.5万元，安全饮水设备3.0万元，发电及采暖设施设备3.0万元，生活设施3.0万元，消防安全系统1.5万元，档案管理设备1.0万元
功能完善	15	场区地面硬化、围栏路栏修建等3.5万元，安全饮水设备3.0万元，发电及采暖设施设备3.0万元，生活设施3.0万元，消防安全系统1.5万元，档案管理设备1.0万元

(2) 其他 4 省（区、市）：新建或重建改造 35 万元，加固改造 25 万元，功能完善 15 万元。投资标准构成详见表 2。

表 2　其他 4 省（区、市）国有林场管护用房建设投资标准构成

单位：万元

建设方式	投资标准	投资标准构成
新建或重建改造	35	墙体新建 12.5 万元，室内外装修、电气、给排水等 7.5 万元，场区地面硬化、围栏路栏修建等 3.5 万元，安全饮水设备 3.0 万元，发电及采暖设施设备 3.0 万元，生活设施 3.0 万元，消防安全系统 1.5 万元，档案管理设备 1.0 万元
加固改造	25	墙体加固 5.0 万元，室内外装修、电气、给排水等 5.0 万元，场区地面硬化、围栏路栏修建等 3.5 万元，安全饮水设备 3.0 万元，发电及采暖设施设备 3.0 万元，生活设施 3.0 万元，消防安全系统 1.5 万元，档案管理设备 1.0 万元
功能完善	15	场区地面硬化、围栏路栏修建等 3.5 万元，安全饮水设备 3.0 万元，发电及采暖设施设备 3.0 万元，生活设施 3.0 万元，消防安全系统 1.5 万元，档案管理设备 1.0 万元

2. 投资估算

经测算，2020—2022 年国有林区林场管护用房建设总投资为 7.17 亿元。其中，改造投资 3.59 亿元，占 50.07%；新建投资 3.58 亿元，占 49.93%。国有林区林场管护用房建设投资估算见表 3。

表 3　国有林区林场管护用房建设投资估算表

单位：亿元

项目	合计	占总投资比例（%）	中央投资	年度投资
总投资	7.17	100.00	6.00	2.39
一、管护用房改造投资	3.59	50.07	2.88	1.20
（一）重建改造	1.20	16.90	1.04	0.40
（二）加固改造	1.68	23.86	1.37	0.56
（三）功能完善	0.71	10.09	0.48	0.24
二、新建管护用房投资	3.58	49.93	3.12	1.19

3. 资金筹措

根据中发 6 号文件和《天然林保护修复制度方案》精神，2020—2022 年管护用房建设所需资金，拟采取以中央投资定额补助为主，剩余部分通过地方自筹等多种方式筹措解决。

（1）中央投资定额补助

中央投资按每个管护站平均建筑面积（东北内蒙古重点国有林区和内蒙古自治区：75 平方米，其他 4 省（区、市）：65 平方米）和基本配备的基数，给予定额补助，主要用于建筑、安装，以及基本配备中的饮水、供电、取暖、生活、消防及安全等设施设备购置。其中，东北内蒙古重点国有林区和内蒙古自治区：新建或重建改造中央补助 35 万元，加固改造中央补助 25 万元，功能完善中央补助 10 万元；其他 4 省（区、市）：新建或重建改造中央补助 30 万元，加固改造中央补助 20 万元，功能完善中央补助 10 万元。建设期间，中央投资 6.00 亿元，其中改造

投资 2.88 亿元、新建投资 3.12 亿元。

东北、内蒙古重点国有林区管护用房建设中，中央投资 3.32 亿元，其中：改造投资 1.15 亿元、新建投资 2.17 亿元。

5 省区市管护用房建设中，中央投资 2.68 亿元，其中：改造投资 1.73 亿元、新建投资 0.95 亿元。

（2）地方筹措

档案管理设施设备、场区硬化、围栏路栏及环境设施等基本配备和增配设施投资，通过争取地方各级政府支持、试点单位自筹等方式解决。鼓励有条件的试点单位，创新管护用房建设投融资机制，完善配套政策，鼓励社会力量参与管护用房建设。

（二）效益分析

国有林区林场管护用房建设是重大的生态工程和民生工程，生态效益和社会效益十分显著。管护用房的建成和投入使用，有助于进一步提升森林经营管护水平，不断提高生态系统质量和优质生态产品供给能力，推进经营增效、生态增量、民生改善，建设绿水青山，变成金山银山，推动林区可持续发展。

1. 森林生态屏障不断巩固

通过项目的实施，基本建成国有林区林场的森林管护用房网络，使区域内森林管护提档升级，实现森林管护的常态化、制度化和规范化。将进一步精准打击破坏林地、林木和森林资源的违法行为，及时防控森林火灾和林业病虫害，抓好造林绿化、森林抚育和低质低效林提质，在保护森林资源、维护生态安全的同时，精准提升森林质量，构筑连续完整、健康稳定的森林生态系统，夯实国家生态安全之本、木材战略储备之基。到项目建设期末，预计将促进国有林区林场森林面积增加 800 万亩以上、森林蓄积量增长 2.3 亿立方米以上。森林生态容量持续扩大，森林对区域生态安全、淡水安全、气候安全和物种安全的屏障作用更加稳固。

2. 森林管护改善民生主渠道作用更加凸显

完成管护用房建设任务，国有林区林场将有效解决林区职工就业压力。按每人每年投入管护 180 人工日、每人工日按 150 元计算，每人年均劳动收入达 2.7 万元，森林管护职工的基本待遇得到保障。在管资源、保生态的同时，有效解决富余职工就近就业，实现改革不下岗、促增收。使广大职工共享林区改革发展成果，持续增加绿色福利，推进脱贫攻坚，显著改善林区民生。

3. 优质生态产品供给不断增强

坚持发展为了人民、发展依靠人民，发展成果由人民共享。通过管护用房建设，加强森林保护修复，增加森林资源总量，林木等自然资产持续增长，培育高价值的大径材珍贵材，增强蓄水保土、固碳释氧、康养休闲等生态服务功能，创造更多的绿水、青山和蓝天。提供高品质的生态体验和生态服务，满足人民对良好生态和优质林产品的需要。通过国有林区林场改革，建立健全森林管护经营机制，推动林区转型发展，林区对促进可持续发展的支撑作用更加彰显。

七、保障措施

（一）落实主体责任

管护用房建设是深化国有林区林场改革的重要内容，是一项关乎国家生态安全和林区民生发展的系统工程，时间紧、任务重、责任大。各森工集团和各省林草主管部门要成立管护用房建设领导小组，落实投资计划执行和项目监管主体责任，把管护用房建设工作纳入重要议事日程，切实加强建设工作的组织和协调。要制定本地实施方案和年度建设计划，分类明确管护用房改造、新建要求，依据《配备标准》制定本地建设标准。各国有森工局和国有林场是管护用房建设的实施主体，实行一把手负责制，认真制定管护用房改造和新建的具体方案，逐站设计，明确组织形式、建管方式和责任分工。要精心组织，周密安排，抓好管护用房建设的每一个环节，扎实稳妥地推进管护用房建设工作。

（二）完善投入机制

根据中央和地方事权、财权划分，加大资金投入，充分发挥各方面的积极性，多渠道筹集建设资金，形成资金投入合力。在保证工程标准与质量的前提下，积极鼓励有条件的单位，参照《关于开展大中型水库移民后期扶持项目民主化建设管理试点工作的指导意见》（发改农经〔2015〕1346号），采取投工投劳投料、以工代赈等方式进行自建，以便提供更多就业岗位，广泛吸纳林区富余职工参与建设。技术要求高、施工难度大、自建存在困难的工程应当通过招投标的方式进行建设。各森工集团和各省林草主管部门要在国家定额补助资金的基础上，研究制定管护用房建设资金落实方案和保障办法，加强与省级发展改革、财政等部门的协调沟通，积极争取对管护用房建设的支持。各建设单位要充分发挥积极性和主动性，积极争取当地政府支持，多渠道筹措自建资金，确保资金及时足额到位，解决好配套设施建设问题。要创新资金投入机制，完善配套措施，探索通过设立资本金注入、补助、奖励等方式，鼓励社会资本参与管护用房建设。

（三）强化质量管控

健全质量监管体系，做好规划、设计、施工、验收和运行，严格规范建设行为，确保工程质量和资金安全。实行全过程跟踪管理，国家林草局在管护用房建设过程中将会同有关部门对工程进行抽查或专项稽查。各森工集团和各省林草主管部门要切实加强检查监督，会同本地有关部门对建设单位管护用房建设情况进行不定期检查和专项稽查，及时掌握资金使用情况、建设进展和存在问题，及时上报突发情况，并针对问题及时采取整改措施。各地要严格实行定期报送制度，依托国家重大项目建设库定期报送投资计划执行进度。各森工集团和各省林草主管部门要按年度汇总管护用房建设进展情况并形成专题报告，于当年年底前报送国家林草局。同时，负责对本地管护用房建设项目实施情况进行竣工验收，并将验收结果上报国家林草局。要以管护站为单位，建立管护用房建设数字化电子台账，记录和存储管护用房建设情况，实施精准管理。

（四）全面专业管护

各地要结合本地实际出台相应的管护规章办法，明确管护站工作职能，建立严格的森林管护管理制度，推进森林管护规范化、科学化和精准化。要健全管护责任体系，各森工集团要建立健全国有森工局、林场、管护站和管护哨卡的四级管护责任体系，落实管护主体和职责，做到"每一块林地有人管，每一株林木有人护"。要健全管护管理制度，推行竞争上岗、择优录用、合同制管理和工资考核奖惩办法，制定日常工作制度，依规依章开展森林管护。要加强管护工作监管，各级林草主管部门要采取抽查或定期考核等多种方式，切实加强对管护各项工作的监管，确保管护取得实效。要积极探索和推广流动管护、承包管护、家庭管护、购买劳务和政府购买服务等方式，创新管护模式，加强国有林管护，全面提升管护水平。

（五）积极宣传引领

各级政府要高度重视管护用房建设的宣传工作，精心策划、组织和安排。要加大社会公众宣传力度，充分利用信息媒体等多种形式，广泛开展形式多样的宣传活动，增强森林管护工作的责任意识。要通过组织召开动员大会、编写宣传手册等形式，全面宣传管护用房建设的各项政策和具体规定，抓好政策解读，千方百计把群众工作做深、做细、做实，使管护用房建设工作深入人心。要将管护用房建设的补助资金和具体政策落实到林场，及时公布信息，接受群众监督。要大力宣传报道管护用房建设的典型经验和成功做法，以榜样激励、带动，为管护用房建设顺利推进创造良好的舆论氛围。

附件1

国有林区（林场）管护用房建设基本配备标准

（试行）

第一章 总 则

第一条 为了加强国有林区林场管护用房建设的管理与监督，提高管护用房建设的规范化、科学化水平和投资效益，特制定本试点配备标准。

第二条 本标准规定了国有林区林场管护用房建设应遵循的基本准则、建设规模、建筑设备设施、配备标准等技术性指标和原则性要求。

第三条 本标准适用于纳入国家国有林区林场管护用房建设试点范围的管护站点建设。

第四条 国有林区林场管护用房是护林员在执行森林管护等任务中为方便工作必须建设的房屋，具备生活和工作双重属性。

第五条 国有林区林场管护用房建设试点应贯彻执行《国有林场改革方案》《国有林区改革指导意见》《天然林保护修复制度方案》的方针政策和有关要求。

第六条 国有林区林场管护用房的建设试点应充分利用原有场地和设施，并遵循统一规划、统筹建设，突出重点、有序推进，改建结合、创新发展的原则。改造项目，应充分利用原有场地和设施。新建项目，应充分利用林场（站）撤并、远山职工搬迁后的闲置房舍。

第七条 国有林区林场管护用房建设试点的目标是坚持民生优先、生态为本，科学规划、总结经验，推进建成布局合理、规模适当、经济适用、宜居安全的森林管护站点网络。

第二章 管护用房构成与建设选址

第八条 管护用房应由站房、场区和配套设施等构成。站房由职工宿舍、办公间、厨房饭厅、工具房等组成。场区由场地硬化、防雷设施、监控系统、围栏路栏及环境设施等组成。

配套设施包括取水净水和排水设施、生活设施、发电设备、档案管理设备、消防设备、炉灰存储池等。

第九条 新建森林管护用房的布局,一般应以"贴近现代、贴近林地,利于管护、方便生活"的原则确定。

第十条 新建森林管护用房的选址应符合下列条件:应重点设在地理区位突出的深山远山区、重要保护物种分布区、林政案件高发频发区域、森林火险等级高地段,并易于取水用电。优先利用林场(站)撤并、远山职工搬迁后的闲置房舍。其用地应满足巡护、营林等生产需要和驻站管护人员的生活需要。

应避开存在滑坡、塌方、泥石流、水淹等隐患的地质不稳定区域和危险性动物出没区域。

第三章 驻站人员

第十一条 森林管护站驻站的人员应适合所承担管护任务的需要。每个管护站驻站人数宜为5~6人。

第四章 站房使用面积、建筑面积与用地指标

第十二条 应根据所处区位、地形交通、管护面积、管护难易程度和驻站管护人数,合理确定站房使用面积规模。驻站管护人员人均使用面积不宜低于10平方米,每个管护用房使用面积不宜低于50平方米。每个森林管护站房使用面积指标参见表1。

表1 站房使用面积指标

房屋类别	名称	站房使用面积(平方米)
站房	职工宿舍	不低于20
	办公间	不低于8
	厨房饭厅	不低于10
	工具房等	不低于12
合计	不低于	50

注:上述面积中未包括卫生间和锅炉房、配电间等设备设施用房。

第十三条 根据各地站房功能布局设置和住宅墙体厚度要求,合理确定站房建筑面积。北方地区每个森林管护站房建筑面积不宜低于70平方米,南方地区每个森林管护站房建筑面积不宜低于60平方米。

第十四条 森林管护用房建设用地应根据站房建设规模确定。北方地区每个森林管护用房占地面积不宜低于140平方米,南方地区每个森林管护用房占地面积不宜低于120平方米。

第十五条 森林管护用房改造应参照以上规模和构成,因地制宜,合理确定。

第十六条　各地可根据本地实际情况适当确定森林管护站房使用面积、建筑面积和用地面积。

第五章　站房建筑要求

第十七条　森林管护站房宜为一层建筑，寒冷地区应设置保温层，增强站房御寒能力。

第十八条　森林管护站房的建筑结构应满足当地抗震设防要求。

第十九条　森林管护站房的外观建筑造型、室内外设计应体现林区特色，注重与自然生态景观融为一体。建筑构配件、装修材料和设施必须选择安全、节能、环保的产品，因地制宜，力求经济、适用、美观。

第二十条　寒冷地区森林管护站房应按国家和当地有关规定铺设安装采暖设施，炎热地区森林管护用房应设空调、电风扇等降温设施。

第六章　场区和配套设施基本配备标准

第二十一条　森林管护用房配备的场区、配套设施应满足所承担的日常护林巡山、营林生产等工作需要和日常生活基本需求。基本配备数量应符合表2的规定。

表2　国有林区（林场）森林管护用房基本配备标准

序号	项目	细项	数量
1	安全饮水设备	水井（口）	1
		净水设备（套）	1
2	发电及采暖设施设备	发电机或家用太阳能发电系统（套）	1
3	消防安全系统	防雷设施（套）	1
		监控系统（套）	1
		消防设施（套）	1
		炉灰存储池（个）	1
4	生活设施	厨具（套）	1
		住宿设施（套）	2~3
5	档案管理设备	桌椅（套）	2~3
		资料柜（个）	1
		巡护电子台账管理（套）	1

注：消防设施包括干粉灭火器、消防斧、消防栓、消防桶等。厨具包括储藏、洗涤、烹调等用具。住宿设施包括床（火炕）、衣帽柜等。

第二十二条　各地可根据实际情况和需要合理配置室内卫生间、淋浴设备、卫星电视、空调、风扇、冰箱等生活设施，垃圾箱、化粪池等环保设施以及卫星接收、对讲机等巡护工具。

第七章　附　则

第二十三条　本试点配备标准由国家林业和草原局负责解释。

第二十四条　本试点配备标准自发布之日起施行。

附件2

国有林区（林场）管护用房建设任务表

单位：个、平方米

统计单位		合计		改造								新建	
		用房数量	建筑面积	计		重建改造		加固改造		功能完善		用房数量	建筑面积
				用房数量	建筑面积	用房数量	建筑面积	用房数量	建筑面积	用房数量	建筑面积		
重点国有林区	内蒙古森工	321	24075	217	16275	60	4500	46	3450	111	8325	104	7800
	吉林省	219	16425	65	4875	6	450	54	4050	5	375	154	11550
	龙江森工	242	18150	47	3525			47	3525			195	14625
	伊春森工	102	7650	82	6150	11	825	27	2025	44	3300	20	1500
	大兴安岭林业集团公司	236	17700	89	6675	63	4725	26	1950			147	11025
	合计	1120	84000	500	37500	140	10500	200	15000	160	12000	620	46500
国有林场	内蒙古自治区	301	22575	281	21075	30	2250	116	8700	135	10125	20	1500
	江西省	308	20020	268	17420	39	2535	134	8710	95	6175	40	2600
	广西壮族自治区	223	14495	76	4940	30	1950	23	1495	23	1495	147	9555
	重庆市	112	7280	67	4355	24	1560	30	1950	13	845	45	2925
	云南省	268	17420	208	13520	54	3510	104	6760	50	3250	60	3900
	合计	1212	81790	900	61310	177	11805	407	27615	316	21890	312	20480
总计		2332	165790	1400	98810	317	22305	607	42615	476	33890	932	66980

附件3

国有林区（林场）管护用房建设资金安排汇总表

单位：万元

统计单位		合计		改造								新建	
		总投资	其中，中央投资	计		重建改造		加固改造		功能完善		投资	其中，中央投资
				投资	其中，中央投资	投资	其中，中央投资	投资	其中，中央投资	投资	其中，中央投资		
重点国有林区	内蒙古森工	9605	8000	5445	4360	2400	2100	1380	1150	1665	1110	4160	3640
	吉林省	8095	7000	1935	1610	240	210	1620	1350	75	50	6160	5390
	龙江森工	9210	8000	1410	1175	0	0	1410	1175	0	0	7800	6825
	伊春森工	2710	2200	1910	1500	440	385	810	675	660	440	800	700
	大兴安岭林业集团公司	9180	8000	3300	2855	2520	2205	780	650	0	0	5880	5145
	合计	38800	33200	14000	11500	5600	4900	6000	5000	2400	1600	24800	21700
国有林场	内蒙古自治区	7505	6000	6705	5300	1200	1050	3480	2900	2025	1350	800	700
	江西省	7540	6000	6140	4800	1365	1170	3350	2680	1425	950	1400	1200
	广西壮族自治区	7115	6000	1970	1590	1050	900	575	460	345	230	5145	4410
	重庆市	3360	2800	1785	1450	840	720	750	600	195	130	1575	1350
	云南省	7340	6000	5240	4200	1890	1620	2600	2080	750	500	2100	1800
	合计	32860	26800	21840	17340	6345	5460	10755	8720	4740	3160	11020	9460
总计		71660	60000	35840	28840	11945	10360	16755	13720	7140	4760	35820	31160

国家林业局关于印发《国有林区（林场）管护用房建设试点方案（2017—2019年）》的通知

林规发〔2017〕78号 2017年7月6日

内蒙古、吉林、广西、江西省（自治区）林业厅，内蒙古、龙江、大兴安岭森工（林业）集团公司：

根据《中共中央国务院关于印发<国有林场改革方案>和<国有林区改革指导意见>的通知》关于加强国有林区（林场）基础设施建设的要求，为加快推进林区管护用房建设，我局组织制定了《国有林区（林场）管护用房建设试点方案（2017—2019年）》（以下简称《试点方案》，详见附件）。现印发给你们，请结合本地实际，认真贯彻落实。

各试点单位要充分认识国有林区（林场）管护用房试点建设的重要意义，切实加强组织领导，精心组织实施，加快开展前期工作，统筹配置资源，及时落实试点任务。要加强协调配合，积极争取地方各级政府支持，大力吸引社会资本和金融资本，进一步拓宽投融资渠道，在保证工程标准与质量的前提下，积极鼓励有条件的单位，参照《关于开展大中型水库移民后期扶持项目民主化建设管理试点工作的指导意见》（发改农经〔2015〕1346号），采取投工投劳投料、以工代赈等方式进行自建，以便提供更多就业岗位，广泛吸纳林区富余职工参与建设。要积极探索建设模式，为全面推进国有林区（林场）管护用房建设积累经验。要不断完善监测评估制度，强化对《试点方案》实施情况的跟踪分析。要实行定期报告制度，以管护站为单位建立管护用房建设电子台账，及时记录、存储和报告管护用房建设情况，实施全过程跟踪、精准管理。

特此通知。

附件：《国有林区（林场）管护用房建设试点方案（2017—2019年）》

附件

国有林区（林场）管护用房建设试点方案

（2017—2019年）

管护用房是护林员在执行森林管护等任务中为方便工作必须建设的房屋，具备生活和工作双重属性。管护用房建设是推进国有林区、国有林场改革的重要举措。按照《中共中央国务院关于印发<国有林场改革方案>和<国有林区改革指导意见>的通知》的有关要求，为扎实做好森林管护用房建设试点工作，全面推进国有林区（林场）管护用房建设，着力提升林区森林管护能力、维护森林生态安全提供经验和借鉴，特制定本试点方案。

一、全国管护用房建设基本情况

(一)管护用房建设进展

国有林区（林场）是我国森林资源培育的战略基地，是生态保护修复的骨干力量。党中央、国务院高度重视林区建设和森林保护工作。1949 年颁布的《中国人民政治协商会议共同纲领》作出了"保护森林，并有计划地发展林业"的决定，《中华人民共和国森林法》第十九条规定"根据实际需要在大面积林区增加护林设施，加强森林保护"，国家先后确立了"普遍护林，重点造林，合理采伐，合理利用""以营林为基础，采育结合，造管并举，综合利用，多种经营""严格保护，积极发展，科学经营，持续利用"等林业建设方针。在林区开发建设、木材生产管理、森林防火等林业建设中，逐步建立木材检查站（点）、森林防火检查站等营林场（站），加强国有林保育。

进入 21 世纪以来，全面实施以生态建设为主的林业发展战略，林区发展由以木材生产为主转向森林培育和管护为主。国家先后启动了天然林资源保护一、二期工程，区划界定公益林，将管护用房建设作为林区基础设施建设的重要内容持续推进，初步建立覆盖国有林区和国有林场的森林管护站点网络，为控制林地非法流失、防止林木资源破坏、减少森林火灾和林业有害生物灾害损失，促进森林资源持续增长，发挥了重要作用。但是，从国有林区（林场）改革发展的实际情况看，面对林业装备现代化、构筑国家生态安全屏障、建设生态文明的现实要求，森林管护用房建设存在一些突出问题。集中表现在：一是站点数量严重不足，布局不完整，驻站力量不足，巡护盲点多；二是站点建设标准低，房舍年久失修，危旧房率高，安全隐患多，大量管护站点已不具备管护功能；三是站点配套设施差，站点功能单一，难以满足全面管护森林资源、精准提升森林质量的需要，与维护森林生态安全、实现林区脱贫致富、同步全面建成小康社会的要求不相适应。鉴此，推进国有林区（林场）管护用房建设十分必要。

(二)推进管护用房建设的必要性

1. 管护用房建设是确保天然林商业性采伐停得下、稳得住、不反弹，加快恢复森林生态功能的迫切需要

天然林是我国森林资源的主体，是结构最复杂、群落最稳定、生物多样性最丰富、生态功能最强的森林生态系统。按照习近平总书记把所有天然林都保护起来的要求，东北内蒙古等重点国有林区已全面停止天然林商业性采伐。加强森林管护，保障森林生态安全，已成为重点国有林区的首要任务。管护站是森林管护的重要基础设施。迫切需要建设一批设施完善、功能配套的森林管护用房，使森林管护网络向重点国有林区的深山远山区延伸，实现森林管护的全覆盖，有效提高对森林资源的精准管护、全面管护能力，为天然林商业性采伐停得下、稳得住、不反弹提供有力保障，巩固国家生态建设根基。

2. 管护用房建设是适应国有林区（林场）改革要求，建立现代森林管护机制的迫切需要

随着国有林区（林场）改革的深入推进，建立健全由国有林业局、林场、管护站、管护哨卡有机链接的四级管护机制已成为重要的基础工作。实施管护用房建设，是反应这一机制的重要支点。现有管护用房多为早期建造的原营林队、采伐队、工点、道班的房屋。依托原施业区和林区道路设置的管护站点已经不符合现代森林管护工作的需要，急需合理布局，建设一线管护站点，建立四级联动的森林管护节点网络，形成多位一体、权责明晰、衔接协调的全天候、全方位的长效管护机制，突出解决森林腹地、重要区位、重（热）点区域管护能力不足问题，打通森林管护的"最后一公里"。

3. 管护用房建设是优化森林培育布局，促进林区生产力发展的迫切需要

随着国有林区（林场）经营方向的战略转变，全面推进实施森林多功能经营和生态保护修复，森林管护逐渐成为森林经营的重要内容。大批林业职工由木材采伐岗位转向森林管护一线，除日常巡护外，还肩负造林、更新造林、封山育林、森林抚育和退化林修复等职责。近几年，随着国有林区棚户区改造、国有林场危旧房改造和中心林场改造的推进，林场职工多搬到附近县城居住。生产生活布局也由深山远山区向局址所在地或中心林场靠拢，深山远山区已成为林区生态保护和森林资源管理的薄弱环节。设立管护站点，配置驻站护林人员，建立护、营、管并举的森林管护制度，是确保森林资源不破坏、国有林地不流失的当务之急和长远之计。实施管护用房建设，将进一步明确不同区域森林管护站的主导功能，促进林区森林经营布局的优化调整，持续加强深山远山区林地和林木资源保护能力建设，有效保障森林资源安全，加快森林资源增量、提质，提高林区生产力，维护国家生态安全。

4. 管护用房建设是保障林区职工居住安全，改善林区民生的迫切需要

森林管护是林区改革后，林业富余职工再就业的主要渠道，也是一项十分艰苦的工作。森林管护站分布在国有林区（林场）千山万岭中，承载着广大护林职工的生产生活。长期以来，国有林区（林场）坚持"先治坡、后治窝，先生产、后生活"的建设原则，将自有财力和精力都投到了林业生产中，山绿了水清了，但基础设施却远远滞后于周边的城乡建设。特别是管护用房建设欠账十分严重，房舍危旧、设施简陋、生活条件差，安全隐患多，严重影响管护人员的居住安全。实施管护用房建设，新建和改造升级危旧用房，将从根本上改善管护条件，切实解决管护人员的实际困难，改善职工生产、生活条件，调动管护站职工守山护林、"以场为家"的积极性，让广大一线护林职工安全、安心工作，共享改革发展成果。

（三）推进管护用房建设的可行性

1. 党中央国务院高度重视国有林区（林场）改革发展

十八大以来，党中央、国务院高度重视国有林区（林场）改革发展，习近平总书记对林业生态建设、国有林区转型发展和生态资源保护做出了一系列重要指示批示。中发6号文件在完善国有林区（林场）改革发展的政策支持体系中，明确提出："加大对林场供电、饮水安全、森林防火、管护站点用房、有害生物防治等基础设施建设投入"；"各级政府要将国有林区电网、饮水安全、管护站点用房等基础设施建设纳入同级政府建设规划统筹安排"。《国民经济和社会发展第十三个五年规划纲要》提出："加强林区道路等基础设施建设"。此外，社会各界也非常关注国有林区（林场）改革发展，近年来，全国人大代表建议、政协提案多涉及国有林区（林场）危旧管护用房改造等民生改善问题，约占整个涉林提案总数的8%。

2. 国有林区（林场）管护用房建设相关政策支持力度逐步加大

国家支持林业发展的公共财政政策不断完善，林业投资力度不断加大，中央财政建立了国家级公益林生态效益补偿、林木良种、造林、森林抚育、林业防灾减灾、林业贷款贴息等一系

列支持森林培育保护的财政补助制度。围绕保护现有天然林资源、改善生态环境、恢复和发展森林资源，深入实施天然林资源保护工程，落实管护责任制，实施森林管护补助，增加国有中幼林抚育、后备资源培育等森林培育经营补助，并对管护站点建设提出具体要求。《国有林场改革方案》和《国有林区改革指导意见》提出创新和完善森林资源管护机制、加强对国有林场和国有林区的财政金融支持政策。此外，逐步健全森林保险制度，逐步推进林业投融资改革，探索建立林业信贷担保方式，林业融资渠道逐步拓宽。实施国有林区（林场）管护用房建设，全面加强森林管护的政策环境逐步优化。

3. 各地森林管护用房建设积累了有益经验和模式

进入21世纪以来，随着森林管护工作的推进实施，各地林业着力加强一线建设，站往一线建、人往一线派、工作往一线移，建立健全森林管护工作机制和规章制度。在管护站的布设和选址上，针对林区林场实际，着眼地域特色，综合考虑区位、功能、经济、实用等因素进行设计、建设和改造，确保"住得下、管得住、能发展、形象好"。同时，在发挥管护站的独特作用，注重森林管护与经营相结合、保障森林安全与改善民生相结合、生态保护与经济发展兼顾等方面进行了有益探索，为全面推进管护用房建设奠定了坚实基础。

二、试点范围基本概况

（一）试点范围

根据全国国有林资源分布、森林保护经营和管护站点建设状况，以管护用房建设任务重、森林资源总量大、生物多样性丰富、支撑能力强的地区为重点区域，充分考虑国家投资可能，选取地处东北和内蒙古重点国有林区的内蒙古森工集团、吉林森工集团、龙江森工集团、大兴安岭林业集团公司和长白山森工集团的国有森工局（含营林局），以及内蒙古、江西、广西3省（自治区）的国有林场为试点区域，开展国有林区（林场）管护用房建设试点。

（二）基本概况

1. 森林资源概况

试点区域位于"两屏三带""一带一路"、京津冀协同发展、长江经济带等国家战略区，是国家生态安全骨架的重要组成部分。区域内森林资源十分丰富，国有林地面积4416万公顷，占全国国有林地面积的36%。国有林地面积中，森林面积3415万公顷，占77%，林地利用率高；森林蓄积32亿立方米，乔木林每公顷蓄积量94立方米，高于全国平均水平（89.79立方米）。区域内森林资源是大江大河流域的天然生态屏障和绿色宝库，也是我国重要的木材战略储备基地，在全国森林资源培育中战略地位极其重要，在维护区域生态安全、全面建成小康社会和山区林区经济可持续发展中发挥着不可替代的作用。

2. 管护用房建设现状及存在问题

经摸底调查，试点区域内管护用房建设存在以下几方面的问题：

——站布局不完整，巡护盲点多。林区森林管护点多面广，而现有管护站近山区相对集中，远山区布设较少，加之巡护设备不足，巡护难度大。据摸底统计，每个国有森工局平均建有森林管护站仅20个，每个国有林场平均建有森林管护站仅7个；每个森林管护站平均管护面积

12.90万亩，远超过天保工程实施方案等的相关规定。森林管护站数量严重不足，管护盲点、盲区多。据调查，试点范围内需新建8416个管护用房。现有管护站布局与林区转型发展、职工就业安置和精准管护工作的要求不相适应。

——站房年久失修，危旧房率高。现有管护站多为20世纪70年代以来，根据木材生产和后期天保工程的需要而建设的采伐站点或营林点，建筑面积小、质量差。投入使用年代久，经风吹日晒雨淋，站房破损、腐蚀严重，墙体开裂、透风漏雨，安全隐患大。大多数为危旧管护站，严重影响到护林职工居住安全，急需改造。特别是部分管护站已不具备继续使用条件，管护功能丧失。经摸底调研，大兴安岭林业集团公司81%的管护站需重建或加固才能正常使用。

——配套设施不足，生活条件差。多数管护站没有取水、取暖或制冷设施设备，缺电问题普遍，用电饮水安全隐患大。特别是，东北、内蒙古地区冬季严寒，配套设施落后的管护站多，林区护林职工生活条件极差。

三、总体思路

（一）指导思想

全面落实党的十八大和十八届三中、四中、五中、六中全会精神，深入贯彻习近平总书记系列重要讲话精神，牢固树立新发展理念，深入实施以生态建设为主的林业发展战略，以维护森林生态安全为主攻方向，围绕保护、培育和发展森林资源、改善生态、保障民生的目标，以标准化、规范化森林管护用房建设为引领，以建立健全现代国有林区（林场）森林管护体系为目标，探索森林管护用房建设的新模式、新机制，因地因站因房施策，逐步推进国有林区（林场）管护用房建设试点，为维护国家生态安全、保护生物多样性、建设生态文明和美丽中国作出更大贡献。

（二）基本原则

——坚持生态优先、民生为本。把握管护用房建设是林区重要民生工程的公益特性，合理配备护林人员取水、用电、取暖、制冷等生活设施，显著改善林区民生。科学设置管护用房功能，加强森林管护一线设施建设，建成营林生产的基地，严管存量、培优增量，确保森林资源总量持续增加、生态功能持续增强，维护森林生态安全。

——坚持改造为主、适度新建。统筹地理区位、自然气候、主体功能、森林分布和保护管理状况，以改造为主，多措并举，优先提升林区承担重要支点作用、急需改造的管护站能力。在森林腹地、重要保护物种分布区、林政案件高发频发区，充分利用林场（站）撤并、远山职工搬迁后闲置房舍，适当新建部分用房，建设管护环线，实现森林管护的全辐射。

——坚持政府主导、有序推进。强化政府主导，明晰国家和地方事权，明确各级政府权责，加大政策支持和资金投入，强化公共财政支持政策，分级负责。引导各种社会力量参与，有序推进国有林区（林场）管护用房建设试点。

——坚持标准适度、精准管理。根据管护站功能需求和驻站人数，合理确定管护用房面积规模和站房布局。依据国家和地方相关规定，制定建设指导标准，逐站设计、施工和监管，建立台账，高质量推进主体建筑和配套设施建设，防止出现新的"困难"站点，确保住得下、管得住。

——坚持创新引领、协调发展。结合当地林业建设和国有林经营管理实际，创新建设理念，延伸管护用房功能，有效发挥森林管护站在育林、营林、护林和林区发展中的突出作用，建成生态文明窗口,推进人、站、林协调发展,建设现代和谐林区。

(三) 试点期限

规划期限为3年,即2017—2019年。

(四) 试点任务

改造危旧管护用房为主,适度新建部分管护用房。规划期内,拟新建393个管护用房、建筑面积2.88万平方米,改造升级现有2196个管护用房、建筑面积15.93万平方米。经过三年的努力,在试点范围内,危旧管护用房逐步改造升级,在深山远山等重点区域新建一批管护用房,初步建成布局合理、功能配套、宜居安全的森林管护网络,森林管护效率进一步提升,森林资源得到有效管护。森林资源总量持续增长,森林质量和生态功能显著提升,森林碳汇和应对气候变化能力有效增强。林区职工就业的主渠道作用得到充分发挥,民生明显改善,生态容量不断扩大,可持续发展能力显著增强。

在试点基础上,通过科学总结试点经验,积极探索森林管护用房建设先进模式,并在全国范围内持续推广,稳步推进国有林区(林场)管护用房建设。

(五) 建设方式与对象

1. 管护用房改造

根据试点区域内管护用房危旧情况,管护用房改造升级采用重建改造、加固改造和功能完善三种方式进行。不同改造方式的对象、措施不同,改造内容和投入也不相同。

(1) 重建改造

重建改造主要针对地处国有林区(林场)重要支点位置,年久失修、安全隐患大,严重威胁到护林职工居住安全,不具备继续使用条件,管护功能丧失的危旧用房。

重建改造一般情况下,按照本辖区统一的建设标准,采取现地重建的方式进行。对于所处立地环境恶劣,且不处于重要地理区位的危旧用房,应重新选址,异地重建。

异地重建按照新建管护用房的布局与选址要求进行。

(2) 加固改造

加固改造主要针对地处国有林区(林场)重要支点位置,站房结构差、墙体开裂、透风漏雨,配套设施严重短缺,严重影响管护功能发挥,需进行较大规模改造的管护用房。

加固改造应按照本辖区统一的建设标准,对照各管护用房的具体情况,对现有墙体进行加固改造,适当改扩建必要的房舍,配置相应的管护设施,恢复和增强管护用房的管护功能。

(3) 功能完善

功能完善主要针对墙体结构完备,但配套设施差、生活功能滞后、生活条件艰苦的管护用房。

功能完善应按照本辖区统一的建设标准,对照各管护用房的具体情况,合理配置包括水、电、暖、消防、安全等日常必要的设施设备。

2. 管护用房新建

综合考虑地理区位、地形地貌、交通情况、管护面积和管护难易程度等因素,按照"贴近现代、贴近林地,利于管护、方便生活"的原则进行布局和选址,建设森林管护用房。

新建管护用房应重点设在地理区位突出的深山远山区、重要保护物种分布区、林政案件高发频发区和森林火险等级高地段等区域，并易于取水用电。其用地应满足巡护、营林等生产需要和驻站管护人员的生活需要。优先利用林场（站）撤并、远山职工搬迁后的闲置房舍。应避开存在滑坡、塌方、泥石流、水淹等隐患的地质不稳定区域以及危险性动物出没区域。

各森工集团（集团公司）和各省应结合区域内各国有森工局（含营林局）和国有林场的地理位置、森林资源分布和现有管护用房布局，研究制定本地新建和异地重建管护用房的布设方案，科学选址。

四、建设内容

（一）管护用房功能

1. 森林管护是林区森林培育与保护管理的一项重要工作，主要包括：

（1）护林巡山，看管保护责任区内的森林资源。发现、报告和制止乱砍滥伐、偷砍盗伐、毁林开荒、滥占林地、采石取土等非法经营活动。

（2）保护责任区内的野生动物资源和珍贵植物资源。发现、报告和制止非法采伐、采集植物、狩猎等破坏野生动植物资源的行为。

（3）及时发现和报告责任区内森林病虫鼠害等有害生物情况，并按有关规定进行预防和治理。

（4）巡查、管治责任区内森林防火。在防火期内，对重点部位、路段严防死守，杜绝野外用火行为。及时发现和报告责任区内的森林火情，并采取措施迅速扑救。

2. 管护用房是护林员开展管护工作必要的基础设施。必须具备食宿、饮水、供电、取暖、消防、安全等基本生活功能。

（二）建设内容组成

包括管护站房建设和管护用房电子台账建设。

1. 管护站房建设

管护站房建设包括站房、场区，以及取水用水用电设备、生活设施、档案管理、消防设备、炉灰存储池等配套设施。

2. 管护用房电子台账建设

运用GIS、北斗定位等技术建设管护用房电子台账，建立专题数据库，采集和存储每个管护用房设计、实景图片和台账图表，适时传输、管理和监控管护用房建设进展情况。

（三）建设达标标准

1. 基本配备

依据我国林业自然保护区、相关省份和森工集团森林管护站建设和管护工作开展情况，参考木材检查站和相关行业站点建设经验，制定《国有林区（林场）管护用房建设试点基本配备标准（试行）》（简称《试点配备标准》，详见附件2）。根据《宿舍建筑设计规范》（JGJ36-2016）和《党政机关办公用房建设标准》等相关规定和林区棚户区改造人均居住面积状况，综合确定驻站管护人员人均用房面积应不低于10平方米。以平均驻站人数5~6人计算，每个管护站房使用面积应不低于50平方米。管护用房建设应包括以下基本配备：

（1）站房应建有职工宿舍、办公间、厨房饭厅、工具房等。宜为一层建筑，寒冷地区应设置保温层，须满足当地抗震要求。

（2）场区场地应硬化，配置防雷设备和监控系统，修建围栏路栏、炉灰存储池等。

（3）应配置取水净水和排水设施、厨具和餐饮设备、取暖设备等生活设施，满足护林人员基本的生活需求。

（4）应配置工作桌椅、资料柜和巡护电子台账管理等档案管理设备，满足护林人员基本的工作需求。

条件具备的地区应配备室内卫生间、淋浴设备等生活设施、化粪池等环保设施，进一步改善护林员生活条件，提高生活品质。

对于重建改造和新建的，应完成站房、场区建设，配置取水用水用电设备、生活设施、档案管理、消防设备、炉灰存储池等设施。对于加固改造的，应完成站房墙体加固和个别房舍改扩建，合理配置或更新场区设施、取水用水用电设备、生活设施、档案管理、消防设备、炉灰存储池等设施。对于功能完善的，应合理配置或更新取水用水用电设备、生活设施、档案管理、消防设备、炉灰存储池等设施。

2. 增配设施

各地可根据本地国有林区（林场）改革和森林经营管理工作的实际，在《试点配备标准》的基础上，增加管护站房使用面积，扩展管护用房功能，合理增配巡护装备、信息管理、食材储藏、制冷设备等配套设施，持续加强森林培育、保护和管理。相关配备标准由各地自行制定。

五、建设规模与进度安排

综合考虑各地生态保护修复和现有管护用房危旧程度，采取按年度分批次的方式推进管护用房建设试点工作。

（一）新建管护用房

在试点范围内，选择部分国有森工局和国有林场试点推进新建管护用房。2017—2019年，共启动管护用房新建393个。

在东北内蒙古重点国有林区三年共试点新建309个管护用房。在内蒙古、江西、广西3省（自治区）国有林场三年共试点新建84个管护用房。

（二）管护用房改造升级

全面推进危旧管护用房改造。2017—2019年，共启动管护用房改造2196个，其中重建改造184个、加固改造1471个、功能完善541个。

在东北内蒙古重点国有林区三年共试点改造1412个管护用房，其中重建改造91个、加固改造987个、功能完善334个。在内蒙古、江西、广西3省（自治区）国有林场三年共试点改造784个管护用房，其中重建改造93个、加固改造484个、功能完善207个。

2017年以加固改造和功能完善为主，恢复和增强现有管护用房的管护功能。2018—2019年合理布局，稳步推进管护用房重建改造和新建，全面完成管护用房试点建设任务，建设森林管护环线。

六、投资估算与效益分析

(一) 投资估算

1. 定额标准

根据《试点配备标准》、各森工集团和内蒙古、江西、广西 3 省（自治区）森林管护用房建设情况，重点国有林区和内蒙古自治区国有林场管护用房建设试点的定额标准按每个管护站平均建筑面积 75 平方米、平均驻站人数 5~6 人确定；江西省和广西壮族自治区国有林场管护用房建设试点的定额标准按每个管护站平均建筑面积 65 平方米、平均驻站人数 5~6 人确定。管护用房建设试点基本配备（包括建筑安装工程、场区工程和配套设施配备）的造价，以各指标的当前参考基价进行测算。每个管护用房建设试点投资标准为：

（1）重点国有林区和内蒙古自治区国有林场：新建或重建改造 40 万元，加固改造 30 万元，功能完善 15 万元。重点国有林区和内蒙古自治区国有林场管护用房建设试点投资标准构成详见表 1。

表 1 重点国有林区和内蒙古自治区国有林场管护用房建设试点投资标准构成

单位：万元

建设方式	投资标准	投资标准构成
新建或重建改造	40	墙体新建 16.0 万元，室内外装修、电气、给排水、采暖铺设等 9.0 万元，场区地面硬化、围栏路栏修建等 3.5 万元，安全饮水设备 3.0 万元，发电及采暖设施设备 3.0 万元，生活设施 3.0 万元，消防安全系统 1.5 万元，档案管理设备 1.0 万元
加固改造	30	墙体加固 7.5 万元，室内外装修、电气、给排水、采暖铺设等 7.5 万元，场区地面硬化、围栏路栏修建等 3.5 万元，安全饮水设备 3.0 万元，发电及采暖设施设备 3.0 万元，生活设施 3.0 万元，消防安全系统 1.5 万元，档案管理设备 1.0 万元
功能完善	15	场区地面硬化、围栏路栏修建等 3.5 万元，安全饮水设备 3.0 万元，发电及采暖设施设备 3.0 万元，生活设施 3.0 万元，消防安全系统 1.5 万元，档案管理设备 1.0 万元

（2）江西省和广西壮族自治区国有林场：新建或重建改造 35 万元，加固改造 25 万元，功能完善 15 万元。江西省和广西壮族自治区国有林场管护用房建设试点投资标准构成详见表 2。

表 2 江西省和广西壮族自治区国有林场管护用房建设试点投资标准构成

单位：万元

建设方式	投资标准	投资标准构成
新建或重建改造	35	墙体新建 12.5 万元，室内外装修、电气、给排水等 7.5 万元，场区地面硬化、围栏路栏修建等 3.5 万元，安全饮水设备 3.0 万元，发电及采暖设施设备 3.0 万元，生活设施 3.0 万元，消防安全系统 1.5 万元，档案管理设备 1.0 万元
加固改造	25	墙体加固 5.0 万元，室内外装修、电气、给排水等 5.0 万元，场区地面硬化、围栏路栏修建等 3.5 万元，安全饮水设备 3.0 万元，发电及采暖设施设备 3.0 万元，生活设施 3.0 万元，消防安全系统 1.5 万元，档案管理设备 1.0 万元
功能完善	15	场区地面硬化、围栏路栏修建等 3.5 万元，安全饮水设备 3.0 万元，发电及采暖设施设备 3.0 万元，生活设施 3.0 万元，消防安全系统 1.5 万元，档案管理设备 1.0 万元

2. 投资估算

经测算，2017—2019 年国有林区（林场）管护用房建设试点总投资为 7.30 亿元，每年投资 2.43 亿元。其中，改造投资 5.76 亿元，占 78.93%；新建投资 1.54 亿元，占 21.07%。国有林区（林场）管护用房建设试点投资估算见表 3。

表 3 国有林区（林场）管护用房建设试点投资估算表

单位：亿元

项目	合计	占总投资比例（%）	中央投资	年度投资
总投资	7.30	100.00	6.00	2.43
一、管护用房改造投资	5.76	78.93	4.66	1.92
（一）重建改造	0.70	9.64	0.61	0.24
（二）加固改造	4.25	58.17	3.51	1.41
（三）功能完善	0.81	11.12	0.54	0.27
二、新建管护用房投资	1.54	21.07	1.34	0.51

3. 资金筹措

根据《国林林场改革方案》《国有林区改革指导意见》的精神，2017—2019 年管护用房建设试点所需资金，拟采取以中央投资定额补助为主，不足部分通过地方自筹等多种方式筹措解决。

（1）中央投资定额补助

中央投资每个管护站平均建筑面积（重点国有林区和内蒙古自治区国有林场：75 平方米，江西省和广西壮族自治区国有林场：65 平方米）和基本配备的基数，给予定额补助，主要用于建筑、安装，以及基本配备中的饮水、供电、取暖、生活、消防及安全等设施设备购置。其中，重点国有林区和内蒙古自治区国有林场：新建或重建改造补助 35 万元，加固改造补助 25 万元，功能完善补助 10 万元；江西省和广西壮族自治区国有林场：新建或重建改造补助 30 万元，加固改造补助 20 万元，功能完善补助 10 万元。试点期间，中央投资 6.00 亿元，其中改造投资 4.66 亿元、新建投资 1.34 亿元。

东北内蒙古重点国有林区管护用房建设试点中，中央投资 4.20 亿元，其中改造投资 3.12 亿元、新建投资 1.08 亿元。

内蒙古、江西、广西 3 省（自治区）国有林场管护用房建设试点中，中央投资 1.80 亿元，其中改造投资 1.54 亿元、新建投资 0.26 亿元。

（2）地方筹措

档案管理设施设备、场区硬化、围栏路栏及环境设施等基本配备和增配设施投资，通过争取地方各级政府支持、试点单位自筹等方式解决。鼓励有条件的试点单位，创新管护用房建设投融资机制，完善配套政策，鼓励社会力量参与管护用房建设。

（二）效益分析

国有林区（林场）管护用房建设试点是重大的生态工程和民生工程，生态效益和社会效益十分显著。管护用房的建成和投入使用，将进一步推进林区走上资源增长、生态良好、林业增效、职工增收、和谐稳定的可持续发展之路，真正实现绿水青山变成金山银山。

1. 森林总量持续增长，国家生态安全屏障更加稳固

通过项目的实施，初步建成试点范围内国有林区（林场）的森林管护网络，使试点区域森林管护提档升级，实现森林管护的常态化、制度化和规范化，将进一步精准打击林地非法流失、破坏森林资源的违法行为，及时防控森林火灾和病虫害，抓好国有林抚育经营和退化林修复，在恢复和增加森林面积的同时，精准提升森林质量，确保森林资源安全，夯实国家生态安全之本、木材战略储备之基。到 2020 年，促进国有林区（林场）森林面积增加 1.055 亿亩以上、森林蓄积量增长 10 亿立方米以上，森林碳汇和应对气候变化能力有效增强，森林资源质量和生态保障能力全面提升，现代林业发展的生态基础更加坚实。

2. 职工就业增收能力持续增强，林区民生显著改善

完成规划的管护用房建设试点任务，国有林区（林场）每年将解决 1.3 万林业职工就业。按每人每年投入管护 180 人工日、每人工日按 150 元计算，每人年均将增加劳动收入 2.7 万元，森林管护职工的基本待遇得到保障。森林管护成为解决林区职工就业的重要途径。广大职工共享林区改革发展成果，持续增加生态福祉，显著改善林区民生。

3. 林区生态产品不断丰富，全社会共享生态成果

通过管护用房建设加强试点范围内森林生态保护与修复，提升国有林区（林场）森林生态服务功能，有助于进一步增强优质生态产品供给能力，推进生态建设的供给侧结构性改革，为社会公众提供高品质的生态体验和生态服务，营造全社会护林、爱林、育林的良好氛围，共建美化家园，促进绿色低碳可持续发展。

七、保障措施

（一）加强组织领导

管护用房建设试点是全面推进国有林区（林场）管护用房建设的重要内容，是一项关乎国有林区（林场）改革顺利推进和国家生态安全的系统工程，时间紧、任务重、责任大。各森工集团和各省级林业主管部门要成立管护用房建设试点领导小组，把管护用房建设试点工作纳入重要议事日程，切实加强试点工作的组织、协调。要制定本地试点实施方案和年度建设计划，分类明确管护用房改造和新建要求，依据《试点配备标准》制定本地试点标准。各国有森工局和国有林场是管护用房建设试点的实施主体，实行一把手负责制，认真制定管护用房改造和新建的具体方案，要精心组织，周密安排，抓好管护用房建设的每一个环节，扎实稳妥地推进管护用房建设试点工作。

（二）健全政策措施

根据中央和地方事权、财权划分，加大资金投入，充分发挥各方面的积极性，完善投融资政策，多渠道筹集建设资金。一是在保证工程标准与质量的前提下，积极鼓励有条件的单位，参照《关于开展大中型水库移民后期扶持项目民主化建设管理试点工作的指导意见》（发改农经〔2015〕1346 号），采取投工投劳投料、以工代赈等方式进行自建，以便提供更多就业岗位，广泛吸纳林区富余职工参与建设。技术要求高、施工难度大、自建存在困难的工程应当通过招投标的方式进行建设。二是各森工集团和各省林业主管部门要在国家定额补助资金的基础上，研究制定管护用房建设试点资金落实方案和保障办法，加强与省级发展改革、财政等部门的协调沟通，积极争取对管护用房建设的支持。三是各试点单位要充分发挥积极性和主动性，积极争取当地政府支持，多渠道筹措自建资金，确保资金及时足额到位，解决好配套设施建设问题。四是创新资金投入机制，完善配套措施，探索通过设立资本金注入、补助、奖励等方式，鼓励社会资本参与管护用房建设试点。

（三）强化监督管理

创新管护用房建设试点管理方式，健全质量监管体系，做好规划、设计、施工、验收和运行，严格规范建设行为，确保工程质量和资金安全。一是实行定期报告制度。管护用房建设试点有关单位和部门应按照规定程序及时报送有关投资、项目进度、资金使用情况、存在问题等。二是建立管护用房建设电子台账。以管护站为单位，建立管护用房建设数字化台账，记录和存储管护用房建设情况，实施精准管理。三是实行全过程跟踪管理，加强检查监督。国家林业局在管护用房建设试点过程中将会同有关部门对工程进行抽查或专项稽查；各森工集团和各省林业主管部门要会同本地有关部门对建设单位管护用房建设试点情况进行不定期的检查和专项稽查，及时掌握资金使用情况、建设进展和存在问题，并针对问题及时采取整改措施。四是各森工集团和各省林业主管部门对本地管护用房建设试点项目实施情况进行竣工验收，并将验收结果上报国家林业局。

（四）全面专业管护

各地要结合本地实际出台相应的管护规章办法，明确管护站工作职能，建立严格的森林管护管理制度，推进森林管护规范化、科学化和精准化。一是健全管护责任体系。各森工集团要建立健全国有林业局、林场、管护站和管护哨卡的四级管护责任体系，落实管护主体和职责，做到"每一块林地有人管，每一株林木有人护"。二是健全管护管理制度。推行竞争上岗、择优录用、合同制管理和工资考核奖惩办法，制定日常工作制度，依规依章开展森林管护。三是加强管护工作监管。各级林业主管部门要采取抽查或定期考核等多种方式，切实加强对管护各项工作的监管，确保管护取得实效。四是创新管护模式，探索和推广流动管护、承包管护、家庭管护和政府购买服务等方式，加强国有林管护，全面提升管护水平。

（五）加大宣传力度

各级政府要高度重视管护用房建设试点的宣传工作，精心策划，做出安排。一是要加大社会公众宣传，充分利用广播、电视、报纸、网络、微信等多种媒体，广泛开展形式多样的宣传活动，增强森林管护工作的责任意识。二是要通过组织召开动员大会、编写宣传手册等形式，全面宣传管护用房建设试点的各项政策和具体规定，抓好政策解读，千方百计把群众工作做深、做细、做实，使管护用房建设试点工作深入人心。三是要将管护用房建设试点的补助资金和具体政策落实到林场，及时公布信息，接受群众监督。四是要大力宣传报道管护用房建设试点的典型经验和成功做法，以榜样激励、带动，为管护用房建设试点顺利推进创造良好的舆论氛围。

附件1

国有林区（林场）管护用房建设试点任务表

单位：个、万平方米

	统计单位	合计		改造						新建	
				计		重建改造		加固改造		功能完善			
		用房数量	建筑面积	用房数量	建筑面积	用房数量	建筑面积	用房数量	建筑面积	用房数量	建筑面积	用房数量	建筑面积
国有林区	内蒙古森工集团	443	3.32	393	2.94			123	0.92	211	1.58	50	0.38
	吉林省	610	4.57	539	4.04	59	0.44	475	3.56	64	0.48	71	0.53
	龙江森工集团	295	2.21	131	0.98			131	0.98			164	1.23
	大兴安岭林业集团公司	373	2.80	349	2.62	32	0.24	258	1.94	59	0.44	24	0.18
	合计	1721	12.90	1412	10.58	91	0.68	987	7.40	334	2.50	309	2.32
国有林场	内蒙古自治区	276	2.07	261	1.96	27	0.20	146	1.10	88	0.66	15	0.11
	江西省	305	1.98	275	1.78	31	0.20	173	1.12	71	0.46	30	0.20
	广西壮族自治区	287	1.86	248	1.61	35	0.23	165	1.07	48	0.31	39	0.25
	合计	868	5.91	784	5.35	93	0.63	484	3.29	207	1.43	84	0.56
	总计	2589	18.81	2196	15.93	184	1.31	1471	10.69	541	3.93	393	2.88

注：吉林省包括吉林森工集团和长白山森工集团。

附件 2

国有林区（林场）管护用房建设试点基本配备标准

（试行）

第一章 总 则

第一条 为了加强国有林区（林场）管护用房建设的管理与监督，提高管护用房建设的规范化、科学化水平和投资效益，特制定本试点配备标准。

第二条 本标准规定了国有林区（林场）管护用房建设应遵循的基本准则、建设规模、建筑设备设施、配备标准等技术性指标和原则性要求。

第三条 本标准适用于纳入国家国有林区（林场）管护用房建设试点范围的管护站点建设。

第四条 国有林区（林场）管护用房是护林员在执行森林管护等任务中为方便工作必须建设的房屋，具备生活和工作双重属性。

第五条 国有林区（林场）管护用房建设试点应贯彻执行《国有林场改革方案》《国有林区改革指导意见》的方针政策和有关要求。

第六条 国有林区（林场）管护用房的建设试点应充分利用原有场地和设施，并遵循统一规划、统筹建设、突出重点、有序推进、改建结合、创新发展的原则。改造项目，应充分利用原有场地和设施．新建项目，应充分利用林场（站）撤并、远山职工搬迁后的闲置房舍。

第七条 国有林区（林场）管护用房建设试点的目标是坚持民生优先、生态为本，科学规划、总结经验，推进建成布局合理、规模适当、经济适用、宜居安全的森林管护站点网络。

第二章 管护用房构成与建设选址

第八条 管护用房应由站房、场区和配套设施等构成。站房由职工宿舍、办公间、厨房饭厅、工具房等组成。

场区由场地硬化、防雷设施、监控系统、围栏路栏及环境设施等组成。

配套设施包括取水净水和排水设施、生活设施、发电设备、档案管理设备、消防设备、炉灰存储池等。

第九条 新建森林管护用房的布局，一般应以"贴近现代、贴近林地，利于管护、方便生活"的原则确定。

第十条 新建森林管护用房的选址应符合下列条件：

应重点设在地理区位突出的深山远山区、重要保护物种分布区、林政案件高发频发区域、森林火险等级高地段，并易于取水用电。优先利用林场（站）撤并、远山职工搬迁后的闲置房舍。其用地应满足巡护、营林等生产需要和驻站管护人员的生活需要。

应避开存在滑坡、塌方、泥石流、水淹等隐患的地质不稳定区域和危险性动物出没区域。

第三章　驻站人员

第十一条　森林管护站驻站的人员应适合所承担管护任务的需要。每个管护站驻站人数宜为5~6人。

第四章　站房使用面积、建筑面积与用地指标

第十二条　应根据所处区位、地形交通、管护面积、管护难易程度和驻站管护人数，合理确定站房使用面积规模。驻站管护人员人均使用面积不宜低于10平方米，每个管护用房使用面积不宜低于50平方米。每个森林管护站房使用面积指标参见表1。

表1　站房使用面积指标

房屋类别	名称	站房使用面积（平方米）
站房	职工宿舍	不低于20
	办公间	不低于8
	厨房饭厅	不低于10
	工具房等	不低于12
	合计	不低于50

注：上述面积中未包括卫生间和锅炉房、配电间等设备设施用房。

第十三条　根据各地站房功能布局设置和住宅墙体厚度要求，合理确定站房建筑面积。北方地区每个森林管护站房建筑面积不宜低于70平方米，南方地区每个森林管护站房建筑面积不宜低于60平方米。

第十四条　森林管护用房建设用地应根据站房建设规模确定。北方地区每个森林管护用房占地面积不宜低于140平方米，南方地区每个森林管护用房占地面积不宜低于120平方米。

第十五条　森林管护用房改造应参照以上规模和构成，因地制宜，合理确定。

第十六条　各地可根据本地实际情况适当确定森林管护站房使用面积、建筑面积和用地面积。

第五章　站房建筑要求

第十七条　森林管护站房宜为一层建筑，寒冷地区应设置保温层，增强站房御寒能力。

第十八条　森林管护站房的建筑结构应满足当地抗震设防要求。

第十九条　森林管护站房的外观建筑造型、室内外设计应体现林区特色，注重与自然生态景观融为一体。建筑构配件、装修材料和设施必须选择安全、节能、环保的产品，因地制宜，力求经济、适用、美观。

第二十条　寒冷地区森林管护站房应按国家和当地有关规定铺设安装采暖设施，炎热地区森林管护用房应设空调、电风扇等降温设施。

第六章 场区和配套设施基本配备标准

第二十一条 森林管护用房配备的场区、配套设施应满足所承担的日常护林巡山、营林生产等工作需要和日常生活基本需求。基本配备数量应符合表2的规定。

表2 国有林区（林场）森林管护用房基本配备标准

序号	项目	细项	数量
1	安全饮水设备	水井（口）	1
		净水设备（套）	1
2	发电及采暖设施设备	发电机或家用太阳能发电系统（套）	1
3	消防安全系统	防雷设施（套）	1
		监控系统（套）	1
		消防设施（套）	1
		炉灰存储池（个）	1
4	生活设施	厨具（套）	1
		住宿设施（套）	2~3
5	档案管理设备	桌椅（套）	2~3
		资料柜（个）	1
		巡护电子台账管理（套）	1

注：消防设施包括干粉灭火器、消防斧、消防栓、消防桶等。厨具包括储藏、洗涤、烹调等用具。住宿设施包括床（火炕）、衣帽柜等。

第二十二条 各地可根据实际情况和需要合理配置室内卫生间、淋浴设备、卫星电视、空调、风扇、冰箱等生活设施，垃圾箱、化粪池等环保设施以及卫星接收、对讲机等巡护工具。

第七章 附 则

第二十三条 本试点配备标准由国家林业局负责解释。

第二十四条 本试点配备标准自发布之日起施行。

附件3

国有林区（林场）管护用房建设试点资金安排汇总表

单位：万元

统计单位		合计			改造						新建	
		总投资	其中，中央投资		计		重建改造		加固改造		功能完善		投资	其中，中央投资
				投资	其中，中央投资	投资	其中，中央投资	投资	其中，中央投资	投资	其中，中央投资	投资	其中，中央投资
国有林区	内蒙古森工集团	11215	9000	9215	7250	2360	2065	3690	3075	3165	2110	2000	1750
	吉林省	18050	15000	15210	12515			14250	11875	960	640	2840	2485
	龙江森工集团	10490	9015	3930	3275			3930	3275			6560	5740
	大兴安岭林业集团公司	10865	9000	9905	8160	1280	1120	7740	6450	885	590	960	840
	合计	50620	42015	38260	31200	3640	3185	29610	24675	5010	3340	12360	10815
国有林场	内蒙古自治区	7380	6000	6780	5475	1080	945	4380	3650	1320	880	600	525
	江西省	7525	6000	6475	5100	1085	930	4325	3460	1065	710	1050	900
	广西壮族自治区	7435	6000	6070	4830	1225	1050	4125	3300	720	480	1365	1170
	合计	22340	18000	19325	15405	3390	2925	12830	10410	3105	2070	3015	2595
总计		72960	60015	57585	46605	7030	6110	42440	35085	8115	5410	15375	13410

注：吉林省包括吉林森工集团和长白山森工集团。

国家林业局关于开展国有林场危旧房改造试点工作的通知

林计发〔2009〕238号

江苏、浙江、安徽、福建、江西、湖北、湖南、广东、广西、海南、重庆、贵州省（自治区、直辖市）林业厅（局）：

为探索经验，典型引路，经商国家有关部门，我局决定在长江以南条件适宜的江苏、浙江等12个省（自治区、直辖市）开展国有林场危旧房改造试点工作，现将有关事宜通知如下：

一、基本原则

试点工作要坚持以下原则：

——坚持先急后缓，先易后难。选择规模较大的林场进行，首先解决危房问题突出、生活贫困职工的住房困难。

——坚持"目标、任务、资金、责任"四到省。省级人民政府对本地区国有林场危旧房改造负总责，落实各级政府配套资金和优惠政策，协调解决实施过程中的有关重大事宜。

——坚持从实际出发，尊重职工意愿。在统一规划的基础上，由林场和职工自主修建。各地可根据具体情况、经济实力和职工意愿，确定不同的改造模式。

——坚持多渠道筹集改造资金。中央和省级政府对国有林场危旧房改造定额补助，市、县政府给予支持，林场和职工个人合理负担。

——坚持与国有林场改革和生产力布局调整相结合。要与国有林场改革相结合，与国有林场生产力布局调整相衔接，有利生产，方便生活，推进生产区与生活区逐步分离。

——坚持依法运作，确保稳定。要维护公正、公开、公平，妥善处理和化解出现的各种矛盾和问题，维护职工合法权益，确保林区社会稳定。

二、投资标准

根据国家林业局、国家发展改革委、住房城乡建设部《关于做好国有林场危旧房改造有关工作的通知》（林计发〔2009〕135号）规定，国有林场危旧房改造投资中央补助1万元/户，省级配套1万元/户，市、县配套数额由各地根据实际情况自主确定，其余资金由林场筹集、职工合理分担。有关试点林场任务及投资计划详见附件。

三、核实基本情况

各地根据已上报的建设方案，逐户核实确定改造面积、改造方式、职工个人出资等情况，并与试点户签订改造协议。

四、加强部门配合

各地林业主管部门要按照"联手、协商、务实"的原则，主动与本省（自治区、直辖市）发展改革委、财政、建设、国土等部门沟通汇报，争取和落实好各级配套资金及各项优惠政策。

五、编制试点建设方案

试点建设方案文本以林计发〔2009〕135号文件的附件3为参考格式,并附设计图纸,省、市、县各级政府及有关部门关于土地划拨、税费减免等优惠政策文件、政府关于国有林场危旧房改造的会议纪要等。试点建设方案于10月26日前报我局审批。

六、做好开工准备工作

省级林业主管部门要在工程设计、大宗建筑材料采购、工程监理等方面做好指导和监督,各试点林场力争在2010年春节前完成改造工作。

各地要确定一名联络员,具体负责试点情况的联络工作,每半月上报一次危旧房改造试点工作进展情况。

国家林业局 国家发展改革委 住房城乡建设部 关于做好国有林场危旧房改造有关工作的通知

林计发〔2009〕135号

有关省、自治区、直辖市林业厅（局）、发展改革委、住房城乡建设厅（建委、房地局、住房保障和房屋管理局）：

国有林区棚户区和国有林场危旧房改造是国家保障性安居工程建设的重要组成部分，是当前国家拉动内需、促进经济平稳较快增长的重要措施之一。国有林区棚户区改造已经启动，实施进展顺利。国有林场危旧房改造将根据国家投资安排和前期工作进展情况，适时启动。为积极稳妥地推进国有林场危旧房改造工作，现将有关工作要求通知如下：

一、基本原则

（一）坚持先急后缓，先易后难

国有林场危旧房改造要首先选择规模较大、经济条件较好的林场进行首先解决山上一线职工的住房困难，优先解决危房问题突出、生活贫困职工的住房困难。

（二）坚持"目标、任务、资金、责任"四到省

省级人民政府对本地区国有林场危旧房改造负总责，落实本地区危旧房改造的配套资金和优惠政策，协调解决危旧房改造实施过程中的有关重大事宜。

（三）坚持从实际出发，尊重职工意愿

国有林场危旧房改造在统一规划的基础上由林场和职工自主修建。各地可根据具体情况、经济实力和职工意愿，确定不同的改造模式。

（四）坚持多渠道筹集改造资金

中央和省级政府对国有林场危旧房改造定额补助，地方政府给予支持，林场和职工个人合理负担。

（五）坚持与国有林场改革和生产力布局调整相结合

国有林场危旧房改造要与国有林场改革相结合，与国有林场生产力布局调整相衔接，有利生产，方便生活，推进生产区与生活区逐步分离。

（六）坚持依法运作，确保稳定

国有林场危旧房改造工作要坚持公正、公开、公平，妥善处理和化解出现的各种矛盾和问题，维护职工合法权益，确保林区社会稳定。

二、范围界定

（一）改造范围

在国家林业局备案的国有林场所属危旧房，主要包括：

1. 泥草房、板加泥、干打垒、土坯房等简易房屋；
2. 符合《危险房屋鉴定标准》（JGJ125-99）C、D等级的危房；
3. 建房年限超过30年的房屋；
4. 基本功能不健全需要改造的房屋。

（二）职工范围

纳入国有林场危旧房改造范围的对象为国有林场职工（含离退休）。

三、相关政策

（一）关于户型面积

按照国家保障性住房建设的有关要求，参照国有林区棚户区改造的标准，国有林场危旧房改造的基本户型为50平方米建筑面积。

（二）关于资金筹措

中央补助1万元/户，省级配套1万元/户。不足部分由省级以下地方政府、国有林场和职工个人共同负担。

（三）关于优惠政策

国有林场危旧房改造享受与煤炭棚户区、城市棚户区改造以及廉租住房、经济适用房相同的中央和地方优惠政策。

四、工作要求

（一）加强组织领导

各有关省（自治区、直辖市）林业、发展改革和住房城乡建设部门要切实加强对国有林场危旧房改造工作的组织领导，建立健全工作协调和联席工作机制，统一组织和协调本地区国有林场危旧房改造工作，解决国有林场危旧房改造过程中出现的各种问题。

（二）部门分工合作

国有林场危旧房改造政策性强、涉及面广，各有关省（自治区、直辖市）林业、发展改革和住房城乡建设部门要按照各自职能，积极配合做好有关工作，形成合力。

省级林业主管部门负责会同发展改革、住房城乡建设部门进行入户调查，严格界定改造对象，组织编制年度建设方案，并具体组织实施。

省级发展改革部门负责会同林业、住房城乡建设部门对本省国有林场危旧房改造年度建设方案进行审查，协调落实省级配套资金，联合上报年度投资建议计划，转发下达投资明细计划。

省级住房城乡建设部门负责会同林业、发展改革部门将国有林场危旧房改造任务纳入本地区保障性住房建设规划。对纳入国有林场危旧房改造的项目优先受理，加快审批进度，保证计划按期完成。

（三）落实地方配套资金

各地要按照实际改造能力和配套标准主动向省及市县人民政府汇报，抓紧落实国有林场危旧房改造地方配套资金，省级政府配套资金承诺函随年度建设方案一并报送。国家将把地方政府配套资金落实情况作为安排国有林场危旧房改造投资的重要依据。

（四）加强配套基础设施建设

各地林业部门要积极主动向当地政府和相关部门汇报，争取把国有林场危旧房改造配套的水、暖、电、路等基础设施建设纳入当地各专项规划，与危旧房改造同步建设，确保危旧房改造功能配套、设施齐全。

（五）落实职工住房产权

要因地制宜，积极稳妥地推进住房产权的改革工作，按照国家有关规定并结合当地实际情况，制定可操作的指导性文件，在先行试点、总结经验的基础上进行推广。

五、下一步工作安排

（一）严格界定改造对象，进一步核实国有林场危旧房改造户数

各地林业、发展改革、住房城乡建设部门要按照国家确定的国有林场危旧房改造范围界定，在对本地区国有林场危旧房现状、分布、改造规模数量，不同地区、不同类型国有林场的经济状况、人员结构、管理体制，职工群众对危旧房改造的意愿、改造方式等进行深入调查摸底的基础上，严格界定改造对象，进一步核实危旧房改造户数，并将住房问题突出、特困群体的危旧房优先纳入改造范围。各地于6月底前由林业部门牵头会同发展改革、住房城乡建设部门将有关核实情况上报国家有关部门。

（二）编制上报年度建设方案

各地林业、发展改革和住房城乡建设部门要共同研究，以省为单位编制好国有林场危旧房改造年度建设方案。年度建设方案规模要根据本省的实际需求、改造能力、地方投资配套能力、合理工作进度综合确定。于6月底前，由林业部门牵头会同发展改革、住房城乡建设部门将年度建设方案上报国家林业局，抄送国家发展改革委和住房城乡建设部。

国家林业局 住房城乡建设部 国家发展改革委
关于印发《国有林场危旧房改造工程项目管理办法（暂行）》的通知

林规发〔2010〕266号 2010年10月26日

各省、自治区、直辖市林业厅（局）、住房城乡建设厅（局）、发展改革委，内蒙古、吉林、龙江、大兴安岭森工（林业）集团公司，各计划单列市林业局：

为进一步加强项目管理，规范建设程序，提高建设质量，积极稳妥推进国有林场危旧房改造工作，确保各项建设目标的实现，依据国家有关法律、法规及政策文件，结合国有林场危旧房改造工作的实际，我们研究制定了《国有林场危旧房改造工程项目管理办法（暂行）》，现印发给你们，请认真执行。

附件：国有林场危旧房改造工程项目管理办法（暂行）

附件

国有林场危旧房改造工程项目管理办法
（暂行）

第一章 总 则

第一条 为全面加快国有林场危旧房（以下简称"危旧房"）改造步伐，加强项目管理，规范建设程序，提高建设质量，切实改善国有林场职工住房条件，根据国家有关法律、法规及政策文件，制定本办法。

第二条 本办法适用于国家有关部门已经批复的危旧房改造建设方案中确定的国有林场危旧房改造项目。

第三条 国有林场危旧房是指在国家林业局备案的国有林场中的泥草房、板加泥、干打垒、土坯房等简易房屋；符合《危险房屋鉴定标准》（JGJ125-99）C、D等级的危房；建房年限超过30年的房屋；基本功能不健全需要改造的房屋。

第四条 危旧房改造原则上以户为单位进行，各地可根据具体情况、经济实力和职工意愿，确定不同的改造模式，新建与维修改造相结合，统规统建与统规自建相结合，宜平则平，宜楼则楼。危旧房改造要以满足基本居住需要为目标，新建住房基本户型建筑面积为50平方米，各地可结合当地居民平均居住水平和职工意愿，在初步设计阶段按照国家有关规定作适度调整。改造后的房屋要保证质量，确保居住安全和基本功能齐全。

根据当地实际，也可采取由林场统一购买经济适用住房的方式解决职工住房困难问题。

第五条 危旧房改造资金筹措采取中央补助，省级人民政府配套，市、县政府支持，国有林场和职工个人共同负担的方式解决。其中中央补助每户10000元，省级人民政府配套不低于每户10000元。市、县政府要根据当地实际情况安排一定比例的资金投入。林场和职工自筹资金由林场和职工依据实际情况合理分担，并可结合投工投料解决。

第六条 省级人民政府对本地区危旧房改造负总责，落实本地区危旧房改造的配套资金和优惠政策，协调解决危旧房改造实施过程中的有关重大事宜。市、县人民政府要保障危旧房改造的土地供应，并在金融信贷、收费减免、拆迁补偿等方面给予优惠和支持。

第七条 危旧房改造应当与产业结构调整、国有林场布局调整和区域小城镇建设相结合，与推进国有林场改革和林业生产力布局调整相衔接，推进生产区与生活区逐步分离。项目实施中，以整场推进为主，首先解决困难林场、山上一线职工的住房困难，优先解决危房问题突出、生活贫困职工的住房困难。

第八条 危旧房改造应坚持统一规划、合理布局、综合开发、配套建设，做好与国有林场道路、供水、供电、旅游等规划的衔接。地方人民政府应把国有林场危旧房改造与城市规划、土地利用规划相衔接，加强市政基础设施和配套公共服务设施建设，提高国有林场职工生活环境质量和公建配套质量。

第九条 危旧房改造项目涉及国有林场职工切身利益，应当实行公示制度，坚持公开、公平、公正，实行民主监督。要严格执行国家有关法律法规和政策规定，妥善处理和化解各种问题和矛盾，维护职工合法权益，确保林区社会稳定。

第十条 危旧房改造项目的审批（审核、规划许可）、咨询、勘察、设计、施工等单位（机构）应当严格遵守国家、行业的有关法律、法规和标准要求，并对其行为负责。

第二章 项目组织管理

第十一条 国务院林业主管部门负责危旧房改造省级年度建设方案的审批。

第十二条 省级林业主管部门负责会同本级发展改革、住房城乡建设等部门，组织编制并联合上报年度建设方案。按照国有林场隶属关系，省、市、县林业主管部门负责入户调查、严格界定改造对象、签订合同、房屋拆迁、住宅建设等项目实施管理等工作；配合有关部门对危旧房改造项目进行检查验收。

第十三条 省级发展改革部门负责会同本级林业、住房城乡建设等部门联合上报年度投资建议计划，协调落实省级配套资金，转发下达投资明细计划。按照国有林场隶属关系，省、市、县发展改革部门负责会同本级林业、住房城乡建设等部门对本地区危旧房改造项目可行性研究报告（初步设计）进行审批。

第十四条 地方各级住房城乡建设部门负责会同本级林业、发展改革等部门将危旧房改造任务纳入本地区保障性住房建设规划，加强对危旧房改造项目拆迁、规划、勘察设计、施工监理、竣工验收、备案等环节的监督管理，保证工程质量。

第十五条 实施危旧房改造的国有林场为项目建设单位，对项目实施负全责。经省级发展改革、住房城乡建设、林业主管部门同意后，也可由项目所在地县人民政府指定的单位为项目建设单位，对项目实施负全责。项目建设单位负责自有（筹）资金和职工出资的筹措。要定期上报项目建设进度、计划完成、资金使用情况及存在的问题和建议。

项目建设单位要加强危旧房改造项目的组织领导，成立危旧房改造项目工作专门办事机构。

第三章 项目计划管理

第十六条 国务院发展改革部门会同林业、住房城乡建设等部门，依据省级年度建设方案，年度投资建议计划,省级配套资金落实等情况,统筹平衡,联合下达各省危旧房改造项目年度投资计划。

第十七条 省级发展改革部门会同本级林业、住房城乡建设等部门,依据中央投资计划、省级年度建设方案、林场自有(筹)资金、职工出资落实等情况,将计划分解到具体项目,转发下达明细计划。

第十八条 实施危旧房改造的省、自治区、直辖市应当严格按照批复的建设方案和年度投资计划组织项目建设。项目建设单位应当严格按照批复的可行性研究报告(初步设计)组织实施,不得擅自调整或者更改计划内容、变更项目建设方案、扩大或压缩建设规模;确需调整的,须报经原审批部门批准。对擅自调整或者变更投资计划,配套资金不落实的省、自治区、直辖市,国家有关部门将调减下一年度投资计划。

第四章 项目建设管理

第十九条 对于采用划拨方式供应危旧房改造项目用地的,应在《国有建设用地划拨决定书》中明确约定住房套型建筑面积、项目开竣工时间等土地使用条件。严禁以危旧房改造名义变相进行商品房开发。

第二十条 危旧房改造工程项目由林场统规统建的,应当严格实行项目法人责任制、招标投标制、监理制和合同管理制;大宗物资应当集中采购。

第二十一条 参与危旧房改造的有关部门、单位应当在各自的职责范围内认真做好档案建设与管理工作,并建立档案检索目录。档案管理工作要与改造规划、建设、管理等同步进行,确保档案管理工作的连续性。归档的资料要保证完整性、真实性,做到内容齐全、字迹清楚、图面整洁、影像清晰。档案管理必须有专人负责并严格履行职责。

第二十二条 建设单位应当认真组织力量,按照国家规定的标准,对已批复建设方案中的危旧房改造职工逐户核查,建立详细完善的国有林场职工住房档案。

第二十三条 建设单位应当按照统筹规划、先易后难的原则,在危旧房改造前做好职工意愿普查工作,充分尊重职工意愿,与职工签订包括职工意愿、资金(含政府补助、林场自有(筹)资金、职工个人出资)、住房管理、房屋产权等相关内容的合同。

第二十四条 建设单位应当充分考虑危旧房改造职工的承受能力,做好与各项住房政策的衔接,采取多种途径解决国有林场职工住房困难问题,确保职工住房条件切实得到改善。

第二十五条 对生活困难、无力出资进行房屋改造的职工家庭,可通过由林场统一建设廉租住房的方式解决职工住房困难问题,免收或减收租金。廉租住房产权归林场。条件具备时,林场可按照有关规定将廉租住房的产权出售给职工。

第二十六条 按照当地政府的有关规定取得房屋产权的,地方房屋登记部门应当及时给予相应登记,也可实行共有产权。涉及危旧房改造的建设用地,必须依法办理土地登记,明晰土地产权,并及时办理土地变更登记手续,保护土地权利人的合法权益。

第二十七条 危旧房改造要与城镇基础设施建设相结合,与改善人居环境相结合,与社区建设相结合,同步建设道路、给排水、供电、通信等基础设施。

第五章 项目资金管理

第二十八条 危旧房改造项目资金来源包括:中央补助资金,省级配套资金,市、县政府投资，林场自有（筹）资金和职工个人出资等。

第二十九条 危旧房改造资金要严格执行国家有关法律、法规、办法，实行专款专用，单独核算，严防截留挪用、滞留不用和浪费建设资金。严禁以任何形式挤占、挪用，违规抵扣建设资金、，严禁将危旧房改造中央补助资金用于偿还以往债务和拖欠款。对违反规定的单位，国务院有关部门将采取停拨资金、停止审批项目的调控措施，并建议国家有关部门追究有关责任人的行政和法律责任。

第六章 监督检查和竣工验收

第三十条 危旧房改造项目实行定期报告制度。有关单位和部门应当按规定程序及时报送有关投资、项目进度、资金筹措与使用情况以及存在的问题等，并对填报内容的真实性负责。

第三十一条 国务院林业主管部门在危旧房改造实施过程中将会同有关部门对工程进行抽查或专项稽查；省级林业主管部门应当会同本省有关部门对危旧房改造情况进行不定期的检查和专项稽查；省级林业主管部门应当对年度计划执行情况进行验收检查。

第三十二条 按照国有林场隶属关系，由省、市、县发展改革部门会同本级林业主管部门组织相关部门对项目进行竣工验收。省级林业部门会同本级发展改革、住房城乡建设部门将本省危旧房改造实施情况分别向国务院林业、发展改革和住房城乡建设部门进行报告。

危旧房改造项目所需的监督、检查、验收、管理等费用由同级财政部门解决。

第七章 优惠政策

第三十三条 危旧房改造项目享受与煤矿棚户区、城市棚户区改造以及廉租房、经济适用住房相同的中央和地方各项优惠政策，免收各项行政事业性收费和政府性基金。

第三十四条 危旧房改造项目涉及征占用林地的，免收森林植被恢复费。

第三十五条 危旧房改造工程项目实施中所涉及的土地利用和管理政策参照《国家林业局 住房城乡建设部 国家发展改革委 国土资源部关于印发<国有林区棚户区改造工程项目管理办法>的通知》（林规发〔2010〕252号）中的有关规定执行。

第三十六条 地方各级人民政府和有关主管部门应在落实国家有关优惠政策的同时，应根据本行政区域的实际情况制定支持危旧房改造的相关优惠政策。

第三十七条 项目所在地人民政府和建设单位应当切实做好改造后住宅区的管理与服务工作，建立规范住房维修基金制度。

第三十八条 新建的住宅小区要推行物业管理，执行有关物业管理政策，切实做好改造后住宅小区的管理与服务工作。

第八章 附 则

第三十九条 实施危旧房改造的省、自治区、直辖市可依据本办法，结合地方实际情况，制定本地区危旧房改造实施细则，并报国务院林业、发展改革、住房城乡建设部门备案。

第四十条 办法由国务院林业、发展改革、住房城乡建设部门负责解释。

第四十一条 本办法自公布之日起施行。

国家林业局 住房城乡建设部 国家发展改革委 国土资源部关于印发《国有林区棚户区改造工程项目管理办法》的通知

林规发〔2010〕252号　2010年10月26日

各省、自治区、直辖市林业厅（局）、发展改革委、住房城乡建设厅（局）、国土资源厅（局），内蒙古、吉林、龙江、大兴安岭森工（林业）集团公司，各计划单列市林业局：

为进一步加强项目管理，规范建设程序，提高建设质量，积极稳妥推进林业棚户区（危旧房）改造工作，确保各项建设目标的实现，依据国家有关法律、法规及政策文件，结合国有林区棚户区改造和国有林场危旧房改造工作实际，我们修订了《国有林区棚户区改造工程项目管理办法》，现印发你们，请认真执行。

附件：国有林区棚户区改造工程项目管理办法

附件

国有林区棚户区改造工程项目管理办法

第一章 总 则

第一条 为全面加快国有林区棚户区（以下简称"棚户区"）改造步伐，加强项目管理，规范建设程序，提高建设质量，切实改善棚户区居民住房条件，根据国家有关法律、法规及政策文件，制定本办法。

第二条 本办法适用于国家有关部门已经批复的棚户区改造建设方案中确定的国有林区棚户区改造项目。

第三条 国有林区棚户区是指国有森工林业局、国有营林局局址和林场中破旧平房集中连片、泥草房和危房面积超过50%，基础设施不齐全、道路狭窄、治安和消防隐患大、环境卫生脏乱差，低收入家庭户数较多的居民点。

第四条 棚户区改造应当统筹规划，分步实施，制定改造规划和实施计划；应当坚持分类指导，因地制宜，宜平则平，宜楼则楼；新建与维修改造相结合，统规统建与统规自建相结合。棚户区改造以满足基本居住需要为目标，新建住房基本户型建筑面积为50平方米，各地在户型设计上可根据本地实际情况适度调整。改造后的房屋面积不低于50平方米，而且要满足居住需求，确保基本功能齐全。

第五条 棚户区改造所需投资实行政府扶持（包括中央补助和省级人民政府配套）、企业自筹、职工合理负担相结合。棚户区改造政府补助额度以每户50平方米为标准核定，户型面积中超出50平方米以上的部分不享受政府补助。中央补助每户15000元，省级人民政府配套不低于每户10000元，企业自有（筹）资金和职工个人出资由国有森工林业局依据各地实际情况合理确定标准，并可结合投工投料解决。

第六条 省级人民政府对本地区棚户区改造项目的"目标、任务、资金"负总责。负责制定本地区棚户区改造实施细则和优惠政策，落实地方配套资金，协调解决棚户区改造实施过程中的有关重大事宜。

第七条 林区棚户区改造要符合当地土地利用总体规划，原则上实行原地改建，不扩大占地规模，人均建设用地标准不得突破当地规定。确需异地改建的，经充分论证后，在土地供应计划中优先安排。异地改建中涉及新增建设用地的，应符合土地利用总体规划和年度计划，依法办理农用地转用和土地征收审批手续。涉及占用耕地的，应依法履行耕地占补平衡义务。

第八条 林区棚户区改造应当与国有林场布局调整、林区城镇化建设、"社企分离"相结合，积极推进林区各项改革工作。工程实施中，首先解决山上林场取工的住房困难，优先解决特困群体的住房困难。

第九条 棚户区改造项目涉及群众切实利益，必须实行公示制度，公开、公平、公正，民主监督。

第十条 棚户区改造项目的审批（审核、规划许可）、咨询、勘察、设计、施工等单位（机构）应当严格遵守国家、行业的有关法规、标准和本办法及其实施细则的要求，并对其行为负责。

第二章 项目组织管理

第十一条 国务院发展改革部门会同林业，住房城乡建设、国土资源部门负责安排国有林区棚户区改造计划。国务院林业主管部门负责审批国有林区棚户区改造省级年度建设方案；会同发展改革、住房城乡建设、国土资源部门负责国有林区棚户区改造项目监督管理。

第十二条 省级发展改革部门负责会同本级林业、住房城乡建设、国土资源等部门对棚户区改造项目可行性研究报告（初步设计）进行审查和审批，并协调落实地方配套资金，转发下达明细计划。

第十三条 省级林业行政主管部门和森工（林业）集团公司（以下简称林业）负责会同本地区发展改革、住房城乡建设、国土资源部门编制年度建设方案，负责棚户区入户调查、签订合同、房屋拆迁、住宅建设（施工、物资采购）等项目实施管理工作等；配合有关部门对棚户区改造项目进行检查验收。

第十四条 省级住房城乡建设部门负责会同林业、发展改革、国土资源部门将棚户区改造任务纳入本地区保障性住房建设规划，加强对棚户区改造项目拆迁、规划、勘察设计、施工、监理、竣工验收、备案等环节的监督管理，保证工程质量。

第十五条 省级国土资源管理部门负责对市县国土资源部门供地行为的监管，市县国土资源部门应依据国有林区棚户区改造项目批准文件，确定改造项目用地的供应标准、规模及时序，落实具体地块，并依法及时办理用地手续。

第十六条 棚户区改造项目所在地的县（含市、区，下同）人民政府和有关主管部门应在落实国家有关优惠政策的同时，根据本行政区域的实际情况制定支持棚户区改造的相关优惠政策。

第十七条 实施棚户区改造的国有森工林业局为项目建设单位，对项目实施负全责。经省级发展改革、住房城乡建设、林业主管部门同意后，也可由项目所在地县级人民政府指定的单位为项目建设单位，对项目实施负全责。项目建设单位具体负责棚户区改造项目可行性研究报告（初步设计）、建设方案、年度计划的编制，自有（筹）资金和职工出资的筹措，棚户区改造资金的具体使用和管理。定期上报项目建设、计划完成、资金使用情况及存在的问题和建议。项目建设单位应当加强棚户区改造项目的组织领导，成立棚户区改造项目工作专门办事机构。

第三章 项目计划管理

第十八条 国务院发展改革部门会同林业、住房城乡建设等主管部门，依据省级年度建设方案和年度计划申请报告，省级配套资金落实情况，统筹平衡、联合下达各省棚户区改造项目年度等部门，依据国家计划、省级年度建设方案、企业自有（筹）资金、职工出资落实情况，将计划分解到具体项目，转发下达明细计划。

第十九条 省级发展改革部门会同林业、住房城乡建设等部门，依据国家计划、省级年度建设方案、企业自有（筹）资金、职工出资落实情况，将计划分解到具体项目，转发下达明细计划。

第二十条 实施棚户区改造的省、自治区应当严格按照批复的建设方案和年度计划组织项目建设。项目建设单位应当严格按照批复的可行性研究报告（初步设计）组织实施，不得擅自调整或者更改计划内容、变更项目建设方案、扩大（或压缩）建设规模。确需调整，须报经原审批部门批准。对擅自调整或者变更投资计划，配套资金不落实的省，国家有关部门将调减下一年度投资计划。

第四章 项目建设管理

第二十一条 对于采用划拨方式供应林区棚户区改造项目用地的，应在《国有建设用地划拨决定书》中明确约定住房套型建筑面积、项目开竣工时间等土地使用条件。对于配套建设的商业、服务业等经营性设施用地，必须实行有偿使用，严格坚持以招标拍卖挂牌出让方式供地。严禁以棚户区改造名义变相进行商品房开发。

第二十二条 在实施棚户区改造中，因布局调整撤销的林场原场址范围内建筑物、构筑物，必须全部拆除、平整，恢复林业生产条件，用于植树造林，不得改变林地用途。

第二十三条 建设单位应当根据有关批复文件编制切实可行的年度建设方案，严格按照建设方案内容组织项目建设。

第二十四条 棚户区改造工程项目建设应当严格实行项目法人责任制、招标投标制、监理制和合同管理制。大宗物资应当集中采购。

第二十五条 参与棚户区改造的有关部门、单位应当建立健全项目建设档案，项目各环节的资料均应当严格按照档案管理有关规定收集、整理和归档。档案管理必须有专人负责并严格履行职责。

第二十六条 建设单位应当认真组织力量，按照国家规定的标准，对已批复改造方案中的棚户区居民逐户核查，建立详细完善的棚户区住房档案。

第二十七条 建设单位应当按照统筹规划、先易后难的原则，在棚户区改造前做好群众意愿普查工作，充分尊重棚户区居民意愿，与棚户区居民签订包括职工意愿、资金（含政府补助、企业自有（筹）资金、职工个人出资）、住房管理、房屋产权等相关内容的合同。

第二十八条 建设单位应当充分考虑棚户区居民的承受能力，做好与各项住房政策的衔接，妥善安置被搬迁居民。对确实无力购房的特困户，可以通过廉租房等多种方式妥善安置。

第二十九条 按照当地政府的有关规定取得房屋产权的，地方房屋登记部门应当及时给予相应登记。涉及林区棚户区改造的建设用地，必须依法办理土地登记，明晰土地产权，并及时办理土地变更登记手续，保护土地权利人的合法权益。

第三十条 棚户区改造后，室外给水、排水、供电、供暖、有线电视、道路、绿化等基础设施要基本齐全，达到正常使用功能。

第五章 项目资金管理

第三十一条 棚户区改造项目资金来源包括：中央补助投资、地方配套资金、企业自有（筹）资金、职工个人出资。

第三十二条 棚户区改造项目建设资金实行专款专用、单独核算，严防截留挪用、滞留不用和浪费建设资金。严禁以任何形式挤占、挪用，违规抵扣建设资金。严禁将棚户区改造中央补助资金用于偿还以往债务和拖欠款。对违反规定的单位，国务院有关部门将采取停拨资金、停止审批项目的调控措施，并建议国家有关部门追究有关责任人的行政和法律责任。

第三十三条 已实行国库集中支付的建设单位，通过国库集中支付系统将资金直接支付施工单位或者供应商；未实行国库集中支付的建设单位，应当实行报账制，由建设单位提出资金申请、提供相关支付凭证，经财务部门审核无误后，将资金直接支付施工单位或者供应商。工程款拨付应当按相关规定预留工程质量保证金。

第六章 监督检查和竣工验收

第三十四条 棚户区改造项目实行定期报告制度。棚户区改造有关单位和部门应当按规定程序及时报送有关投资、项目进度、资金筹措与使用情况以及存在的问题等，并对填报内容的真实性负责。

第三十五条 国务院林业主管部门在棚户区改造实施过程中将会同有关部门对工程进行抽查或专项稽查；省级林业主管部门应当会同本省有关部门对建设单位棚户区改造情况进行不定期的检查和专项稽查；省级林业主管部门应当对年度计划执行情况进行验收检查。

第三十六条 棚户区改造项目实施情况由省级发展改革部门会同相关部门实施竣工验收并将验收结果上报国务院林业、发展改革、住房城乡建设、国土资源部门备案。

棚户区改造项目所需的监督、检查、验收、管理等费用由省级财政部门解决。

第七章 优惠政策

第三十七条 棚户区改造以及相关基础设施和公益事业建设用地应当同步纳入当地年度土地供应计划，确保优先供应。

第三十八条 对适用本办法的林区棚户区改造项目用地中的保障性安居工程用地实行划拨供应，按规定减免相关费用。对在城镇规划区外单独选址建设的林区棚户区改造项目用地中的保障性安居工程用地，不征收新增建设用地土地有偿使用费。棚户区改造项目符合国家规定廉租房、经济适用住房建设标准的，享受与煤矿棚户区、城市棚户区改造以及廉租房、经济适用住房相同的中央和地方税收优惠政策。按规定免收各项行政事业性收费和政府性基金。

第三十九条 各地可在本办法基础上制定出台进一步支持棚户区改造的优惠政策。

第八章 附 则

第四十条 棚户区改造项目所在省、自治区和建设单位应当切实做好改造后住宅区的管理与服务工作，建立规范住房维修基金制度。

第四十一条 实施棚户区改造的省、自治区应当依据本办法，结合地方实际情况，制定本地区棚户区改造实施细则，并报国务院林业、发展改革、住房城乡建设、国土资源部门备案。

第四十二条 本办法由国务院林业、发展改革、住房城乡建设、国土资源部门负责解释。

第四十三条 本办法自公布之日起施行。

交通运输部办公厅关于开展全国农村公路基础数据和电子地图补充调查的通知

厅规划字〔2009〕165号　2009年7月27日

各省、自治区、直辖市、新疆生产建设兵团交通运输厅（局、委）：

为有效配合党中央、国务院建设社会主义新农村的战略部署，部于2005年开展了全国农村公路通达情况专项调查工作（以下简称专项调查）。通过专项调查，全面掌握了全国范围内所有乡（镇）和建制村的公路通达情况及全国所有农村公路的技术状况，建立了全国农村公路基础数据库和电子地图，为"十一五"期间农村公路建设项目和公路通达情况的动态管理提供了重要的支撑。

专项调查结束后，部分省份反映在调查过程中遗漏了少量乡（镇）和建制村；同时，农业部和国家林业局等部门也反映部分下属的国有农场、国有林区及相关道路的基础数据未采集。因此，部决定组织开展全国农村公路基础数据和电子地图补充调查工作（以下简称补充调查）。现将补充调查方案（见附件1)印发给你们，并将有关事项通知如下：

一、补充调查对象和范围

本次补充调查的范围包括以下两部分内容：

（一）经省级交通运输主管部门和民政主管部门共同认定的专项调查时漏采的乡（镇）、建制村及对应优选通达路线。

（二）未纳入农村公路基础数据更新（以下简称数据更新）范围的农垦系统国有农场（团场、分场、连场）、华侨农场、国有林区（重点森工林业局及下属林场、国有林场、保护区、国家级森林公园）、藏区寺庙（以下简称居民点）等及对应优选通达路线。农垦系统国有农场、国有林区以农业部、国家林业局确定的为准（分布情况见附件2，详细名录另行下发），其他农场、林场一律不得纳入补充调查范围；华侨农场以相关省份2007年摸底调查掌握的为准；藏区寺庙专指藏区范围内的藏传佛教寺庙，以相关省份宗教管理部门确定的为准。

二、补充调查的标准时点

本次补充调查的标准时点为：2009年6月30日。

三、组织方式

本次补充调查工作由交通运输部综合规划司负责组织实施，部科学研究院负责提供技术支持。

农垦系统国有农场、国有林区的补充调查工作，由交通运输部和农业部、国家林业局共同组织。采集设备和软件的购置费用，外业采集、内业处理相关费用原则上由各级农垦主管部门、林业主管部门承担；各级交通运输主管部门要做好外业采集的技术指导和技术把关工作，负责建立补充调查专项数据库和电子地图，具体数据采集方式各级交通运输主管部门和农垦主管部门、林业主管部门协商确定。

四、实施要求

（一）本次补充调查，不得重复采集 2008 年度全国农村公路更新基础数据库中已存在的公路和居民点。

（二）对于专项调查时漏采的乡（镇）和建制村，须在上报基础资料的同时，提供由省级交通运输主管部门和省级民政主管部门共同出具的相关证明文件。

（三）各单位应在参考人口数量、经济规模、作用等因素的基础上，与相关部门合理协商确定除漏采乡（镇）、建筑村以外居民点的级别（相当于乡（镇）或建制村），不宜按照其行政级别套用。其中，农垦系统国有农场的团场原则上为乡（镇）级别，下设分场的，其分场为建制村级别，未设分场的，其生产队为建制村级别；国有林区的重点森工林业局原则上为县级，重点森工林业局下属林场、国有林场、保护区及国家级森林公园均为乡（镇）级别；同时应参考各单位的人口数量提高或降低级别。

（四）对纳入补充调查的所有居民点，只采集解决其通达（通畅）问题的一条优选通达路线的技术状况。除漏采乡（镇）、建制村外，其他居民点的优先通达路线，统一按专用公路进行编码。其中，农垦系统国有农场的团场、华侨农场的团场、国有林区的重点森工林业局、国有林场重点采集与已有路网连接的公路；农垦系统国有农场的分场（连队）、华侨农场的连队、重点森工林业局的下属林场重点采集与团场、林业局连接的公路；国有林区的保护区、国家级森林公园、藏区寺庙重点采集由已有路网至保护区、国家级森林公园、寺庙大门口的公路（不采集其内部道路）。

（五）对于已经纳入 2008 年度农村公路更新基础数据库的居民点，需在上报调查资料的同时上报相关单位名录（具体格式见附件 4）。

（六）补充调查相关资料要单独建立数据库和电子地图，不得与现有农村公路基础数据库和电子地图合并。

五、进度安排

2009 年 7 月　补充调查的前期准备；编制补充调查方案

2009 年 8~9 月　补充调查工作布置，基础数据的采集、录入和校核

2009 年 10 月　基础数据的逐级审核和汇总上报

2009 年 12 月　形成部级补充调查的初步结果，建立补充调查基础数据和电子地图

本次补充调查涉及面广，各级交通运输主管部门要做好与相关单位的协调配合工作，加强领导，落实负责补充调查工作的机构、人员、经费和设备，严格按要求实施调查，如实填报资料，不得虚报、瞒报、重复填报，确保调查质量。

国家林业局办公室关于开展全国国有林区公路基础数据和电子地图调查的通知

办计字〔2009〕149号　　2009年12月2日

各省、自治区、直辖市林业厅（局），内蒙古、吉林、龙江、大兴安岭森工（林业）集团公司、新疆生产建设兵团林业局：

为解决国有林区道路问题，经我局和交通运输部协商，决定共同组织开展全国国有林区公路基础数据和电子地图调查工作。近日，交通运输部办公厅下发了《关于开展全国农村公路基础数据和电子地图补充调查的通知》（厅规划字〔2009〕165号），明确了调查对象和范围、标准时点、组织方式及进度安排等。为积极做好这次调查工作，真实、客观、准确地反映国有林区道路通达基本情况，现提出以下要求。

一、加强林业基础设施建设，着力解决严重制约林区人民出行和林区社会发展的瓶颈问题，是贯彻落实中央林业工作会议精神的具体体现，是以人为本、改善民生的重大举措。各级林业主管部门要进一步提高认识，加强领导，明确责任，精心组织，切实将国有林区道路建设纳入国家集中解决农村公路建设规划。

二、国有林区公路基础数据和电子地图调查工作是解决道路问题的基础，各省（含自治区、直辖市，新疆生产建设兵团，下同）林业厅（局）务必尽快与本省交通部门联系沟通，按照交通运输部《全国农村公路基础数据和电子地图补充调查方案》的相关要求，尽快确定具体数据采集方式和采集方案，做好调查人员、经费、设备等相关保障工作，为开展基础数据和电子地图调查工作提供便利，确保调查工作按时、保质、保量地顺利完成。

三、各省林业厅（局）报送本省交通部门的国有林区公路基础数据及附表请同时抄报我局，并将调查工作进展和遇到的问题及时报告我局。

交通运输部关于贯彻落实中发〔2015〕6号文件促进国有林场（区）道路持续健康发展的通知

交规划发〔2015〕40号　2015年3月25日

各省、自治区、直辖市、新疆生产建设兵团交通运输厅（局、委）：

为贯彻落实《中共中央 国务院关于印发<国有林场改革方案>和<国有林区改革指导意见>的通知》精神，促进国有林场（区）道路持续健康发展，现将有关要求通知如下：

一、提高认识，积极适应国有林场（区）改革带来的新变化、新需求

国有林场（区）是我国生态修复和建设的重要力量，是维护国家生态安全最重要的基础设施，中央作出全面启动国有林场（区）改革的重大决策，是破解长期以来制约国有林场（区）发展体制障碍的战略性和根本性举措。改革将进一步理顺长期以来国有林场（区）管理体制不顺、支持政策不健全的问题，社会管理职能将逐步剥离至地方政府，对国有林场（区）道路建设管理将带来新的变化和需求。各省（自治区、直辖市）交通运输部门要高度重视、认真领会中央文件精神，准确把握改革的总体要求和重点任务，主动作为、勇于担当，确保国有林场（区）改革取得预期效果。

二、属性归位，将国有林场（区）道路纳入相关公路网规划

各省（直辖市、自治区）交通运输部门要认真贯彻好这次国有林场（区）全面改革、理顺体制机制的要求，与省级林业主管部门协调对接，做好国有林场（区）道路现状、规划及道路功能属性等核实摸底。结合正在开展的省道网、农村公路规划等工作，按照国有林场（区）道路属性类别，认真梳理分析并纳入相关公路网规划。

三、狠抓落实，提升国有林场（区）道路基础设施的服务质量和水平

在编制公路"十三五"发展规划和年度投资计划时，对纳入公路网规划范畴的国有林场（区）道路，按照事权和支出责任相适应的原则，统筹安排好建设和养护计划，认真组织实施，逐步提高交通基础设施服务质量和水平，促进林场（区）与周边地区交通运输基本公共服务均等化。国有林场（区）道路基础设施建设发展要重视环境保护，体现生态建设需要，做好路网规划和重大项目建设环境影响评价。

四、细化方案，做好各项工作的组织管理

在各省（直辖市、自治区）的统一部署和领导下，结合本地实际情况，对重新梳理编制的国有林场（区）公路网，按属性分级管理原则，分别制定切实可行的建管养计划，细化工作措施，及时发现和协调解决改革中出现的矛盾和问题，落实好改革的各项任务要求。结合国家"十三五"规划编制要求，请各省（直辖市、自治区）交通运输主管部门在4月底前将国有林场（区）道路摸底情况及公路网规划调整情况及时报部。

交通运输部 国家发展改革委 财政部 国家林业和草原局关于促进国有林场林区道路持续健康发展的实施意见

交规划〔2018〕24 号

各省、自治区、直辖市交通运输厅（委）、发展改革委、财政厅（局）、林业厅（局）：

为深入贯彻落实党的十九大精神和《中共中央国务院关于印发<国有林场改革方案>和<国有林区改革指导意见>的通知》部署要求，适应国有林场和国有林区（以下简称"国有林场林区"）政事分开、事企分开的改革趋势要求，指导并支持国有林场林区道路持续健康发展，特制定如下实施意见。

一、总体要求

（一）指导思想

以习近平新时代中国特色社会主义思想为指导，认真贯彻落实党的十九大精神，牢固树立"四个意识"，统筹推进"五位一体"总体布局和协调推进"四个全面"战略布局，紧紧围绕乡村振兴战略、以生态建设为主的国家林业发展战略和全面建成小康社会的总体要求，以改善国有林场林区道路交通条件、促进经济发展和改善民生为出发点，明确道路属性归位，确定投资建设与管理养护方案，加大中央和地方政府公共财政支持力度，构建层次清晰、功能明确、衔接顺畅、发展可持续的国有林场林区道路体系，为国有林场林区改革发展提供坚实的交通运输保障。

（二）基本原则

分类指导、省负总责。中央对国有林场林区道路建设发展实行分类指导，在政策和资金上予以支持。落实地方政府的主体责任，进一步细化工作方案，加大资金投入，狠抓工作落实，切实推进国有林场林区道路持续健康发展。

功能明确、责任清晰。根据国有林场林区道路连通节点类型、服务对象与承担功能，分别确定投资建设和管理养护的责任主体及归属部门，形成功能明确、责任清晰的国有林场林区道路建设发展方案。

优势互补、效率优先。充分发挥各级政府相关部门、林下经济经营主体的优势，形成分工最优、效率最佳的供给制度，共同推动国有林场林区道路建设和发展。

因地制宜、有序推进。充分考虑国有林场林区生态环境保护要求、地形地质条件、居住人口分布和经济社会发展需求等，合理确定道路线路线形、建设标准和建设时序，并根据改革进展区分轻重缓急，稳步有序推进。

（三）总体目标

到 2020 年，国有林场林区出行条件显著改善，每个保留居民居住的国有林场林区场部至少有一条硬化路对外连通，林下经济交通服务支撑能力明显增强，森林防火应急道路保障能力明显提升，分工明确、权责清晰、运转高效的国有林场林区道路建设养护体制机制基本形成。

二、主要任务

（一）明确道路属性归位

将国有林场林区道路总体划分为社会公共服务属性道路、林业专用属性道路两类。

社会公共服务属性道路主要指连通林业局局址、保留居民居住的林场场部及主要林下经济节点的道路，重点服务林场林区居民生产生活出行和林下经济发展，总体纳入公路网规划，采用交通行业公路标准建设。其中，通林业局局址道路已总体纳入国省道或县道网规划；对保留居民居住的林场场部对外连接道路，总体按照建制村通硬化路纳入乡道或村道规划；对林下经济节点外部连接道路，按节点规模和级别纳入相应公路网规划。

林业专用属性道路主要指连通管护站（含分场、工区和已搬迁撤并林场）、护林点的森林防火应急道路，重点服务森林防火与护育作业，属于林场林区专用道路，不纳入公路网规划，继续由林业部门进行规划、建设和管理。

（二）合理确定建设标准

根据连接节点类型和拟纳入公路网规划的行政等级，因地制宜、合理确定技术标准。不过分追求高等级、高指标，注重保护森林资源和生态环境。其中，通林业局局址道路总体以三级及以上公路为主建设；通场部道路总体按照四级公路标准建设，对于连接居住人口规模较大的中心林场场部道路，以及顺畅串联多个林场场部的道路，可按照双车道四级公路或三级公路标准建设；林下经济节点外部连接道路根据景区景点级别、产业基地规模、交通流量需求等情况，总体采用三、四级公路标准；森林防火应急道路继续合理采用林区公路标准，并加强危桥危涵改造和安全防护设施建设。

（三）落实建设养护主体及实施方案

综合考虑道路属性及相关部门建养能力、地缘优势以及在就地取材、占用林地审批等方面的优势，合理确定建养主体和实施方案。

1. 通林业局局址道路。以地方政府公共财政和车辆购置税、成品油消费税等资金投入为主，交通部门为主实施建养。对于部分有建养能力的林区或林场，可以充分利用林业部门现有机构和人员实施建养。

2. 场部、林下经济节点对外连接道路。以地方政府公共财政和车辆购置税、成品油消费税等资金投入为主，林业部门为主实施建养，并鼓励林下经济经营主体广泛参与。对于不具备建养能力的林区或林场，建议由地方政府（或委托交通部门）增配相应人员实施，林业部门积极提供便利条件，包括协助办理林地审批、林地征用和林地补偿等前期手续，以及为道路建设养护取料提供便利等。

3. 森林防火应急道路。以中央和地方各级公共财政投入为主，林业部门实施建养。纳入国省道和农村公路规划及统计的国有林场林区道路，同等享受相应的成品油消费税补贴政策，并考虑里程变化情况及时调整切块资金分配。专业性养护工程主要通过市场化方式交由专业化养护队伍承担，日常养护可择优选择林场居民、职工和林下经济经营主体参与，并探索建立建管养一体化、周期性养护总承包等生产组织模式。对于森林防火应急道路，主要由林业部门组织森林防火、护育职工定期开展巡检巡查，针对性开展季节性、规律性、突击性养护。

鼓励地方政府及林业、交通等相关部门根据当地实际，因地制宜、合理推动国有林场林区基本公共客运服务发展。

(四) 支持社会公共服务属性道路建设

安排车辆购置税等中央资金支持社会公共服务属性道路建设。对已纳入公路网规划的通林业局局址等国有林场林区道路,已结合公路五年发展规划给予统筹考虑。对于拟新纳入公路网规划的国有林场林区道路,参照公路"十三五"中央投资政策,2018—2020年重点支持以下两类:

1. 场部通硬化路建设。按照所在县(市、区)建制村通硬化路政策,实现每个保留居民居住的国有林场林区场部有一条硬化路连通到已实现硬化的上一级公路网。建设规模约2.2万公里。

2. 国有林区林下经济节点对外连接公路建设。参照交通扶贫政策,按照平均每500万亩林地安排30公里的标准,给予五大重点国有林区和西南西北国有林区主要林下经济节点对外连接公路(体现为旅游路、产业路)建设中央资金支持。建设规模约4000公里。场部通硬化路、国有林区林下经济节点对外连接公路中央投资补助标准分别按照《财政部 交通运输部关于进一步明确车辆购置税收入补助地方资金补助标准及责任追究有关事项的通知》(财建〔2016〕879号)中建制村通硬化路、扶贫地区资源路旅游路产业路补助标准执行。

(五) 支持森林防火应急道路建设

由中央预算内投资(即中央基建投资)和地方各级公共财政资金给予森林防火应急道路建设投资支持。其中,中央预算内投资(即中央基建投资)重点用于《全国森林防火规划(2016—2025年)》中确定的支持范围。

三、保障措施

(一) 加强组织,完善方案

各级相关部门在地方人民政府的统一领导下,深入学习贯彻中发〔2015〕6号文件要求,加强组织管理,建立健全协调机制,根据所在区域情况进一步细化完善工作方案,形成合力和共识,共同推动国有林场林区道路的属性归位工作及建设方案的顺利实施。

(二) 分批推进,建档入库

对于场部通硬化路建设,视各省(区、市)国有林场林区改革实施方案批复情况,由省级交通运输主管部门根据交通运输部有关要求,会同林业主管部门结合年度投资计划编制,分批次建立数据库和项目库;林下经济节点连接道路建设,由省级交通运输主管部门会同林业主管部门根据各省切块规模和连通的节点要求,建立项目库并报交通运输部备案,为计划下达和项目实施提供依据。

(三) 多元筹资,倾斜支持

加大各级财政支持力度,落实支持国有林场林区道路的税费优惠政策,并在前期工作审批方面给予倾斜支持。鼓励林下经济收益企业和社会资本积极参与国有林场林区道路投资建设与管理养护。

(四) 加强监管,跟踪检查

按照"分类指导、省负总责"的原则,确保各项任务落实落地。特别是要进一步强化事中事后监管,及时跟踪检查督办,确保政策落地、资金到位、项目实施。

国家发展改革委办公厅 水利部办公厅 卫生部办公厅
关于开展2010—2013年全国农村饮水安全工程规划编制工作的通知

发改办农经〔2008〕2880号　2008年12月30日

各省、自治区、直辖市、新疆生产建设兵团发展改革委（厅）、水利（水务）厅（局）、卫生厅（局）：

按照党的十七届三中全会决定中"加快农村饮水安全工程建设，五年内解决农村饮水安全问题"的要求，经研究，决定在加快现有《全国农村饮水安全工程"十一五"规划》实施进度的基础上，组织开展《2010—2013年全国农村饮水安全工程规划》（以下简称《规划》）的编制工作。这项工作由国家发展改革委、水利部、卫生部联合部署，各级水利部门会同发展改革、卫生部门负责具体编制。《规划》以县为单元编制，以省为单位汇总，在审核、汇总省级规划基础上形成全国规划。现将《2010—2013年农村饮水安全工程规划编制提纲》印发给你们，并就规划编制工作有关具体事项通知如下：

一、规划目标

在全面摸清当地农村饮水安全状况的基础上，根据当地的自然经济条件、水资源和供水工程状况、经济社会发展水平与要求，提出到2013年解决农村饮水安全问题的规划目标，包括规划人口数和工程建设方案，以及确保工程建成后良性运行的机制和保障措施等。

二、规划原则

（一）优先解决规划内人口，统筹解决新增不安全人口

在总结和吸取近年来工作经验的基础上，按照到2013年解决农村饮水安全问题的总体要求，全部解决2005年全国农村饮水安全现状调查核定的饮水不安全问题，同时，在明确地方政府负总责的前提下，适当考虑确因不可避免的原因新增的农村饮水不安全问题。

（二）坚持工程建设、水源保护和水质检测与监测并重

在搞好工程建设的同时，采取综合措施，切实保护好饮用水源，防止污染和人为破坏；按照"污染者付费、破坏者恢复"的环境责任原则，加强源头治理。对集中式供水工程，要加强水质净化处理，强化工程卫生学评价工作，落实工程验收的卫生要求，完善水质检测与监测制度，确保水质达标、水量有保障；对分散式供水工程，要因地制宜地建立水质检测和监测巡检制度，及时掌握水质、水量等信息，发现问题及时处理。

（三）提倡集中式供水，合理确定工程方案

要加强农村饮水安全工程建设与城镇化和新农村建设规划等的有机衔接，根据当地城镇化进程和农村人口变动的实际，城乡统筹，合理确定工程布局和规模，避免重复建设。人口居住较集中的地区，应打破村、镇、农场行政区域界限，尽可能发展适度规模的联片集中供水，有

条件的地方提倡依托城镇自来水厂延伸供水管网，供水到户；条件暂不具备的地区，供水系统可暂先建到集中给水点。

（四）建管并重，专业管理与用水户参与相结合

规模较大的集中式供水工程，要实行专业化管理，工程开工前，要明晰工程所有权、落实管理机构，明确合理的水价和收费办法，建立技术服务体系，同时积极推行用水户全过程参与，确保供水工程发挥最佳效益。要加强前期工作，严格项目审查审批程序，严格项目建设管理、资金管理和工程验收，确保工程安全、资金安全和干部安全。要采取多种形式向广大农民宣传饮水卫生和环境卫生知识，提高农民的饮水安全和健康意识。

（五）加大投入力度，多渠道筹集建设资金

按照中央、地方和受益群众共同负担原则确定农村饮水安全工程资金筹措计划。在中央和各级地方政府特别是省级政府加大投入的同时，要加强对社会投资的鼓励和引导，充分利用市场机制多渠道筹集资金。引导受益农户在其负担能力允许的范围内，承担一定的投劳投资责任。

三、规划范围

县城（不含县城城区）以下的乡镇、村庄、学校的农村饮水不安全人口，以及国有农（林）场、新疆生产建设兵团团场和连队饮水不安全人口。对有农村饮水安全工程建设任务的计划单列市，所在省要把其农村饮水不安全人口单列，并纳入本省规划。农村饮水安全已基本达标的地区，可不编制规划，但应报送现状情况。

规划基准年为 2009 年，规划期为 2010—2013 年。

四、规划人口

以原定"十二五"期间规划解决人口为基准，即水利部、国家发展改革委、卫生部调查核定的到 2004 年底农村饮水不安全人口，扣除已解决和预计 2009 年年底前可安排投资解决的饮水不安全人口。对部分地区近年来确因不可避免的原因新增的原核定范围外农村饮水不安全人口，经审核后可纳入 2010—2013 年农村饮水安全工程规划。规划解决的饮水不安全人口要细化到县、行政村，并详细说明饮水不安全类型和形成原因。

对新增饮水不安全人口的确定，各地要严格把关，确保数据真实、准确。中央补助投资已解决农村饮水安全问题的受益区内如出现反复或新增的饮水安全问题，原则上由地方自行解决；因开矿、建厂、企业生产及其他人为原因造成水源变化、水量不足、水质污染引起的农村饮水安全问题，原则上由责任单位或责任人负责解决。各地规划人口数据上报后，我们将组织专家采取明察暗访等形式，到县、村进行抽查复核，如发现不实情况，将追究有关单位和责任人的责任，并按复核情况相应核减该地指标。对弄虚作假、套取国家建设资金的，一经查实，严肃处理，并进行曝光。

五、投资估算

根据全国农村饮水安全工程"十一五"规划实施和近年工程建设造价情况，并考虑防冻、抗震以及工程难度加大和未来几年的物价水平等因素，各地可参考 2008 年四季度新增中央预算内农村饮水安全工程投资安排标准，结合典型工程进行投资估算，合理确定当地此次规划人均

投资。我们将组织专家对有关情况进行复核。

中央对东、中、西部地区农村饮水安全工程的投资补助比例平均为33%、60%、80%；对比照实施西部大开发有关政策的中部6省243个县，相应提高其中央投资补助比例到80%。在中央加大投入的同时，各地要切实加大省级投入力度，中西部地区不再要求县及县以下资金配套。

解决规划外受益人口饮水安全问题、提高工程建设标准以及解决农村安全饮水以外其他问题所增加的工程投资由地方从自有资金渠道解决。

六、主要工作成果

全国、省级、县级2010—2013年农村饮水安全工程规划报告及有关专题研究报告。

省级农村饮水安全工程规划要细化到县，县级规划细化到村、到工程，其中，包含农村学校、农（林）场饮水工程的，需注明学校、农（林）场数量和设计受益人数。对国有农（林）场饮水不安全人口，我们已商请农业部、国家林业局提供，并将与各地上报数据综合考虑。县级农村饮水安全规划编制技术要求，可参考国家发展改革委、水利部印发的《县级农村饮水安全工程"十一五"规划指南》（发改农经〔2007〕1726号）。

七、组织领导

各地发展改革、水利、卫生部门要按照职能分工，各负其责，密切配合，加强规划编制工作的组织、指导和协调，落实责任，共同做好工作。发展改革部门负责规划的综合协调，水利部门负责具体组织规划编制工作，卫生部门负责提出防病改水地区范围以及提供饮用水水质监测情况。要及时足额落实规划编制工作经费，明确规划编制工作负责人和工作班子，落实规划编制工作的相关承担单位，集中力量，抓紧开展工作。

八、时间要求

2009年1月24日前，各地将省级规划和县级规划人口的附表报至水利部农村水利司，抄送水利部农村饮水安全中心（同时分别发电子邮件：gsc@mwr.gov.cn、ncys@mwr.gov.cn）。

2009年2月20日前，三部委组织专家进行抽查复核。

2009年3月20日前，确定各省（自治区、直辖市）纳入规划人数。

2009年4月15日前，各地将省级规划（规划文本及专家审查意见、相应电子文件）报国家发展改革委（一式3份）、水利部（一式6份）、卫生部（一式3份）。

2009年5月30日前，基本完成全国规划汇总编制工作。

国家林业局办公室关于协调将国有林场饮水安全纳入全国农村饮水安全工程规划的通知

办计字〔2009〕24号　2009年2月20日

各省、自治区、直辖市林业厅（局）：

为解决农村饮水安全问题，2008年12月30日，国家发展改革委办公厅、水利部办公厅、卫生部办公厅联合下发了《关于开展2010—2013年全国农村饮水安全工程规划编制工作的通知》（以下简称《通知》），要求各级水利部门会同发展改革、卫生部门负责全国农村饮水安全规划的具体编制。该《通知》已经将国有林场纳入规划范围。为抓住这次难得的机遇，尽快解决国有林场饮水安全问题，现将有关要求通知如下：

一、请你们务必高度重视，尽快与本省（含自治区、直辖市，下同）发展改革、水利、卫生等部门联系沟通，务必将解决国有林场饮水安全的任务纳入本省农村饮水安全工程规划，争取应有的份额，确保国有林场饮水安全问题在国家集中解决农村饮水安全中一并得到解决。

二、请你们将报送本省发展改革、水利、卫生等部门的国有林场饮水安全工程规划材料及附表同时抄报我局，并将工作进展情况及成效及时报告我局。

特此通知。

国家林业局办公室关于全国国有林区饮水安全工程规划人口调查复核工作的通知

办计字〔2009〕173号

各省、自治区、直辖市林业厅（局）、内蒙古、龙江、大兴安岭森工（林业）集团公司，新疆生产建设兵团林业局：

在国家发展改革委、水利部、卫生部等部门的大力支持下，国有林区饮水问题已纳入全国农村饮水安全工程规划。近日水利部、卫生部办公厅下发了《关于开展<2010—2013年全国农村饮水安全工程规划>规划人口调查复核工作的通知》（办农水〔2009〕347号，见附件）（以下简称《通知》），决定组织开展全国农村饮水安全工程规划人口调查复核工作，并就国有林区的复核工作也一并提出了要求。《通知》明确了复核对象、范围、组织方式及进度安排。为切实做好国有林区调查复核工作，真实客观准确地反映国有林区饮水安全现状，现提出以下要求。

一、提高认识，加强领导。加强林业基础设施建设，着力解决国有林区饮水安全问题，是贯彻落实中央林业工作会议精神的具体体现，是以人为本、改善民生的重大举措。各级林业主管部门要进一步提高认识，把握机遇，加强领导，明确责任，按照《2010—2013年全国农村饮水安全工程规划人口调查复核工作大纲》的要求，积极主动与本级发展改革、水利、卫生等部门搞好衔接，做好人员、经费等相关保障工作，确保国有林区饮水不安全现状调查及规划人口复核工作顺利完成。

二、本次国有林区饮水不安全规划人口调查复核对象和范围为：重点森工林业局（营林局、采育场）及下属林场、国有林场（截至2008年年底在国家林业局备案的）省级（含）以上自然保护区、国家级森林公园。国有林场与自然保护区或国家森林公园一套人马两块牌子的单位，以国有林场为统计单位，确保不重复、不遗漏。

三、本次国有林区饮水不安全规划人数调查复核工作是按照户籍属地，以县为单元进行统计的。国家林业局本级及上述省属、市属林业单位原则上纳入户籍所属县进行核查统计，如落实确有困难或无法落实到县的单位，国家林业局本级的林业单位将由局会同水利部、卫生部进行核定，省属和市属林业单位可由本级林业主管部门商本级水利、卫生主管部门进行核查统计。

四、各省自治区、直辖市林业厅（局）报送本省自治区、直辖市水利、卫生主管部门的《农村饮水不安全状况调查及复核报告》及附表同时抄报我局一式2份，并将调查复核工作进展和遇到的问题及时报告我局。

国家发展和改革委员会办公厅　水利部办公厅　财政部办公厅　国家卫生和计划生育委员会办公厅　环境保护部办公厅　住房和城乡建设部办公厅关于做好"十三五"期间农村饮水安全巩固提升及规划编制工作的通知

发改办农经〔2016〕112号

各省、自治区、直辖市、新疆生产建设兵团发展改革委、水利（水务）厅（局）、财政厅（局）、卫生计生委（局）、环境保护厅（局）、住房城乡建设厅（局）：

党中央、国务院高度重视农村饮水安全工作。"十一五"和"十二五"期间，通过强化地方行政首长责任制，中央加强指导和投资支持，累计解决了5.14亿农村人口的饮水安全问题，我国农村长期存在的饮水不安全问题基本得到解决。但由于我国特殊的国情和发展阶段，特别是受水源条件、工程状况、居住分布、人口变化和标准提升等因素影响，农村饮水安全工程在水量、水质保障和长效运行等方面还存在一些薄弱环节，保障农村饮水安全工作将是一项长期的任务"十三五"期间，需要在巩固农村安全饮水工程已有工作成果的基础上，进一步提升农村安全饮水保障水平。现就做好"十三五"农村饮水安全巩固提升及规划编制有关工作通知如下：

一、总体要求

各地要在全面总结评估农村饮水安全工程"十二五"规划实施情况的基础上，按照巩固成果、稳步提升的原则，结合脱贫攻坚、推进新型城镇化、改善农村人居环境、建设美丽宜居乡村等工作部署，坚持城乡统筹、尽力而为、量力而行、建管并重，科学确定水质、水量、方便程度和保存程度等规划指标，合理确定"十三五"期间农村饮水安全巩固提升目标任务，以健全机制、强化管护为保障，充分发挥已建工程效益，综合采取改造、配套、升级、联网等方式，进一步提高农村饮水集中供水率、自来水普及率、供水保证率和水质达标率。

"十三五"期间，全国农村饮水安全工作的主要预期目标是：到2020年，全国农村饮水安全集中供水率达到85%以上，自来水普及率达到80%以上；水质达标率整体有较大提高；小型工程供水保证率不低于90%，其他工程的供水保证率不低于95%。推进城镇供水公共服务向农村延伸，使城镇自来水管网覆盖行政村的比率达到33%。健全农村供水工程运行管护机制、逐步实现良性可持续运行。

各省（自治区、直辖市）和新疆生产建设兵团要根据各自实际，考虑到2020年全面建成小康社会、打赢脱贫攻坚战的要求，合理确定全省预期目标和到县级的分解目标，并相应确定巩固提升工程"十三五"规划建设任务和投资规模。

二、工作重点

切实维护好、巩固好已建工程成果。集中建立健全工程管理机构，负责农村饮水安全工作管理与监督，并加强服务与指导。明晰工程产权、管理主体、管护责任，健全运行管理制度。建立合理的水价制度，落实工程维修养护经费，鼓励引入市场机制促进供水单位的长效运行。

加强信息化建设，提高工程监控和管理水平，保障工程高效、安全、良性运行。

因地制宜加强供水工程建设与改造。坚持先建机制、后建工程，通过改造、配套、升级、联网等措施，统筹解决部分地区仍然存在的工程标准低、规模小、老化失修以及水污染、水源变化等原因出现的农村饮水安全不达标、易反复等问题。加强农村饮水安全工程建设与新型城镇化、脱贫攻坚等规划和工程实施的衔接，合理确定工程布局和规模，突出重点，优先解决贫困地区等区域的农村供水基本保障问题，做到科学规划、精准施策。

强化水源保护和水质保障。进一步落实农村饮水安全工程建设、水源保护、水质监测"三同时"制度，强化水源保护措施，对水质净化处理不配套的工程，改造水质净化设施，配套消毒设备，尽快解决水处理设施不完善、制水工艺落后、管网不配套等影响供水水质的问题，提高农村供水水质达标率。加快建设和完善区域农村供水水质检测机构，科学制定水质检测制度，加强人员培训，落实检测经费，实现水质卫生检测监测全覆盖，保障水质达标。

三、保障措施

落实工作主体责任。进一步落实农村饮水安全保障地方行政首长负责制，地方政府对农村饮水安全负责。地方各级人民政府要逐级落实责任分工，明确政府责任人、部门责任人和项目责任人，建立健全政府"一把手"负总责、政府分管领导具体负责、部门合力推进的有效机制，层层传导压力，严格跟踪问效，切实强化责任制的刚性约束。

抓紧开展规划编制。《农村饮水安全巩固提升工程"十三五"规划》（以下简称《规划》）以省为单位，由省级发展改革委会同同级水利、卫生计生、环保、财政、住房城乡建设等部门组织编制，报省级人民政府批准。其中，对列入"十三五"脱贫攻坚工程实施范围的地区和人口，要单列工程目标任务、布局、规模、投资等相关指标。《规划》编制要突出管理管护和已建工程改造配套，辅以新建、扩建等措施，以达到巩固提升目的。《规划》编制具体工作由省级水利部门承担。要及时足额落实规划编制工作经费，明确规划编制工作负责人和工作班子，落实规划编制工作的相关承担单位，集中力量，抓紧开展工作。国家发展改革委、水利部等部门加强对各地规划编制的指导。

多渠道落实资金。农村饮水安全保障实行地方行政首长负责制。"十三五"农村饮水安全巩固提升工程建设资金以地方政府为主负责落实，中央财政重点对贫困地区等予以适当补助，并与各地规划任务完成情况等挂钩。中央将建立考核机制，对各地实现规划目标情况进行考核，各省确定的规划目标和建设任务将作为中央对各地考核的依据。各地要将饮水安全工程建设所需资金列入地方建设资金总盘子并予以优先保证。工程运行管理经费主要通过制定合理的水价、供水单位收缴水费，以及地方财政补贴予以解决。

加强组织领导。国家有关部门将根据职责加强指导，并加强对地方规划实施情况的监督检查。各地发展改革、水利、卫生计生、环保、财政、住房城乡建设等部门要按照职能分工，落实责任，各负其责，加强协调，密切配合，共同做好工作。为指导做好省级规划编制工作，水利部制定了《农村饮水安全巩固提升工程"十三五"规划》编制工作大纲，现一并印发给你们，供在工作中参考。请各地于2016年3月底前将经批准的省级规划报国家发展改革委、水利部、卫生计生委、环境保护部、财政部、住房城乡建设部备案，规划电子版发送电子邮件至gsc@mwr.gov.cno。

附件：《农村饮水安全巩固提升工程"十三五"规划》编制工作大纲

附件

《农村饮水安全巩固提升工程"十三五"规划》编制工作大纲

实施农村饮水安全工程建设以来，我省农村供水状况大幅改善，到2015年年底，全省农村饮水安全问题基本解决。但一些地区农村饮水安全成果还不够牢固、容易反复，在水量和水质保障、长效运行等方面还存在一些薄弱环节，与中央提出的到2020年全面建成小康社会、确保贫困地区如期脱贫等目标要求还有一定差距。"十三五"期间，需通过实施农村饮水安全巩固提升工程，切实把成果巩固住、稳定住、不反复，全面提高农村饮水安全保障水平。为指导各县（市、区）科学编制农村饮水安全巩固提升工程"十三五"规划，制订本工作大纲。

一、总 论

（一）规划工作任务

农村饮水安全保障实行地方行政首长负责制。巩固提升工程"十三五"规划建设任务和投资规模由地方自行确定。建设资金由地方筹措，中央及省重点对贫困地区等予以适当补助，并与各地规划任务完成情况等挂钩。中央和省将建立逐级考核机制，各地确定的规划目标任务将作为考核的依据。规划主要工作任务是：

1. 科学评价工程现状。充分利用农村供水工程普查成果，认真总结"十二五"农村饮水安全工程实施情况，全面分析评价农村饮水安全工程建设管理现状，总结成效，查找薄弱环节、存在问题和制约因素。

2. 认真搞好需求分析。围绕全面建成小康社会和实施脱贫攻坚工程的目标要求，重点从解决部分地区饮水安全易反复、一些地区水质保障程度不高、长效机制不健全等方面进行深入分析，针对不同区域提出农村饮水安全巩固提升工程建设和管理需求。

3. 合理制定规划目标。保障农村饮水安全是一项长期的任务。"十三五"规划任务的重点是突出工程管理和运行维护，适当采取工程措施，达到巩固提升农村饮水安全成果的目标。各地要根据本地经济发展水平、资金投入可能和建设管理要求，科学合理确定"十三五"规划目标。

4. 重点抓好规划布局。综合考虑当地自然地理和水资源条件、经济社会发展水平、村镇布局、人口变化、重点风险源分布及现有工程实际状况和贫困人口易地搬迁措施等情况，按照以改造配套为重点、辅以适当新建的原则，合理确定巩固提升工程总体布局和发展规模。

5. 分类确定建设任务。围绕解决部分地区饮水安全易反复问题，合理确定改造与新建工程的建设任务；围绕提高水质保障程度，确定水厂水质净化处理和消毒设施配套完善的措施；围绕工程长效运行，确定创新管理体制与运行机制、水源保护、信息化建设等任务。

6. 强化保障机制建设。根据农村饮水安全巩固提升的总体目标和任务，从加强组织领导、完善工作制度、加大资金投入、强化监督管理等方面制定规划实施的保障措施。

(二) 规划思路与编制原则

1. 规划思路

在全面摸底调查工程现状、查找薄弱环节的基础上，围绕实施脱贫攻坚工程、全面建成小康社会的目标要求，立足巩固已有饮水安全成果，突出建立健全管理维护长效机制，充分发挥已建工程效益，综合采取配套、改造、升级、联网等方式，辅以新建措施，合理确定各市规划目标和建设任务，并分解到县（市、区）。按照"规模化发展、标准化建设、专业化管理、企业化运营"的要求，整体推进农村饮水安全巩固提升。市、县政府重视、有条件和积极性高的地区可适当超前规划。

2. 编制原则

（1）统筹规划，突出重点

综合考虑各地自然地理条件、经济社会发展水平，采取"自下而上、自上而下、上下协调"方式，科学合理确定各地规划目标、区域布局、建设任务。重点解决部分饮水安全不达标、易反复、水质保障程度不高等问题。

（2）因地制宜，远近结合

立足问题导向，充分考虑当地实际，统筹当前和长远，综合采取"以大带小、城乡统筹，以大并小、小小联合"的方式，"能延则延、能并则并、宜大则大、宜小则小"，量力而行，分步实施。

（3）明确责任，两手发力

明确事权，落实饮水安全保障地方行政首长负责制。充分发挥政府统筹规划、政策引导、制度保障作用，积极引入市场机制，制定合理的价格及收费机制，引导和鼓励社会资本投入。

（4）依靠科技，提升水平

加大科技对农村供水发展的支撑力度，增强创新能力，积极开发推广应用适宜农村供水的技术、工艺和设备。推进农村供水生产运行和管理信息化，提升农村供水行业现代化水平。

（5）强化管理，长效运行

加强工程运行管理，明晰工程产权，落实管护主体、责任和经费，建立合理水价机制，落实运行管护地方财政补贴。健全基层专业化技术服务体系。强化水源保护和水质管理，创新工程管理体制与运行机制，确保工程长效运行。

（三）基本规定

1. 规划范围

全省县城（不含县城城区）以下的乡镇、村庄、农村学校，以及国有农（林）场。

2. 规划水平年

规划基准年为2015年，水平年为2020年。

3. 基本资料口径

现状经济社会指标、水资源开发利用等基础数据资料应采用权威部门发布的数据（统计年鉴等），部分缺乏统计资料的数据可进行典型调查，认真复核分析相关数据，保证基本资料的真实、合理。同时应做好与全国农村供水工程普查和全国农村饮水安全管理信息系统数据的衔接。

（四）规划编制依据

本规划编制主要依据以下政策性文件及相关标准、技术规范、规程：

(1)《中共中央关于制定国民经济和社会发展第十三个五年规划的建议》(2015年10月29日党的十八届五中全会通过)

(2)《中共中央 国务院关于打赢脱贫攻坚战的决定》(2015年11月29日)

(3)《中共河北省委 河北省人民政府关于坚决打赢脱贫攻坚战的决定》(2015年12月26日)

(4)《中共河北省委 河北省人民政府关于加快推进美丽乡村建设的意见》(冀发〔2016〕3号)

(5)《关于加大改革创新力度加快农业现代化建设的若干意见》

(6)《关于全面深化农村改革加快推进农业现代化的若干意见》

(7)《关于加快水利改革发展的决定》

(8)《全国水资源综合规划》(2010年)

(9)《全国农村饮水安全工程"十二五"规划》,国家发展改革委、水利部、卫生部、环保部(2012年6月国务院批复)

(10)《水污染防治行动计划》

(11)《中国农村扶贫开发纲要(2011—2020年)》

(12)《关于印发农村饮用水安全卫生评价指标体系的通知》(水农〔2004〕547号),水利部、卫生部,2004年

(13)《生活饮用水卫生标准》(GB 5749—2006)

(14)《村镇供水工程设计规范》(SL 687—2014)

(15)《全国重要江河湖泊水功能区划(2011—2030年)》(2011年)

(16)《建设项目水资源论证导则》(SL 322—2013)

(17)《村镇供水工程运行管理规程》(SL689-2013)

(18)《室外给水设计规范》(GB 50013—2006)

(19)《饮用水水源保护区划分技术规范》(HJ/T 338—2007)

(20)《饮用水水源保护区标志技术要求》(HJ/T 433—2008)

(21)《集中式饮用水水源编码规范》(HJ 747—2015)

(22)《地表水环境质量标准》(GB 3838—2002)

(23)《地下水质量标准》(GB/T 14848—93)

(24)《水利建设项目经济评价规范》(SL 72—2013)

(25)《开发建设项目水土保持技术规范》(GB 50433—2008)

(26)《水环境监测规范》(SL 219—2013)

(27)其他相关规划及技术规范。

二、农村饮水安全现状评价与预测

(一)"十二五"规划实施情况及成效

采取定性与定量相结合的方法,全面深入总结"十二五"农村饮水安全取得的主要成效、做法、经验。

(二)农村饮水安全工程基本状况

统计分析到2015年底农村饮水安全状况,包括基本情况、工程状况、管理运行现状、水质

保障情况等。

(三) 存在的主要问题

主要从工程设施保障程度、水质保障能力、管理体制与运行机制等三个方面查找突出问题。

(四) 实施农村饮水安全巩固提升的必要性

从统筹城乡发展、全面建成小康社会、确保农村贫困人口如期脱贫、全面提高农民健康水平等方面论述。

三、规划目标与总体布局

(一) 规划目标

按照全面建成小康社会的总体要求，到2020年，通过实施农村饮水安全巩固提升工程，采取新建和改造等措施，进一步提高农村供水集中供水率、城镇自来水管网覆盖行政村的比例、自来水普及率、水质达标率和供水保证率，建立健全工程良性运行机制，提高运行管理水平和监管能力，为全面建设小康社会提供良好的饮水安全保障。

各市根据各县（市、区）实际需求和投资能力确定巩固提升目标，并分解到县级，突出基本民生保障，优先解决易地扶贫搬迁工程集中安置区、水量不足地区、贫困缺水地区和饮用高氟水地区农村饮水安全巩固提升问题。

(二) 总体布局

根据统筹城乡发展的总体要求，综合考虑乡（镇）村人口分布、城镇化发展及区域内外水源条件、地形地貌、用水需求、技术经济条件等因素，与美丽宜居乡村规划、新型城镇化发展规划、脱贫攻坚规划紧密衔接，按照规模化建设、专业化管理、经济合理、方便管理等原则，科学确定工程总体布局、建设规模和技术方案。其中，对列入"十三五"脱贫攻坚工程实施范围的地区和人口，要单列工程目标任务、规模、投资等相关指标。

供水工程受益范围可打破县、乡、村行政界限，按照重点发展集中连片规模化供水工程的思路进行规划。充分挖掘现有城镇水厂供水潜力，推动城镇供水设施向农村延伸，采取管网延伸扩大供水区域；对原工程规模小且水源有保障的，尽可能进行改、扩建，采取联网并网，提高供水保证率；对水源有保证，但工程老化或水处理设施不完善的供水工程，通过改造或新建供水设施，配套完善水处理设施，实现巩固提升和水质改善。其他工程采用适宜的水处理技术和消毒措施，遇干旱年份采取应急措施。

四、建设标准与主要建设内容

(一) 工程建设标准

1. 供水水质：达到《生活饮用水卫生标准》（GB 5749—2006）的要求。

2. 供水水量：以居民生活用水为主，统筹考虑饲养畜禽和二、三产业等用水，改造和新建的集中供水工程满足《村镇供水工程设计规范》（SL 687—2014）中不同地区、不同用水条件的要求，但要注意避免设计供水规模过大的问题。

3. 方便程度：改造和新建的集中供水工程供水到户，其中供水规模 $200m^3/d$ 以上工程日供水时间 8h 以上。

4. 供水保证率：（1）水源保证率，地表水源保证率不低于95%，地下水水源设计取水量应小于允许开采量。（2）供水保证率不低于95%。

5. 水源保护：日供水 1000 吨或服务人口 10000 人以上的水源，应参照《集中式饮用水水源环境保护指南》等规定划定水源保护区；日供水 1000 吨或服务人口 10000 人以下的水源，应按其规模，参照《集中式饮用水水源环境保护指南》和《分散式饮用水水源地环境保护指南》等规定划定保护区或保护范围。

6. 工程质量：改造和新建的集中供水工程配备计量设施，各种构筑物、机电设备、输配水管材等材料设备和工程质量符合相关技术标准要求。

（二）主要建设内容

1. 供水工程改造与建设

通过新建、供水管网延伸、改造、配套、联网等措施，统筹解决部分地区仍然存在的工程标准低、规模小、老化失修以及水污染、水源变化等原因出现的农村饮水安全不达标、易反复等问题，重点解决贫困人口饮水问题。

主要指标：（1）新建集中供水工程数（处）及新增供水能力（m^3/d），工程受益人口（万人）；（2）管网延伸、联网、扩建工程数（处）及供水规模（m^3/d），工程受益人口（万人），其中城镇自来水管网延伸覆盖行政村数（万个），工程受益人口（万人）；（3）改造配套集中供水工程数（处）及供水规模（m^3/d），受益人口（万人），包括老旧水源、水厂、管网改造、联网并网、工程扩建；（4）新建分散式供水工程数（处），工程受益人口（万人）；（5）新建和改造工程受益人口（万人），其中贫困人口（万人）。

2. 水处理设施改造配套工程

通过改造完善现有工程水处理设施、配套消毒设备等措施提高水质达标率。

主要指标：（1）改造水处理设施的集中供水工程数（处）及改造供水规模（m^3/d）；（2）配套消毒设备（万台）；（3）水处理与消毒设施改造配套工程受益人口（万人），其中贫困人口（万人）。

3. 农村饮用水源保护、规模水厂水质化验室以及信息化建设

开展水源保护区或保护范围划定工作，推进防护设施建设和标志设置；千吨万人以上工程配置水质化验室；开展农村饮水安全信息系统建设、规模以上水厂自动化监控系统建设、水质状况实时监测试点建设。

主要指标：（1）水源保护区（或保护范围）划定（处）；（2）水源防护设施建设（处）；（3）规模化水厂化验室建设（处）；（4）千吨万人规模以上水厂自动化监控系统建设（处）；（5）县级农村饮水安全信息系统建设（处）。

（三）典型工程设计

各县（市、区）应根据水源状况、工程建设条件、供水方式和水文工程地质条件等，选取具有代表性的或参照已建同类工程作为典型工程设计。典型工程数量按不同类型、不同规模确定，各类典型工程一般不少于1处，典型工程总数不少于5处。典型工程设计主要内容包括：工程概况、工程规模、水源选择、工程技术方案、工程设计、主要工程量及投资、设计图等。

五、管理改革任务

(一) 落实地方责任

农村饮水安全保障实行地方行政首长负责制,各级政府负总责,并逐级将责任落实到县、乡(镇)政府及有关部门和单位。工程建设资金由各级政府负责落实,并实行目标考核与绩效考评,促进各地健全完善工程良性运行管理体制机制,保障农村饮水安全巩固提升目标实现。

(二) 改革管理体制

继续健全完善农村饮水安全保障管理机构,全面建立区域农村供水技术支持服务体系。加快农村饮水安全工程产权改革,明晰所有权、经营权、管理权,落实工程管护主体、责任、经费。以各级政府投资为主的规模以上工程,按照产权清晰、权责明确、政企分开的原则,组建专业化管理组织。社会资本为主、各级政府补助为辅建设的工程,按照"谁投资、谁所有"的原则组建具有独立法人资格的股份制公司负责工程管理。积极探索推广设计施工总承包制、代建制、政府购买服务以及专业化和物业式管理等新的工程建设管理形式。创新运作机制,保障城镇供水企业有积极性实施供水设施向农村延伸,积极引导和鼓励社会资本通过采取多种方式参与工程建设管理。

(三) 完善水质保障体系

落实农村饮水安全工程建设、水源保护、水质监测评价"三同时"制度,对较大规模的农村饮水工程逐步开展建设项目水资源论证。依法划定饮用水源保护区或保护范围,加强水源保护和污染治理,强化供水单位水质管理,加强水质检测监测与评价,建立完善农村饮水安全数据库及信息共享机制,确保供水安全。

(四) 推进水价改革

加快建立合理水价形成机制,按照"补偿成本、公平负担"的原则,合理确定水价,逐步推行基本水价+计量水价的"两部制"水价,实行阶梯水价、用水定额管理与超额累进加价等制度。对二、三产业的水价按照"补偿成本、合理盈利"的原则确定,规范和完善工程供水计量收费工作。

(五) 落实工程维修养护经费

各地结合实际,制定工程维修养护定额标准。工程维修养护经费主要通过制定合理的水价、供水单位收缴水费,明确地方政府对维修养护资金财政扶持政策,有条件的地区,鼓励引入市场机制促进供水单位的长效运行,加强资金使用监管,促进工程良性运行。

(六) 规范工程管理

完善供水单位内部管理制度,提高管理水平和服务质量,逐步建立农村饮水工程专业化运营体系;加强农村水厂水质管理,建立健全规章制度,规范净水设备操作规程,严格制水工序质量控制,强化消毒水质检测,建立严格的取样和检测制度,完善以水质保障为核心的质量管理体系。加强供水运营的监督管理,通过加强培训,推行关键岗位持证上岗,严格水质检测制度,确保安全供水。

六、投资估算与资金筹措

(一) 投资估算

采取典型工程法估算全县（市、区）农村饮水安全巩固提升工程总投资。

(二) 资金筹措

农村饮水安全巩固提升工程"十三五"规划建设资金主要由市、县级政府负责落实，中央及省重点对贫困地区等予以适当补助，并与各地规划任务完成情况等挂钩。各地要落实好用地、用电、税收优惠政策，广泛吸引各类社会资金投资农村饮水安全工程建设，拓宽投融资渠道，多形式、多层次、多渠道筹集建设资金。创新机制，调动城镇供水企业向农村延伸的积极性。

七、保障措施

(一) 加强组织领导，落实建管责任
(二) 加大投资力度，保证建设资金
(三) 落实维护经费，确保长效运行
(四) 推进用水户参与，接受社会监督
(五) 加强技术推广，做好宣传培训

八、工作成果

(一) 省级和县级农村饮水安全巩固提升工程"十三五"规划报告
(二) 省级和县级农村供水工程现状及规划图、表
(三) 典型工程设计

附：指标说明

1. 集中供水率

指农村集中式供水工程供水人口占农村供水人口的比例。农村集中式供水工程受益人口是指统一水源、通过管网供水到户或供水到集中供水点的人口，供水人口通常大于等于20人。

2. 自来水普及率

农村自来水普及率是指拥有自来水受益人口占农村供水人口的比例。自来水是指自水源集中取水，通过输配水管网将合格的饮用水供水到户的供水方式，供水人口通常大于等于20人。

3. 水质达标率

水质达标率是指农村集中式供水工程监测水样综合合格率（按人口统计）。

4. 供水保证率

供水保证率包括水源保障程度和工程供水保证率，即通过工程措施调节后的工程综合供水保证率。

国务院办公厅转发《发展改革委关于实施新一轮农村电网改造升级工程意见》的通知

国办发〔2011〕23号　2011年5月10日

各省、自治区、直辖市人民政府，国务院各部委、各直属机构：

发展改革委《关于实施新一轮农村电网改造升级工程的意见》已经国务院同意，现转发给你们，请认真贯彻执行。

实施新一轮农村电网改造升级工程，是贯彻落实《中共中央国务院关于加大统筹城乡发展力度进一步夯实农业农村发展基础的若干意见》要求，加强农村电力基础设施建设，加快改善农村民生，缩小城乡公共事业发展差距的重要举措，各有关部门和地方各级人民政府要高度重视，加强组织领导，完善工作机制，落实责任，周密安排，扎实工作，切实完成好农村电网改造升级各项任务。

关于实施新一轮农村电网改造升级工程的意见

国家发展改革委

农村电网是农村重要的基础设施，关系农民生活、农业生产和农村繁荣。自1998年实施农村电网改造、农村电力管理体制改革、城乡用电同网同价以来，我国农村电网结构明显增强，供电可靠性显著提高，农村居民用电价格大幅降低，为农村经济社会发展创造了良好条件。但是，受历史、地理、体制等因素制约，目前我国农村电网建设仍存在许多矛盾和问题。中西部偏远地区农村电网改造面低，农业生产供电设施以及独立管理的农场、林场、小水电自供区等电网大部分没有改造，部分地区还没有实现城乡用电同网同价，一些已改造过的农村电网与快速增长的用电需求不相适应，又出现了新的线路"卡脖子"和设备"过负荷"问题。必须抓紧实施新一轮农村电网改造升级工程，进一步提升农村电网供电可靠性和供电能力，满足农民生活、农业生产用电需要。现就新一轮农村电网改造升级工作提出以下意见。

一、总体思路和主要目标

（一）总体思路

以邓小平理论和"三个代表"重要思想为指导，深入贯彻落实科学发展观，统筹城乡发展，适应农村用电快速增长需要，按照统一规划、分步实施，因地制宜、突出重点，经济合理、先进适用，深化改革、加强管理的原则，加快农村电网建设和改造，深化农村电力体制改革，实现城乡用电同网同价目标，构筑经济、优质、安全的新型农村供电体系，促进农村经济社会持续健康发展。

(二) 主要目标

"十二五"期间,全国农村电网普遍得到改造,农村居民生活用电得到较好保障,农业生产用电问题基本解决,县级供电企业"代管体制"全面取消,城乡用电同网同价目标全面实现,基本建成安全可靠、节能环保、技术先进、管理规范的新型农村电网。

二、工作重点

(一) 对未改造地区的农村电网(包括农场、林场及其他独立管理地区的电网),按照新的建设标准和要求进行全面改造,彻底解决遗留的农村电网未改造问题。

(二) 对已进行改造,但因电力需求快速增长出现供电能力不足、供电可靠性较低问题的农村电网,按照新的建设标准和要求实施升级改造,提高电网供电能力和电能质量。

(三) 根据各地区农业生产特点和农村实际情况,因地制宜,对粮食主产区农田灌溉、农村经济作物和农副产品加工、畜禽水产养殖等供电设施进行改造,满足农业生产用电需要。

(四) 按照统筹城乡发展要求,在实现城乡居民用电同网同价基础上,实现城乡各类用电同网同价,进一步减轻农村用电负担。

三、配套政策措施

(一) 加大资金支持力度。中西部地区农村电网改造升级工程项目资本金主要由中央安排,东部地区农村电网改造升级工程项目资本金由项目法人自筹解决。鼓励项目法人加大资金筹措力度,加快农村电网改造升级步伐。

(二) 完善农网还贷资金管理。继续执行每千瓦时电量加收2分钱的农网还贷资金政策,专项用于农村电网建设与改造升级工程贷款的还本付息。有关部门要加强监管,指导督促电网企业严格按照国家有关规定征收、使用农网还贷资金,同时,要积极研究农网还贷资金统筹使用机制,加强对中西部地区的扶持,建立对农村电网建设改造、运营维护持续投入的长效机制。

(三) 深化农村电力体制改革。全面取消县级电网企业"代管体制",按照建立现代企业制度要求和公平自愿原则,通过无偿划转、股份制改造等多种形式,建立有利于促进农村电力健康发展的体制机制。地方管理的电网企业也要深化改革,鼓励与大电网企业通过各种形式的合作或融合,提高供电能力和服务水平。

四、工作要求

(一) 编制改造升级规划。各省(自治区、直辖市)人民政府要根据本地区农村经济社会发展需要,按照因地制宜、实事求是、量力而行的原则,编制农村电网改造升级"十二五"规划,明确发展目标、工作任务、建设重点、建设方案和投资需求,对本地区农村电网改造升级工作作出周密部署。

(二) 加强工程质量管理。发展改革委要制定农村电网改造升级项目管理办法和技术规范,加强项目监管和质量抽查,确保工程质量。国家电网公司、中国南方电网有限责任公司及有关地方电网企业要加强项目前期工作,严格执行基本建设程序和相关管理制度,努力把农村电网改造升级建成精品工程。

国家发展和改革委员会　农业部　国家林业局
关于做好农林场电网改造升级工作有关要求的通知

发改能源〔2011〕822号

各省（区、市）发展改革委、能源局，农业（农垦）厅（委、局），林业厅（委、局），国家电网公司、南方电网公司：

做好农场、林场（含国有林区，以及省级以上自然保护区和国家森林公园，以下简称"农林场"）电网改造升级工作，是新一轮农村电网改造升级工程的重要内容。为做好农林场电网改造升级工作，现将有关要求通知如下：

一、开展农林场供电情况调查

各省（区、市）发展改革委、能源局会同农业（农垦）、林业部门，组织电网企业开展农林场电力情况调查。以县为单位（国有林区以林业局为单位）对未改造电网、未理顺管理体制以及未实现同网同价的农林场进行调查，摸清未改造、未理顺体制及未实现同价的农林场的基本情况，包括名称、地点、户数（人数）、供电设施、用电价格、管理体制等情况，并汇总形成农林场电力情况调查报告。

二、理顺农林场电力管理体制

由于历史和体制等因素，目前部分农林场还存在电网独立管理、电网设施落后、供电和服务水平低等问题。因此，各地要结合林业改革和农场相关改革，按照公平自愿的原则，在与当地电网企业协商一致的基础上，将农林场电网融入当地大电网统筹管理，发挥大电网技术、资金、管理和专业优势，加强农林场电网设施建设与改造，提高供电能力和服务水平，加快改善农林场生产生活用电条件。

三、做好规划工作

各省（区、市）发展改革委、能源局要会同农业（农垦）、林业部门，按照国家发展改革委《关于开展农网改造升级工程规划有关要求的通知》（发改办能源〔2010〕2177号）要求，研究制定农林场电网改造升级规划，并以此为基础统筹安排，做好农林场电网建设与改造工作。

四、年度投资计划和项目实施

从2011年开始，各省（区、市）在安排农网改造升级投资计划时，要明确本年度农林场电网安排情况，包括建设内容、建设规模、投资规模等。省级电网企业要按照农网改造升级技术原则，研究提出农林场电网改造升级工作方案，纳入企业年度计划，积极开展项目前期工作，落实建设条件，做好项目实施工作。

五、有关要求

（一）各省（区、市）发展改革委、能源局要会同农业（农垦）和林业部门，结合当地规划，根据未改造农林场电网的实际情况，制定改造升级工作方案，积极协调省级电网企业和当地农林场单位做好理顺农林场电力管理体制的工作。

（二）各省（区、市）农业（农垦）和林业部门，要发挥行业管理职能，协调解决好理顺体制和建设过程中的有关问题，制定推动理顺体制工作方案，明确工作进度和具体要求，尽快完成理顺体制工作，抓紧启动电网改造升级工作。

（三）国家电网公司、南方电网公司以及有关省级地方电网企业要针对农林场特点，研究制定相应的农林场电网改造升级工程管理措施和要求，加强项目前期工作，严格执行基本建设程序和相关管理制度，实施好农林场供电设施改造升级工程。

国家林业局计财司 国家能源局新能源司关于开展国有林区供电保障基础数据调查和做好电网改造升级改造规划的通知

规规函〔2010〕163号

各省、自治区、直辖市林业厅（局）、发展改革委（能源局），内蒙古、吉林、龙江、大兴安岭森工（林业）集团公司，新疆生产建设兵团林业局：

7月12日召开的"全国农村电网改造升级工作会议"指出，国家将通过3年左右的时间，完成新一轮农网改造工作，并明确将国有林区（场）纳入新一轮农网改造范围。为切实做好国有林区电网改造升级工作，确保国有林区电力基础设施得到有效解决，国家林业局计财司与国家能源局新能源司决定对国有林区供电保障基础数据联合开展调查，并根据调查情况逐步完善国有林区供电及电网改造升级工作。现将有关事项通知如下：

一、切实做好国有林区供电保障基础数据调查工作

国有林区供电保障基础数据调查时林区电网改造升级工作的前提，是编制《农网改造升级总体规划》和《农网改造升级3年（2010—2012年）实施规划》的重要依据。各级林业、能源等部门要按照以人为本的要求，本着实事求是、认真负责的态度，对调查工作统一部署、统筹安排，做好协调配合工作，实施有效管理。

（一）调查对象和范围

国有林区供电保障情况调查对象和范围为：重点森工林业局（营林局）及下属林场、国有林场、省级以上自然保护区、国家级森林公园、采育林场及其代管村。国有林场与自然保护区或森林公园等一套人马两块牌子的单位，以国有林场为统计单位，确保不重复、不遗漏。

（二）调查主要内容

国有林区供电保障情况调查的主要内容为：一是国有林区基本情况；二是国有林区生产生活用电现状；三是国有林区未来电力需求；四是国有林区供电管理现状、供电管理体制改革方向；五是未通电的主要原因等（详见附件）。

（三）调查的标准时点

本次国有林区供电保障情况调查的标准时点为2010年8月30日，所有数据如无特殊说明均以此时点数据填写。

（四）组织方式

本次国有林区供电保障情况调查由国家林业局发展规划与资金管理司和国家能源局新能源司共同负责组织实施，国家林业局场圃总站负责具体工作。

二、努力做好国有林区电网改造升级规划工作

编制好规划是做好国有林场电网改造升级工作的重要基础和保障。各级林业、能源部门要

结合林业改革，积极向当地政府汇报，将国有林区供电保障问题纳入地方各级政府国民经济和社会发展规划。要在认真开展国有林场供电情况调查摸底工作的基础上，积极做好《农网改造升级总体规划》和《农网改造升级3年（2010—2012年）实施规划》的编制特别是分年度建设方案的制度工作，将国有林区纳入相关规划范围。尚未实施电网改造的国有林区要争取改造到位，已经改造过的，因电力需求增长又出现供电能力不足的电网要实施改造升级，同时争取实现林区与城乡各类用电同网同价。

三、积极推进国有林区供电体制改革

由于历史和体制等因素，我国部分国有林区还存在自办供电企业的现象，电网独立管理，成为制约林区电网改造的主要因素。供电体制改革是国有林区电网改造升级的前提，体制不改革，省级法人主体地位不确立，资产关系不明晰，银行信贷关系不稳定，供电管理不规范，就不能纳入农网改造范围。各级林业主管部门要清醒认识当前形势，把握好工作重点，以建立现代企业制度为核心，结合林业改革，按照自愿的原则，主动衔接本级能源、电力部门，逐步将独立管理的电网和自办的供电企业移交出去，形成国有林场电网建设发展长效机制。

四、有关要求

（一）加强组织领导

此次新一轮农网改造是本届政府实施的一次大规模电力设施建设工程，明确将国有林区纳入改造范围，体现了党中央、国务院对林业工作的高度重视，对解决国有林区生产生活用电困难具有十分重要的意义。各级林业主管部门要进一步增强工作的使命感、责任感和紧迫感，高度重视，主动衔接本级发改（能源）、电力部门、开展好国有林区供电保障基础数据调查和相关规划的编制工作，使国有林区电力基础设施条件落后的问题在国家新一轮农网改造工作中一并得到解决。国家林业局计财司和国家能源局新能源司将适时开展调研，对各地工作开展情况进行督查。

（二）做好相关保障工作

国有林区电网改造升级工作施工期短、任务重。各级林业、能源、电力部门要选配业务能力强的骨干人员，组建专门的工作队伍，做好国有林区供电保障基础数据调查和相关规划的编制工作。要结合国有林场危旧房改造和生产力布局调整等工作，合理规划国有林场电力设施布局，有力生产，方便生活。国有林区电网改造升级涉及征占用林地的，各级林业主管部门要依法加快审核审批工作进度，确保国有林场电网改造升级工作顺利实施。

（三）按时上报有关情况

请各省级林业、能源部门将本地区国有林区供电情况调查摸底情况与2010年10月30日前以正是文件（含附件）分别报送国家林业局计财司和国家能源局新能源司，并将电网改造升级工作进展情况及工作中遇到的问题及时上报。

国家林业局场圃总站关于做好国有林场电网改造升级有关工作的通知

林场场字〔2011〕47号

各省、自治区、直辖市林业厅（局）：

2011年4月21日，国家发展改革委、农业部和国家林业局联合印发了《关于做好农林场电网改造升级工作有关要求的通知》（发改能源〔2011〕822号），5月10日，国务院办公厅印发了《国务院办公厅转发发展改革委关于实施新一轮农村电网改造升级工程意见的通知》（国办发〔2011〕23号）（以下简称"两项通知"）。"两项通知"明确将国有林场电力基础设施改造建设纳和一轮农村电网改造升级工程。为贯彻落实好两项"通知精神"，现提出以下要求：

一、提高认识，将贯彻落实"两项通知"列入工作的重要议程。国有林场电网改造升级是继国有林场危旧房改造之后，党中央国务院为促进国有林场发展出台的重要民生工程。各级林场主管部门要积极配合发改、能源部门，认真贯彻落实"两项通知"，组织国有林场电力情况调查，摸清国有林场电网基本情况，结合国有林场改革、制定国有林场电网改造升级规划，协调解决好理顺国有林场电管理体制和供电设施建设过程中的有关问题，抓紧启动电网改造升级工作。

二、加强培训，全面掌握"两项通知"的主要内容。各级林业主管部门和国有林场要认真组织学习和培训，使林场主管部门和国有林场的负责同志能够全面掌握电网改造升级的主要程序、具体办法和技术规定。要以省（自治区、直辖市）为单位，结合国有林场的特点，编写培训材料，并尽快下发到林场。

三、强化检查，将"两项通知"的要求落到实处。各级林场主管部门要加强领导，明确责任，强化检查，一级抓一级，层层抓落实。要将国有林场电网改造升级的成效作为业绩考核的重要内容，并组织督查。今年下半年，国家林业局将对部分省（自治区、直辖市）进行督查。

四、加强信息反馈工作。各省（自治区、直辖市）要在每个3、6、9、12月的25日前，对国有林场电网改造升级工作进展情况进行上报（进度表见附件，季报采用电子邮件形式报送，表格电子版从中国林场信息网：www.guoyoulc.com 的"下载专区"下载）。各地涌现的好的做法和经验要及时总结上报。

国家林业局办公室关于做好 2011 年国有林区（场）电网改造升级工作的通知

办规〔2011〕141 号

各有关省、自治区、直辖市林业厅（局）、内蒙古、龙江、大兴安岭森工（林业）集团公司：

在国家发展改革委、国家能源局、国家电网公司等部门的大力支持下，国有林区（场）电网改造升级工作已纳入新一轮农村电网改造升级工程。近期，国家发展改革委下发了《关于下达农村电网改造升级工程 2011 年中央预算内投资计划的通知》（发改投资〔2011〕1392 号，详见附件1），已将国有林区（场）电网改造升级工程列入了 2011 年国有林区（场）电网改造升级投资落到实处，真实准确地反映国有林区（场）电网改造升级工程进度，现提出以下要求。

一、高度重视，加强领导

国家此次明确将国有林区（场）纳入农村电网改造升级工程，并下达了 2011 年中央预算内投资计划，体现了对国有林区（场）建设和发展特别是基础设施建设的高度重视。各级林业主管部门务必抓住机遇，尽快与本级发展改革（能源）、电力部门衔接，主动配合做好相关工作，将建设任务分解到具体林场，按时完成 2011 年的建设任务。要积极协调解决好电网改造升级建设过程中的有关问题，建设过程中涉及占用征收林地的，各级林业主管部门要加快审核、审批进度，为工程建设创造良好条件，确保国有林区（场）电网改造升级工作顺利实施。

二、切实理顺国有林区（场）供电体制

国家此次安排国有林区（场）电网改造升级中央投资的前提是理顺供电管理体制。各级林业主管部门要充分认识形式，把握重点，主动衔接本级发展改革（能源）、电力部门，积极推动国有林区（场）供电管理体制改革，形成国有林区（场）电网建设发展长效机制，为争取国家投资、改变国有林区（场）供电基础设施建设落后状况奠定良好基础。

三、按时上报工程进展情况

为全面掌握国有林区（场）电网改造升级工作进展情况，及时了解各林场电网改造升级工程进度，协调解决工作中遇到的问题，并为 2012 年争取更大的投资奠定基础，请各省级林业主管部门将本地 2011 年国有林区（场）电网改造升级工程进度（包括建设内容、建设规模、投资规模等，格式见附件2）及工作中遇到的相关问题于 2011 年 10 月 31 日前报我局。

国家林业局办公室 国家广电总局办公厅关于开展国有林区广播电视覆盖情况调查工作的通知

办规字〔2010〕117号

各省、自治区、直辖市林业厅（局）、广电局，内蒙古、龙江、大兴安岭森工（林业）集团公司：

林业是生态建设的主体，在保护和改善生态环境，促进经济社会协调可持续发展等方面发挥着不可替代的作用。长期以来，由于地处偏僻，经济、社会发展相对滞后，部分林区广播电视覆盖率低，信息闭塞，林区职工文化生活相对贫乏，与日益增长的精神文化需求有很大差距。为切实加强国有林区广播电视基础设施建设，解决林区职工看电视难的问题，国家林业局与国家广电总局决定对国有林区广播电视覆盖情况联合开展调查，现将有关事项通知如下：

一、调查对象和范围

本次国有林区广播电视覆盖情况调查对象和范围为：重点森工林业局（营林局）及下属林场、国有林场、省级以上自然保护区（含省级）、国家级森林公园、采育林场及其代管村。国有林场与自然保护区或森林公园等一套人马两块牌子的单位，以国有林场为统计单位，确保不重复、不遗漏。

二、调查内容

本次调查的内容包括：一是没有通广播电视林区（场）的基本情况、没有通广播电视的原因等；没有通广播电视是指，电视机不使用卫星接收天线就收不到稳定图像和清晰伴音电视节目。二是已通广播电视林区（场）的收视效果、收视情况、"返盲"情况及其原因等。三是网络投资建设主题、节目套数、收费情况、是否进行数字化转换等。

三、调查的标准时点

本次调查的标准时点为2010年6月30日，所有数据如无特殊说明均以此时点数据填写。

四、组织方式

本次调查由国家林业局发展规划与资金管理司和国家广电总局规划财务司共同负责组织实施，国家林业局国有林场和林木种苗工作总站承担具体工作。

五、有关要求

（一）加强组织领导

国有林区广播电视覆盖情况调查工作作为一项基础性的调查工作，技术要求高，工作任务重，涉及面广政策性强。各级林业、广电部门要按照以人为本的要求，切实提高对调查工作重要性的认识，本着实事求是、认真负责的态度，对调查工作统一部署、统筹安排，做好协调配合工作，实施月效管理。

(二) 规范调查工作

国有林区广播电视覆盖情况调查工作要坚持从林区实际出发，以消灭覆盖盲区和增强覆盖效果为重点，严格按照国家有关要求和标准进行；各级林业、广电部门对调查结果要认真审核、严格把关，确保数据真实、准确，逐级上报，逐级汇总，国家林业局与国家广电总局将适时开展调研，对各地调查结果进行抽查。

(三) 加大政策扶持力度

各级林业、广电部门要结合国有林场改革、国有林场扶贫和林业棚户区（危旧房）改造等工作，积极向当地政府汇报，将加强广播电视覆盖纳入地方各级政府国民经济和社会发展规划和相关专项规划，解决居住在乡（镇）以下的林业职工收听收看广播电视问题；要按照因地制宜、注重实效、经济适用的原则，采用地面无线、直播卫星和有线网络等方式，扩大广播电视对林区的有效覆盖，并将林区职工纳入有关补贴政策范围，切实解决林区职工看电视难问题。

(四) 按时报送调查情况

请各省级林业、广电主管部门将本地区国有林区广播电视覆盖情况调查摸底情况于2010年8月15日前形成正式书面材料（含附件）分别报送国家林业局和国家广电总局。

国家林业局计财司关于转发《全国"十二五"广播电视村村通工程建设规划》的通知

规规〔2012〕3号

各省、自治区、直辖市林业厅（局），内蒙古、吉林、龙江、大兴安岭森工（林业）集团公司：

  在国家发展改革委、广播电视总局的大力支持下，国有林区广播电视问题纳入了《全国"十二五"广播电视村村通工程建设规划》（以下简称《规划》）。近日，国家发展改革委、国家广电总局联合印发了该《规划》，现将《规划》转发给你们，请各地高度重视该项工作，严格按照规划提出的相关要求，加强组织协调，认真编制好工程建设方案，对已纳入《规划》但未享受中央投资补助政策的用户，要按照《国务院办公厅关于进一步做好新时期广播电视村村通工作的通知》（国办发〔2006〕79号）要求进行落实，确保规划顺利实施。

  各省级林业主管部门要及时将本地区国有林场（场）广播电视覆盖工作进展情况包括中央投资落实情况、省市配套到位情况、解决的职工户数及遇到的问题及时报送我局。

国务院办公厅转发国家发展改革委关于"十三五"期间实施新一轮农村电网改造升级工程意见的通知

国办发〔2016〕9号 2016年2月16日

各省、自治区、直辖市人民政府，国务院各部委、各直属机构：

国家发展改革委《关于"十三五"期间实施新一轮农村电网改造升级工程的意见》已经国务院同意，现转发给你们，请认真贯彻执行。

实施新一轮农村电网改造升级工程，是加强农村基础设施建设，加快城乡基本公共服务均等化进程的重要举措，对促进农村消费升级、带动相关产业发展和拉动有效投资具有积极意义。各地区、各有关部门和相关企业要进一步提高思想认识，加强组织、规范管理，落实责任、密切配合，切实完成好新一轮农村电网改造升级各项任务。

（此件公开发布）

关于"十三五"期间实施新一轮农村电网改造升级工程的意见

国家发展改革委

农村电网是农村重要的基础设施，对促进农业农村发展、改善农民生产生活条件具有不可替代的作用。"十二五"时期实施农村电网改造升级工程以来，农村电网结构大幅改善，电力供应能力明显提升，管理体制基本理顺，同网同价基本实现，彻底解决了无电人口用电问题。但受自然环境条件、历史遗留问题等各种因素制约，城乡电力服务差距较为明显，农村地区电力保障能力与日益增长的用电需求不相适应，贫困地区以及偏远少数民族地区电网建设相对滞后，农村电网整体水平与全面建成小康社会目标仍有差距。为充分满足广大农民用电需求，加快城乡电力服务均等化进程，现就"十三五"期间实施新一轮农村电网改造升级工程提出以下意见：

一、总体要求

（一）指导思想

全面贯彻党的十八大和十八届三中、四中、五中全会以及中央经济工作会议、中央扶贫开发工作会议、中央农村工作会议精神，以邓小平理论、"三个代表"重要思想、科学发展观为指导，按照"五位一体"总体布局和"四个全面"战略布局，牢固树立和贯彻落实创新、协调、绿色、开放、共享的发展理念，积极适应农业生产和农村消费需求，按照统筹规划、协调发展、突出重点、共享均等、电能替代、绿色低碳、创新机制、加强管理的原则，突出重点领域和薄弱环节，实施新一轮农村电网改造升级工程，加快城乡电力服务均等化进程，为促进农村经济社会发展提供电力保障。

(二) 主要目标

到 2020 年，全国农村地区基本实现稳定可靠的供电服务全覆盖，供电能力和服务水平明显提升，农村电网供电可靠率达到 99.8%，综合电压合格率达到 97.9%，户均配变容量不低于 2 千伏安，建成结构合理、技术先进、安全可靠、智能高效的现代农村电网，电能在农村家庭能源消费中的比重大幅提高。东部地区基本实现城乡供电服务均等化，中西部地区城乡供电服务差距大幅缩小，贫困及偏远少数民族地区农村电网基本满足生产生活需要。县级供电企业基本建立现代企业制度。

二、重点任务

(一) 加快新型小城镇、中心村电网和农业生产供电设施改造升级

结合推进新型城镇化、农业现代化和扶贫搬迁等，积极适应农产品加工、乡村旅游、农村电商等新型产业发展以及农民消费升级的用电需求，科学确定改造标准，推进新型小城镇和中心村电网改造升级。结合高标准农田建设和推广农业节水灌溉等工作，完善农业生产供电设施，加快推进机井通电，到 2017 年底，完成中心村电网改造升级，实现平原地区机井用电全覆盖。

(二) 稳步推进农村电网投资多元化

在做好电力普遍服务的前提下，结合售电侧改革拓宽融资渠道，探索通过政府和社会资本合作（PPP）等模式，运用商业机制引入社会资本参与农村电网建设改造。在西部偏远地区，鼓励相关企业因地制宜建设水能、太阳能、风能、生物质能等可再生能源局域电网。

(三) 开展西藏、新疆以及四川、云南、甘肃、青海四省藏区农村电网建设攻坚

继续落实各项优先支持政策，集中力量加快孤网县城的联网进程，符合条件的地区电网延伸到乡到村，到 2020 年实现孤网县城联网或建成可再生能源局域电网。农牧区基本实现用电全覆盖，电力在当地能源消费中的比重显著提升，促进改善农牧区生产生活条件。

(四) 加快西部及贫困地区农村电网改造升级

重点推进国家扶贫开发工作重点县、集中连片特困地区以及革命老区的农村电网改造升级，解决电压不达标、架构不合理、不通动力电等问题，提升电力普遍服务水平。结合新能源扶贫工程和微电网建设，提高农村电网接纳分布式新能源发电的能力，到 2020 年贫困地区供电服务水平接近本省（自治区、直辖市）农村平均水平。继续实施农场、林场林区、小水电供区电网改造升级。

(五) 推进东中部地区城乡供电服务均等化进程

东中部地区以及有条件的西部地区，在完善农村电网架构、缩短供电服务半径、提高户均配变容量的基础上，逐步提高农村电网信息化、自动化、智能化水平，进一步优化电力供给结构，缩小城乡供电服务差距，不断提高农村电气化水平，为农村经济社会发展、农民生活质量改善提供更好的电力保障。

三、政策措施

（一）多渠道筹集资金

"十三五"期间，继续安排中央预算内投资支持中西部地区农村电网改造升级工程，并通过项目法人自有资金、地方财政投入或专项建设基金等多种方式筹措项目资本金；东部地区农村电网改造升级工程主要通过项目法人自有资金或专项建设基金解决项目资本金。电网企业要加大对农村电网建设改造的资金投入。地方政府要按规定统筹使用相关财政资金和社会资金，承担相应的建设成本，支持农村电网改造升级。

（二）加强还贷资金管理

继续执行每千瓦时售电量收取2分钱的还贷资金政策，专项用于农村电网建设改造贷款的还本付息。有关部门要强化还贷资金管理，规范资金的征收使用，确保政策落实到位。

（三）深化电力体制改革

县级电网企业通过有限责任公司、股份有限公司等形式建立现代企业制度，到2020年全部取消"代管体制"。在有条件的地区开展县级电网企业股份制改革试点。

四、组织保障

（一）加强统筹协调

各省（自治区、直辖市）人民政府要将农村电网改造升级作为扩大投资、改善民生的重要领域，纳入本地区经济社会发展总体部署，完善工作机制，加强统筹协调，规范和简化项目管理程序，切实解决工程实施中手续繁杂、效率不高等问题，为农村电网改造升级工程创造良好环境。各有关部门要结合深化电力体制改革要求，有针对性地调整完善投资、价格、财税、金融等支持政策。

（二）强化规划管理

各省（自治区、直辖市）人民政府要在县级规划的基础上，组织编制本地区农村电网改造升级5年规划、建立3年滚动项目储备库，结合当地实际情况，明确任务目标、建设重点和工作措施，并与新型城镇化、新农村建设、扶贫搬迁、土地利用等规划做好衔接。国家发展改革委负责在各省（自治区、直辖市）规划的基础上，编制全国农村电网改造升级5年规划和3年滚动投资计划，修订项目管理办法，加强中央预算内投资计划管理，根据项目进展统筹安排年度投资计划。

（三）抓好监督评价

国家发展改革委要建立健全工程实施监督制度，及时掌握工作进度，定期开展专项督查，确保工程质量和安全。各地区要建立监测评价体系，对农村电网的建设投资、管理服务等进行考核评价，督促企业做好电力普遍服务。国家电网公司、中国南方电网有限责任公司及相关企业要加大农村电网建设改造力度，科学安排计划，加强组织实施和绩效考核，确保建设资金及时到位、工程任务按时完成。

参考文献

包国宪，曹西安，2007. 我国地方政府绩效评价的回顾与模式分析［J］. 兰州大学学报（社会科学版）（01）：34-39.

包国宪，董静，2006. 政府绩效评价在西方的实践及启示［J］. 兰州大学学报（05）：20-26.

包国宪，李一男，2011. 澳大利亚政府绩效评价实践的最新进展［J］. 中国行政管理（10）：95-99.

包国宪，冉敏，2007. 政府绩效评价中不同主体的价值取向［J］. 甘肃社会科学（1）：103-105.

包国宪，张志栋，2008. 我国第三方政府绩效评价组织的自律实现问题探析［J］. 中国行政管理（1）：49-51.

包国宪，周云飞，2010. 英国全面绩效评价体系：实践及启示［J］. 北京行政学院学报（05）：32-36.

包国宪，周云飞，2011. 英国政府绩效评价实践的最新进展［J］. 新视野（01）：88-90.

蔡昉，都阳，陈凡，2000. 论中国西部开发战略的投资导向：国家扶贫资金使用效果的启示［J］. 世界经济（11）：14-19.

蔡炯，高岚，2013. 我国生态型国有林场绩效评价研究［J］. 财经问题研究（09）：45-52.

蔡炯，2013. 北京市国有林场绩效评价研究［D］. 北京：北京林业大学.

陈凡，杨越，2003. 中国扶贫资金投入对缓解贫困的作用［J］. 农业技术经济（6）：1-5.

陈奉伟，2013. 基于空间回归模型的旅游扶贫绩效评价研究：以遵义市红色旅游为例［J］. 青年与社会（11）：137-138.

陈奉伟，2013. 基于主成分分析法的旅游扶贫绩效动态评价研究——以遵义市红色旅游为例［J］. 西部大开发（中旬刊）（4）：16-17.

陈建成，陈文汇，贺超，等. 森林养生休闲服务业将带动林业大发展［N］. 中国绿色时报，2015-11-03（A03）.

陈凌珠，庄天慧，2016. 四川省扶贫资金益贫效果分析［J］. 四川农业大学学报，34（02）：257-264.

陈荣源，胡明形，陈文汇，2020. 国有林场贫困测定与差异性研究［J］. 林业经济问题，40（01）：37-44.

陈薇，杨春河，2006. 河北省财政扶贫政策绩效评价实证研究［J］. 农业经济（07）：58-59.

陈文汇. 充分运用市场手段促进国有林场改革［N］. 中国绿色时报，2015-04-30（A03）.

陈文汇，刘俊昌，2012. 国外主要国有森林资源管理体制及比较分析［J］. 西北农林科技大学学报（社科版）（4）：80-85.

陈文汇，刘俊昌，李烨，2012. 职工视角下我国国有林场森林资源管理改革的调查分析［J］. 林业经济论坛，2（0）：45-51.

楚永生，2008. 参与式扶贫开发模式的运行机制及绩效分析——以甘肃省麻安村为例［J］. 中国行政管理（11）：48-51.

杜书瀚，2019. 新时代国有林场现代化发展研究［J］. 国家林业和草原局管理干部学院学报，18（04）：10-14.

杜永红，2018. 大数据背景下精准扶贫绩效评估研究［J］. 求实（02）：87-96+112.

范柏乃，马焉军，2006. 我国公安警务绩效评价实践及评价体系的构建研究［J］. 湘潭大学学报（哲学社会科学版），30（4）：15-20.

费逸人，2007. 企业绩效评价方法研究［D］. 北京：北方工业大学.

付英，张艳荣，2011. 兰州市扶贫开发绩效评价及其启示［J］. 湖南农业大学学报（社会科学版），12（5）：25-30.

葛海彦. 美国政府绩效评估及对我们的启示 [N]. 大众日报, 2010-12-18 (A6).

郭向荣, 侯一蕾, 赛斐, 等, 2012. 我国国有林场职工绩效评价体系研究——以河南新县国有林场为例 [J]. 林业经济 (12): 38-42.

何晴, 张斌, 2012. 中国财政支出绩效评价: 制度框架与地方实践 [J]. 理论学刊 (10): 41-45.

蒋爱军, 饶日光, 闫宏伟, 等, 2013. 国家级公益林管理绩效评价方法探讨 [J]. 林业资源管理 (3): 1-4.

蒋辉, 刘兆阳, 2017. 农户感知视角下的扶贫政策成效评价与优化路径 [J]. 吉首大学学报 (社会科学版), 38 (02): 78-84.

蒋莉莉, 陈文汇, 2014. 基于有序 Probit 模型的国有林场职工生活满意度影响因素研究——以江西省为例 [J]. 林业经济问题 (2): 165-169, 175.

孔凡斌, 2008. 集体林权制度改革绩效评价理论与实证研究——基于江西省 2484 户林农收入增长的视角 [J]. 林业科学, 44 (10): 132-141.

黎禹, 刘俊昌, 陈文汇, 等, 2010. 张家口市国有林场改革研究 [J]. 西北林学院学报, 25 (6): 235-238.

李灿, 2012. 国有企业绩效评价研究: 理论发展与模式重构 [J]. 财经理论与实践, 33 (6): 97-101.

李湘玲, 朱永杰, 陆屹, 等, 2012. 基于主成分分析的国有林区绩效评价及发展对策 [J]. 西北农林科技大学学报 (社会科学版), 12 (2): 51-54, 60.

李兴江, 陈怀叶, 2008. 参与式扶贫模式的运行机制及绩效评价 [J]. 开发研究 (2): 94-99.

李烨, 刘俊昌, 陈文汇, 2014. 中国国有林场职工的生活满意度及影响因素分析 [J]. 西北人口 (4): 124-128.

李毅, 王荣党, 段云龙, 2012. 基于数据包络法的农村扶贫项目绩效评价模型研究 [J]. 项目管理技术 (09): 49-55.

刘俊昌, 陈文汇, 胡明形, 2016. 国有林场脱贫问题理论分析与实践研究 [M]. 北京: 清华大学出版社.

刘俊昌, 胡明形, 陈文汇, 等, 2013. 现代国有林场森林经营理论与实践 [M]. 北京: 中国林业出版社.

刘俊昌, 杨连清, 管长岭, 等, 2013. 中国国有林场森林资源管理研究 [M]. 北京: 中国林业出版社.

马佳铮, 2012. 县级政府绩效评价认知差异: 一个基于访谈数据的探索 [J]. 甘肃社会科学 (4): 17-20.

毛婧瑶, 葛咏, 赵中秋, 等, 2016. 武陵山贫困片区扶贫成效评价与空间格局分析 [J]. 地球信息科学学报, 18 (03): 334-342.

牛廷立, 庄天慧, 2011. 新世纪四川民族地区反贫困的绩效评价 [J]. 西华大学学报 (哲学社会科学版) (01): 120-124.

彭健, 2005. OECD 成员国的预算绩效评价实践及其借鉴 [J]. 山东财政学院学报 (02): 27-30.

乔玥, 陈文汇, 曾巧, 2019. 国有林场改革成效评价——职工获得感的统计分析 [J]. 林业经济问题, 39 (01): 62-70.

任丽丽, 王爱民, 2007. 国有林场改革的绩效评价体系研究 [J]. 绿色财会 (11): 8-10.

石晶, 李思琪, 2018. 建立科学成效评估体系 助力各方资源精准扶贫——精准扶贫成效评价指标体系的构建 [J]. 人民论坛 (03): 36-38.

谈毅, 仝允桓, 2004. 政府科技计划绩效评价理论基础与模式比较 [J]. 科学学研究, 22 (2): 150-156.

王宏岩, 2012. 浙江省安吉县 L 国有林场绩效管理体系研究 [D]. 北京: 北京林业大学.

王丽丽, 陈雪, 2007. 企业绩效评价研究综述 [J]. 云南社会主义学院学报 (02): 25-27.

王美力, 陈文汇, 刘亚男, 2013. 河北省国有林场职工状况调查分析 [J], 安徽农业科学, 41 (13): 6003-6005.

王蒲华, 2007. 福建整村推进扶贫开发的运行机制与绩效评价 [J]. 福建农林大学学报 (哲学社会科学版), 10 (5): 9-11, 56.

王兴琼, 2008. 基于组织健康的企业绩效评价体系设计 [J]. 统计与决策 (24): 182-183.

向延平, 2010. 基于 CVM 法的凤凰古城旅游扶贫生态绩效评价 [J]. 贵州农业科学 (10): 234-236.

向延平, 2008. 贫困地区旅游扶贫经济绩效评价研究——以湖南省永顺县为例 [J]. 湖南文理学院学报（社会科学版）(06): 58-60.

向延平, 2012. 武陵源世界自然遗产地旅游扶贫绩效模糊评价 [J]. 中南林业科技大学学报（社会科学版）(06): 5-7.

向延平, 2009. 湘鄂渝黔边区旅游扶贫绩效评价感知调查研究——以德夯苗寨为例 [J]. 资源开发与市场 (07): 655-657.

谢晨, 刘建杰, 韩岩, 等, 2009. 2008年退耕还林农户社会经济效益监测报告 [J]. 林业经济 (09): 56-64.

徐晋涛, 陶然, 徐志刚, 2004. 退耕还林: 成本有效性、结构调整效应与经济可持续性——基于西部三省农户调查的实证分析 [J]. 经济学（季刊）(04): 139-162.

徐永虎, 洪咸友, 郭亮, 2007. 西方绩效评价研究综述 [J]. 科技管理研究, 27 (4): 89-91.

许庆瑞, 郑刚, 徐操志, 等, 2002. 研究与开发绩效评价在中国: 实践与趋势 [J]. 科研管理, 23 (1): 46-53.

严青珊, 田明华, 贺超, 等, 2014. 关于我国国有林场经营管理体制的改革构想 [J]. 林业经济 (11): 10-16.

颜明杰, 彭迪云, 2018. 农村金融精准扶贫成效的评价——基于江西农户的调查 [J]. 江西社会科学, 38 (05): 74-83.

杨照江, 2006. 我国农村扶贫资金绩效评价体系研究 [D]. 乌鲁木齐: 新疆财经学院.

游新彩, 田晋, 2009. 民族地区综合扶贫绩效评价方法及实证研究 [J]. 科学·经济·社会, 27 (3): 7-13.

于敏, 2010. 财政扶贫资金绩效考评方法及其优化 [J]. 重庆社会科学 (02): 99-101.

于英, 谢晨, 关景芬, 2002. 天保工程和退耕还林工程并进中的社会经济影响评价——陕西省镇安县案例研究 [J]. 林业经济 (08): 44-46.

张海霞, 庄天慧, 2010. 非政府组织参与式扶贫的绩效评价研究——以四川农村发展组织为例 [J]. 开发研究 (3): 55-60.

张惠涛, 2011. 农村扶贫政策实施绩效研究 [D]. 郑州: 郑州大学.

张军连, 陆诗雷, 2002. 退耕还林工程中补贴政策的经济学分析及相关建议 [J]. 林业经济 (07): 45-46.

张琦, 陈伟伟, 2015. 连片特困地区扶贫开发成效多维动态评价分析研究——基于灰色关联分析法角度 [J]. 西南民族大学学报（人文社会科学版）, 36 (02): 104-109.

赵德义, 2000. 国有林场效绩评价指标的探索与改革 [J]. 林业财务与会计 (07): 21-22.

支玲, 李怒云, 田治威, 等, 2004. 西部退耕还林工程社会影响评价——以会泽县、清镇市为例 [J]. 林业科学 (03): 2-11.

周红, 周军, 张晓珊, 等, 2007. 贵州省退耕还林工程社会经济效益阶段评价研究 [J]. 贵州林业科技 (02): 1-6.

祝汉顺, 2013. 马边彝族自治县扶贫开发模式评价指标体系研究 [J]. 经济研究导刊 (12): 154-156.